本书由西安石油大学优秀学术著作出版基金资助出版

超级13Cr不锈钢
组织与性能

朱世东　王荣敏　张小龙　著

化学工业出版社

·北京·

内 容 简 介

《超级13Cr不锈钢组织与性能》全书共7章，主要基于超级马氏体13Cr不锈钢国内外研发及其在油气田中的应用现状，从热处理工艺与组织特征着手，阐述了超级13Cr不锈钢的力学性能及其影响因素，重点分析了其在完井过程、开发过程中的电化学腐蚀特征，并介绍了热处理工艺、海洋环境与缓蚀剂对其电化学腐蚀特征的影响。

《超级13Cr不锈钢组织与性能》可供从事石油天然气开发、新材料研制、过程装备腐蚀与防护、石油专用管腐蚀与防护及相关学科的科研人员和技术人员阅读，也可供高等院校相关专业师生参考或作为教学参考书。

图书在版编目（CIP）数据

超级13Cr不锈钢组织与性能/朱世东，王荣敏，张小龙著.—北京：化学工业出版社，2021.11

ISBN 978-7-122-36151-6

Ⅰ.①超…　Ⅱ.①朱…②王…③张…　Ⅲ.①不锈钢-研究　Ⅳ.①TG142.71

中国版本图书馆CIP数据核字（2021）第223717号

责任编辑：李　琰　宋林青　　文字编辑：林　丹　段曰超
责任校对：田睿涵　　装帧设计：韩　飞

出版发行：化学工业出版社（北京市东城区青年湖南街13号　邮政编码100011）
印　　装：北京七彩京通数码快印有限公司
787mm×1092mm　1/16　印张17　字数421千字　2021年11月北京第1版第1次印刷

购书咨询：010-64518888　　售后服务：010-64518899
网　　址：http://www.cip.com.cn
凡购买本书，如有缺损质量问题，本社销售中心负责调换。

定　　价：128.00元　

序言

工业化水平不断提高与经济快速发展对石油、天然气等能源的需求日益增加，为缓解能源供需紧张，油气勘探开采范围逐渐扩大至工况条件日趋复杂且环境恶劣的地区或储层。目前，中国油气勘探开发正逐步向塔里木、四川盆地等深部、复杂地层推进。完井与开发过程中的苛刻环境致使普通材质的油井管已无法满足其耐蚀性能的高要求，为了保证油气生产的安全与高效，具有高强度和韧性匹配、良好耐蚀性能及相对较低成本等优点的超级 13Cr 不锈钢成为油气井钻采过程中的首选耐蚀材料。

经过众多研究者多年的努力，超级 13Cr 不锈钢已经实现由进口到出口的转变，在塔里木、西北、西南、长庆等油气田得到大批量应用的同时，成批出口到美国、加拿大等国，并成功叩开中东市场大门。本书作者在国家自然科学基金、陕西省自然科学基金、中国石油天然气集团公司应用基础研究、国家油气重大专项示范工程建设、中国石油科技创新基金等项目的支持下，在超级 13Cr 不锈钢国内外研制与应用现状、热处理工艺与组织、力学性能、不同环境或条件下的电化学腐蚀特征等方面做了大量的探讨。

书中第 2 章由王荣敏执笔，第 3、4、6、7 章由朱世东执笔，第 5 章由张小龙执笔，其余内容由屈撑囤执笔并负责全书的统稿工作。

本书由西安石油大学优秀学术著作出版基金资助出版。在写作过程中，参阅了国内、外多位学者的研究结果及所撰写的论文、论著等，并在章末参考文献中予以列出，得到了西安石油大学多位教师和研究生，以及中国石油集团石油管工程技术研究院诸位领导和专家的大力支持和帮助，在此深表感谢。

著者学识水平有限，书中不足和疏漏之处在所难免，恳请读者批评指正！

著　者

2021 年 11 月

目录

第5章 完井过程中的电化学腐蚀 124

第6章 开发过程中的电化学腐蚀 160

第7章 其他条件下的电化学腐蚀 227

第1章 绪 论

1.1 "三超"油气开采环境与挑战

当前，工业化水平不断提高和经济快速发展，对石油、天然气等能源的需求日益增加，加之全球范围内的油气资源日益枯竭，以及储采比失调矛盾逐渐加大，为缓解能源供需间的紧张矛盾，油气开采范围逐渐扩大至环境恶劣的区域和储层。

目前，中国油气勘探开发正逐步向塔里木、四川盆地等深部复杂地层推进，其中塔里木油田拥有全世界最严苛的"三超"气井，井深4500～6000m（最深井已达8882m），地层压力大于75MPa（最高可达150MPa），压力系数超过2.0，地层温度高于100℃（最高可达200℃）。深层致密气藏含CO_2，甚至还含有H_2S，凝析水或产出液中Cl^-含量高，且储藏需经酸化或高压压裂才能投产。高温高压、高含CO_2、H_2S和Cl^-以及酸化作业导致了严酷的腐蚀环境，类似的"三超"情况在中国南海和四川盆地也存在。

所谓"三超"油气井，是指井深超深、地层压力超高和井底温度超高的油气井。2012年发布的《石油天然气钻井工程术语》给出了明确的深井、超深井分级标准，即将垂深4500～6000m的井定义为深井，垂深不小于6000m的井定义为超深井。早在21世纪初，国内外各大油气服务公司、工程作业公司和仪器设备公司便针对各自行业的情况对高温高压提出了相应的分级标准，但各公司的关注点不同，导致对高温高压分级标准有所差异，如钻井液服务公司主要关注钻井液性能失稳的边界温度、压力条件，而工具公司则关注井下工具能够正常工作的极限条件。斯伦贝谢公司将井底温度150～250℃、地层压力69.0～138.0MPa定义为高温高压；井底温度205～260℃、地层压力138.0～241.0MPa定义为超高温高压；井底温度260～315℃、地层压力240.0～280.0MPa定义为极高温高压。贝克休斯公司将井底温度大于175℃、地层压力高于103.5MPa定义为高温高压；井底温度高于232℃、地层压力高于138.0MPa定义为超高温高压；井底温度高于260℃、地层压力高于207.0MPa定义为极高温高压。英国健康和安全委员会将井底温度大于150℃、井底压力大于70.0MPa或地层压力系数大于1.80定义为高温高压。国内，张福祥等根据塔里木盆地库车山前克深、大北地区的钻井情况，提出了"三超"油气井的概念，并给出了相应的井深、温度及压力边界（6500m、150～180℃、120MPa）。牛新明等则根据国际上常用的温压分类标准及当前钻井技术水平，将"三超"油气井定义为垂深大于6000m、地层压力高于140MPa、井底温度高于200℃的油气井。

随着油气勘探开发的迅猛发展，超深井，高温高压井，非常规井，富含CO_2、Cl^-及H_2S等腐蚀介质的油气井日趋增多，该环境中硫、水含量高，CO_2、H_2S等介质会使金属管材出现严重的腐蚀；同时，为提高油气采收率，酸化压裂是油气井增产的重要途径，但由于酸液常采用高浓度的盐酸、氢氟酸和醋酸配剂，对油套管的腐蚀不可避免。统计表明，每年因管材腐蚀导致的油气井停产、报废事故层出不穷，造成了巨大的经济损失；此外，高温高压深井发生井涌或井喷的频率较常规浅井增加20%以上，非生产成本增加3倍以上。油气储存层深，地层复杂，井身结构复杂，油气储层中含有CO_2、H_2S、Cl^-等腐蚀介质等，对油井管提出了更高的要求，对抗腐蚀性特殊管材、特殊管端螺纹接箍等的需求也急剧增加。

可见，普通材质的油井管已经无法满足苛刻环境下的“三超”油气田开发对其耐蚀性能的需求，为了保证生产的安全与高效，具有高强度和韧性匹配、良好耐蚀性能及相对较低成本的超级13Cr不锈钢成为油气田用耐蚀管材的首选。因此，从20世纪90年代开始，超级13Cr不锈钢在油气田中得到了越来越多的应用。相较于传统13Cr不锈钢（API 13Cr），超级13Cr不锈钢具有较低的C含量（质量分数小于0.03%），较高的合金元素（Ni、Mo等）含量。这些元素含量的变化，使得超级13Cr不锈钢具有更好的力学性能、焊接性能及耐蚀性能。

1.2 超级13Cr不锈钢简介

传统不锈钢的耐蚀性能已无法满足“三超”油气井恶劣环境的工作要求，超级马氏体不锈钢的成分特点是在传统13Cr或15Cr不锈钢的基础上降低C（＜0.03%或＜0.025%）和S（＜0.01%或＜0.005%）的含量，增加Ni（4.0%～6.5%）和Mo（最高为2.5%）的含量，从而获得更高的强度、良好的塑韧性能和焊接性能，并使其在含CO_2和H_2S介质中的耐蚀性能得到极大改善。

传统13Cr不锈钢在高温下的均匀腐蚀、中等温度下的点蚀和低温下的硫化物应力开裂是制约其广泛应用的主要因素。与传统13Cr不锈钢相比，00Cr13Ni5Mo（超级13Cr）不锈钢具有强度高、低温韧性好、耐腐蚀性好等优点。为了使钢获得更好的性能，C含量被降低到0.02%以下。为了抑制碳化铬的析出，加入5%的Ni得到单相马氏体，使用Mo合金元素得到更细的晶粒，提高耐腐蚀性能。分散在超级13Cr不锈钢中的碳化物颗粒在后续过程中起到了钉住高密度位错的作用，提高了其抗硫化物应力开裂（SSC）能力。超级13Cr不锈钢经淬火＋回火处理后的主要组织为马氏体和逆变奥氏体，逆变奥氏体的产生可使钢回火后的耐腐蚀性能得到提升。超级13Cr不锈钢因其综合性能优异，被广泛应用于石油天然气行业，特别是在高CO_2含量环境下的石油生产和运输管道中。另外，使用超级13Cr不锈钢代替双相不锈钢，总成本可降低35%～40%。

1.2.1 超级13Cr不锈钢的发展

20世纪70年代以来，传统13Cr不锈钢被广泛应用于油气工业中。据NACE（美国腐蚀工程师学会）技术委员会报告统计，1980年至1993年间，传统13Cr不锈钢油套管（如API 5CT L80-13Cr，AISI 420）应用已超过240×10^4m。但随着油气需求的持续增长，越来越多的油气田面临更深、更高温度和更强酸性的井下环境，传统13Cr不锈钢材质存在如下局限性：①当Cl^-含量大于等于6000mg/L时，耐蚀性能依赖于pH和H_2S分压。②当温度大于等于80℃后，温度每增加25℃，腐蚀速率就增加1倍，且超过150℃会导致点蚀发生。③抗硫化物应力开裂能力有限。当 H_2S、CO_2、Cl^- 共存时，在 H_2S 分压为 0.0069MPa 和 Cl^- 含量为 10000mg/L 条件下，传统 13Cr 不锈钢不发生硫化物应力开裂（SSC），但在 H_2S 分压高于 0.0003MPa 的 H_2S 腐蚀环境中，会产生 SSC 敏感。④C 含量高（一般为 0.2%），可焊性能差。

在传统 13Cr 不锈钢的基础上大幅降低 C 含量，并添加 Ni、Mo 等合金元素，形成有超级马氏体组织的超级 13Cr 不锈钢［某些厂家也称其为增强（改良）13Cr 不锈钢］。其化学成分和微观组织、力学性能和耐蚀能力等方面都较传统 13Cr 不锈钢有大幅改进，特别是在高含 CO_2、低含 H_2S 的环境下，耐蚀性能更好，陆续被修订的 ISO 15156 和 ISO 13680 等标准所认可。在价格方面，超级 13Cr 不锈钢比 22Cr 双相不锈钢更经济。以抗硫碳钢价格基数为 1 计算，传统 13Cr、超级 13Cr 及双相不锈钢油套管的价格比约为 3∶5∶12。

超级 13Cr 不锈钢是由传统 13Cr 不锈钢发展而来的，C 含量进一步降低、合金成分进一步优化、综合力学性能得到提高、耐腐蚀性增强，特别是焊接性能亦得到显著改善，形成了新的超级马氏体不锈钢系列，受到人们的广泛关注。

1993 年起，超级 13Cr 油套管开始商业化生产。日本、德国 V&M 公司和国内的上海宝山钢铁公司、天津钢管公司等均有批量生产超级 13Cr 不锈钢的能力，并且该钢在北海油田、北美及中国石油塔里木分公司、中国石化西南分公司和西北分公司高含 CO_2 气田中得到了一定规模的应用。日本等国研究生产该钢的时间较早，以川崎制铁为例，其超级 13Cr 不锈钢较成熟的产品有 KO-HP2-13Cr95 和 KO-HP2-13Cr110 等。中国开发研制超级 13Cr 不锈钢较晚，此前中国用超级 13Cr 不锈钢油套管全部为进口的，价格高昂、交货期长，给油田生产造成很大困扰。2010 年，宝钢结合塔里木油田开发需求，联合研发出适用于塔里木油田的高抗腐蚀性能的超级 13Cr 不锈钢。继成功开发超级 13Cr 不锈钢油套管后，宝山钢管股份有限公司又相继开发出适用于不同井况的超级 13Cr 不锈钢系列产品，这不仅为国内用户开采不同 CO_2 与 H_2S 腐蚀井况的石油天然气井提供了更大的选材空间，而且极大地提升了国内高合金石油管材生产的技术水平。

1.2.2 标识

管材按照规范要求，需在出厂时对其进行标识。不同的生产商有自己的标识，以区别于其他厂家的产品，如 Nippon Steel & Sumitomo steel 将 SM13CRS-95（超级 13Cr）接箍和管体进行如图 1-1 标识。

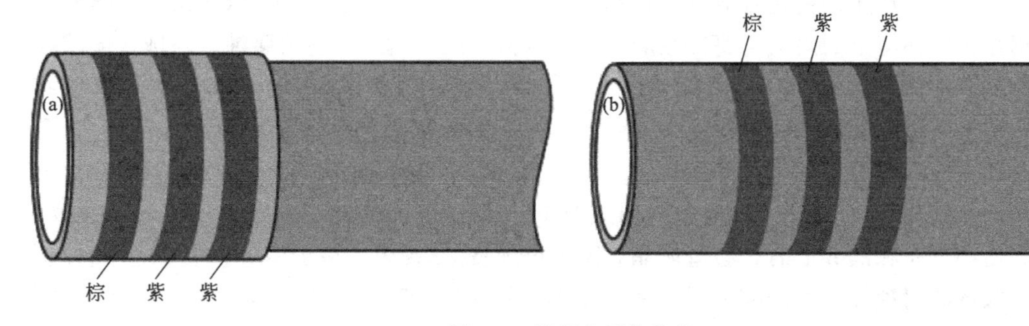

图 1-1 接箍和管体涂色
(a) 接箍；(b) 管体

而 Vallourec & Mannesmann Tubes 的标示如表 1-1 所示。

表 1-1　高强度、耐 CO_2 腐蚀超级 13Cr 不锈钢

钢级	力学性能					QC 提供	颜色代码
	屈服强度		极限强度最小值		硬度(最大值)/HRC	HRC (#管)	
VM 95 13CrSS	95～110ksi	655～758MPa	105ksi	724MPa	<30	10%	①
VM110 13CrSS	110～130ksi	758～897MPa	120ksi	828MPa	<34	10%	②

注：1ksi=6.895MPa。

① 棕接箍，黄色-棕色；管体，棕色-黄色-橙黄；

② 白接箍，黄色；管体，黄色-白色-黄色。

1.2.3　成分及其影响

由碳钢、低合金钢、传统 13Cr 不锈钢、超级 13Cr 不锈钢等的化学成分可以看到，超级 13Cr 不锈钢中 C 含量显著降低，其最高 C 含量仅为 0.02%，约为碳钢的 5%，而 Cr、Ni、Co、Mn、Cu 等的含量显著提高。相关研究表明，增加固溶在基体中的 Cr 含量，会显著增加腐蚀产物膜中 Cr 的氢氧化物的含量，腐蚀产物膜的保护性能也随之进一步增强。但是，Cr 是强碳化物形成元素，容易与基体中的 C 形成金属间化合物，如果基体中的 C 含量较高，会消耗基体中有效 Cr 元素的含量，降低合金化效果，使得管材抗 CO_2 腐蚀能力降低。因此，在研发超级 13Cr 不锈钢时普遍采用低 C 设计。

随着超级 13Cr 不锈钢中 Ni 含量的增加，其抗 H_2S 应力腐蚀开裂能力逐渐提高；Mo 的添加有益于提高超级 13Cr 不锈钢在还原性酸性溶液及碱性介质中的抗点蚀能力；Cu 的添加对提高超级 13Cr 不锈钢在非氧化性腐蚀环境中的抗均匀腐蚀能力有一定的帮助；Cu 与 Mo 的协同作用将提高超级 13Cr 不锈钢在还原性介质（如高 Cl^-）中的抗腐蚀能力；而 Ti、Nb、V 等强碳化物形成元素的加入有利于形成弥散分布的碳化物颗粒，降低钢中的 C 含量，抑制 Cr 的碳化物在晶界析出，从而使超级 13Cr 不锈钢中有效 Cr 含量得以提高。另外，这些元素在金属中形成高密度位错结，对位错运动起钉扎作用，起到沉淀强化作用。

1.2.3.1　Cr 和 C 的影响

Cr 是不锈钢中最基本的合金元素。因为 Cr 能在钢的表面生成一层稳定而且致密的 Cr_2O_3 保护膜，所产生的钝化效应可防止钢进一步被腐蚀。适量提高钢中 Cr 含量，既能显著提高钢在特定环境下的耐均匀腐蚀性能，又可以极大改善钢的抗应力腐蚀、点蚀、缝隙腐蚀等局部腐蚀性能。另外，Cr 元素能缩小奥氏体区并稳定铁素体，冷却时可阻碍奥氏体向马氏体转变；C 元素可扩大钢的高温奥氏体区，提高钢淬火后的硬度。所以，在提高 Cr 含量的同时还需提高 C 含量，以此来稳定并扩大奥氏体区。然而，C 含量过高时，钢的韧性及塑性会降低，并且在 450～850℃ 范围内回火时 C 与钢中的 Cr 容易形成 $Cr_{23}C_6$ 等碳化物，当这些碳化物分布在晶界上时，会造成晶界附近出现贫 Cr 现象，减少钢中有效 Cr 含量，从而显著降低钢的耐蚀性能。研究表明，马氏体不锈钢中 Cr 含量一般在 12%～18%之间，C 含量在 0.1%～1.0%之间。目前，Cr 元素是唯一能使钢产生钝化效应的合金元素，而 C 是马氏体不锈钢中最重要的元素。另外，有文献表明，Mo 和 Cr 的复合作用可显著提高马氏体不锈钢表面的钝化能力，从而明显提高钢的抗点腐蚀和抗缝隙腐蚀效果。C 的析出相可以和 Mo 结合，降低了晶界处析出相，从而减少组织沿晶断裂。

1.2.3.2 Ni 和 Mo 的影响

在油气工业中，CO_2 腐蚀是常见的腐蚀类型，中国华北地区大部分油田一直都存在着严重的 CO_2 腐蚀，此问题已成为制约中国石油产业发展的瓶颈。因此，CO_2 腐蚀问题已成为科研人员以及生产厂家的一个亟待解决的难题。另外，随着能源工业的高速发展，特别是近年来一些高腐蚀环境油田及深井的开发，对管材的耐蚀性能又提出了更高的要求。因此研究各元素，尤其是 Ni 和 Mo 等元素对不锈钢力学性能以及耐腐蚀性能的影响显得尤为重要。研究表明，在马氏体不锈钢中加入适量的 Ni，可以在一定程度上改善钢的强度和韧性。易邦旺等对 Ni 含量影响 13Cr 型马氏体不锈钢的强度进行了相关研究，可以看出，当钢中 Ni 含量在 0～2.0%范围内时，随着 Ni 含量的增加，钢的抗拉强度和屈服强度显著提高；当 Ni 含量达到 2.0%时，较不含 Ni 的马氏体不锈钢而言，其抗拉强度约提高了 1.6 倍，而屈服强度却提高了 2.5 倍左右；Ni 含量在 2.0%～6.0%时，钢的屈服强度在一个当量左右轻微浮动，钢的屈强比约为 0.8；而当 Ni 含量在 6.0%～9.0%时，钢的抗拉强度几乎稳定不变，而屈服强度略有下降；当 Ni 含量接近 10%时，钢的强度均开始下降。因此，要想获得力学性能良好的马氏体不锈钢，Ni 含量的添加应控制在 2.0%～6.0%。有文献报道，单独添加 Ni 或 Mo 均未能明显改善 2Cr13 型马氏体不锈钢的综合力学性能，并且当 Ni 含量在 2.0% 以上时，铬系马氏体不锈钢的强度不发生明显变化，其冲击韧度随着 Ni 的加入明显下降；单独添加 Mo 会促使对不锈钢韧性有害的 δ-铁素体形成；同时添加适量的 Ni 和 Mo 等合金元素则能明显提高钢的力学性能。

另外，Ni 和 Mo 的添加对铬系马氏体不锈钢的抗腐蚀性能也有显著影响。Ni 能扩大奥氏体区，阻止淬火温度下铁素体的形成，提高铁-铬合金的钝化倾向，改善钢对某些酸性介质的耐蚀性能。Calliari 以及陆世英等在 9Cr18Mo 和 Cr15MoCo 等马氏体不锈钢的性能研究中发现，Mo 的添加可以促使马氏体不锈钢晶粒变小，从而提高其耐腐蚀性能。徐文亮等将添加有一定含量 Ni 和 Mo 的 2Cr13 马氏体不锈钢与不含 Ni 和 Mo 的 2Cr13 马氏体不锈钢在高温高压釜中进行耐 CO_2 腐蚀试验，试验结果表明，在不同温度下，与传统 2Cr13 不锈钢相比，添加 Ni 和 Mo 等合金元素的不锈钢的耐 CO_2 腐蚀性能明显得到提高，且无局部腐蚀发生，而传统 2Cr13 不锈钢在 150℃以上时，表面均发生局部腐蚀。

1.2.3.3 N 的影响

N 一直被认为是炼钢工艺中的一种有害的杂质，自 20 世纪 50 年代以后，人们经长期研究发现，通过氮合金化、固溶渗氮及表面渗氮等方法可以显著改善钢的力学性能和耐腐蚀性能，从而使得 N 成为一种重要的合金元素被人们有意地添加到钢中。研究表明，N 在钢中以间隙原子形式存在，它可以与其他元素形成氮化物分布在晶界上，从而提高钢表面硬度和抗磨损性能，替代昂贵且对人体有过敏危害的 Ni，并增强钢的耐蚀性能。翟瑞银等在实验室研究了不同 N 含量对低碳马氏体不锈钢组织和性能的影响，试验结果表明，退火状态和淬火状态时，在低碳马氏体不锈钢中添加 N 可提高其强度和硬度。另有文献也指出氮合金化技术有利于提高马氏体不锈钢的耐磨性能。

1.2.3.4 Nb的影响

Ma等将超级13Cr不锈钢中N含量降低到0.01%，同时添加0.1%Nb，研究发现Cr富集沉积物的数量有所降低，原因在于Nb优先与残留的C和N形成碳氮化物，避免了因Cr_2N和$Cr_{23}C_6$的形成而导致的铬贫瘠，从而增强了其抗点蚀能力。同样，向钢中添加2% Mo可提高其抗点蚀性能，因为将0.1%Nb添加到2%Mo钢中要比将0.1%Nb添加到1% Mo钢中的抗点蚀性能要明显，该机理源于Nb降低了Cr富集和Mo富集沉积物的形成。

总之，因为NbN会在高温下形成，所以不希望将Nb添加到高含N的马氏体不锈钢中，在随后的回火过程中作为粗糙沉积物形核的基体，由于沉积物热力学电位的增加，削弱了钢的韧性。尽管根据平衡溶解积可知，可通过添加微量合金降低Cr富集氮化沉积物的形成，但Cr沉积物的减少程度取决于沉积动力学。因此，低N含量对提高超级马氏体不锈钢抗点蚀性能和韧性是必要的。

1.2.3.5 Ni、Mo和Cu的影响

张旭昀等研究发现合金中的马氏体和铁素体组织会随Ni、Mo和Cu含量的不同而变化，Ni2Mo1.2Cu0.8的组织以铁素体为主，组织结构均匀；Ni2Mo2Cu1.4、Ni4Mo2Cu0.8中马氏体含量较高，热加工性能更好；Ni4Mo1.2Cu1.4硬度最高。Ni、Mo和Cu元素的加入使合金自腐蚀电位升高，腐蚀倾向降低。上述所有合金均呈现出明显的钝化特征，维钝电流密度减小，点蚀电位升高。其中，Ni4Mo1.2Cu1.4合金钝化稳定性最高。Ni、Mo和Cu元素的添加可以有效改善合金的耐CO_2腐蚀性能（温度80℃、CO_2分压15MPa条件下的腐蚀速率为0.041～0.053mm/a，低于中国石油行业标准规定的0.076mm/a）。可见，Cu对于改善合金耐蚀性能最为突出，考虑到经济性，可继续提高Cu含量，适当降低Ni、Mo含量。

1.2.4 金相组织

1.2.4.1 马氏体

超级13Cr不锈钢典型的基体金属显微组织为回火马氏体，呈板条状，如图1-2所示，这种低碳回火马氏体组织具有很高的强度和韧性。

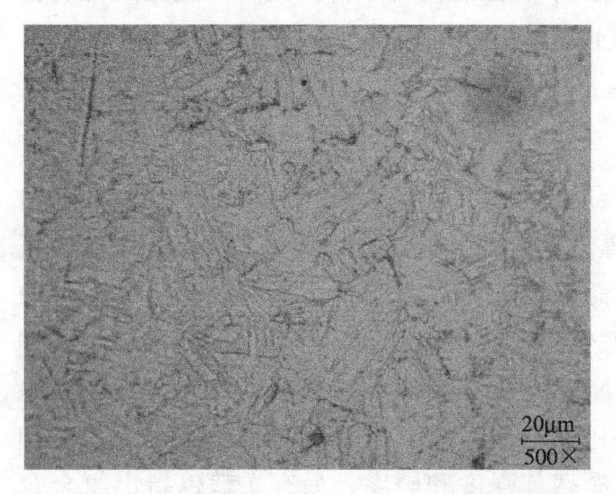

图1-2 超级13Cr不锈钢金相组织

超级马氏体不锈钢中的碳含量很低，因此回火后马氏体结构确定为体心立方结构。马氏体在原始奥氏体晶粒内形成，一个原始奥氏体晶粒被分割成若干个马氏体块（Packet），具有同一惯习面但取向不同；每个马氏体被进一步分成取向相似的马氏体块（Block）；Packet界和Block界都是大角度晶界，而Block内的板条则是小角度晶界。透射电镜下的马氏体成条排列，并且在马氏体内部具有高密度位错的亚结构，每条马氏体的宽度不一。超级马氏体不锈钢内马氏体组织大约为150mm，如图1-3所示，具有高硬度、高强度特征。相关研究表明，马氏体强化机制主要是固溶强化和相变强化：固溶强化是马氏体中过饱和碳原子引起的强化；后者是马氏体转变时的不均匀切变以及界面附近的塑性变形在马氏体晶粒内造成大量缺陷，这种缺陷的增加造成的强化为相变强化。另外，原始奥氏体晶粒以及板条马氏体束的大小对强化也有影响，原始奥氏体晶粒以及马氏体板条束愈细小，其强度愈高。此外，马氏体的韧性和C含量与亚结构有关，Arbon的实验结果显示当C含量<0.4%时，马氏体具有高的韧性，随着C含量的增加，韧性显著降低。因此，超级马氏体不锈钢含有极少量的C，相对来说具有较好的韧性。

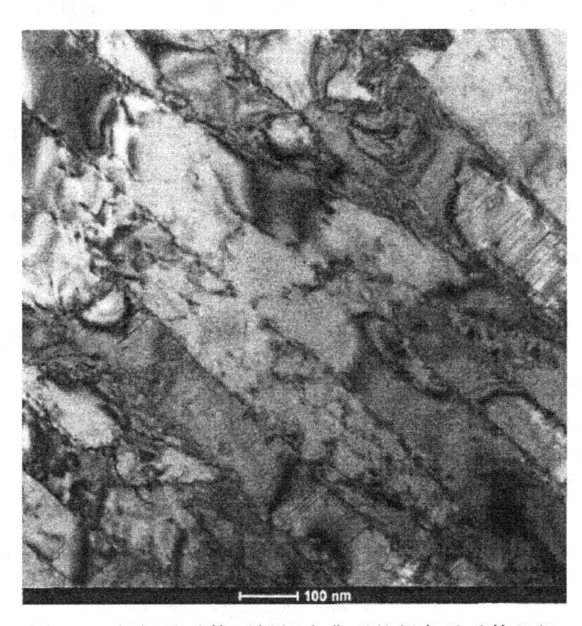

图1-3 超级马氏体不锈钢中典型的板条马氏体组织

1.2.4.2 残余奥氏体和逆变奥氏体

由超级13Cr不锈钢的TEM显微组织可以看出，在板条束之间会出现高碳片状奥氏体相（M-A组元），如图1-4所示，尽管其片状组织有益于提高钢的韧性。但在苛刻腐蚀（酸化液的鲜酸腐蚀）条件下，不锈钢可能处于活化态，双相组织的存在可能会促进其点蚀的萌生及扩展，在一定程度上降低耐蚀性能（选择性腐蚀）。

残余奥氏体（retained austenite）是在钢中发生马氏体相变时残留下来的那部分未发生马氏体相变的奥氏体，奥氏体对钢的性能影响有利有弊。从提高延、韧性角度看，残余奥氏体有较好的效果，随C含量增加，奥氏体数量增多，但这也与它在组织中的数量、分布及存在状态等有关，同时要结合钢种的要求具体分析。残余奥氏体沿板条马氏体束之间或片状马氏体周围呈薄片状分布，对改善钢的韧性十分有利，不仅可以作为阻止裂纹在马氏体间扩

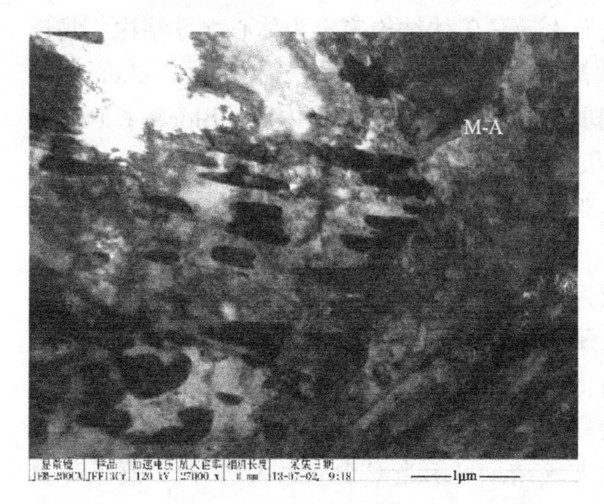

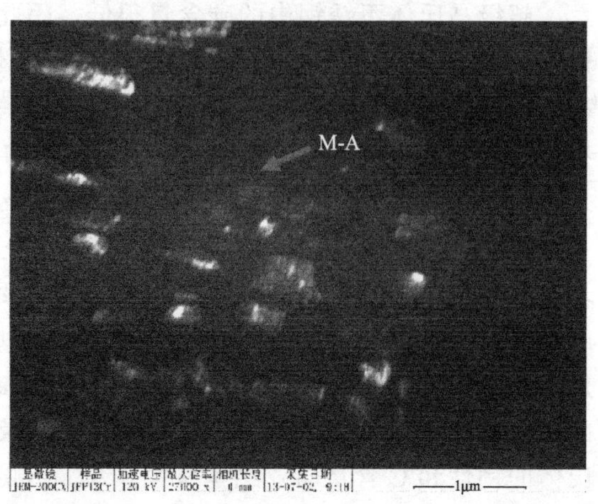

图 1-4 超级 13Cr 不锈钢明场像、暗场像

展的障碍，还有减缓板条间密集排列时位错前端引起的应力集中作用。薄板状马氏体周围存在薄片状残余奥氏体，也有可能缓和孪晶马氏体内部的缺陷。Thomas 曾在 Fe-Cr-C 系中也观察到了断裂韧性与残余奥氏体薄膜有关，认为稳定的残余奥氏体薄膜存在于板条马氏体之间，对钢的韧性有利。在超级马氏体不锈钢里出现的奥氏体还有另外一种——逆变奥氏体(reversed austenite)。在瑞典人最初发表的有关 Ni4 钢的专利中给出了逆变奥氏体的定义，即铬-镍-钼系马氏体不锈钢在回火过程中由马氏体直接切变成的奥氏体，这种奥氏体在室温下甚至更低温度下都可以稳定存在，为了与残余奥氏体区别开来，根据其形成特点，称之为逆变奥氏体。逆变奥氏体与残余奥氏体相比具有三个特点：①逆变奥氏体的形成温度是在回火温度以下。②逆变奥氏体热稳定性很高，优化了材料的各项性能，有人用低温磁称法试验测定逆变奥氏体的热稳定性，结果表明，含逆变奥氏体的试样冷却到－196℃后再回到室温时，逆变奥氏体含量仅减少 1.5%。③逆变奥氏体是在回火过程中发生的 $\alpha\rightarrow\gamma$ 的转变产物，因此，其分布在回火马氏体基体内的连续相，且十分细小，与回火马氏体间的弥散度很大，这种形态是它对钢性能尤其是韧性贡献的主要原因。若残余奥氏体是分布在马氏体基体外的连续相，这种形态只能恶化钢的性能。李小宇等认为 0Cr13Ni5Mo 钢经过焊后热处理后，因逆变奥氏体的特点和在马氏体基体中的分布，使得熔敷金属的断裂韧性得到了恢复。

1.2.4.3 δ-铁素体

韩燕等认为超级 13Cr 不锈钢的原始显微组织为回火索氏体，刘亚娟等参照 GB/T 10561—2005《钢中非金属夹杂物含量的测定—标准评级图显微检测法》标准，也获得同样的结论，如图 1-5 所示。

康喜唐等认为挤压后管材中的 δ-铁素体残余较多，形态也非常明显，铁素体呈条带状分布在马氏体板条间，如图 1-6 所示。

当铁素体形成元素含量较高而奥氏体形成元素不足时，钢中就出现一定数量的铁素体。这种铁素体在钢液结晶时析出，由于它在高温时就存在，故称 δ-铁素体。由于 δ-铁素体与马氏体基体之间化学成分、力学性能及热稳定性等方面的差异，它的出现一般都对钢的性能带来不利的影响，不但降低钢的强度，还影响其大截面性能，此外还会成为疲劳和腐蚀源。因此，在马氏体不锈钢中，当 δ-铁素体超过 10%时，会导致韧性损失 50%。

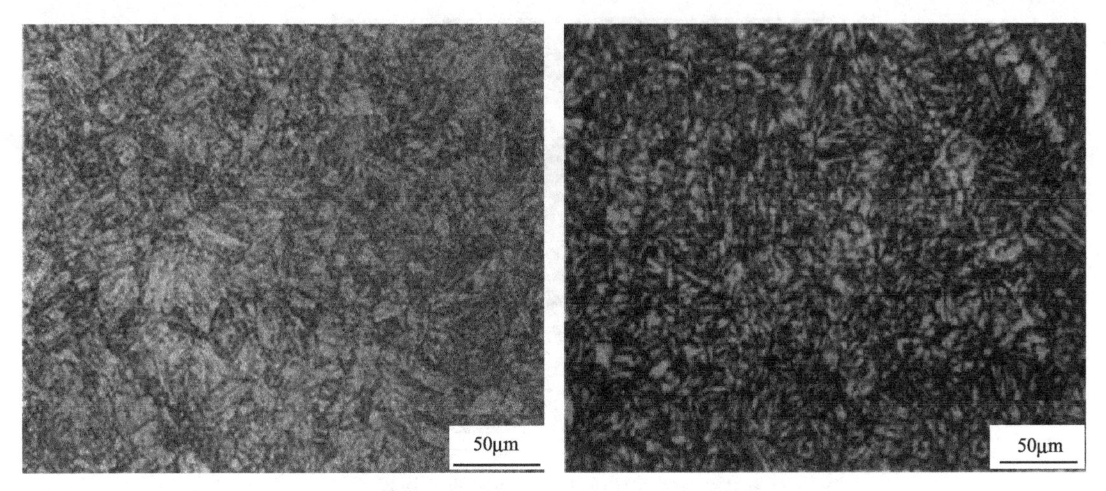

图 1-5 超级 13Cr 不锈钢回火索氏体

图 1-6 挤压态 HP2-13Cr 无缝钢管的金相组织

超级马氏体不锈钢中的 δ-铁素体是在铸造过程中由于成分偏析等原因形成的。δ-铁素体以小块状分布于奥氏体晶界处，若含量稍多也会拉长成条状。超级马氏体不锈钢中一旦有 δ-铁素体生成，用热处理或再加工等方法均无法消除。当钢中某些铁素体形成元素（如 Si，Cr 等）偏上限，而某些奥氏体形成元素（如 Ni 等）偏下限，就容易造成 Ni 含量偏低，产生一定数量的 δ-铁素体。图 1-7 为透射电镜下超级马氏体不锈钢中的 δ-铁素体，形状呈三角形或圆形，尺寸约为 2μm。

1.2.4.4 $M_{23}C_6$

$M_{23}C_6$ 是不锈钢中常见的一种碳化物，为复杂立方结构的第二相，其点阵常数在 1.06～1.10nm 之间。$M_{23}C_6$ 型碳化物是以 Cr 为主的间隙碳化物，硬度约为 1140～1500HV，其分子式应该为（T_{23-x},M_x）X_{6+y}，其中 T 代表过渡金属元素，如 Fe、Cr、Mn 等，M 代表过渡元素或非过渡元素，X 代表 C 或 B。对于马氏体不锈钢而言，当 $0 \leqslant x \leqslant 7$、$y=0$ 时，形成的 $(Fe,Cr)_{23}C_6$ 型碳化物在热力学上是稳定的。$Cr_{23}C_6$ 的晶体结构和 $M_{23}C_6$ 化合物的晶体点阵如图 1-8 所示，由图 1-8 可以看出，$Cr_{23}C_6$ 属于面心立方晶体结构，化合物中 Cr

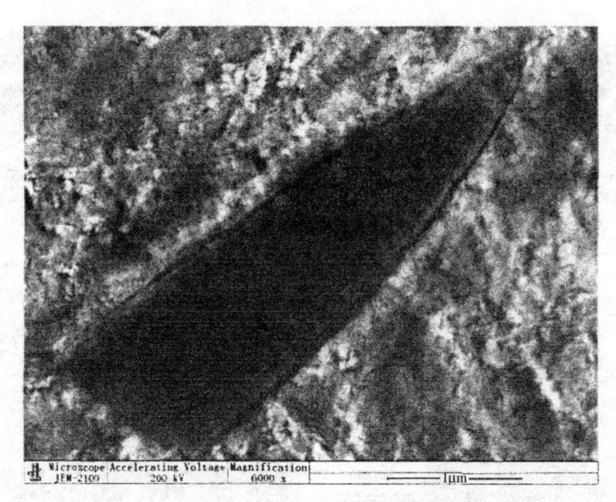

图 1-7　超级马氏体不锈钢中的 δ-铁素体

的质量分数为 94.3%。而 $(Fe,Cr)_{23}C_6$ 中 C 含量的极大值为 5.5%，Cr 含量的最高值为 59%。$M_{23}C_6$ 对钢的耐蚀性能有不好的影响，不仅沿晶析出引起贫 Cr，发生晶间腐蚀，而且在晶内析出也会引起其周围贫 Cr 而易被腐蚀。晶间腐蚀敏感性变化与 $M_{23}C_6$ 的数量、形态和分布变化相一致，$M_{23}C_6$ 沿晶界析出是超级 304H 钢焊接接头在时效条件下发生晶间腐蚀的根本原因，而且析出量是决定因素。

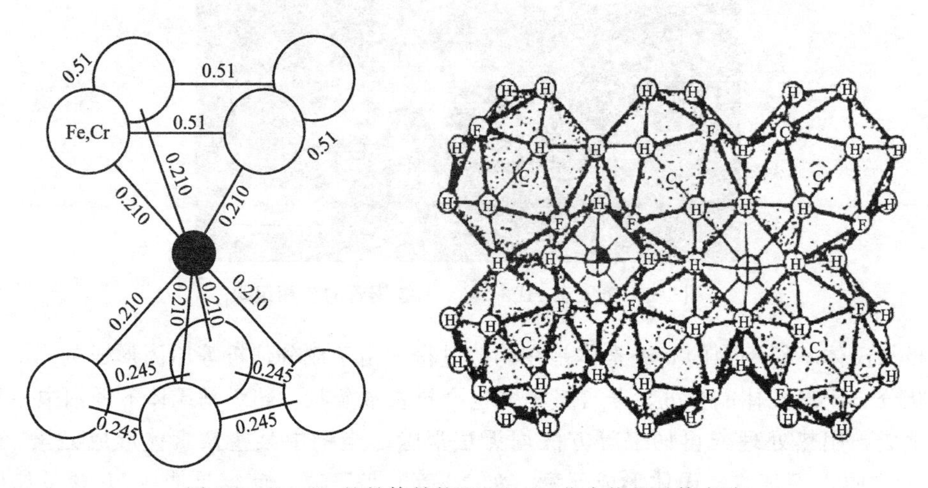

图 1-8　$Cr_{23}C_6$ 的晶体结构和 $M_{23}C_6$ 化合物的晶体点阵

1.2.5　耐蚀性能

超级 13Cr 不锈钢具有良好的抗 CO_2 均匀腐蚀能力。Jackman 等发现传统 13Cr 不锈钢的最高使用温度为 150℃，而超级 13Cr 不锈钢在 180℃的高温和 CO_2 腐蚀环境中仍具有良好的抗均匀腐蚀能力和抗局部腐蚀能力。日本 JFE 钢铁公司开发的新型超级 13Cr 不锈钢，显著地改善其耐 CO_2 腐蚀性能，同时具有一定的抗 H_2S 应力腐蚀开裂的能力，可在传统 13Cr 不锈钢无法使用的高温、高 CO_2 分压及含有少量 H_2S 的环境下使用。Ueda 等在研究温度对 CO_2 腐蚀的影响时指出：碳钢、3Cr 合金钢和 5Cr 合金钢的腐蚀速率随温度升高而增加，温度达 100℃时腐蚀速率达最大值，而对于 13Cr 不锈钢或含 Cr 量更高的钢来说，即使温度达到150℃，其腐蚀速率也很小。温度对CO_2腐蚀的影响可归结为，温度首先影响表面腐蚀产物膜的形成及状态，继而因其腐蚀产物膜保护性的不同而影响钢的腐蚀速率。一方面，温度的升高会加速腐蚀；另一方面，温度的升高会降低$FeCO_3$的溶解度，促进腐蚀产物膜的形成，降低腐蚀速率。

Scoppio等研究了超级13Cr不锈钢的SSC行为，结果表明，在弱酸环境下超级13Cr不锈钢的抗SSC能力比传统13Cr不锈钢的强。Sakamoto等研究了超级13Cr不锈钢抗SSC的影响因素，发现氢脆是超级13Cr不锈钢产生SSC的根本原因，这与传统13Cr不锈钢在H_2S环境中观察到的结果相同；但当腐蚀介质为H_2S+Cl^-时，超级13Cr不锈钢的抗SSC性能明显比传统13Cr不锈钢的强。

不锈钢在高温高压下的CO_2腐蚀问题在采、输以及储运时常出现。高温高压下CO_2先在溶液中生成碳酸，分解后与Fe^{2+}生成$Fe(HCO_3)_2$，再次分解为碳酸亚铁。张国超等利用动、静态腐蚀试验研究超级13Cr不锈钢耐CO_2/H_2S腐蚀性能，腐蚀后表面均形成了均匀、致密的钝化膜层，无CO_2腐蚀产物，表明超级13Cr不锈钢具有良好的抗CO_2腐蚀能力。动态腐蚀过程中，富Cr使钝化膜得到修复，腐蚀速率与温度正相关，150℃时取得最大值，此后转为负相关；静态腐蚀过程中，钝化膜稳定性较前者差，腐蚀速率随温度的升高呈缓慢上升趋势，180℃时腐蚀速率依然上升。动态腐蚀钝化层的破坏-修复机理导致动态过程腐蚀速率高于静态过程，腐蚀介质的流动加快破坏过程。在H_2S-CO_2气氛下，超级13Cr不锈钢的均匀腐蚀速率变化不大，但出现严重点蚀。影响腐蚀电位的因素有：温度、Cl^-浓度、H_2S气体的加入，钢因腐蚀电位稍高而呈现高的抗腐蚀性能，而CO_2对超级13Cr不锈钢的点蚀电位影响不大。

1.2.6 需求

从全球范围来看，由于油气田开发难度增大，总投资随之增加，为避免因油套管故障使价值上千万的油井报废，油企多采用保险系数大的高级油套管，高Cr不锈钢应运而生，常见的如22Cr双相不锈钢或25Cr超级双相不锈钢等。但上述钢的价格昂贵，低产油气田无力承受。现在，人们越来越多地用超级13Cr不锈钢来部分取代双相不锈钢，这除了与超级13Cr不锈钢在复杂腐蚀环境下仍具有高强度、耐蚀性好及冲击韧性好有关之外，更主要的原因是超级13Cr不锈钢比双相不锈钢经济。在质量相等、耐腐蚀性能相当的前提下，采用超级13Cr不锈钢比采用双相不锈钢大约便宜30%，并且超级13Cr不锈钢的强度比双相不锈钢高，所以用超级13Cr不锈钢制作的零部件（如弯头、输送管和支管）的壁厚可以减薄，使成本进一步降低。

目前，超级13Cr不锈钢应用越来越广，除用于石油管材外，其海洋用管已开发成功，成为海洋用钢的新成员。此外，如水力发电、采矿设备、化工设备、食品工业、交通运输及高温纸浆生产设备也是超级13Cr不锈钢极具潜力的应用领域。

1.3 介质环境腐蚀

1.3.1 酸化液腐蚀

酸化是油气井投产、增产和注入井增注的一项重要技术措施，其基本原理是按照一定顺序向地层注入由一定类型、一定浓度的酸液和添加剂组成的配方酸液，溶蚀地层岩石部分矿物和孔隙、裂缝内的堵塞物，提高地层或裂缝渗透性，改善渗流条件，达到恢复或提高油气井产能的目的。目前塔里木油田的酸化压裂工艺主要有常规酸化压裂工艺和耐蚀合金油管酸化压裂工艺两种。其中，耐蚀合金油管酸化液的主要成分是盐酸和氢氟酸，在酸化压裂时，完井管柱必将遭受严重腐蚀，最终将影响生产油管的使用寿命。

Mingjie研究发现，超级13Cr不锈钢在酸液中呈现与传统13Cr不锈钢截然不同的腐蚀行为，需超级13Cr不锈钢专用酸化缓蚀剂。中国石油天然气集团公司管材研究所在国内首次成功研制出TG201超级13Cr不锈钢专用酸化缓蚀剂，超级13Cr不锈钢在90℃的20% HCl+0.9%TG201酸液中的腐蚀速率仅为1.72g/(m^2·h)。但是，酸液中Cl^-含量能增大超级13Cr不锈钢的腐蚀，添加醋酸根也会加速超级13Cr不锈钢的腐蚀。另外，Morgenthaler发现废酸液（返排液）也对超级13Cr不锈钢的完整性产生负面影响。

1.3.2 CO_2腐蚀

随着深井、超深井开发的不断深入，油套管的工作环境也日趋复杂。在深井、超深井中，油套管可能面临高温（英国北海Erskine气田176.7℃、挪威北海Kristin气田170℃）、高压（Erskine气田96.5MPa、塔里木油田克深区块105MPa）及高腐蚀环境（高浓度CO_2）等问题。当井筒内流体含CO_2时，CO_2溶于凝析水中，从而形成有利于CO_2腐蚀的环境。该环境中油套管的腐蚀通常表现为局部腐蚀，如点蚀、苔藓状腐蚀以及台面状腐蚀等，往往会对管柱的安全性能带来巨大的威胁。管柱发生局部腐蚀后可能导致腐蚀穿孔甚至报废，同时点蚀坑的存在会造成应力集中，从而极大影响管柱的强度，使管柱在低应力状态下发生断裂失效。

含Cr钢主要通过基体中Cr形成的致密表面钝化膜来防止/减缓腐蚀。赵国仙等认为，13Cr不锈钢在低温条件下其基体表面未发生腐蚀现象；而在100℃左右时，有明显的腐蚀现象并出现了点蚀坑，但腐蚀的程度较为轻微，这是由于试样表面形成了腐蚀产物膜，但其含Cr的量较少不具备保护性；而在150℃时，腐蚀较为严重，相比前一个温度，腐蚀产物膜有所加厚但并不致密，因此保护性也不强；在200℃时，基体表面Cr富集，形成了致密的腐蚀产物膜，金属材料反倒被保护起来。可见，温度对13Cr不锈钢的CO_2腐蚀的影响主要是对其腐蚀产物膜形成的厚度及致密度的影响来抵抗腐蚀的发生及发展。张国超等研究认为超级13Cr不锈钢的CO_2腐蚀是随温度的升高而加速，其中150℃时腐蚀速率达到最大值（仍小于0.1mm/a）之后开始减小，并且气相的腐蚀比液相的腐蚀更加严重。相对于温度而言，CO_2分压对超级13Cr不锈钢CO_2腐蚀的影响相对较小，主要是CO_3^{2-}与基体中Fe反应，从而加剧了腐蚀过程。但当分压升高到一定程度时，由于腐蚀产物膜的存在，腐蚀速率开始降低。另外，CO_2分压对阴阳极反应也有很大影响，随着CO_2分压的升高，溶液pH值降低，导致Cr-Fe-O-H钝化膜稳定性下降，从而加速腐蚀。Cl^-可以降低钢表面钝化膜形成的可能性或加快钝化膜的破坏，使得CO_2在水溶液中的溶解度降低，有减缓钢腐蚀的作用，因此，Cl^-浓度的影响是双面的、复杂的。董晓焕等通过模拟油田现场环境，对3种不同13Cr不锈钢进行了试验，表明其腐蚀速率随Cl^-浓度升高而先增大后减小。而吕祥鸿等分析其下降倾向的原因是Cl^-浓度的增加使得H_2S、CO_2在溶液中的溶解度下降，导致其腐蚀速率下降。

Cl^-是造成13Cr不锈钢点蚀的主要原因，随着Cl^-浓度的增加，极化电位达到点蚀电位时，就会吸附在钝化膜表面，诱发局部腐蚀，导致了点蚀的发生，并且随着温度的升高，Fe^{2+}的水解加速，溶液pH值降低，自催化作用增强，降低了钢的表面活化能，进而增加了点蚀的倾向。

1.3.2.1 温度的影响

温度会加速超级13Cr不锈钢的腐蚀，容抗弧半径随着温度的增加而减小。当温度升高到150℃时，腐蚀由轻微腐蚀转变成中度腐蚀，动态腐蚀速率达最大值。在180℃含5MPa CO_2的NaCl溶液中的腐蚀速率低于相关的标准要求（0.5mm/a)，仅为传统13Cr不锈钢的1/10。

1.3.2.2 CO_2分压的影响

增加CO_2分压，超级13Cr不锈钢的腐蚀速率会随之增大，但在较高的CO_2分压下趋于稳定，容抗弧半径随着CO_2分压的增加而减小。在温度150℃、0.5m/s动态条件下，当CO_2分压升高到4.5MPa时，腐蚀速率仅为0.0689mm/a，属中度腐蚀，其耐蚀性能明显优于传统13Cr不锈钢。

1.3.2.3 Cl^-的影响

随Cl^-浓度的增大，超级13Cr不锈钢的腐蚀速率呈现先增大后减小的趋势，表面自钝化膜的容抗弧半径先减小后增大，在10000mg/L时达到极值（150℃、2MPa CO_2和600mg/L HAc)，蔡文婷等发现腐蚀速率在110000mg/L时达到最大值。

1.3.2.4 流速的影响

在CO_2腐蚀环境中，超级13Cr不锈钢在动态条件下的腐蚀速率高于静态条件下的腐蚀速率，动、静态条件下的腐蚀速率均较小，属于轻度或中度腐蚀。

1.3.2.5 乙酸的影响

尽管超级13Cr不锈钢适用于含有乙酸的环境（HAc：600mg/L；T：95℃；Cl^-浓度：20000mg/L)，但是其腐蚀速率随乙酸浓度的增加而增大，且未发生局部腐蚀和点蚀。

1.3.2.6 相态的影响

随着井深的增加，超级13Cr不锈钢的腐蚀速率逐渐增大，且气相中的腐蚀速率要大于液相中的腐蚀速率，但不论在液相还是在气相腐蚀条件下，最大腐蚀速率仅为0.0665mm/a。

随着Cl^-浓度的增加，超级13Cr不锈钢的腐蚀速率在气相腐蚀环境中逐渐增大，在液相中变化不大，且气相中的腐蚀速率要大于液相的，两者均远小于0.1mm/a，但局部腐蚀严重。

随着温度的升高，超级 13Cr 不锈钢的腐蚀速率呈微上升的趋势，气相环境中试样的腐蚀速率大于液相中的腐蚀速率，两者均远小于 0.1mm/a，但局部腐蚀严重。

1.3.2.7 H_2S 浓度的影响

Sakamoto 发现微量的 H_2S 使超级 13Cr 不锈钢的腐蚀速率有所降低，但总体来说，随着 H_2S 分压的升高，其腐蚀速率呈增大趋势，这种趋势还受其他因素的影响。

在模拟陕北某区块含 H_2S 气井腐蚀环境中，超级 13Cr 不锈钢的腐蚀速率为 0.01mm/a，而传统 13Cr 不锈钢的腐蚀速率为 0.26mm/a。

1.3.3 CO_2/H_2S 腐蚀

与在 CO_2 腐蚀环境中不同，在 CO_2/H_2S 环境中，超级 13Cr 不锈钢的点蚀电位随 Cl^- 的浓度的增大反而降低，腐蚀速率呈下降趋势，其原因可能是 Cl^- 浓度的增加使得 H_2S 和 CO_2 在溶液中的溶解度下降，进而导致超级 13Cr 不锈钢腐蚀速率下降。

油套管在实际使用中，遇到的环境复杂多变，腐蚀不只是由单一的成分引起的，因此，国内对 CO_2/H_2S 共存条件下的腐蚀都有所研究。H_2S 能通过不同方式影响 CO_2 腐蚀，通过影响 pH 值或者促进阳极溶解，可造成均匀腐蚀、局部腐蚀、硫化物应力腐蚀开裂、氢致开裂等，但由于铁化物的沉淀，所形成的吸附膜可减缓腐蚀。

CO_2/H_2S 共存条件下，当 H_2S 少量时，主要以 CO_2 腐蚀为主，腐蚀速率增大；当 H_2S 增大时，局部腐蚀发生；但当含量继续增加，腐蚀反而受到抑制。对腐蚀的作用是促进或抑制主要取决于腐蚀产物膜中的 FeS，当 H_2S 含量逐渐升高时，腐蚀产物中 Fe_9S_8 含量增加，晶格点阵不完整，容易造成阳离子扩散，保护性能差。但是，对超级 13Cr 不锈钢的腐蚀产物进行 X 射线衍射分析，并未发现 FeS，其成分可能为 Cr_2S_3 或者富 Cr 成分。除了 H_2S 含量外，温度和 pH 值对 CO_2/H_2S 共存条件下的腐蚀影响也很大。H_2S 的水溶液 pH 值为 6 时，腐蚀受到腐蚀产物膜成分的影响，在 pH 值较低时，生成无保护性的 Fe_9S_8，随着 pH 值升高，生成具有保护作用的 FeS_2。但张学元与 Dugstad 认为：pH 值增加，腐蚀速率的减小与溶液中 H^+ 含量减少、阴极还原速率下降有关，并证实了 Carlson 的 pH 值在 5.5～5.6 之间时腐蚀危险最低。可见，CO_2/H_2S 共存条件下，温度主要对 CO_2 和 H_2S 溶解度、反应速率、腐蚀产物成膜机制等的影响来抑制或者促进腐蚀的发展：CO_2 对超级 13Cr 不锈钢的点蚀影响不大，但随着温度的升高和 H_2S 的存在，点蚀倾向明显增大。

1.4 腐蚀产物膜特征

在 CO_2 腐蚀环境中，Ikeda 认为，在温度为 70～100℃、流速小于 78.2m/s 时，超级 13Cr 不锈钢表面形成的腐蚀产物膜相对较薄。表面膜层在温度低于 80℃ 的 NaCl 溶液中具有钝化特性；但随温度的升高，钝化膜层对基体的保护作用降低，发生腐蚀的倾向性增大，当溶液温度高于 60℃时尤为显著；超级 13Cr 不锈钢在不同温度的 NaCl 溶液中由点蚀引发了局部腐蚀，进而导致均匀腐蚀的发生，其腐蚀产物均由 Fe 和 Cr 的氧化物组成，且表面的腐蚀产物疏松不致密。超级 13Cr 不锈钢在 80～150℃能提供较好的保护性，但是在 150℃左右发生严重的点蚀，这是由氧化物态向伪钝化的硫化物膜转变过程所导致的。蔡文婷也发现当温度由130℃升高到150℃时，腐蚀产物膜中的掺杂浓度增大，由双极性n-p型半导体特征转变为p型半导体特征，导致腐蚀产物膜保护性下降。

然而，韩燕等通过XRD分析发现在所有温度条件下超级13Cr不锈钢均无CO_2腐蚀产物$FeCO_3$产生，仅依靠表面形成的钝化膜抵抗CO_2腐蚀。刘艳朝利用XPS也发现超级13Cr不锈钢在不同温度和不同相态CO_2腐蚀环境中的表面钝化膜的主要成分是非晶态的Cr_2O_3。

蔡文婷等研究了超级13Cr不锈钢在含CO_2和Cl^-的腐蚀介质中浸泡7d所形成的钝化膜的半导体性质。在CO_2分压为0.9MPa、温度为100℃、Cl^-浓度为50500mg/L时，超级13Cr不锈钢所形成钝化膜的Mot-Schottky曲线出现了正负斜率的两个线性区，说明钝化膜的半导体发生了极性转变，由p型转变为n型。钝化膜之所以会存在两种不同的半导体类型，主要与组成钝化膜的Ni、Cr和Fe的氧化物和氢氧化物的半导体类型有关。

Fe的氧化物以及硫化物和Cr、Ni的硫化物由于存在高浓度的可作为施主的阴离子空缺而具有n型半导体特征，呈现阴离子选择透过性；Cr、Ni的氧化物和氢氧化物由于存在高浓度的可作为受主的阳离子空缺而具有p型半导体特征，呈现阳离子选择透过性。按照Sato的离子选择性模型，超级13Cr不锈钢表面腐蚀产物膜具有双极性n-p型半导体特征，即能阻止阳离子从基体中迁移，也能防止溶液中的阴离子侵蚀基体，此外还可降低阳极腐蚀电流，从而具有优良的耐蚀性能；而在150℃介质中，超级13Cr不锈钢形成的钝化膜转变为单极性的p型半导体，抗腐蚀能力降低。故在较低的温度和CO_2分压下，超级13Cr不锈钢表面钝化膜的耐蚀性能较好。

1.5 展望

整体而言，超级13Cr不锈钢具有耐蚀性和热稳定性好、强度高、加工成型性及焊接性能优良等优点，目前逐步得到石油企业的认可，并大规模地应用于油气田。但其开发不仅仅包括腐蚀性能一个方面，还需要满足油套管及管线钢生产工艺性能等多个方面，包括显微组织性能，对轧制、热处理程序的适应性，焊接的可焊性能及可操作性能等，均需要进行广泛而深入的研究。除此之外，各油气田腐蚀环境不尽相同，所选管材差异很大（不同厂家生产的管材在性能、化学成分及微观组织方面等存在很大的差别），因此，针对国内油气田腐蚀环境，制定超级13Cr不锈钢选用规范，为其广泛应用奠定扎实的基础。

此外，尽管中国已初步实现超级13Cr不锈钢的国产化，但是在耐蚀性能方面与进口超级13Cr不锈钢还存在一定的差距，其耐点蚀和应力腐蚀性能方面有待进一步改进和提高。超级13Cr不锈钢的表面特征是其耐蚀性能的关键，但是迄今为止认识不一，需深入研究并探寻其腐蚀机理。此外，耐蚀性能不仅受服役环境的影响，最为关键的是由元素组分、组织和热处理工艺所决定，这无疑将成为今后的研究热点。

① 解决高强度时低韧性问题。由于某些马氏体不锈钢存在提高强度而韧性明显降低的问题，如何在适当提高钢的强度的同时保证其具有良好的韧性是目前一大难题。解决此问题的一个途径就是向钢中添加合金元素以及控制钢中合金元素的含量，通过各元素本身以及它们之间的交互作用而获得满足工艺要求的性能。这就需要进一步深入研究其他合金元素在钢

中的作用，合金元素添加量、金属化合物以及逆变奥氏体形貌、结构对钢组织和性能的影响，从而开发出满足特定服役条件的新型钢种。另外，固溶处理、形变处理和循环相变等细化晶粒方法可使晶粒超细化，从而得到超细组织，提高材料的韧性和强度。因此，可以考虑加强对冶炼工艺到轧制整个工艺过程的研究，提高钢的洁净度，晶粒超细化以期获得良好的综合性能，甚至可以考虑利用粉末冶金的方法进行马氏体不锈钢工艺方面的探讨。

② 加强冶炼工艺的研究及相关冶炼设备的研制。二步法、三步法工艺冶炼不锈钢均存在各自的缺点，二步法氩气消耗量大，不能生产超低碳、超低氮不锈钢；而三步法设备复杂、投资较大、生产成本高。因此，加强冶炼工艺的研究是中国国内不锈钢冶炼的一个迫切问题。对于中、低氮马氏体不锈钢而言，常压下采用电炉、普通感应炉就可以冶炼和浇注，目前国内外均已实现工业化生产。但对于高氮钢来说，常压技术就面临更大难度。要想实现钢中更高的含氮量，无疑只能增大冶炼时的压力。因此，加强耐高压冶炼设备的研制也是一个亟待解决的问题。

③ 加强表面处理工艺的研究。表面处理技术包括表面改性、表面电镀、表面钝化和表面抛光等。研究表明，合理的表面改性处理技术是提高马氏体不锈钢的强度、硬度以及耐蚀性的有效途径之一。国外研究学者在奥氏体不锈钢低温表面改性处理上做了大量研究，但对马氏体不锈钢的研究报道很少。目前中国学者还很少进行这一领域的研究。表面电镀是提高钢耐腐蚀性能的有效防护措施，人们可以考虑利用熔盐电解扩散法对马氏体铬不锈钢进行镀镍（渗 Ni)，并进行回火处理，在钢表面形成从外到里镍含量不断下降、铁铬含量不断上升的功能梯度材料，可显著地提高马氏体铬不锈钢的耐蚀性能。因此，马氏体不锈钢表面处理工艺具有较广阔的发展前景。

参考文献

[1] 张旭昀，高明浩，徐子怡，等. Ni、Mo 和 Cu 添加对 13Cr 不锈钢组织和抗 CO_2 腐蚀性能的影响[J]. 材料工程，2013(8)：36-43.

[2] Ma X P, Wang L J, Sundaresa V, et al. Studies on Nb microalloying of 13Cr super martensitic stainless steel[J]. Metallurgical & Materials Transactions A, 2012, 43(12): 4475-4486.

[3] 孙清德. 中国石化集团钻井技术现状及展望[J]. 石油钻探技术，2006，34(2)：1-6.

[4] GB/T 28911—2012 石油天然气钻井工程术语[S]. 2012.

[5] Adamson K, Birch G, Gao E, et al. High-pressure, high-temperature well construction[J]. Oilfield Review, 1998(summer), 36-49.

[6] Wang L W, Zhai W, Cai B, et al. 220℃ ultra-temperature fluid in high pressure and high temperature reservoirs[C]. OTC 26364, 2016.

[7] Shadravan A, Amani M. HPHT 101: what every engineer or geoscientist should know about high pressure high temperature wells[C]. SPE 163376, 2012.

[8] Galindo K A, Debille J P, Espagen B J L, et al. Fluorous-based drilling fluid for ultra-high temperature wells[C]. SPE 166126, 2013.

[9] 张福祥，郭廷亮，杨向同，等. 库车"三超"井射孔工艺关键因素控制分析[J]. 石油管材与仪器，2015，1(2)：41-44.

[10] Junior R R, Ribeiro P R, Santos O L A. HPHT drilling: new frontiers for well safety[C]. SPE 119909, 2009.

[11] 牛新明，张进双，周号博."三超"油气井井控技术难点及对策[J]. 石油钻采技术，2017，45(4)：1-7.

[12] 方旭东，王岩，夏焱，等. 油气田用 SUP13Cr5Ni2Mo 超级马氏体不锈钢热变形加工图研究[J]. 特殊钢，2018，39(5)：1-4.

[13] 齐友，李静，王赤宇，等．超深、超高温、超高压“三超”油气田地面集输管线使用现状、选材及建议——以新疆塔里木盆地库车、拜城地区为例[C]. 2013 中国油气田腐蚀与防护技术科技创新大会论文集，贵阳，2013.

[14] 徐军．超级马氏体不锈钢腐蚀性能的影响因素研究[D]. 昆明：昆明理工大学，2011.

[15] Chellappan M, Lingadurai K, Sathiya P. Characterization and optimization of TIG welded supermartensitic stainless steel using TOPSIS[J]. Materials Today: Proceedings, 2017, 4(2): 1662-1669.

[16] 董玉涛．淬火工艺对 13Cr 超级马氏体不锈钢组织和性能的影响[D]. 天津：天津大学，2014.

[17] 刘发．3Cr13 马氏体不锈钢的高温热变形行为研究[J]. 中国冶金，2015，25(10)：38-41，65.

[18] 李珣，姜放，陈文梅，等．井下油套管二氧化碳腐蚀[J]. 石油与天然气化工，2006，35(4)：300-303.

[19] Escobar J D, Poplawsky J D, Faria G A, et al. Compositional analysis on the reverted austenite and tempered martensite in a Ti-stabilized supermartensitic stainless steel: Segregation, partitioning and carbide precipitation[J]. Materials and Design, 2018, 140: 95-105.

[20] 北京钢铁研究总院．GB/T 8362 钢中残余奥氏体定量测定 X 射线衍射仪法[S]. 北京：国家标准局，1987.

[21] 徐建林，居春艳，季根顺．不锈钢相变的研究进展[J]. 热加工工艺，2008，37(14)：104-107.

[22] 袁彩梅，王国强．马氏体不锈钢的研究与应用[J]. 机械工程与自动化，2012 (4)：99-101.

[23] 徐增华．金属耐蚀材料[J]. 腐蚀与防护，2001，22(5)：229-231.

[24] 刘鑫．Cr15 超级马氏体不锈钢组织及力学性能的研究[D]. 昆明：昆明理工大学，2012.

[25] 文志旻．低温用高强度马氏体不锈钢成分、组织及性能的研究[D]. 昆明：昆明理工大学，2011.

[26] 朱晓光．1Cr16Ni2MoN 钢组织和性能研究[D]. 哈尔滨：哈尔滨工程大学，2006.

[27] Ikeda A, Ueda M, Mukai S. CO_2 Behavior of carbon and Cr steels[A]. New orileans USA, 1984, 39-43.

[28] 张学元，王凤平，陈卓元，等．油气开发中二氧化碳腐蚀的研究现状和趋势[J]. 油田化学，1997，14(2)：190-196.

[29] 周永恒．不同 Cr 含量对超级马氏体不锈钢组织和性能的影响[D]. 昆明：昆明理工大学，2012.

[30] 文志旻．低温用高强度马氏体不锈钢成分、组织及性能的研究[D]. 昆明：昆明理工大学，2011.

[31] 易邦旺，钱学君，郎文运，等．镍含量对 13Cr 型低碳马氏体不锈钢性能的影响[J]. 金属功能材料，1997，4(2)：75-78.

[32] 徐文亮，唐豪清，孙元宁．合金元素对 2Cr13 马氏体不锈钢组织及性能的影响[J]. 宝钢技术，2008(5)：3939.

[33] 陆世英．不锈钢概论[M]. 北京：科学技术出版社，2007.

[34] 陆世英．在腐蚀环境中不锈钢的合理选择[J]. 钢铁，1985，20(12)：3-16.

[35] Calliari I, Zanesco M, Dabala K. Investigation of microstructure and properties of a Ni-Mo martensitic stainless steel [J]. Materials and Design, 2008(29): 246-250.

[36] 刘海定，王东哲，魏捍东，等．高氮奥氏体不锈钢的研究进展[J]. 特殊钢，2009，30(4)：45-48.

[37] 陈翠欣．不锈钢固溶渗氮[J]. 国外金属热处理，2001，22(2)：16-20.

[38] 钟厉．纯氮离子渗氮新工艺及离子渗氮机理研究[D]. 重庆：重庆大学，2004.

[39] 翟瑞银，吴狄峰，常锷．氮对低碳马氏体不锈钢组织和性能的影响[J]. 宝钢技术，2013(5)：32-36.

[40] Kim S K, Yoo J S, Priest J M, et al. Characteristics of martensitic stainless steel nitrided in a low-pressure RF plasma [J]. Surface and Coatings Technology, 2003, 163-164: 308-383.

[41] 胡凯，武明雨，李运刚．马氏体不锈钢的研究进展[J]. 铸造技术，2015，36(10)：2394-2400.

[42] 杨觉明，上官晓峰，要玉宏．材料热加工基础[M]. 北京：化学工业出版社，2011.

[43] 龚雪辉．0Cr16Ni5Mo 马氏体不锈钢热处理及热变形行为研究[D]. 长沙：湖南大学，2015.

[44] 刘玉荣．热处理工艺对超级马氏体不锈钢组织和性能的影响[D]. 昆明：昆明理工大学，2011.

[45] 杨跃辉，武会宾，蔡庆伍，等．9Ni 钢中回转奥氏体的形成规律及其稳定性[J]. 材料热处理学报，2010，31(3)：76-80.

[46] 陈肇翼，刘靖，任学平．13Cr 超级马氏体不锈钢热变形特性[J]. 中国冶金，2019，29(7)：39-43.

[47] Shi Z J, Cui N J. New 15% Cr martensitic stainless steel for oil tube[J]. Low Alloy Steel, 1992(12): 67-71.

[48] Lou Y C. A new martensitic stainless cast steel with low carbon for hydraulic turbine ZG06Cr10Ni4Mo[J]. Foundry, 2005, 54(11): 1073-1075.

[49] Sun X, Liu C M. Status and tendency of development for cast low carbon martensitic stainless steel[J]. Foundry, 2007, 56(1): 1-5.

[50] Diao N S, Gong R C. Developing of super large casting of rotator in hydropower station[J]. China Foundry Material & Technology, 2007(2): 30-32.

[51] Xu Y Q, Zhai R Y, Huang Z Z. Effect of tempering on the properties and microstructure of 00Cr13Ni5Mo[J]. Baosteel Technical Research, 2018, 12(3): 31-36.
[52] 张孝福．超级马氏体不锈钢[J]. 太钢译文, 1999(4): 66-70.
[53] 刘玉荣, 业冬, 徐军, 等．13Cr 超级马氏体不锈钢的组织[J]. 材料热处理学报, 2011, 32(12): 66-70.
[54] Sytze H, Willem E L. Limitations for the application of 13Cr steel in oil and gas production environments[C]// Corrosion/97, paper No. 39. Houston: NACE, 1997.
[55] Asahi H, Hara T, Sugiyama M. Corrosion performance of modified 13Cr OCTG [C]// Corrosion/96, paper No. 61. Houston: NACE, 1996.
[56] 王斌, 周小虎, 李春福, 等．钻井完井高温高压 H_2S/CO_2 共存条件下套管、油管腐蚀研究[J]. 天然气工业, 2007, 27(2): 67-69.
[57] 刘玉荣, 业冬, 徐军, 等．13Cr 超级马氏体不锈钢的组织[J]. 材料热处理学报, 2011, 32(12): 66-71.
[58] Asahi H, Hara T, Kawakami A, et al. Development of sour resistant modified 13Cr OCTG[C]//Corrosion /95, paper No. 179. Houston: NACE, 1995.
[59] Toshiyuki S, Hiroshi H, Yasuy O T, et al. Corrosion experience of 13Cr steel tubing and laboratory evaluation of super 13Cr steel in sweet environments containing acetic acid and trace amounts of H_2S[C]// Corrosion/2009, paper No. 09568. Atlanta: NACE, 2009.
[60] Popperling R, Niederhoff K A, Fliethmann J, et al. Cr13LC steels for OCTG, flowline and pipeline applications[C]// Corrosion/97, paper No. 38. Houston: NACE, 1997.
[61] 鲜宁, 姜放, 赵华莱, 等．H_2S/CO_2 环境下析出相对 28 合金耐 SCC 性能的影响[J]. 天然气工业, 2010, 30(4): 111-115.
[62] Cooling P J, Kermani M B, Martin J W, et al. The application limits of alloyed 13%Cr tubular steels for downhole duties[C]// Corrosion/98, paper No. 94. San Diego: NACE, 1998.
[63] Dharma A, Russell D K. Definition of safe service use limits for use of stainless alloys in petroleum production[C]// Corrosion/97, paper No. 34. Houston: NACE, 1997.
[64] Marchebois H, Leyer J, Orlans-Joliet B, et al. SSC performance of a Super 13%Cr Martensitic Stainless Steel: influence of p_{H_2S}, pH, and chloride content[C]//paper 100646. presented at the SPE International Oilfield Corrosion Symposium, 20 May 2006, Aherdeen, UK. New York: SPE, 2006.
[65] 李琼玮, 奚运涛, 董晓焕, 等．超级 13Cr 油套管在含 H_2S 气井环境下的腐蚀试验[J]. 天然气工业, 2012, 32(12): 106-109.
[66] 张孝福．超级马氏体不锈钢[J]. 太钢译文, 1999(4): 66-70.
[67] 薄鑫涛．不锈钢钢种发展的一些动向[J]. 热处理, 2007, 22(4): 5-9.
[68] 王斌, 栗卓新, 李国栋．超级马氏体不锈钢焊接的研究进展[J]. 新技术新工艺, 2008(5): 57-61.
[69] 韩燕, 赵雪会, 白真权, 等．不同温度下超级 13Cr 在 Cl^-/CO_2 环境中的腐蚀行为[J]. 腐蚀与防护, 2011, 32(5): 366-369.
[70] 林冠发, 相建民, 常泽亮, 等．3 种 13Cr110 钢高温高压 CO_2 腐蚀行为对比研究[J]. 装备环境工程, 2008, 5(5): 1-4.
[71] 吕祥鸿, 赵国仙, 杨延清, 等．13Cr 钢高温高压 CO_2 腐蚀电化学特性研究[J]. 材料工程, 2004(10): 16-20.
[72] 赵国仙, 吕祥鸿．温度油套管用钢腐蚀速率的影响[J]. 西安石油大学学报, 2008, 23(4): 74-78.
[73] Felton P, Schofield M J. Understanding the high temperature corrosion behavior of modified 13Cr martensitic OCTG [A]. 53th NACE Annual Conference, San Diego, California, March 25－27, 1998[C]. Houston: Omnipress, 1998.
[74] Ibrahim M Z, Hudson N, Selamat K. Corrosion behavior of super 13Cr martensitic stainless steels in completion fluids [A]. 58st NACE Annual Conlerence, Houston, Texas, April 3-7, 2005[C]. Houston: Omnipress, 2003.
[75] 李平全．俄罗斯油气输送钢管选用指南：钢管技术条件汇编[M]. 西安：中国石油天然气集团公司管材研究所, 1999.
[76] Tiziana C, Euuenio L P, Lucrezia S. Corrosion behavior of corrosion resistant alloys in stimulation acids[A]. Long Term Prediction & Modeling of Corrosion[C]. France: Eurocorr, 2004.
[77] Yanu B Y, Koh S U, Kim J S. Effect of alloying elements on the susceptibility to sulfide stress cracking of line pipe steels[J]. Corrosion, 2004, 60(3): 262-274.
[78] Hashizume S J. Performance of high strength low C-13Cr martensitic stainless steel[A]. 62nd NACE Annual Confer-

ence[C]. Houston,Omnipress,2007.

[79] 周波,崔润炯,刘建中. 增强型13Cr钢抗CO_2腐蚀套管的研制[J]. 钢管,2006,36(6):22-26.

[80] 刘亚娟,吕祥鸿,赵国仙,等. 超级13Cr马氏体不锈钢在入井流体与产出流体环境中的腐蚀行为研究[J]. 材料工程,2012(10):17-22.

[81] 张丹阳,李臻. P110钢和13Cr不锈钢的腐蚀疲劳裂纹扩展研究[J]. 全面腐蚀控制,2019,33(3):100-106.

[82] 李臻,王文涛,王建才,等. CO_2-Cl^-共存腐蚀介质中油管钢腐蚀疲劳裂纹扩展性能研究[J]. 机械强度,2016,38(5):957-961.

[83] 赵志博. 超级13Cr不锈钢油管在土酸酸化液中的腐蚀行为研究[D]. 西安:西安石油大学,2014.

[84] 康喜唐,聂飞. HP2-13Cr无缝钢管的研制开发[J]. 钢管,2015,44(3):31-35.

[85] Abareshi M. Effect of retained austenite characteristics on fatigue behavior and tensile and Design,properties of transformation induced plasticity steel[J]. Materials Emadoddin,2011,32:5099-5105.

[86] Thomas G. Retained austenite and tempered martensite embrittlement[J]. Metallurgical and Materials Transactions A,1978,9(3):439-450.

[87] Castro R,Decadeney J J. Welding metallurgy of stainless and heat-resisting steels[M]. Cambridge:Cambridge University Press,1974:476-479.

[88] Hashizume S. A new 15 %Cr martensitic stainless steel developed for OCTG[J]. Corrosion,1991,28:24-32.

[89] Li X M,Zou Y,Zhang Z W,et al. Microstructure evolution of a novel super 304H steel aged at high temperatures[J]. Materials Transactions,2010,51(2):305-309.

[90] 柳青. 高铬铸铁中碳化物的变质处理[D]. 济南:山东大学,2011.

[91] 李新梅. Super304H奥氏体钢焊接接头组织与性能研究[D]. 济南:山东大学,2010.

[92] 姜雯. 超级马氏体不锈钢组织性能及逆变奥氏体机制的研究[D]. 昆明:昆明理工大学,2014.

[93] 李春福,王斌,代加林. P110钢高温高压下CO_2腐蚀产物组织结构及电化学研究[J]. 材料热处理学报,2006,27(5):73-78.

[94] 张国超,张涵,牛坤,等. 高温高压下超级13Cr不锈钢抗CO_2腐蚀性能[J]. 材料保护,2012(6):58-60.

[95] 陈博,郝喆,白慧文,等. 不同环境下不锈钢腐蚀类型及研究现状[J]. 全面腐蚀控制,2014,28(7):15-19.

[96] 谢香山. 高性能油井管的发展及其前景[J]. 上海金属,2000,22(3):3-12.

[97] Aberle D,Agarwal D. High performance corrosion resistant stainless steels and nickel alloys for oil and gas applications[A]. Corrosion/2008[C]. Houston,Texas:NACE,paper No. 08085.

[98] Jackman P,Everson H. Development of new martensitic stainless steel for OCTG:the challenges for the steelmaker and the tube maker[A]// Corrosion/1995]C],Paper No. 950304.

[99] Ueda M,Amaya H,Kondo K,et al. Corrosion resistance of weldable super 13Cr stainless steel in H_2S containing CO_2 environments[A]. Corrosion/1996[C]. Houston,Texas:NACE,1996 Paper No. 96058.

[100] Scoppio L,Barteri M,Cumino G. Sulfide stress cracking resistance of super martensitic stainless steel for OCTG[J]. Corrosion,1997,3(3):45-55.

[101] 蔡文婷,赵国仙,魏爱玲. 超级13Cr与镍基合金UNS N08028钝化膜耐蚀性研究[J]. 石油化工应用,2011,30(2):9-13.

[102] Sato N. Interfacial ion-selective diffusion layer and passivation of metal anodes[J]. Electrochem Acta,1996,41(9):1525-1532.

[103] 王少兰,费敬银,林西华,等. 高性能耐蚀管材及超级13Cr研究进展[J]. 腐蚀科学与防护技术,2013,25(4):322-326.

[104] 董玉涛. 淬火工艺对13Cr超级马氏体不锈钢组织和性能的影响[D]. 天津:天津大学,2013.

[105] 吴领,谢发勤,姚小飞,等. 13Cr-N80油管钢在不同浓度NaCl溶液中的电偶腐蚀行为[J]. 材料导报 B:研究篇,2013,27(7):117-120.

[106] 杨海霞,胡传顺,梁晋平. 硫脲对Ni-P镀层腐蚀行为的影响[J]. 石油化工高等学校学报,2012,25(5):56-59.

[107] 高德杰,王鑫,王春生. 天然气输送管线温度计算[J]. 石油矿场机械,2011,40(7):39-43.

[108] 史艳华,梁晋平,张国福. 低碳钢在抚顺各典型地区土壤中的腐蚀行为[J]. 石油化工高等学校学报,2012,25(5):59-63.

[109] 马燕,林冠发. 超级 13Cr 不锈钢腐蚀性能的研究现状与进展[J]. 辽宁化工,2014,43(1):39-41.

[110] Cayard M S,Kane R D. Serviceability of 13Cr tubulars in oil and gas production environments[A]. Corrosion/98[C]. Houston,Texas:NACE,1998,112.

[111] Joosten M W,Kolts J,Hembree J W,et al. Organic acid corrosion in oil and gas production[A]. Corrosion/2002[C]. Houston,Texas:NACE,2002,02294.

[112] Sunaba T,Honda H,Tomoe Y. Localized corrosion performance evaluation of CRAs in sweet environments with acetic acid at ambient temperature and 180℃[A]. Corrosion/2010[C]. Houston,Texas:NACE,2010,10335.

[113] 刘亚娟,吕祥鸿,赵国仙,等. 超级 13Cr 马氏体不锈钢在入井流体与产出流体环境中的腐蚀行为研究[J]. 材料工程,2012(10):17-23.

[114] 刘艳朝,常泽亮,赵国仙,等. 超级 13Cr 不锈钢在超深超高压高温油气井中的腐蚀行为研究[J]. 热加工工艺,2012,41(10):71-75.

[115] 刘艳朝,赵国仙,薛艳,等. 超级 13Cr 钢在高温高压下的抗 CO_2 腐蚀性能[J]. 全面腐蚀控制,2011,25(11):29-34.

[116] Sakamoto S,Maruyama K,Kaneta H. Corrosion property of API and modified 13Cr steels in oil and gas environment[A]. Corrosion/96[C],Houston,Texas:NACE,1996,77.

[117] Ikeda A,Ueda M. Corrosion behaviour of Cr containing steels predicting CO_2 corrosion in oil and gas Industry[J]. Corrosion,1985,37(2):121-129.

[118] 姚小飞,谢发勤,吴向清,等. 超级 13Cr 钢在不同温度 NaCl 溶液中的膜层电特性与腐蚀行为[J]. 中国表面工程,2012,25(5):73-78.

[119] 雷冰,马元泰,李瑛,等. 模拟高温高压气井环境中 HP2-13Cr 的点蚀行为研究[J]. 腐蚀科学与防护技术,2013,25(2):100-104.

[120] 张国超,林冠发,雷丹,等. 超级 13Cr 不锈钢的临界点蚀温度[J]. 腐蚀与防护,2012,33(9):777-779.

[121] 林冠发,宋文磊,王咏梅,等. 两种 HP13Cr110 钢腐蚀性能对比研究[J]. 装备环境工程,2010,7(6):183-186.

[122] 要玉宏,刘江南,王正品,等. 模拟油气田环境中 HP13Cr 和 N80 油管钢的 CO_2 腐蚀行为[J]. 腐蚀与防护,2011,32(5):352-354.

[123] Linne C P,Blanchard F,Guntz G C,et al. Corrosion performances of modified 13Cr for OCTG in oil and gas environments[A]. Corrosion/97[C]. Houston,Texas:NACE,1997,28.

[124] 吕祥鸿,赵国仙,王宇,等. 超级 13Cr 马氏体不锈钢抗 SSC 性能研究[J]. 材料工程,2011(2):17-21+25.

[125] 姚小飞,谢发勤,吴向清,等. 温度对超级 13Cr 油管钢慢拉伸应力腐蚀开裂的影响[J]. 石油矿场机械,2012,41(9):50-53.

[126] 姚小飞,谢发勤,吴向清,等. Cl^- 浓度对超级 13Cr 油管钢应力腐蚀开裂行为的影响[J]. 材料导报,2012,26(9):38-41+45.

[127] 刘克斌,周伟民,植田昌克,等. 超级 13Cr 钢在含 CO_2 的 $CaCl_2$ 完井液中应力腐蚀开裂行为[J]. 石油与天然气化工,2007,36(3):222-226.

[128] 周伟民. 13Cr 和 Super13Cr 不锈钢在 CO_2 饱和的 $CaCl_2$ 完井液中的应力腐蚀开裂[D]. 武汉:华中科技大学,2007.

[129] 朱世东,李金灵,马海霞,等. 超级 13Cr 不锈钢腐蚀行为研究进展[J]. 腐蚀科学与防护技术,2014,26(2):183-186.

[130] 蔡文婷. HP13Cr 不锈钢油管材料在含高氯离子环境中的抗腐蚀性能[D]. 西安:西安石油大学,2011.

[131] 郑伟. 油田复杂环境超级 13Cr 油套管钢 CO_2 腐蚀行为研究[D]. 西安:西安石油大学,2015.

[132] 樊恒,骆佳楠,李鹏宇,等. 腐蚀形貌简化对完井管柱剩余强度的影响分析[J]. 石油机械,2016,44(8):65-70.

[133] 吕祥鸿,赵国仙,张建兵,等. 超级 13Cr 马氏体不锈钢在 CO_2 及 H_2S/CO_2 环境中的腐蚀行为[J]. 北京科技大学学报,2010,32(2):207-212.

[134] 张春霞,杨建强,张忠铧. 00Cr13Ni5Mo2 中 D 类夹杂物在酸化环境中的腐蚀行为研究[J]. 宝钢技术,2015(4):18-21.

[135] 李小宇,王亚,杜兵,等. 逆变奥氏体对 0Cr13Ni5Mo 钢热处理恢复断裂韧性的作用[J]. 2007 (10):47-50.

第 2 章　研制现状与应用

2.1　绪言

超低碳马氏体不锈钢是一类经济适用型的新钢种，其使用成本比双相不锈钢低，从而使该类钢在不锈钢系列中具有很强的竞争优势，应用前景十分广阔。在超级马氏体不锈钢取得成功之前，对许多应用不锈钢的领域，特别是含 CO_2 或者含 CO_2/H_2S 腐蚀介质的环境，往往使用双相不锈钢，一些特殊部件甚至要求使用超级双相不锈钢。现在，人们越来越多地用超级马氏体不锈钢来部分取代双相不锈钢和超级双相不锈钢，这除了它在某些腐蚀环境下仍具有强度高、耐蚀性能好以及－40℃的冲击韧性好的特点之外，更主要的原因是它比双相不锈钢更经济。首先，在重量相等、耐腐蚀性能相当的前提下，采用超级 13Cr 不锈钢比采用双相不锈钢更便宜；其次，它的强度比双相不锈钢高得多，所以用超级 13Cr 不锈钢制作的零部件（如三通、弯头、输送管和支管等）壁厚可以减薄，从而可降低成本。因此，综合比较，超级 13Cr 不锈钢相比双相不锈钢具有较强的优势，使得它在许多工业特别是石油工业中得到了更多的应用。

超级 13Cr 不锈钢除可以应用于泵、压缩机、阀门及其他机加工用途外，超级马氏体海洋用管也已经开发成功，满足了海上石油天然气开发生产对无缝管输送管道的要求，成为海洋用钢的新成员。荷兰的 NAM 石油天然气公司曾对其位于荷兰北部格罗宁根天然气田的湿天然气处理设施进行现代化改造，包括对 30 个球罐进行大修和对所有输送管道进行更换，新选用的材料全部是超级 13Cr 不锈钢。阿曼的液态天然气工程采用超级 13Cr 不锈钢铺设了几十公里长的输送管线。埃及和尼日利亚也在研究开发类似的工程。此外，水力发电、采矿设备、化工设备、食品工业、交通运输及高温纸浆生产设备也是极具潜力的应用领域。但是，超级 13Cr 不锈钢的主要应用领域还是石油天然气工业。由于具有优良的耐 CO_2 腐蚀性能，13Cr 系的马氏体不锈钢管材需求逐年增加，并已扩展到低含硫环境，这对其抗 SSC 性能提出了新的要求。

超级 13Cr 不锈钢除了具有传统 13Cr 不锈钢的特征之外，其油井管还具有以下优点：①高强度和高硬度，强度可达到 110ksi（1ksi＝6.895MPa）；②在高温（＞120℃）下有更好的抗腐蚀能力；③在酸性环境下的抗腐蚀能力稍有提高（在同一强度等级下）。

超级 13Cr 不锈钢相对于传统 13Cr 不锈钢中的合金元素含量更高，更适合在较恶劣的环境下使用，且耐腐蚀性能较强，主要用于高 CO_2 环境下的井下油井管，可为高温高压油气井开发生产提供较好的经济效益和生产安全性。但超级 13Cr 不锈钢管的冶炼和轧制控制技术难度较大，在国内仅有宝钢、天钢和衡钢等几家大规模的厂家才能生产。

2.2 开发历程

油井管包括套管、油管及钻柱构件（钻杆、钻铤、方钻杆等）。根据中国统计数据，实际钻井每钻进 1m，约需油井管 62kg，其中套管 48kg、油管 10kg、钻杆 3kg、钻铤 0.5kg。根据井深和管柱结构设计，油套管约占油井管总消耗量的 92%～96%，而套管约占油套管消耗量的 3/4。

美国能源部对国际上的井深趋势进行了统计，发现近 40 年来，全球石油天然气井深平均增加了一倍以上，并且继续呈快速增长的趋势。随着井深增加，井内温度、压力相应提高。这些导致了油井管服役条件日益复杂和严酷，对油井管的技术要求也越来越高，仅符合 API（美国石油学会）标准的钻杆和油套管已经无法满足使用要求，迫切需要高性能的油井管。

超级 13Cr 不锈钢是含有马氏体组织的耐蚀合金钢，是在传统 13Cr 不锈钢（API 5CT L80-13Cr）基础上大幅降低 C 含量，添加 Ni、Mo 和 Cu 等合金元素形成的，故又称为改良型 13Cr 不锈钢，是 ISO 15156 标准中规定的马氏体不锈钢。传统的马氏体不锈钢通常是指 410、420 和 431 等牌号的不锈钢，含 Cr 量分别为 13%和 17%左右。这类钢缺乏足够的延展性，而且在制造过程中应力裂纹较敏感、可焊性差，因而其实际使用受到限制。

为了克服上述不足，20 世纪 50 年代末，瑞士科学家引入软马氏体的概念。最初的目的是改善水轮发电机叶轮的焊接性能，通过降低 C 含量（最高 C 含量为 0.07%）、增加 Ni 含量（3.5%～4.5%），开发出一系列新的合金。这类合金抗拉强度高、延展性好，焊接性能也得到了改善。

随着冶炼技术的进步，AOD（氩氧脱碳）/VOD（真空吹氧脱碳）精炼技术广泛地应用于不锈钢的精炼，这类合金的最高 C 含量从 0.07%降低到 0.05%和 0.03%。经过人们的不懈努力，C 含量进一步降低，合金成分进一步优化，不锈钢的综合力学性能得到提高，耐腐蚀性能良好，特别是焊接性能得到显著改善，形成了新的超级 13Cr 不锈钢系列，成为不锈钢家族中令人广泛关注的一个系列。

20 世纪 70 年代以来，传统 9Cr、13Cr 不锈钢开始广泛应用于油气工业。据 NACE（美国腐蚀工程师国际协会）技术委员会报告统计，1980～1993 年公开文献中应用的传统 13Cr 油井管（如 API 5CT L80-13Cr，AISI 420）已超过 240×10^4m。但随着油气田开采的不断深入，一些油气井的开发面临着更深、更高温度和更强酸性的井下环境的挑战。

自 1989 年日本的 A. Tamki 在 NACE 的 Corrosion 年会报告中提出“高温和高 Cl^- 浓度 CO_2 环境下的新型改良 13Cr 油井管”以来，国外的日本四大钢管公司、德国 V&M 公司等几家公司陆续开始研究以“13Cr-5Mo-2Ni”为代表的超级 13Cr 不锈钢油井管。自 1993 年起开始了超级 13Cr 不锈钢的商业化规模生产，其油套管和钻杆陆续被修订的 ISO 15156—2015 和 ISO 13680—2020 等标准所认可。

近几年来油气田开发的超深油气井越来越多，井下管柱所面临的腐蚀环境越来越苛刻，对其耐蚀性能也提出了更高的要求，如高温高压或超高温高压环境、高 Cl^- 浓度环境下的耐 CO_2 腐蚀性能和耐点蚀性能，以及管柱力学性能等。由于油气井较深，井底温度和压力均较高，如伴随较高 CO_2 含量和 Cl^- 浓度，管柱服役时所遭受的腐蚀是非常严重的，碳钢或低合金钢管柱根本无法满足其耐蚀性能的要求。目前，油田在防止油气腐蚀上所用的主要金属材料是J55、N80、P110碳钢。这些油套管用钢，在温度和压力比较低的情况下可以满足其基本的耐蚀性能要求。但是随着石油开采的地层深度越来越大，油井管所面临的腐蚀环境也越来越苛刻，井下的温度和压力也越来越大，普通油井管材已不能达到耐蚀性能的要求。对此，有些油田选用高级耐蚀钢管，13Cr不锈钢就是一种耐蚀性能较好的油井管用钢，基本上能抵抗油气井下高温高压环境的腐蚀。目前，13Cr不锈钢已经开始应用于中国的油气田开发中，API-13Cr马氏体不锈钢管被美国石油学会列为适用于湿性 CO_2 环境的代表性石油管。API-13Cr不锈钢管主要靠添加12%～14%的Cr使其表面形成一定程度的钝化膜，来提高其抗 CO_2 腐蚀能力，在油气田开发过程中的需求量在逐年增长。然而，API-13Cr不锈钢在使用中也存在一些问题，例如，在温度高于100℃或 CO_2 分压较高（>2.0MPa）时，其耐蚀性能急剧下降，应用因此而受到限制。近年来随着深井的开发，油气井的腐蚀条件不断恶化，包括高温、高 CO_2 分压和高浓度 Cl^-，传统13Cr不锈钢的耐 CO_2 腐蚀性能常常不足。研究表明，传统13Cr不锈钢在高温时的均匀腐蚀、中温时的点蚀和低温时的硫化物应力开裂（SSC）都表现出其使用的局限性。

相对于传统13Cr不锈钢，超级13Cr不锈钢中合金元素含量更高，使用环境更加恶劣时，耐 CO_2 腐蚀和耐 CO_2/H_2S 性能更好，因而成为近年来开发的新型油套管用钢。超级13Cr不锈钢是在API-13Cr基础上加入了Ni、Mo、Cu等合金元素，相对于传统13Cr不锈钢而言，超级13Cr不锈钢的C含量更低，合金元素成分更高，具有高强度、低温韧性好和较强抗腐蚀性能的综合特点。超级13Cr不锈钢管材在国外北海油田、北美等高含 CO_2 的气田大量应用，在国内塔里木和中石油西南分公司也有一定应用。在价格方面，超级13Cr不锈钢比更高等级的22Cr双相不锈钢更经济，以抗硫碳钢价格基数为1计算，传统13Cr、超级13Cr及双相不锈钢油套管的价格比约为3：5：12。

2.3 产品研发

美国石油协会API Spec 5CT标准中的13Cr油套管（API L80-13Cr）具有良好的耐 CO_2 腐蚀性能，是适用于含有 CO_2 潮湿环境的代表性产品。一些地质和环境条件十分苛刻的油气田相继投入开发，这要求管材具有优异的 H_2S、CO_2、高温耐蚀性。L80-13Cr油套管已经无法满足使用要求，迫切需要具有高性能或特殊性能的非标油套管。油套管在石油工业中用量大、投入多，其质量、性能与石油工业发展的关系重大。目前国内外先进钢管集团已开发出满足使用要求的非API 13Cr马氏体不锈钢高耐蚀油套管。

为了满足苛刻的服役条件对油套管抗 H_2S、CO_2 腐蚀性能的要求，住友金属、JFE、宝钢和天津钢管等国内外先进钢管企业都开发了自己的非API 13Cr系产品，表2-1为国内外非API 13Cr系马氏体不锈钢油套管的生产厂家和产品。

表2-1 国内外非API 13Cr系马氏体不锈钢油套管的生产厂家和产品

公司	耐 CO_2 腐蚀	耐 CO_2+少量 H_2S 腐蚀
日本住友金属	SM-13CrM-95,110	SM13CrS-95,110
日本JFE	JFE-HPI-13Cr-95,110	JFE-HP2-13Cr-95,110 JFE-UHP-15Cr-125

续表

公司	耐 CO_2 腐蚀	耐 CO_2 + 少量 H_2S 腐蚀
中国宝钢	BG95-13Cr BG110-13Cr	BG13Cr-110U BG13Cr-110S
中国天津钢管	TP80-110NC-13Cr TP95-HP13Cr TP110-HP13Cr TP125-HP13Cr	TP95-SUP13Cr TP110-SUP13Cr TP125-SUP13Cr

马氏体不锈钢系列油套管使用量已占全部耐蚀合金钢的一半。据川崎公司 13Cr 及超级 13Cr 油井管销售记录资料显示，供应量总体逐年增加，例如 13Cr 油井管的销售量自 1984 年的 177t 快速增加到 2000 年的 53718t。目前，在中国一些高温高压含 CO_2 油气田，在所有油管的使用数量中，马氏体不锈钢系列油套管已经超过 20%，所占金额超过 40%。

国外对马氏体不锈钢管材研究较多的是日本的 JFE、NKK 等以及阿根廷的 Tenaris 钢管公司等，在马氏体不锈钢系列油套管的开发和应用方面做了大量的工作，如 JFE 钢管公司近 20 年相继推出含 CO_2 潮湿环境用普通 13Cr（JFE-13Cr-80、JFE-13Cr-85、JFE-13Cr-95)、高温含 CO_2 潮湿环境用超级Ⅰ型 13Cr（JFE-HP1-13Cr-95、JFE-HP1-13Cr-110)、高温含 CO_2 潮湿环境用超级Ⅱ型 13Cr（JFE-HP2-13Cr-95、JFE-HP2-13Cr-110)、高温含 CO_2 潮湿环境用高强 15Cr（JFE-UHP-15Cr-125）及超高温含 CO_2 潮湿环境用新型 17Cr（JFE-UHP-17Cr-110、JFE-UHP-17Cr-110）系列马氏体不锈钢油套管。传统 13Cr 及超级 13Cr（HP 及 Super）马氏体不锈钢管材已在欧洲、北美及其他地区广泛使用，高强 15Cr 及新型 17Cr 马氏体不锈钢油套管也在墨西哥湾等高温高压和超高温高压油气井得到了初步应用，以解决开采过程中 CO_2 腐蚀问题，1995—2000 年销售记录如图 2-1 所示。

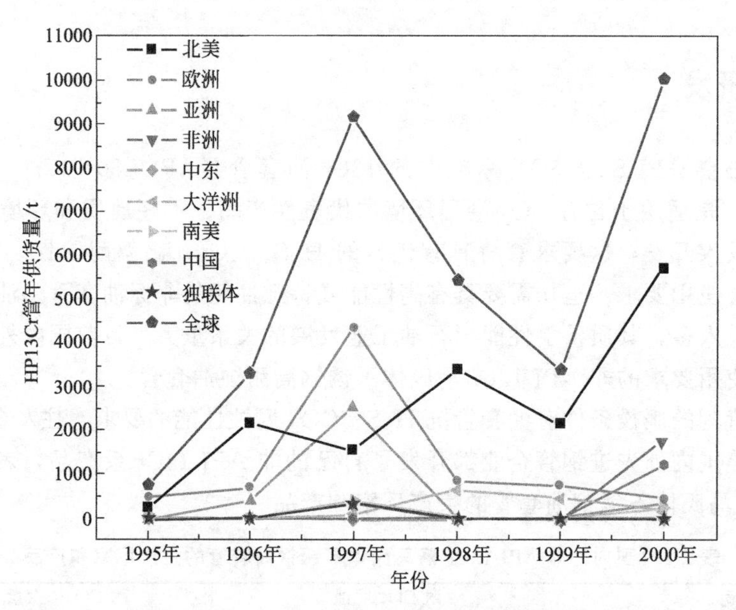

图 2-1 JFE（川崎制铁）超级 13Cr 马氏体不锈钢油井管销售记录

与国外相比，中国抗 CO_2 腐蚀马氏体不锈钢油套管的研发工作起步晚，但是近 10 年来也已取得了显著的成就。宝山钢铁股份有限公司对马氏体不锈钢系列油套管的国产化做出了突出贡献，近年来相继推出了传统13Cr（BG L80-13Cr、BG 95-13Cr、BG 13Cr110）、超级Ⅰ型13Cr（BG13Cr110U）、超级Ⅱ型13Cr（BT-S13Cr110）、高强15Cr（BG 15Cr-125）及新型17Cr（BG 17Cr-125）系列马氏体不锈钢油套管，传统13Cr和超级13Cr不锈钢油套管已经在塔里木、长庆、胜利、文昌和东方等油田进行了应用，高强15Cr及新型17Cr不锈钢油套管也在试用阶段，这有力保障了中国高温高压含CO_2油气井的顺利开发。

超级13Cr不锈钢是针对CO_2+Cl^-腐蚀选用的耐蚀材料，但在开发之初并未充分考虑到酸化作业过程中无机酸和有机酸腐蚀的影响。在缓蚀性能方面，酸化缓蚀剂及缓蚀增效剂的研发跟不上管材研发进度，即新型耐蚀管材的匹配缓蚀剂很少，原先适用的缓蚀剂并不一定匹配新型耐蚀管材，例如，适用于超级Ⅰ型13Cr的缓蚀剂并不适用于超级Ⅱ型13Cr。国外研究表明Cu盐尽管广泛作为缓蚀增效剂的添加组元，但其水合衍生物的毒性较大，且在酸化过程中会在管壁析出单质Cu（膜），而贵金属Cu膜的覆盖不致密将会导致超级13Cr不锈钢产生严重的点蚀（电偶腐蚀），故选用KI作为缓蚀增效剂的添加组元。而有文献提及在塔里木13Cr管柱酸化作业过程中，目前选用的TG201缓蚀剂B剂中也含有Cu盐，在鲜酸特别是返排残酸（时间长）中是否会加速管材的点蚀还有待进一步研究。此外，残酸的制备方案有多种，如：①鲜酸溶液与岩屑反应后，再添加缓蚀剂；②鲜酸溶液+缓蚀剂与岩屑反应；③加NaOH或$CaCO_3$中和鲜酸，调整pH值。以上3种方法的关键是返排残酸中pH值和残余缓蚀剂浓度的准确监测，监测结果的准确度将显著影响到实验结果的可靠性。

综上，应针对国内外油气田酸化作业特点、材质的选用（超级13Cr及15Cr不锈钢不动管柱）及井下环境，尽快开展相关研究，评价目前国内常用酸化缓蚀剂的缓蚀性能，以及超级13Cr不锈钢油套管在不同温度、不同酸液体系的鲜酸溶液和不同温度、不同返排时间及不同pH值的残酸溶液中的抗腐蚀性能，探讨超级13Cr不锈钢油套管在土酸酸化液中的腐蚀机理。

2.3.1 国外制备

2.3.1.1 JFE钢铁公司

13Cr不锈钢在100℃以下的环境中具有良好的耐蚀性能，而当温度超过100℃时会出现严重腐蚀。因此日本JFE钢铁公司开发了能适应160℃高温的钢管HP13Cr。HP13Cr不锈钢由传统API-13Cr不锈钢发展而来，在其中加入了Ni、Mo和Co等合金元素。相对于传统13Cr不锈钢来说，该类钢具有高强度、低温韧性好及改进的抗腐蚀性能等特点。在HP13Cr不锈钢中，通过将C含量减少到0.03%（质量分数）以下、加入能加强碳化物形成的元素等工艺，达到抑制基体中Cr元素析出形成铬碳化物的作用，从而使得HP13Cr不锈钢可以适应更多复杂情况。

国内引进较早的超级13Cr不锈钢油井管主要以日本JFE钢铁公司所开发的新型马氏体不锈钢HP13Cr钢管为主，它们具有良好的耐CO_2腐蚀性能和耐SSC（硫化物应力腐蚀）性能，这些新型钢管可应用于使用条件受限的油井和气井环境中。新型钢管Cr含量较高、C含量较低，因此显著地改善了耐CO_2腐蚀性能。在高CO_2分压环境下，HP13Cr不锈钢的临界使用温度为160℃，能在以往API-13Cr不锈钢钢管无法使用的高温、高CO_2分压环境及含有少量H_2S的环境下使用。

其设计目标为：①耐 CO_2 腐蚀性能好，能在 150℃的高温环境下使用；②耐 SSC 性能好，当 H_2S 分压为 0.01MPa、pH 值为 4.5 时，不会发生 SSC；③能采用曼内斯曼斜轧穿孔钢管轧制法进行生产。

传统 13Cr 不锈钢管材在 100℃以下的环境中具有良好的耐蚀性能。但是，在超过 100℃的环境下会出现较严重的全面腐蚀，在 CO_2 分压高的环境下则变得不耐用，且在高 Cl^- 浓度环境下有时会发生点蚀。

据日刊（JFE 技报）报道，日本钢管铸物研究所和知多制造所为克服 API-13Cr 不锈钢油井管在井下温度超过 100℃时耐腐蚀性能变差、在高 CO_2 分压下不耐蚀的问题，所开发的 HP13Cr 不锈钢主要分为 HP13Cr-1 和 HP13Cr-2 两类，这两种钢管性能的不同之处来自于化学成分中 Ni 和 Mo 的含量。与 API-13Cr 不锈钢相比，HP13Cr 不锈钢具有以下特点：①HP13Cr-1 不锈钢比 API-13Cr 不锈钢具有更好的耐 CO_2 腐蚀性能，在高 CO_2 分压下仍可在 160℃高温下使用，其机理为由于降低了 C 含量，成为腐蚀反应阳极的铬碳化物减少；增加了在高温、高 CO_2 分压下离子化小的 Ni，从而抑制了腐蚀反应。②HP13Cr-2 不锈钢由于加入了 2%的 Mo，比 HP13Cr-1 不锈钢的耐硫性能更好，原因在于加大了 Mo 含量后提高了耐点蚀性能，同时降低了 H 向钢中的渗入量，从而提高了耐硫性能。

HP13Cr-1 不锈钢油井管具有良好的耐 CO_2 腐蚀性能，在高 CO_2 分压的条件下，即使在 160℃ 的高温环境中也能正常使用。与先期开发的 HP13Cr-1 不锈钢油井管相比，HP13Cr-2 不锈钢油井管不仅能耐 CO_2 腐蚀，更具有耐酸性物质腐蚀性能。同等外径、同等壁厚的 13Cr 不锈钢和 HP13Cr 不锈钢进行对比，它们的化学成分见表 2-2。

HP13Cr-1 不锈钢的使用温度可达到 150℃，且当 H_2S 为 0.01MPa、pH 值为 4.5 时不会发生 SSC。为了提高其耐均匀腐蚀性能，最好的方法是降低 C 含量或增加元素 Cr 和 Ni 的添加量。另外，提高该类钢耐点蚀性能的有效办法是添加 Mo。因此 HP13Cr-1 不锈钢在保持其可以有效抵抗 CO_2 腐蚀的 Cr 不变的基础上，降低 C 含量并添加 Mo、Ni，从而提高了耐腐蚀性能，HP13Cr-1 不锈钢的成分体系为 0.025C-13Cr-4Ni-1Mo。尽管 HP13Cr-1 不锈钢耐 CO_2 腐蚀性能高于 API L80-13Cr 不锈钢，其耐 CO_2 腐蚀的临界使用温度达到 160℃，但其抗硫性能不足，会因点蚀而产生硫化物应力腐蚀开裂，并通过氢脆传播。

HP13Cr-2 不锈钢和 HP13Cr-1 不锈钢的最大区别在于 HP13Cr-2 不锈钢的耐 SSC 性能更好，可在较高的 H_2S 分压（0.1MPa）环境下使用。与 HP13Cr-1 不锈钢相比，HP13Cr-2 不锈钢中 Mo 的添加量不同，由原来的 1%增加到了 2%；Mo 含量的增加，提高了其耐点蚀性能，从而改善了其抗 SSC 性能，HP13Cr-2 不锈钢的成分体系为 0.025C-13Cr-5Ni-2Mo。

表 2-2 不同 13Cr 不锈钢的化学成分　　单位：%

钢号	C	Si	Mn	Cr	Ni	Mo	Cu
API 13Cr	0.20	0.23	0.44	13.0	—	—	—
HP13Cr-1	0.025	0.25	0.46	13.1	4.0	1.0	—
HP13Cr-2	0.025	0.25	0.40	13.0	5.1	2.0	—

该类产品化学成分的特点是低 C，并添加 Ni 和 Mo。采用高 Cr、低 C 成分设计极大地提高其耐 CO_2 腐蚀性能。超级 13Cr 不锈钢中 Mo 的加入会使得 δ-铁素体相的形成更为容易，而 δ-铁素体的形成使管材硬度降低且对腐蚀更为敏感。通过添加 Ni（4%～5%，Ni 含

量过低对耐蚀能力的提高不利），形成完全马氏体，可以控制有害 δ-铁素体的形成。根据 ISO 13680—2020 标准的规定，超级 13Cr 不锈钢的 δ-铁素体相含量应小于 5%，有文献认为 δ-铁素体相含量应小于 1.5%。另外，添加 Mo 可显著改善管材的耐点蚀性能，从而提高其耐硫化物应力腐蚀性能。这种新型马氏体钢管在高温、高 CO_2 环境和含少量 H_2S 的低硫环境中具有优良的性能，可用于传统 13Cr 不锈钢管材无法承受的环境。表 2-3 为 JFE 生产的超级 13Cr 不锈钢的力学性能。

表 2-3　JFE 生产的超级 13Cr 不锈钢的力学性能

钢级	屈服强度		抗拉强度		延伸率		硬度(最大)/HRC
	最小/ksi(MPa)	最大/ksi(MPa)	最小/ksi(MPa)	最大/ksi(MPa)	最小/%	最大/%	
JFE-HP1-13CR-95 JFE-HP2-13CR-95	95(655)	110(758)	105(724)	116(796)	23.7	29.1	28 30
JFE-HP1-13CR-110 JFE-HP2-13CR-110	110(758)	130(896)	120(827)	131(901)	25.9	31.3	32 32

2.3.1.2　住友金属

住友金属在 1991 年成功开发了高耐腐蚀性能的超级 13Cr 不锈钢油井管（SM13CrS），并于 1992 年投入使用。添加适量的 Ti 是为了在钢中形成微细 TiN，抑制 γ 晶粒粗大化，改善母材和焊接热影响区（HAZ）的韧性；添加适量 V 对控轧时晶粒细化和析出物硬化有利，可提高钢的低温韧性。该钢管经淬火、回火热处理，强度可达 95ksi（1ksi＝6.895MPa）钢级。住友金属还能按用户要求生产 80ksi 和 110ksi 钢级的钢管。

合金设计思路如下：①添加 16%Cr 和少量 Mo 降低腐蚀速率；②添加奥氏体形成元素 Ni 稳定高温奥氏体，以便通过淬火形成高强度马氏体相；③添加 Cu 强化铁素体相，降低腐蚀速率并提高抗 SCC（应力腐蚀开裂）性能；④添加适量稀土金属（REM），即使在含有 CO_2 的高温氯化物水溶液环境中也可获得优良的抗 SCC 性能；⑤添加碳化物形成元素 Ti、Zr、Hf、V、Nb 中的 1 种或 2 种以上，抑制铬碳化物形成，从而防止形成贫 Cr 层后产生点蚀和晶间腐蚀。成分（质量分数/%）为 0.001～0.02 C、0.5～1.0 Si、2.0 Mn、0.03 P、＜0.002 S、16～18 Cr、3.5～7.0 Ni、＜2.0 Mo、1.5～4.0 Cu、0.001～0.300 REM、0.001～0.100 Al、0.0001～0.0100 Ca、0.050 Ti、0.05 N，选择添加元素 Ti、Zr、Hf、V、Nb 中的 1 种或 2 种以上，且其含量都小于 0.5，余量为 Fe 和杂质。采用淬火、回火热处理工艺，得到由马氏体、铁素体和残余奥氏体等构成的多相组织（淬火温度为 980～1200℃，回火温度为 500～650℃）。

超级 13Cr-SM13CrM、SM13CrS 不锈钢均适用于 CO_2 分压大于 0.02MPa 的腐蚀油井环境。SM13CrM 为"改进型 13Cr"马氏体不锈钢油套管，其强度和高温耐蚀性能都优于 API L80-13Cr。SM13CrM 不锈钢耐 CO_2 腐蚀，其临界使用温度为 150℃，H_2S 临界分压仅为 0.0003MPa，抗硫化物应力腐蚀开裂性差，因此用于仅含 CO_2 的腐蚀环境。SM13CrS 为超级 13Cr 马氏体不锈钢油套管，其耐 CO_2 腐蚀的临界使用温度为 180℃，H_2S 临界分压为 0.003MPa，具有一定的抗硫化物应力腐蚀开裂性，填补了 API L80-13Cr 和双相不锈钢油套管之间的性能空白。而且高温下 SM13CrM 和 SM13CrS 不锈钢的耐 CO_2 腐蚀性能均高于 API L80-13Cr 不锈钢，如图 2-2 所示，其力学性能如表 2-4 所示。

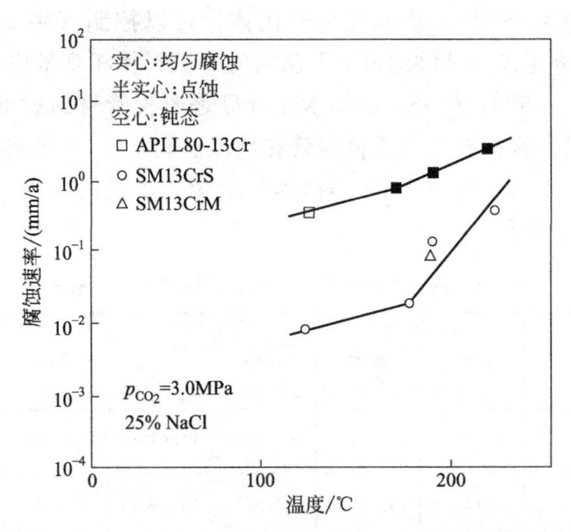

图 2-2 含 CO_2 环境下 API L80-13Cr、SM13CrM 和 SM13CrS 不锈钢耐点蚀和均匀腐蚀性能

表 2-4 13Cr 系马氏体不锈钢油套管的力学性能

钢级	屈服强度/MPa	抗拉强度/MPa	硬度/HRC
API L80-13Cr	≥552	≥655	≤23
SM13CrM-95	≥655	≥724	≤28
SM13CrM-110	≥759	≥759	≤32
SM13CrS-95	≥655	≥724	≤28
SM13CrS-110	≥759	≥759	≤32

住友金属采用 Cr 含量高于传统 13Cr 系钢，并添加适量 Ni、Mo、Cu 和稀土金属（REM）等合金元素，设计出了耐蚀性能优于传统 13Cr 系不锈钢，且制造成本低于双相不锈钢的高强度高抗应力腐蚀性油套管用新型不锈钢。此不锈钢适用于含有 H_2S、CO_2 150℃以上的高温氯化物水溶液环境中，降低了腐蚀速率，提高了抗应力腐蚀开裂性能，屈服强度可达到 758MPa、甚至 862MPa，并申报了专利，公开号为 W02009/119048。

2.3.1.3 新日铁

新日铁开发的新型 13Cr 马氏体系不锈钢管为 CRS 和 NT-CRSS 油井管。在合金成分设计上最明显的特点是复合添加 Cu 和 Ni，大大提高钢管的耐 CO_2 腐蚀性能。Cu 和 Ni 都是不会形成铁素体相、而又能维持马氏体相的有用元素。在高温时钢中形成的 δ-铁素体相会使该钢的热加工性能降低、耐腐蚀性能变差。加有 Cu 的 13Cr 钢表面形成的腐蚀薄膜为非晶质材料，呈无晶粒边界的均质结构，具有优良的耐腐蚀性能。通过场发射型透射电子显微镜（FE-TEM）可观察到腐蚀薄膜下形成的 Cu 富集层。一方面，它能促进腐蚀薄膜的非晶质化；另一方面，在无氧的酸性环境中呈现稳定的金属态，这就是 Cu 能提供优良的耐腐蚀性能的原因所在。

新日铁开发的新型 13Cr 钢管轧制后经回火处理，强度可达 C95 和 C110 钢级。其主要化学成分和力学性能分别见表 2-5 和表 2-6。

表2-5 新型13Cr不锈钢的主要化学成分(质量分数) 单位:%

牌号	C	Cr	Mo	Ni	Cu	N
NT-CRS	0.03	12.7	1.43	4.54	1.51	0.041
NT-CRSS	0.02	12.3	2.03	5.80	1.48	0.015
API(420)	0.20	12.7	—	0.13	—	0.030

表2-6 新型13Cr不锈钢的力学性能

牌号	钢级	屈服强度/MPa(ksi)		抗拉强度/MPa(ksi)	
		标准值	实测值	标准值	实测值
NT-CRS	C95	655～758 (95～110)	709 (103)	>723(105)	875(127)
NT-CRSS	C110	758～861 (110～125)	821 (119)	>827(120)	929(135)
API(420)	L80	551～655 (80～95)	590 (86)	>655(95)	774(112)

新日铁新型13Cr不锈钢的优良性能：在CO_2分压为4MPa、20%NaCl、150℃的严苛条件下，NT-CRS的耐腐蚀性能良好，其腐蚀速率小于0.1mm/a。在不含NaCl情况下，温度达到200℃时，仍能维持小于0.1mm/a的腐蚀速率。NT-CRSS的抗腐蚀性能几乎与NT-CRS一样。而API(420)的腐蚀速率只能在100℃下维持小于0.1mm/a。V形切口夏氏冲击试验结果表明，NT-CRS在100℃时具有150J吸收能。由于NT-CRSS-110的强度提高，其钢管壁厚可减薄，减薄程度约相当于API-13Cr钢管强度(80/110=0.727)的30%。

2.3.2 国内制备

中国在抗CO_2、H_2S腐蚀的13Cr系马氏体不锈钢油套管方面已经进行了近十年的研究与开发。但由于特钢工艺生产周期长、制造成本高，无法确保及时交货，难以实现规模效益。转炉模铸冶炼，同样存在路径长、制造成本高，而且无法生产低碳超级13Cr不锈钢产品的问题。相关攻关团队团结协作，实施系统策划，制订了从工艺、设备、安全到操作的周密冶炼方案，由易到难先生产15%合金含量低碳马氏体不锈钢，随后再研发生产20%合金含量超低碳超级13Cr钢种。目前宝钢、天津钢管已经形成了13Cr、超级13Cr系列产品，在塔里木、新疆、长庆、胜利等各大油田开展应用，并已出口美国、加拿大等国。

2.3.2.1 上海宝钢

塔里木油田的“三超”(超深、超高压、超高温)和高腐蚀油气井开发是世界级难题，在这样的井况环境下API系列的13Cr产品已经不能满足使用要求，而需要具有较高耐CO_2腐蚀能力和一定耐H_2S腐蚀能力的“超级13Cr”产品。然而过去超级13Cr产品主要依赖进口，独有的制造技术导致采购价格高，个性化需求难以满足。为此，宝山钢铁股份有限公司(简称宝钢)与塔里木油田公司、中国石油天然气集团公司石油管工程技术研究院(原管材研究所)联合，依托各自的优势合作开发出BT-S13Cr110产品，其设计性能优异，是高端耐蚀管材国产化及三方共同发展道路上的一座里程碑。

宝山钢铁股份有限公司2005年着手研发超级13Cr不锈钢，并先后于2007年和2018年实现了BG13Cr110和BG13Cr110S的小批量试生产，2009年12月宝山钢铁股份有限公司顺利完成了首批供中石油塔里木油田公司使用的 BT-S13Cr110 油管，并在塔里木油田下井试用成功。专家们一致认为，BT-S13Cr110 产品无论是气密性能还是力学性能等质量技术指标均已达到国外同类产品水平，可替代进口产品并进行批量生产。该产品的高钢级别的 13Cr 基础无缝钢管由宝钢研发，高钢级别 13Cr 无缝钢管的后道工序则由永大管业负责，是一项填补国际空白的新产品。

宝钢继成功开发 BG-13Cr 马氏体型不锈钢油套管后，又相继开发出适用于不同井况环境的高钢级、高耐 CO_2 腐蚀的 BG13Cr110、BG13Cr110U 和 BG13Cr11OS 等超级 13Cr 系列油套管产品。BG13Cr110 和 BG13Cr110U 适于在高 CO_2、$C1^-$ 腐蚀等井况环境下使用，与 API L80-13Cr 相比不仅强度高，且其耐 CO_2 腐蚀的临界使用温度分别可以提高到 170℃和 180℃。BG13Cr110S 产品由于其 Ni、Mo 等合金含量分别达到 5%和 2%，因此适合在含高 CO_2 和少量 H_2S 的腐蚀环境下使用，其 H_2S 临界分压高达 0.01MPa。目前，上述产品经过工业试制和性能验证已具备批量生产能力。其力学性能如表 2-7 所示。

表 2-7　超级 13Cr BGC 139.7 不锈钢生产能力套管的实物实验

钢种	屈服强度(MPa)		抗拉强度(MPa)	A_{kv} J(T-10-0)	硬度 HRC
	Min	Max	Min	Min	Max
B13Cr110	800	850	862	40	33
B13Cr110U	800	850	862	60	32
B13Cr110S	780	850	862	60	34
API 标准	758	965	862	T-10-0:21 L-10-0:40	40

2016 年 08 月 19 日，由宝钢自主研发的超级 13Cr 特殊螺纹油井管产品 BG13Cr-95S BGT 获得中东市场首单，首次采购量达 1300 吨。

2.3.2.2 天津钢管

国内除了宝钢之外还有一些其他的钢管公司也陆续研发并生产了超级 13Cr 产品，例如天钢的 TP95-HP13Cr、TP110NC-13Cr、TP110-HP13Cr 等适合仅含 CO_2 的环境；TP95-SUP13Cr、TP110-SUP13Cr 等适合含少量 H_2S 或少量 Cl^- 环境。这些国产的油气井用钢管在某些方面还不能完全替代进口管材，但从油田初步应用结果来看，应用效果良好，预期今后国产超级 13Cr 钢将在油田上特别是高温高压或超高温高压油气井上的应用将更为广泛。

天津钢管所研发了低成本 TP-13Cr 系列马氏体不锈钢，其实物性能高于 API L80-13Cr，适用在含高 CO_2、不含 H_2S 的井下环境使用，已在中石化华东分公司下井成功。此外，为了满足含有 CO_2、H_2S 和 $C1^-$ 的更严苛高温环境，天津钢管还开发了具有良好耐蚀性、且强度更高的超级 13Cr 马氏体不锈钢油套管即 TP-HP-13Cr 和 TP-SUP-13Cr。

与 API L80-13Cr 管材一样，TP110-SUP13Cr 钢级油套管只能采用无缝钢管生产，HP13Cr 是超级马氏体不锈钢，C 含量低，加入一定量的 Mo 相当于提高了 Cr 的含量，再加上 Ni 的配合，可有效地提高 HP13Cr 不锈钢的耐蚀性能，特别是在含 CO_2 和 H_2S 介质环境中的耐蚀性能有很大的提高。因此，HP13Cr 不锈钢在石油和天然气开采中，作为高钢级抗 CO_2 和 H_2S 腐蚀的石油套管坯料，得到了广泛的应用。

天津钢管已成功开发出了完整的 13Cr、HP13Cr 和 SUP13Cr 系列产品油套管。但由于

Cr、Ni、Mo 等合金元素含量高，轧制生产时易产生内表面缺陷，且轧制工具磨损快、寿命低，不仅严重影响了钢管质量，提高了制造成本，而且较长的生产周期造成交货期延长。经过近两年的不懈努力，13Cr 产品研发生产技术不断实现突破，提高了 13Cr 产品的合格率，保障了交货周期，满足了客户的需求。如 13CrS 材质在 75℃、15MPa CO_2 分压、50000mg/L Cl^- 浓度、3m/s 流速下的腐蚀速率为 0.0057mm/a，属于轻度腐蚀，明显优于其他材质。13CrS 材质的腐蚀产物膜薄而结构致密，抗 CO_2 腐蚀能力强，也符合鄂尔多斯 CO_2 捕集与地质封存 CCS 工程地质封存区腐蚀环境用管材要求。

2.3.2.3 华菱衡钢

由于 13Cr 材质合金含量高，生产难度大，国内能够生产该材质钢管的企业屈指可数。为攻克 13Cr 钢管生产难关，2013 年华菱衡钢加快了 13Cr 产品开发进度并取得突破性进展。国家石油管材质量监督检验中心和新加坡一管材实验室，持续几个月对成分、拉伸性能、冲击性能、硬度、金相组织等多个指标进行严格测试，结果表明华菱衡钢生产的 13Cr 系列产品性能优异，已于 2014 年通过实验评定。

2.3.2.4 山西太钢

山西太钢不锈钢钢管有限公司依据 ISO 13680—2020《石油和天然气工业用作管套、管道和接箍的耐腐合金无缝钢管交货技术条件》及 NACE RP0775—2005《油田生产中腐蚀挂片的准备、安装以及试验数据的分析》标准要求，采用“热挤压＋调质热处理”工艺生产了 HP2 13Cr 无缝钢管，其力学性能及金相组织控制较好，完全满足 ISO 13680—2020 标准要求，在高含 CO_2、H_2S 酸性环境中均为轻度腐蚀，耐蚀性能好。热挤压后 HP2 13Cr 无缝钢管的组织存在明显的条带状 δ-铁素体，通过后续的调质热处理（1050℃的正火），δ-铁素体可以溶解，总量可控制在 1%以下。并利用高温高压釜对 HP2 13Cr 无缝钢管试样在含 CO_2 及 H_2S/CO_2 共存条件下进行失重试验，其在高含 CO_2、H_2S 条件下均为轻度腐蚀。

2.3.2.5 攀成钢

攀钢集团成都钢铁有限责任公司（简称攀成钢）根据自身的特点，利用 Accu Roll 精密轧管机组试制出抗 CO_2 腐蚀的 API L80 13Cr 以及增强型 CS 13CrS 不锈钢等套管，并通过四川省石油管理局进行的抗腐蚀评价，结果显示这类钢的力学性能和抗 CO_2 腐蚀性能良好。

抗 CO_2 腐蚀增强型 CS 13CrS 不锈钢的成分设计目标如下：①在 CO_2、少量 H_2S 与 Cl^- 共存、环境温度在 60～150℃时，CS 13CrS 不锈钢无明显的一般腐蚀和局部腐蚀现象，即腐蚀速率小于 0.1mm/a；②好的热加工性能；③良好的常温和低温冲击韧性；④相对低的成本。其中，第①条是为了满足油田对该钢的抗腐蚀要求；第②条是为了满足实际生产的制管要求；第③、④条分别使钢满足力学性能要求和实际使用要求。增强型抗腐蚀钢是在 API L80 13Cr 不锈钢的基础上加以改进的，钢中的 C 多以 $(Cr, Fe)_{23}C_6$ 的形态存在，使得钢固溶体中的 Cr 含量相对较少，所以 C 对抗 CO_2 腐蚀是不利的，设计中将 C 控制在低限；Cr 仍定为 13%左右；Ni 能提高钢的热力学稳定性，阻滞电化学腐蚀的阳极过程，对钢的抗 CO_2 腐蚀是有利的，但因 Ni 价格昂贵，所以加入量应适当；Mo 由于是原子半径大的元素，少量加入可以有效地增强钢的抗局部腐蚀和抗Cl^-腐蚀性，在含H_2S条件下还可提高钢的抗H_2S腐蚀能力。另外，N能增强Cr钝化膜的致密性，在有点蚀坑的情况下，可稳定点蚀坑的pH值，因而对钢的抗CO_2腐蚀能力特别是抗点蚀能力有利，但加入过多会影响钢的热加工性能，因此其加入量应适当，一般控制在0.01%～0.10%。

2.3.2.6 天津天管

天津天管特殊钢有限公司采用电炉出钢钢水与感应炉熔炼合金钢水相兑，通过LF、VOD、模铸工艺生产HP13Cr超低碳不锈钢，分析和检验结果表明，吹氧后C含量可达0.017%。VOD还原后，Mn、Cr、Si元素的平均收率分别可达89.4%、98.4%、84.6%，钢锭锻造后的管坯冶金质量均满足技术标准要求。

2.3.2.7 瓦卢瑞克

瓦卢瑞克（中国）针对H_2S含量有限的CO_2“甜蚀”环境，提供了最为合适的石油管材。它涵盖了所有恶劣条件的要求和参数，其中包括高压、高温以及其他恶劣条件。所开发的超级13Cr马氏体钢种可用于含有CO_2、氯化物和/或少量H_2S、温度可高达180℃的油井。还可以根据用户要求，提供马氏体钢种和具有高抗挤性能的钢种，其力学性能如表2-8所示。

表2-8 瓦克瑞克所开发的超级13Cr不锈钢力学性能

名称	屈服强度/ksi	极限拉伸强度/ksi	洛氏硬度均值
VM 95 13CRSS	95	105	30
VM 110 13CRSS	110	115	32
VM 125 13CRSS	125	130	34
VM 110 13CRSSCY	110	115	30
VM 95 13CRSSHC	—	—	—
VM 110 13CRSSHC	—	—	—

2.4 用途与应用

2.4.1 用途

马氏体不锈钢主要是针对CO_2+Cl^-腐蚀而研发的经济型耐蚀合金，即传统13Cr不锈钢推荐使用温度不超过150℃，如果CO_2分压过高、Cl^-浓度过大，其使用温度会大幅度下降，因此，日本住友公司将其使用时Cl^-浓度限制为不超过50000mg/L。超级13Cr、高强15Cr及新型17Cr不锈钢由于耐蚀合金元素的增加，强度和耐蚀性能逐渐升高，在CO_2分压为10MPa、20% NaCl溶液条件下，超级13Cr不锈钢的临界使用温度为165℃，高强15Cr不锈钢临界使用温度为200℃，新型17Cr不锈钢临界使用温度为230℃，并且具有一定的抗H_2S应力腐蚀开裂性能，但其适用最大H_2S分压仅为0.01MPa，并且环境pH值≥3.5，而且对于新型17Cr来说，钢级降低，其适用pH范围可适当放宽。由于国内外各大含CO_2油气田的最高CO_2分压远低于10MPa，对于超级13Cr不锈钢油套管来说，其一般推荐使用温度应不超过180℃。

针对低 pH 值酸化液对马氏体不锈钢油套管的腐蚀，目前国内外普遍采用两种措施：一是采取酸化管柱和生产管柱分开的方式，即酸化作业后取出酸化管柱再下入生产管柱，这种方法可避免酸化过程造成的油管管柱损伤对后续油管安全生产的影响，但对于高压高温、超深超高压高温井来说，更换管柱不仅浪费大，并且存在极大的安全隐患；二是采取酸化缓蚀剂＋耐蚀合金不动管柱，这也是国内外在高温高压井采取的较为普遍的防酸化液及后续工况环境（高含 CO_2、H_2S、Cl^-）腐蚀的措施。在高压高温（HPHT）井酸化压裂过程中，尽管采取一定的措施，例如加大缓蚀剂用量，改进酸化压裂工艺来降低储层管柱温度（大批量前置液或前置酸的泵入冷却井底管柱的温度），但由于储层温度过高，井底马氏体不锈钢管柱所处的酸化液温度仍可能远超过 120℃。超级 13Cr 不锈钢在不超过 120℃的鲜酸腐蚀环境条件下的腐蚀程度在油田可接受的范围以内，但温度升高，腐蚀严重程度显著增强，因此，有必要进行高温酸化缓蚀剂的开发及其与马氏体不锈钢管柱的匹配性研究。目前，斯伦贝谢通过开发基于羟乙基氨基-羟酸（HACA）配伍剂的有机酸酸化液，使马氏体不锈钢管柱在酸化液中的使用温度得到进一步提高。

除此之外，随着钻采技术的发展（例如套管钻井技术、油管钻井技术），马氏体不锈钢管柱还面临着钻井液腐蚀（氧腐蚀）、完井液或环空保护液腐蚀等。近年来，国内外文献相继报道了马氏体不锈钢管柱在卤化物完井液中的应力腐蚀开裂（SCC）失效事故，但不同环境因素对马氏体不锈钢腐蚀的影响及其在该环境中的适用限制条件还不太明晰。

2.4.1.1 油套管

石油天然气开发环境不断恶化，对油井管、输送管的耐腐蚀性能提出了更高的要求，国外使用不锈钢（13Cr 不锈钢）管的场合在不断增加。日本从提高耐腐蚀性能、生产率和降低成本考虑，开发了马氏体 HP13Cr 不锈钢油井管。

近年来，随着石油、天然气开发环境的恶化，油气井用管柱由以前的碳素钢无缝钢管向高合金钢无缝钢管方向变化，耐腐蚀性能强的 13Cr 不锈钢等高合金钢油井管的使用量正在增加。此外，管线管和集输管在输送石油或天然气过程中也同样受到 H_2S、CO_2 等的腐蚀，使用不锈钢管的情况也在增多。

研究表明，在超临界 CO_2 环境，120℃、12MPa 压力下普通碳钢 N80 的腐蚀速率较高，为 0.6828mm/a；低合金钢 L80 的腐蚀速率为 0.488mm/a，两者均属于严重腐蚀。普通马氏体不锈钢 13Cr（VM 提供）的腐蚀速率不超过 0.05mm/a，超级马氏体不锈钢 HP2-13Cr（JFE 提供）的腐蚀速率不足 0.01mm/a，而 Tenaris 提供的超级 13Cr 不锈钢的腐蚀速率为 0.0125mm/a。在 140℃、14MPa 压力的超临界 CO_2 环境中，超级马氏体不锈钢 HP1-13Cr（JFE 提供）的腐蚀速率为 0.002mm/a，HP2-13Cr 的腐蚀速率为 0.0031mm/a，Tenaris 公司的 13CrS 不锈钢的腐蚀速率为 0.001mm/a，VM 公司的 13Cr 不锈钢的腐蚀速率为 0.0236mm/a。HP1-13Cr 不锈钢为均匀腐蚀，HP2-13Cr 不锈钢在 140℃、14MPa 超临界 CO_2 腐蚀环境中表面光滑平整，没有出现明显的点蚀或局部腐蚀；VM 的传统 13Cr 不锈钢表面粗糙，在局部位置存在点蚀，可能发生了局部腐蚀；HP1-13Cr 与 13CrS 不锈钢在 14MPa CO_2 分压和 140℃的超临界 CO_2 腐蚀环境中，试样表面光滑平整，没有观测到点蚀与局部腐蚀。

可见，超临界 CO_2 腐蚀中，不同连续相中的腐蚀结果有较大差异。当超临界 CO_2 为连续相时，超级不锈钢 Tenaris 13CrS 和 HP1-13Cr 能够满足防腐要求，而当水溶液为连续相时，只有 HP2-13Cr 不锈钢能够达到防点蚀的要求。

超临界 CO_2 腐蚀环境中，油套管材质主要在超级不锈钢中选择。如文昌 10-3 气田根据井身结构特征，水平段尾管底部可能形成积水层，具备水为连续相的超临界 CO_2 腐蚀特征，推荐尾管选择 HP2-13Cr 材质；垂直井段的“9-5/8”套管可选择普通不锈钢管材，如 VM13Cr；斜井段的管材推荐选择 HP1-13Cr 或者 Tenaris 13CrS。而对于文昌 9-2 气田，超级 13Cr 材质在所有测试中均表现为均匀腐蚀。按照井下温度和 CO_2 分压剖面（温度低于 140℃，井筒 CO_2 分压低于 4.0MPa），传统 13Cr 油套管材质均满足“无点蚀”原则，对应井垂深为 3200m，但是，当井垂深大于 3200m 后，推荐采用超级 13Cr 材质。当井下温度高于 140℃后，传统 13Cr（VM）不锈钢已经无法满足防腐要求，需要考虑超级不锈钢材质进行防腐，如 JFE 公司 HP1-13Cr 和 HP2-13Cr，或者 Tenaris 公司的 13CrS 等。再如吉林油田长岭气田营城组火山岩气藏，高温、高压、高含 CO_2，是典型的三高气藏，储层深度 3600～4000m，储层温度 120～140℃，储层压力 40.1～42.4MPa，天然气中 CO_2 含量在 3%～31%之间。类似工况条件下的大庆油田徐深 1 井采用 P110 材质生产的油管两年后，发生了严重的 CO_2 腐蚀，常规完井投产工艺已经不能满足长岭气田高含 CO_2 气井长期安全生产的需求。针对高含 CO_2 气藏完井投产工艺特点，进行了长岭火山岩高含 CO_2 气藏气井完井投产工艺、气井防腐工艺的研究。为了实现气井快速、高效完井，设计了射孔完井一体化管柱，射孔完井一体化完井管柱由 S13Cr 油管、滑套、永久式封隔器、坐落短节、球座、带孔管、射孔枪等组成，研究表明采用 S13Cr 材质油管、FF 级采气井口并配合油套环空加注缓蚀剂的防腐措施能够起到较好的防腐效果。

2.4.1.2 油钻杆

针对塔里木地区致密砂岩气藏氮气欠平衡钻井的需要，塔里木油田公司、西南石油大学和宝山钢铁股份有限公司联合开发了一种新型超级 13Cr 油钻杆。该产品力学性能和耐 CO_2 腐蚀性能良好，既能作为钻杆用于前期氮气欠平衡钻井，也能作为油管用于后期完井。新型超级 13Cr 不锈钢油钻杆的屈服强度为 937MPa，抗拉强度为 976MPa，断后延伸率为 21.5%，屈服强度比 S135 高 3.5%，其抗拉强度比 S135 低 3.4%，其延伸率比 S135 高 4.6%。总的来说，新型超级 13Cr 不锈钢强度性能与 S135 接近。超级 13Cr 不锈钢冲击功为 162.82J，与 S135 相比其冲击功增加了 61.20%，在冲击过程中均没有产生不稳定扩展，都属于只产生稳定裂纹扩展的 F 型曲线，均具有良好的韧性。新型超级 13Cr 不锈钢冲击开裂过程中的起裂功比 S135 增加约 27%，扩展功增加约 77%，冲击韧性和抵抗裂纹快速扩展能力大大提高。此外，新型超级 13Cr 油钻杆耐 CO_2 腐蚀性能也大大优于 S135 钻杆的，在气相中腐蚀速率为 0.0036mm/a，在液相中腐蚀速率为 0.0394mm/a，因液相腐蚀速率较大，应预防开采过程中井筒积液腐蚀。可见，新型超级 13Cr 不锈钢油钻杆既能满足钻井的需要，又能满足完井开采的要求。

塔里木 X 区块致密气藏 Y 井第四次开钻的氮气钻井井段采用了新研制的油钻杆，入井 488 根超级 13Cr 不锈钢油钻杆，使用时间 10.5h，进尺 52.07m，使用过程中未发生冲蚀失效、螺纹粘扣、油钻杆失效等异常现象，新型超级 13Cr 不锈钢油钻杆满足了氮气钻井的工艺需要，达到设计性能要求，应用效果良好。

可见，该产品的成功应用实现了含 CO_2 致密砂岩气田钻采作业获得高产的目标，论证了新型超级 13Cr 不锈钢油钻杆的优良性能，为致密砂岩气的开发提供技术支持。

2.4.2 现场应用

2.4.2.1 塔里木油田

2010年BT-S13Cr110超级13Cr不锈钢油管在塔里木油田使用，宝钢成为国内第一家具备超级13Cr不锈钢油管生产供货能力的厂家。

迪那2井是塔里木盆地东秋里塔格构造带迪那2号构造西端的一口开发井，完钻层位为古近系库姆格列木群，完钻井深5310.00m。该井2010年4月17日试油结束后关井，实测关井地层压力为104.11MPa，压力系数为2.07，实测温度为128.7℃，地温梯度2.56℃/100m。完井管柱结构为：3 1/2in×7.34mm S13Cr110油管＋SP井下安全阀＋3 1/2in×7.34mm S13Cr110油管＋3 1/2in×6.45mm S13Cr110油管＋永久式封隔器＋筛管＋全通径射孔枪串。

KXL2气田全部使用13Cr不锈钢和超级13Cr不锈钢特殊螺纹接头油管，投产1年后有17口井出现套压异常升高现象，套压升高的井数占总井数的94.40%。

2017年3月14日，从塔里木油田库车油气开发部获悉，克深8-5井尾管首次下入S13Cr不锈钢套管，并顺利完成尾管固井作业。这个套管有利于延长油气井寿命，为保证井筒完整性建立了关键屏障。2016年6月，为研究解决库车山前井套管防腐蚀、地层出砂等问题，塔里木油田库车油气开发部与油气工程院、套管厂家联合开发了S13Cr不锈钢套管，解决了腐蚀难题。

据悉，S13Cr不锈钢套管与普通碳钢套管相比，材质较软，经过试油施工作业后套管形变较小，且具有抗CO_2腐蚀性能，其套管参数与气密扣碳钢套管相当，使用后能有效保证管柱完整性。

2017年2月23日，在克深8-5井使用S13Cr不锈钢套管固井后，塔里木油田库车油气开发部技术人员发现环空间歇相比以前更小，固井施工井漏风险增大。

为解决这个问题，库车油气开发部继续配合运用塞流固井工艺，历时15h后，未发生井漏，顺利完成尾管固井施工，保证了固井质量，实现山前深井、超深井易漏井段固井的有效封隔。

2.4.2.2 中国石化西北分公司

羊东明等以大涝坝凝析气田工况条件为背景，基于P110碳钢、13Cr不锈钢与超级13Cr不锈钢，对其适用性进行了较为详细的对比研究。

(1) 温度的影响

在CO_2分压2MPa、Cl^-质量浓度100000mg/L、流速1.0m/s条件下，进行了不同温度下3种材质油管的腐蚀试验，结果见图2-3。从图中可以看出，随着温度升高，3种材质油管的腐蚀速率先增大后减小，在温度为90℃时均达到最大值。从图2-4可以看出，大涝坝凝析气田600～2500m井段的温度为60～100℃，正处于高腐蚀速率温度区。

(2) CO_2分压的影响

在温度90℃、Cl^-质量浓度100000mg/L、流速1.0m/s条件下，进行了不同CO_2分压下上述3种材质油管的腐蚀试验，从图2-5可以看出，随着CO_2分压升高，腐蚀速率均随

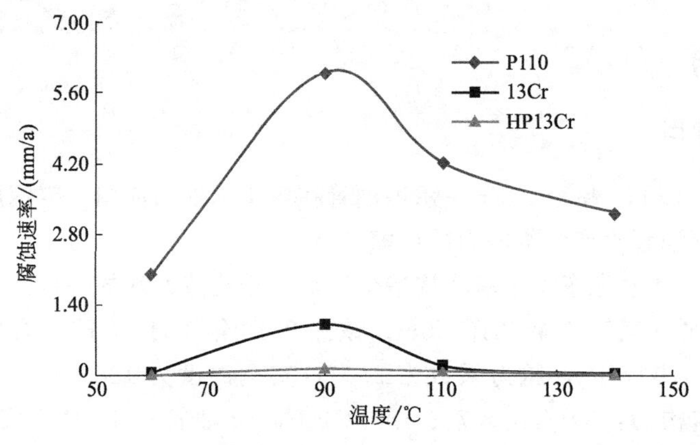

图 2-3　温度与腐蚀速率的关系

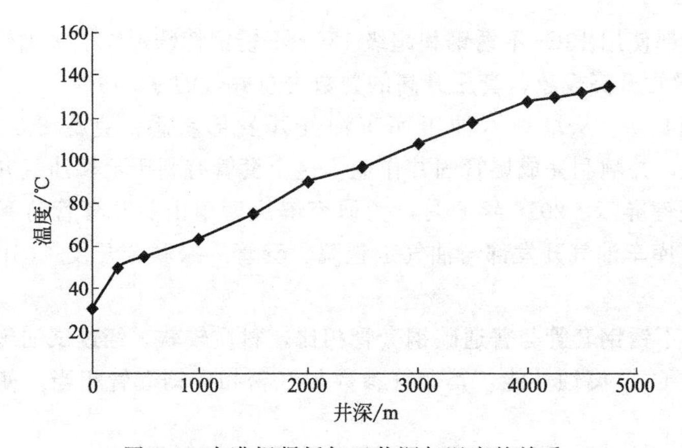

图 2-4　大涝坝凝析气田井深与温度的关系

之增大。从图 2-6 可以看出，大涝坝凝析气田 600～2500m 井段的 CO_2 分压为 0.19～0.37MPa，处于严重腐蚀区域。

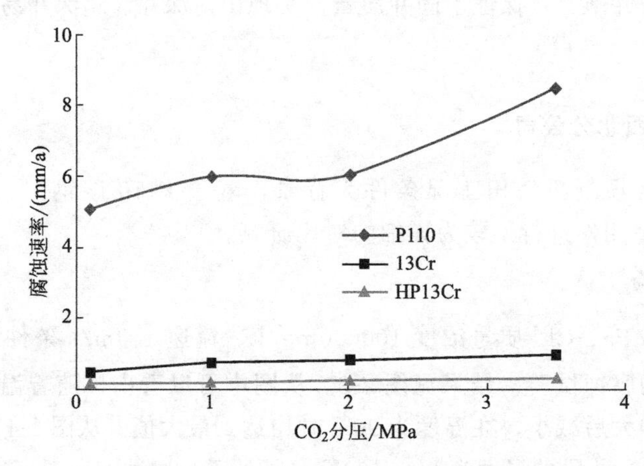

图 2-5　CO_2 分压与腐蚀速率的关系

（3）Cl^- 的影响

在温度 90℃、CO_2 分压 2MPa、流速 1.0m/s 的条件下，进行了不同 Cl^- 质量浓度下 3

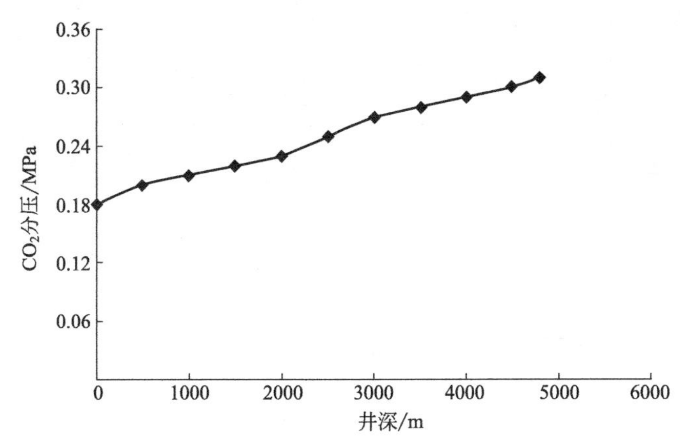

图 2-6 大涝坝凝析气田井深与 CO_2 分压的关系

种材质油管的腐蚀试验，从图 2-7 可以看出，随着 Cl^- 质量浓度的增大，P110 油管的腐蚀速率呈先增大后减小的趋势，而 13Cr 不锈钢和 HP13Cr 不锈钢的腐蚀速率则呈逐渐增大趋势。目前生产井随油气一同产出的水为凝析水，其 Cl^- 质量浓度为 5～10g/L，处于严重腐蚀区域。

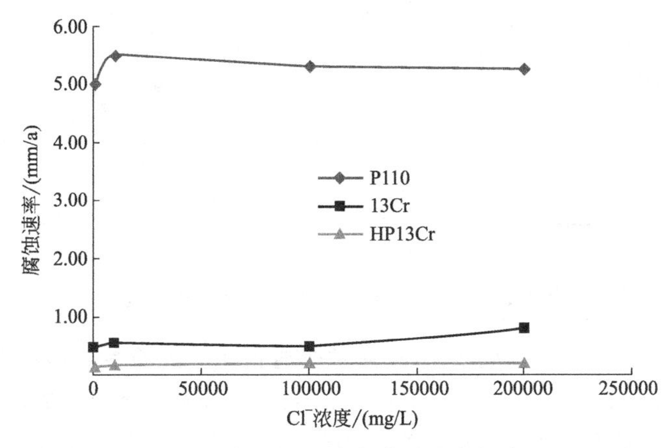

图 2-7 Cl^- 质量浓度与腐蚀速率的关系

（4）流速的影响

在温度 90℃、CO_2 分压 2MPa、Cl^- 质量浓度 100000mg/L 条件下，进行了不同流速下 3 种材质油管的腐蚀试验，从图 2-8 可以看出，随着流速的增大，3 种材质油管的腐蚀速率增大，且 P110 油管的腐蚀速率的增大幅度最大。

大涝坝凝析气田井筒内流体的流速情况如图 2-9 所示。可以看出，大涝坝凝析气田的井筒流速为 0.83～1.0m/s，流体剪切力较大，加之高气液比流体诱导空蚀、冲击腐蚀等的发生而加速腐蚀，使油管内壁出现有纵向分布的水平腐蚀沟槽。

2.4.2.3 松辽盆地徐深气井

松辽盆地徐深气井完钻垂深一般在 3500m 左右，地层温度较高，地层温度梯度为 3.9℃/MPa 左右，井底温度一般在 140℃左右，实测最高井底温度 169℃。CO_2 含量 2.20%～8.91%，平

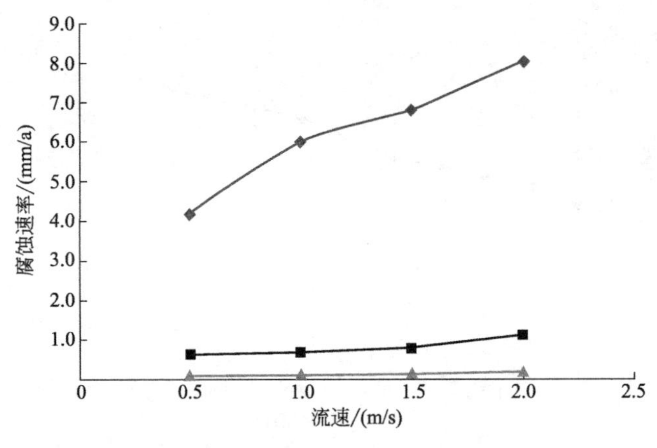

图 2-8　流速与腐蚀速率的关系

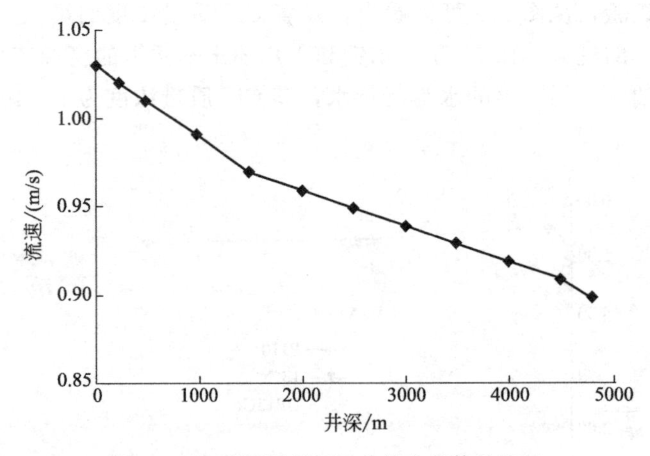

图 2-9　大涝坝凝析气田井筒内流体的流速

均 5.22%，该地下环境导致徐深气田 CO_2 腐蚀套管严重，严重制约徐深气田安全、高效开发。为此，在生产套管设计使用上常常应用 HP13Cr 不锈钢套管；并结合 SSP1 井自然产能较高，针对该井地下环境和地质特征研发应用的 HP13Cr 割缝筛管，既能耐 CO_2 腐蚀，又能满足高强度的要求，从而保证了生产安全、满足了实际生产需求。

另外，HP13Cr 不锈钢坐落短节能承压 70MPa 以上，耐温 150℃，FOX 扣，满足 63.5mm 压裂球通过要求。

2.4.2.4　川西须家河组气藏

川西须家河组气藏属高温、高压有水气藏，天然气以 CH_4 为主，占气体总量 96.08%，不含 H_2S，CO_2 含量 1.12%。气井产水后，水量大，为 $CaCl_2$ 水型，Cl^- 质量浓度为 20000～70000mg/L，矿化度 30000～80000mg/L，HCO_3^- 质量浓度最高为 679mg/L，SO_4^{2-} 质量浓度最高为 295mg/L。气井管柱及地面设备在此高温、高压、高 CO_2 分压及含水情况下极易发生 CO_2 腐蚀。气藏埋深超过 4000m，地层温度 120～140℃，地层压力 50～90MPa，为高温、高压、含 CO_2 裂缝性有水气藏。气井产水后，Cl^- 含量及矿化度高。

851 气井使用 KO-HP1-13Cr 不锈钢，油管及井口油管悬挂器、阀门体、接头等内壁有不同程度腐蚀，油管悬挂器内壁最大腐蚀深度 6mm，节流针阀蚀坑裂纹 20mm。弯管、直管内壁存在部分腐蚀，深度 1.0～2.0mm。

2.4.2.5　吉林油田

利用全尺寸腐蚀模拟放大试验装置，在模拟 CO_2 与污水混合注入条件下，S13Cr 不锈钢均具有很低的腐蚀速率，在 70℃以及 3MPa、5MPa 和 7MPa CO_2 分压下的腐蚀速率分别为 0.002mm/a、0.0021mm/a 和 0.0025mm/a。S13Cr 不锈钢在模拟工况下具有较好的耐蚀能力。

参考文献

[1] Kimura M, Miyata Y, Royooka T. Development of new 13Cr steel pipe with high strength and good toughness[J]. Corrosion, 2002, 27(31): 319-336.

[2] 高娃，罗建民，杨建君．双相不锈钢的研究进展及其应用[J]. 兵器材料科学与工程，2005，28(3)：61-64.

[3] Rashmi B, Bhavsar, Foroni R M. Application of martensitic, modified martensitic and duplex stainless steel bar stock for completion equipment[J]. Corrosion, 1996, 24(96): 259-375.

[4] Kimura M, Miyata Y, Yamane Y. Corrosion resistance of high strength modified 13Cr steel[J]. Corrosion, 1997, 77(11): 126-135.

[5] 李春福．油气开发过程中的 CO_2 腐蚀机理及防护技术研究[D]. 成都：西南石油大学，2005.

[6] Tamaki A. A new 13Cr OCTG for high temperature and high chloride environment[J]. Corrosion, 1989, 469(4): 239-253.

[7] Linne C P, Blanchard F, Guntz G C. Corrosion performances of modified 13Cr for OCTG in oil and gas environments[J]. Corrosion, 1997, 28(7): 1-11.

[8] Marchebois H, Hafida E L. ALAMIsour service limits of 13Cr and super 13Cr stainless steels for OCTG: Effect of environmental factors[J]. Corrosion, 2009, 29(14): 258-271.

[9] Sakamoto S, Maruyama K, Kaneta H. Corrosion property of API and Modified property of API Modified 13Cr steels in oil and gas environment[J]. Corrosion, 1996, 77(12): 4-17.

[10] 张国超．超级 13Cr 不锈钢油套管材料在 CO_2 环境下的腐蚀行为研究[D]. 西安：西安石油大学，2012.

[11] 廖建国．耐蚀性好的油井用高强度高 Cr 钢管[J]. 焊管，2006，29(5)：83-89.

[12] 耐腐蚀性能良好的油井管用高强度高 Cr 钢管的研制[J]. 钢管，2006，35(3)：62.

[13] 吕详鸿，赵国仙，张建兵，等．超级 13Cr 马氏体不锈钢在 CO_2 及 H_2S/CO_2 环境中的腐蚀行为[J]. 北京科技大学学报，2010，32(2)：207-212.

[14] Kimura M, Miyata Y, Sakata K. Corrosion resistance of martensitic stainless steel OCTG in high temperature and high CO_2 environment[J]. Corrosion, 2004, 4(22): 125-134.

[15] 李娜，荣海波，赵国仙．耐蚀油套管管材的国内外研究现状[J]. 材料科学与工程学报，2011，29(3)：471-477.

[16] 廖建国．耐蚀性好的油井用高强度高 Cr 钢管[J]. 焊管，2006，29(5)：83-88.

[17] 宝钢炼成功高合金超低碳超级 13Cr 钢[J]. 钢铁，2010，45(8)：43.

[18] 邹炯强．宝山钢铁股份有限公司顺利完成首批 BT-S13Cr110 超级 13Cr 油管生产[J]. 钢管，2010，39(1)：52.

[19] 邢娜，何立波，黄宝，等．国外非 API 高耐蚀油套管品种开发现状[J]. 世界钢铁，2012(4)：42-50.

[20] 邢娜，何立波，黄宝，等．非系马氏体不锈钢油套管的发展现状[J]. 特殊钢，2012，33(3)：22-25.

[21] 宝钢集团超级 13Cr 特殊螺纹油井管打入中东市场[J]. 钢管，2016(5)：28.

[22] 宝钢炼成功高合金超低碳超级 13Cr 钢[J]. 钢铁，2010(8)：43.

[23] 丁炜，孙强，梁海泉，等．TP110-SUP13Cr 薄壁油管的热轧生产[J]. 天津冶金，2014(2)：31-35.

[24] 周晓锋．天津钢管集团股份有限公司 13Cr 类抗腐蚀油套管产量再破历史纪录[J]. 钢管，2016(1)：58.

[25] 吕传涛，王永胜，王秀芬，等．模拟 CO_2 捕集地质封存工程环境油井管的耐蚀选材[J]. 腐蚀与防护，2014，35(5)：443-446.
[26] 湖南衡阳钢管(集团)有限公司成功开发耐腐蚀油井管[J]. 冶金设备，2014(1)：12.
[27] 康喜唐，聂飞．HP2 13Cr 无缝钢管的研制开发[J]. 钢管，2015，44(3)：31-35.
[28] 周波，崔润炯，刘建中．增强型 13Cr 钢抗 CO_2 腐蚀套管的研制[J]. 钢管，2006，35(6)：22-26.
[29] 袁续阳，祖峰，王丰产，等．HP13Cr 不锈钢工艺实践[J]. 天津冶金，2014(2)：54-57.
[30] 陈宝林．日本油井管生产的最新进展[J]. 焊管，1999，28(5)：58-62.
[31] 顾纯巍，朱培珂，罗鸣，等．文昌 10-3 气田超临界 CO_2 腐蚀与油套管防腐选材研究[J]. 石化技术，2016(2)：44-46.
[32] 顾纯巍．文昌 9-2 气田套管 CO_2 防腐选材优化设计[J]. 石化技术，2016(11)：48-51.
[33] 王峰，尹国君，陈强，等．长岭气田高含 CO_2 酸性气藏采气技术[J]. 石油钻采工艺，2010，32(S)：124-126.
[34] 曾德智，王春生，施太和，等．微观组织对高强度超级 13Cr 材料性能的影响[J]. 天然气工业，2015，35(2)：70-75.
[35] 曾德智，田刚，施太和，等．适用于致密气藏钻完井的新型超级 13Cr 油钻杆管材性能测试[J]. 石油与天然气化工，2014，43(1)：58-61.
[36] 邹炯强．宝山钢铁股份有限公司顺利完成首批 BT-S13Cr110 超级 13Cr 油管生产[J]. 钢管，2010，39(1)：52.
[37] 丁维军，张忠铧．宝钢钢管产品技术的发展[J]. 钢管，2014，43(3)：9-16.
[38] 景宏涛，彭建云，张宝，等．迪那 2 井完整性评价及风险分析[J]. 石化技术，2015(1)：15-16.
[39] 刘建勋，吕拴录，高运宗，等．塔里木油田非油、套管失效分析及预防[J]. 物化检验-物理分册，2013，49(06)：416-418.
[40] 叶春波．库车油气开发部 S13Cr 套管解决腐蚀难题[J]. 石油化工腐蚀与防护，2017(2)：12.
[41] 羊东明，李亚光，张江江，等．大涝坝气田油管腐蚀原因分析及治理对策[J]. 石油钻探技术，2011，39(5)：82-85.
[42] 李杉．HP13Cr 割缝筛管在 SSP1 井的应用[J]. 西部探矿工程，2017(2)：51-53.
[43] 王雨生，张云善，郑凤，等．川西须家河组气藏气井的腐蚀规律[J]. 腐蚀与防护，2014，35(4)：325-331.
[44] 黄天杰，殷安会，刘智勇，等．吉林油田矿场条件下 CO_2 腐蚀模拟装置的建立及实验研究[J]. 表面技术，2015，44(3)：69-73.
[45] 管龙凤．徐深气田深层气井储层保护技术[J]. 天然气技术与经济，2014，8(6)：31-35.
[46] 郭敏灵，赵立强，刘平礼，等．酸液对 HP13Cr 钢材防腐研究进展[J]. 石油化工腐蚀与防护，2012，29(6)：4-7.
[47] 赵志博．超级 13Cr 不锈钢油管在土酸酸化液中的腐蚀行为研究[D]. 西安：西安石油大学，2014.
[48] Macdonald D D，Urquidi-Macdonald M. Theory of steady-state passive films[J]. Journal of Electrochemical Society，1990，137(8)：2395-2401.
[49] Frenier W W，Brady M，Chan K S，et al. Hot oil and gas wells can be stimulated without acids[C]. The 2004 SPE Annual Technical Conference and Exhibition held in Lafayette，Louisiana，18-20 February，2004. USA：SPE，2004.
[50] 周焕勤．国外耐 CO_2 腐蚀油气用钢管的品种开发及工艺进展[J]. 世界钢铁，2000 (1)：1-7.
[51] 方伟，李平全．油井管标准化发展战略研究[D]. 西安：西安交通大学，2004.
[52] 李平全，史交齐，赵国仙，等．油套管的服役条件及产品研制开发现状(上)[J]. 钢管，2008，37(4)：6-12.
[53] 李鹤林，张亚平，韩礼红．油井管发展动向及高性能油井管国产化(上)[J]. 钢管，2007，36(6)：1-6.
[54] 李鹤林，韩礼红．刍议我国油井管产业的发展方向[J]. 焊管，2009，32(4)：5-10.

第3章 热处理工艺与组织

3.1 绪言

中国油气资源需求与用量日益增加，以及储采比失调矛盾逐渐加大，需要对深井、超深井、高压油气井以及高含 CO_2 和 H_2S 等腐蚀性气体的油气井进行开发。不断劣化的油井管使用环境，对材料的强度、硬度和韧性以及在含有一定量的 CO_2、H_2S 和 Cl^- 的单一或共存腐蚀介质环境下的耐腐蚀性能提出了更高的要求，传统13Cr不锈钢油井管已难以满足这种油气田开发的要求。因此，开发出一种比传统13Cr不锈钢性能更为优越、成本比双相不锈钢更低廉的经济型油气井用不锈钢十分必要。

低碳马氏体不锈钢，又称超级马氏体不锈钢（SMSS），由于其独特的焊接性、强度、韧性和耐腐蚀性能，被认为是双相不锈钢的经济替代品。目前，SMSS作为一种管道用材料，在石油天然气工业中，特别是在含 CO_2 和 H_2S 的环境中，显示出越来越大的应用价值。SMSS是在Fe-Cr-Ni-Mo合金体系的基础上发展起来的，通过改变微合金化和添加N，显著降低C含量（质量分数≤0.02%），其微观结构一般由回火板条马氏体和一定量的残余奥氏体组成，具体取决于C含量、奥氏体稳定元素和热处理参数。为了获得理想的组织，钢通常在1000～1100℃进行固溶处理，然后气/水淬至室温，并进行单级或两级回火。超级13Cr低碳马氏体不锈钢的微观组织一般包含85%～95%的马氏体和5%～15%的逆变奥氏体，这种组织结构通常通过淬火＋回火工艺获得，淬火处理使材料具有较高强度，而回火过程产生的逆变奥氏体使材料具有良好的延展性。不当的热处理工艺会导致材料微观组织发生变化及力学性能下降，因此，确定适当的淬火及回火工艺对于改善超级13Cr不锈钢组织和性能来说具有重要意义。

3.2 软化工艺

超级13Cr不锈钢是由传统13Cr不锈钢发展而来的，C含量进一步降低，合金成分进一步优化，强度、低温韧性及抗腐蚀性能比传统13Cr不锈钢更加优越，焊接性能也得到显著改善，不仅能应用于泵、轴类、阀类，还可制作石油天然气行业在高 CO_2 环境下开采石油的重要管材和超高抗扭气密封钻杆。但是，超级13Cr不锈钢轧后硬度很高，给后续切削加工带来困难，因此必须进行软化处理使其硬度降低到280HB以下，以便于切削加工。

目前，大多数钢件在铸、锻、轧之后与机械加工之前，都是通过退火来降低硬度。但生产中却发现，对超级13Cr不锈钢进行正常退火却不能降低硬度，与一些合金钢零件相似，出现退火不软化的现象，影响材料的后续切削加工。

为此，陈溪强研究了超级13Cr不锈钢的软化处理工艺，其中包括退火、高温回火和调质处理，以降低其硬度，改善切削加工性能，这对于降低超级13Cr不锈钢的生产成本具有重要的经济价值。研究发现，超级13Cr不锈钢以5℃/min加热到1000℃，保温20min后以1℃/s冷却，测得A_{c1}为670℃、A_{c3}为760℃、M_s为210℃、M_f为160℃，超级13Cr不锈钢从奥氏体化温度冷却的过程中不存在珠光体转变而仅发生马氏体转变，所以退火后硬度高于330HB。此外，高温回火后的硬度也高于300HB。采用普通退火和等温退火处理都不能使超级13Cr不锈钢的硬度降低至280HB以下，这说明无珠光体转变的材料不能采用退火使之软化。仅在950℃淬火、随后650℃回火即调质处理，才能使超级13Cr不锈钢的硬度低于280HB，即通过产生逆变奥氏体达到软化效果，符合机械加工要求。其相关热处理工艺下的组织如图3-1～图3-3所示。

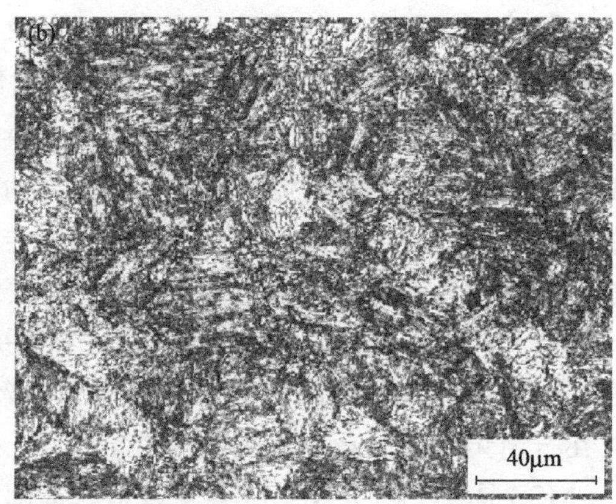

图3-1　超级13Cr不锈钢退火后的显微组织

(a) 900℃×4h，炉冷；(b) 880℃×3h，720℃×4h，炉冷

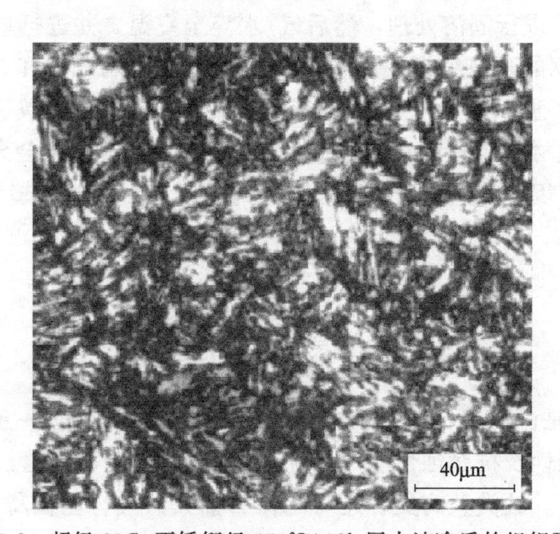

图3-2　超级13Cr不锈钢经650℃×2h回火油冷后的组织形貌

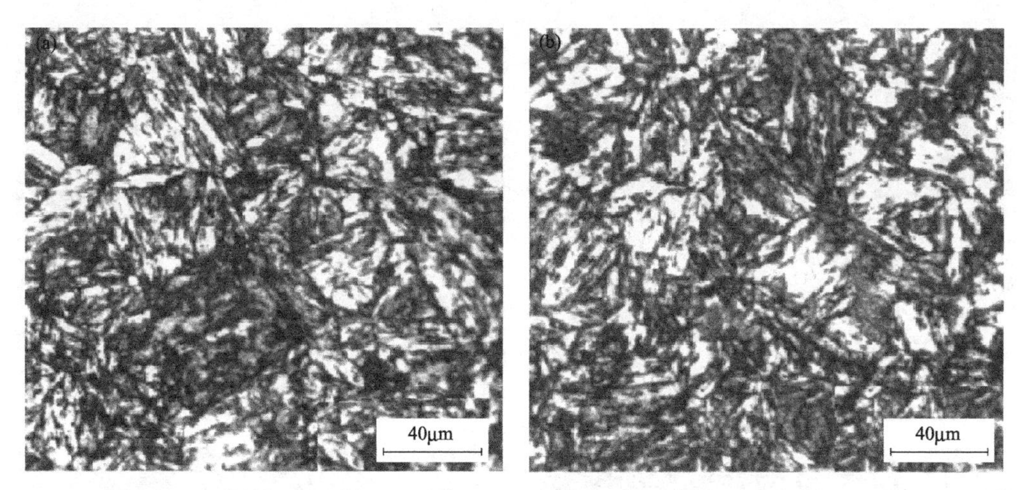

图 3-3　超级 13Cr 不锈钢经 950℃×1h 油淬、650℃×2h 回火油冷（a）和炉冷（b）后的组织形貌

3.3　热处理工艺

3.3.1　油套管钢

3.3.1.1　组织

通过正交设计法对国产超级 13Cr 马氏体不锈钢进行了相关热处理试验参数设计，其化学成分见表 3-1，其热处理工艺参数正交组合详见表 3-2，淬火加热保温时间为 0.5h，淬火和回火后都采用空冷，加热设备采用箱式电阻炉。

表 3-1　超级 13Cr 不锈钢的主要化学成分（质量分数）　　单位：%

元素	C	Si	Mn	P	S	Cr	Ni	Mo	V	Ti	Cu	N
含量	0.026	0.24	0.45	0.013	0.005	13.0	5.14	2.15	0.025	0.036	1.52	0.04

表 3-2　热处理工艺参数正交表

条件	淬火温度(A)/℃	回火温度(B)/℃	回火时间(C)/h
H1	950	600	1
H2	950	650	1.5
H3	950	700	2
H4	1000	600	2
H5	1000	650	1
H6	1000	700	1.5
H7	1050	600	1.5
H8	1050	650	2
H9	1050	700	1

热处理试样经磨制、抛光机侵蚀后用金相显微镜观测其金相组织，其化学侵蚀剂为盐酸 5mL、苦味酸 1g 和酒精 100mL。

图 3-4 是不同热处理工艺条件下所得到的金相组织，其中包括超级 13Cr 不锈钢原始态的组织［H0，见图 3-4(a)］。尽管热处理后的组织都是回火索氏体，但是由于热处理工艺的不同，晶粒度大小明显不同，其中板条束最细小的是 H3［见图 3-4(d)］，而晶粒最粗大的是 H8［见图 3-4(i)］，这也可能是导致其耐蚀性能差异的原因之一。

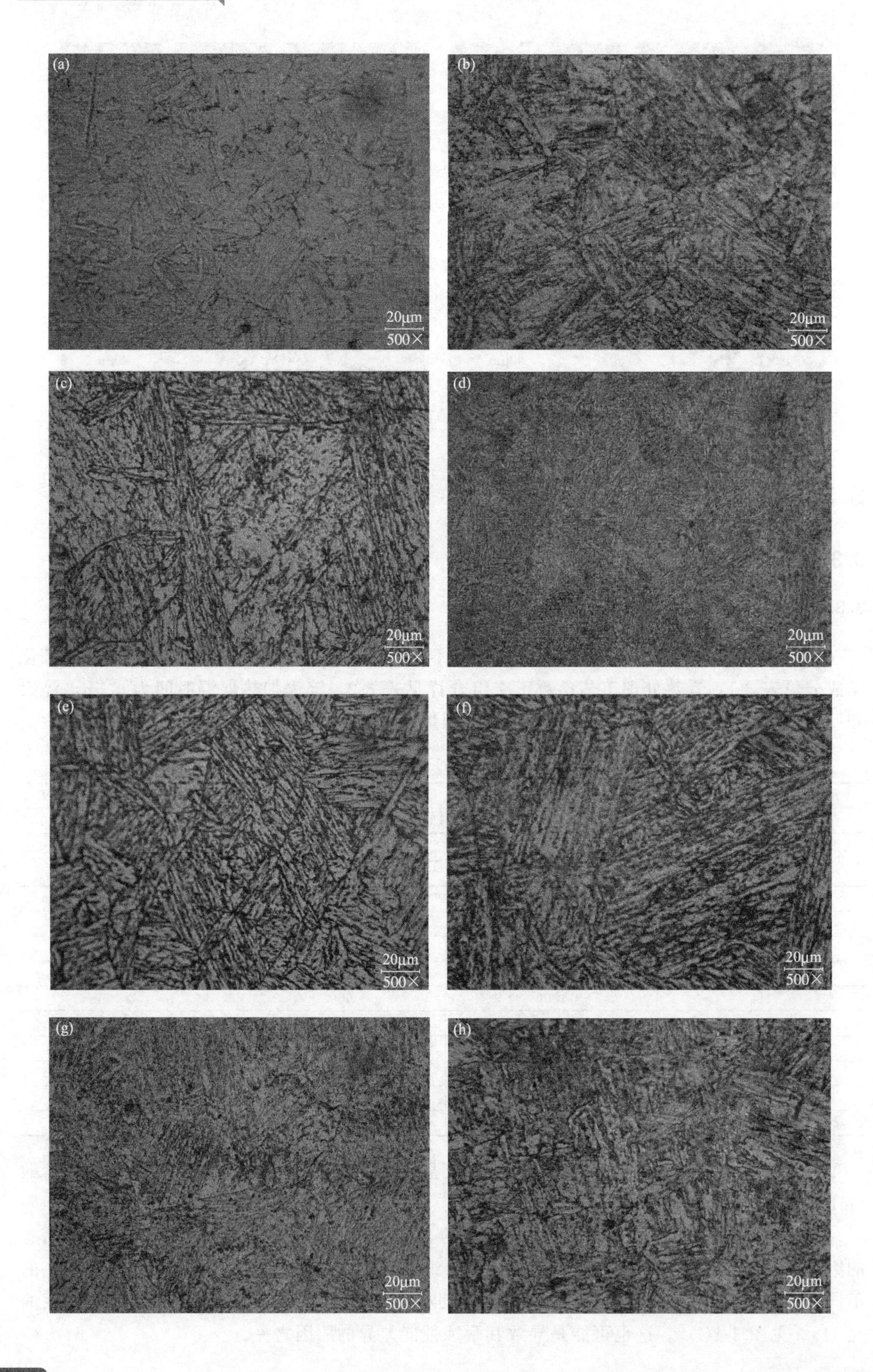
(a)
20μm
500×
(b)
20μm
500×
(c)
20μm
500×
(d)
20μm
500×
(e)
20μm
500×
(f)
20μm
500×
(g)
20μm
500×
(h)
20μm
500×

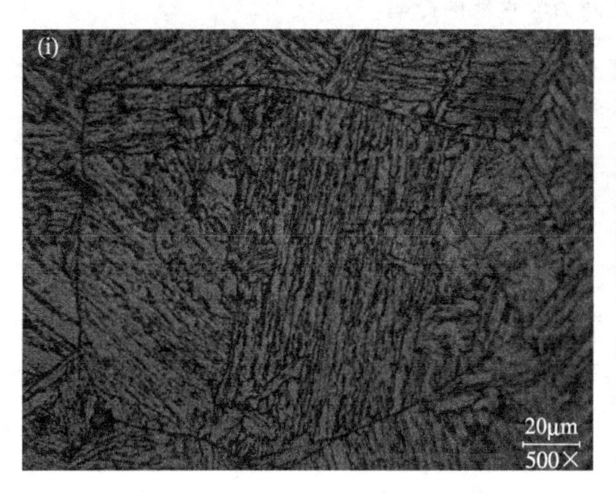

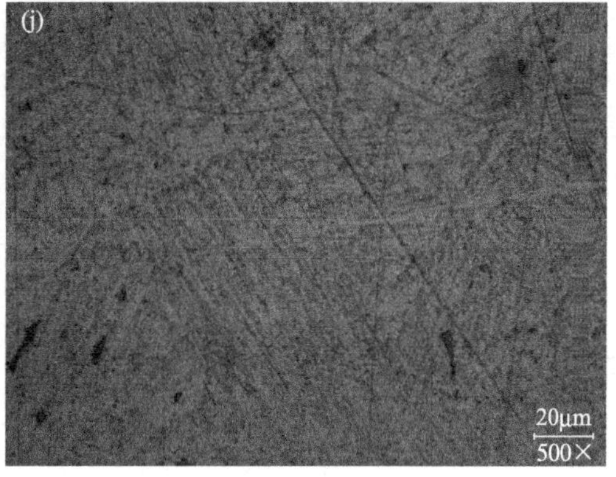

图 3-4　不同热处理工艺条件下超级 13Cr 不锈钢的金相组织

(a) H0；(b) H1；(c) H2；(d) H3；(e) H4；(f) H5；(g) H6；(h) H7；(i) H8；(j) H9

根据铁铬合金状态图可知：Cr 的加入能降低铁的熔点，最低熔点为 1516℃；同时 A3 和 A4 点都会因 Cr 的增加而降低，直到 Cr 含量达 7%后又迅速提高，由于 Cr 对 A4 点和 A3 点的影响形成了封闭的 γ 相区，γ 相最大含 Cr 量为 12.7%。Cr 在钢中与 C 形成碳化物，其中 $(Cr, Fe)_{23}C_6$ 最为常见。鲍进等发现对马氏体钢淬火后再进行回火，随着回火温度的升高，组织逐渐变化，马氏体逐渐分解，析出碳化物，在高温回火后马氏体可分解成较细的回火索氏体。

3.3.1.2　性能

(1) 力学性能

维氏硬度试验中所施加的力为 10kgf (1kgf=9.8N)，保荷时间为 10s，其维氏硬度压痕形貌见图 3-5，压痕四角处未见裂纹，可见其韧性较好。由于维氏硬度与抗拉强度 (σ_b) 之间存在一定的线性关系，在测量材料硬度的同时可直读其抗拉强度。表 3-3 是热处理工艺对力学性能（包括硬度和抗拉强度）的影响。API SPEC 5L 规定 P110 钢级材料的最小屈服强度为 758MPa，最大屈服强度为 965MPa。可见，该热处理工艺能满足 P110 钢级材料力学性能的要求。

图 3-5　维氏硬度压痕微观形貌

表 3-3 热处理工艺对力学性能的影响

力学性能	H0	H1	H2	H3	H4	H5	H6	H7	H8	H9
HV/(N/mm^2)	319.3	297.7	324.3	351.3	288.1	278.7	329.7	285.4	304.5	315.6
σ_b/(N/mm^2)	1084.0	1018.0	1099.3	1180.0	988.3	960.0	1115.0	980.0	1038.6	1072.0

（2）耐蚀性能

图 3-6 是超级 13Cr 不锈钢经过不同的热处理工艺后在不同温度条件下的腐蚀速率。可知，随着温度的升高，热处理工艺对材料腐蚀速率的影响逐渐减小。总体而言，经 H3 热处理的超级 13Cr 不锈钢的腐蚀速率较小，而经 H8 热处理的腐蚀速率较大。这可能与其经热处理后的金相组织有密切的关系。

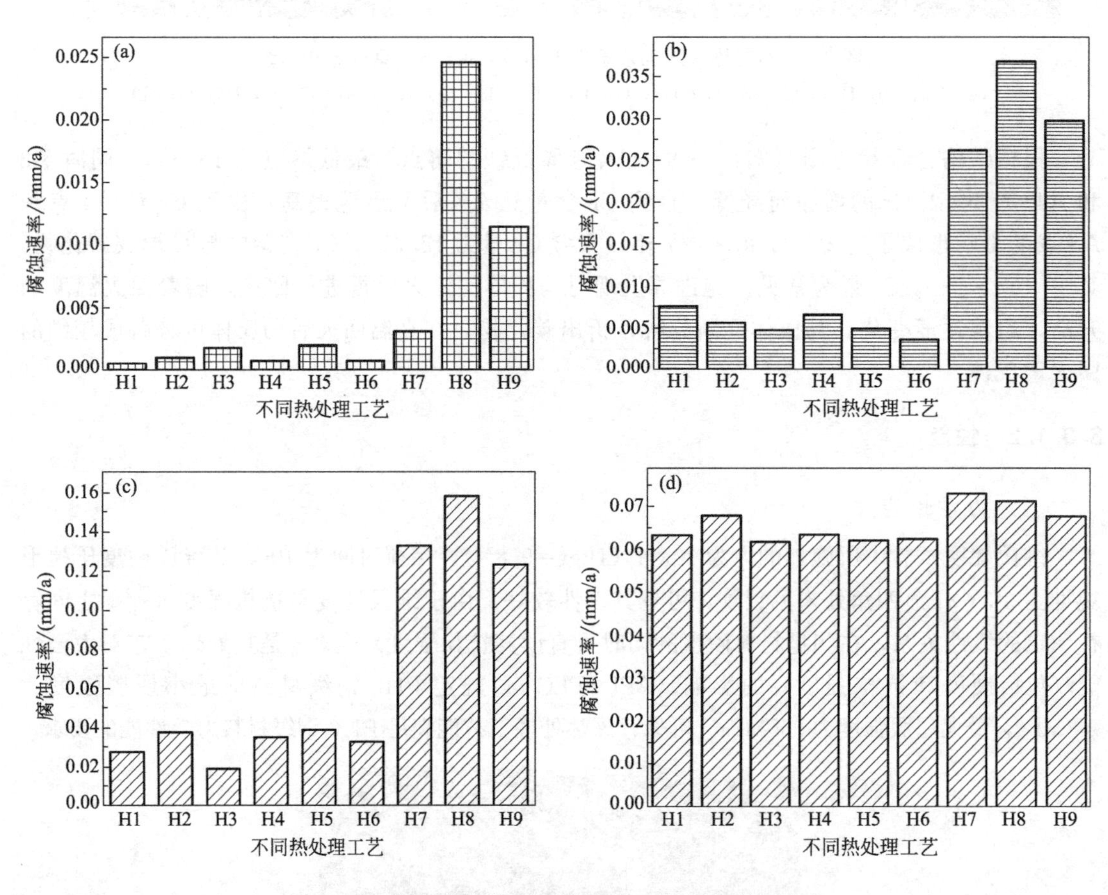

图 3-6 不同温度条件下超级 13Cr 不锈钢的腐蚀速率

(a) 60℃；(b) 90℃；(c) 120℃；(d) 150℃

① 极差分析。以 120℃条件下腐蚀速率为例，该温度条件下不同热处理条件对腐蚀速率的影响见表 3-4。根据热处理因素对超级 13Cr 不锈钢抗拉强度影响的分析方法，可知淬火温度（A）的 1、2 和 3 水平对超级 13Cr 不锈钢耐蚀性能的影响所对应的试验指标之和及其均值分别为：$K_{A1}=0.0835$，$k_{A1}=K_{A1}/3=0.0278$；$K_{A2}=0.1058$，$k_{A2}=K_{A2}/3=0.0353$；$K_{A3}=0.4134$，$k_{A3}=K_{A3}/3=0.1378$。可见 $k_{A3}>k_{A2}>k_{A1}$，所以可断定 A3 为 A 因素（淬火温度）的劣水平，而 A1 为 A 因素的优水平。

表 3-4　120℃时不同热处理条件对超级 13Cr 不锈钢腐蚀速率的影响

条件	淬火温度/℃	回火温度/℃	回火时间/h	腐蚀速率/(mm/a)
H1	950	600	1	0.0274
H2	950	650	1.5	0.0375
H3	950	700	2	0.0186
H4	1000	600	2	0.0348
H5	1000	650	1	0.0387
H6	1000	700	1.5	0.0323
H7	1050	600	1.5	0.1327
H8	1050	650	2	0.1579
H9	1050	700	1	0.1228

同理，计算并确定 B2、C3 分别为回火温度（B）、回火时间（C）的劣水平，B3、C1 分别为 B、C 因素的优水平。三个因素的水平组合 A3B2C3 为最劣水平组合，A1B3C1 为最优水平组合。即超级 13Cr 不锈钢经 1050℃淬火加 650℃回火 2h 后的腐蚀速率最大，而经 950℃淬火加 700℃回火 1h 后的腐蚀速率最小。

再根据极差得 $R_A=0.1378-0.0278=0.1100$；$R_B=0.0780-0.0579=0.0201$；$R_C=0.0704-0.0630=0.0074$。即 $R_A>R_B>R_C$，所以因素对试验指标影响的主次顺序是 A、B、C，即淬火温度影响最大，其次是回火温度，回火时间的影响最小。图 3-7～图 3-9 是不同工艺参数分别对其腐蚀速率影响进行极差分析的效应曲线图。可知随着淬火温度升高，超级 13Cr 不锈钢腐蚀速率逐渐增大，当淬火温度超过 1000℃后增长更加明显，而回火温度对超级 13Cr 不锈钢腐蚀速率的影响呈现先增大后减小的趋势，在 650℃时达到最大值，该趋势与李灿碧等的研究结果相一致、而与王运玲等的研究结果完全相反。回火时间对超级 13Cr 不锈钢腐蚀速率具有促进作用，但影响不明显。通过对比可知淬火温度对超级 13Cr 不锈钢耐蚀性能的影响最大。

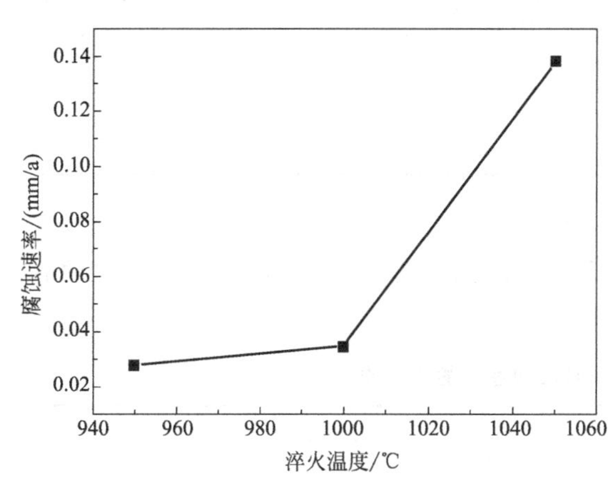

图 3-7　淬火温度对腐蚀速率的影响

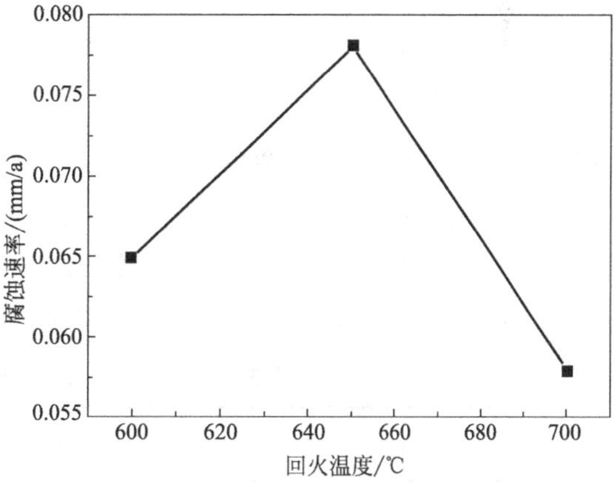

图 3-8　回火温度对腐蚀速率的影响

回火对经淬火后的合金钢有两方面的作用：碳化物从马氏体中析出的同时，其成分随着回火过程的延续也发生变化。低温回火条件下，钢的组织将会由淬火马氏体转变为回火马氏体，且析出的碳化物量少，Cr 主要保留在固溶体中，因此钢的耐蚀性较好。随着回火保温时间延长，Cr 的碳化物由过饱和组织内析出，并逐渐在晶界处发生聚集。这势必导致 Cr 分布不均匀，使周围形成贫 Cr 区，使金属表面具有不同的电化学性质，由于贫 Cr 区和富 Cr

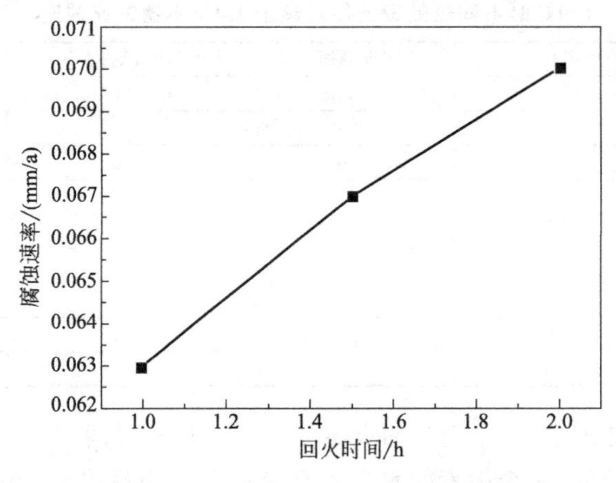

图 3-9　回火时间对腐蚀速率的影响

区所形成的电极电位不同，即富 Cr 区为阴极，而贫 Cr 区为阳极，碳化物在晶界处聚集越多，钢的腐蚀速率越高。而随着回火温度的不断升高，渗碳体在钢中的溶解度增大，基体的贫 Cr 状态得以改善，故耐蚀性能提高。

② 交互作用。表 3-5 是淬火温度与回火温度对腐蚀速率的交互作用。交互作用数值的大小反映了各因素的相对独立程度，如果存在交互作用，则表示一个因素的水平有改变时，另一个或几个因素的效应也相应有所改变；反之，如不存在交互作用，表示各因素具有独立性，一个因素的水平有所改变时不影响其他因素的效应。由表 3-5 可知，淬火温度和回火温度之间存在一定的交互作用，其中经 1000℃淬火＋600℃回火的热处理工艺对超级 13Cr 不锈钢耐蚀性能影响最大，而经 1050℃淬火＋700℃回火的热处理工艺对超级 13Cr 不锈钢耐蚀性能影响最小。

表 3-5　淬火温度与回火温度对腐蚀速率的交互作用　　单位：mm/a

回火温度/℃	淬火温度/℃		
	950	1000	1050
600	0.027	0.158	0.032
650	0.035	0.037	0.123
700	0.133	0.039	0.019

同理，回火温度与回火时间对腐蚀速率的交互作用见表 3-6。由表 3-6 可知，回火温度的升高和回火时间的延长，两者对超级 13Cr 不锈钢耐蚀性能的交互作用在减弱，并且两者在多数情况下对超级 13Cr 不锈钢耐蚀性能的影响是相互独立的。

表 3-6　回火温度与回火时间对腐蚀速率的交互作用　　单位：mm/a

回火时间/h	回火温度/℃		
	600	650	700
1	0.218	0.000	0.000
1.5	0.000	0.195	0.000
2	0.000	0.000	0.190

③ 方差分析。极差分析通俗易懂、简单明了、计算工作量少而便于推广普及。但是，就是否能区分由试验中条件的变化引起的数据波动同试验误差引起的数据波动，极差分析法显得无能为力，也就是说，无法确定因素各水平间对应的结果的差异究竟是由因素水平不同所引起的还是因误差所引起的，不能对误差的大小进行估算，更不能精确地估计结果受各因

素的影响程度。于是用方差分析对极差分析所具有的缺陷（用一个标准来判断因素作用的显著性）进行弥补，即把数据的总变异分解成因素引起的变异和误差引起的变异两部分，构造 F 统计量，做 F 检验，这样就可以判断因素作用的显著程度。具体步骤如下：

① 偏差平方和分解：总偏差平方和＝各列因素偏差平方和＋误差偏差平方和。

$$SS_{\mathrm{T}}=SS_{\text{因素}}+SS_{\text{空列(误差)}} \tag{3-1}$$

② 自由度分解：

$$df_{\mathrm{T}}=df_{\text{因素}}+df_{\text{空列(误差)}} \tag{3-2}$$

③ 方差：

$$MS_{\text{因素}}=\frac{SS_{\text{因素}}}{df_{\text{因素}}},MS_{\text{误差}}=\frac{SS_{\text{误差}}}{df_{\text{误差}}} \tag{3-3}$$

④ 构造 F 统计量：

$$F_{\text{因素}}=\frac{MS_{\text{因素}}}{MS_{\text{误差}}} \tag{3-4}$$

⑤ 列方差分析表，做 F 检验：对于计算得到的 F 值，若 $F_0>F_a$，则拒绝原假设，此时认为该因素对结果的影响显著；如果 $F_0\leqslant F_a$，则该因素不显著影响结果。

表 3-7 是方差分析的结果，可知淬火温度是高度显著因素，其次是回火，这与极差分析的结果相一致。

表 3-7　方差分析结果

参数	淬火温度	回火温度	回火时间
偏差平方和	0.023	0.001	0.000
F 比	2.875	0.125	0.000
显著性	有影响		

（3）形貌与成分分析

图 3-10 是超级 13Cr 不锈钢经 H3 和 H8 热处理后在 120℃条件下的腐蚀形貌，可见超级 13Cr 不锈钢经 H3 热处理后的腐蚀表面几乎无明显变化，仅是颜色有所加深；而经 H8 热处理后的腐蚀表面有腐蚀产物的生成，并呈现明显的裂纹。这进一步说明经 H3 热处理后超级 13Cr 不锈钢耐蚀性能明显优于经 H8 热处理。

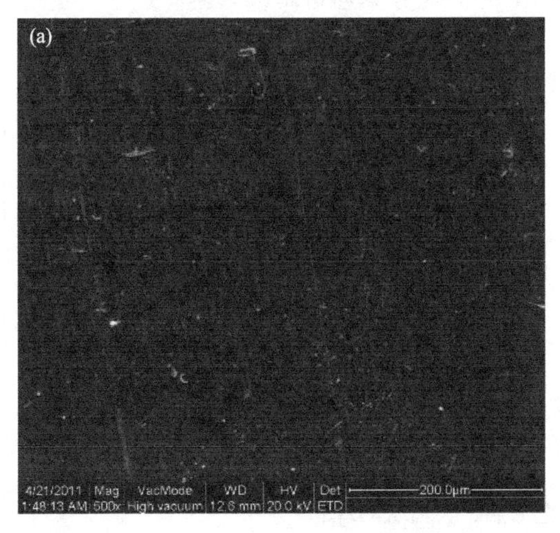

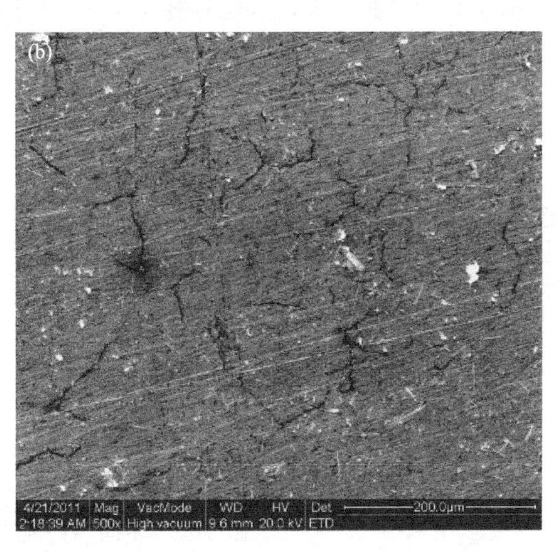

图 3-10　不同热处理工艺后的腐蚀形貌

(a) H3；(b) H8

图 3-11 是图 3-10 所对应试样腐蚀表面的 EDS 能谱，可知表面的成分主要是 Fe、Cr、

O、Mn、Ni、Ti和C等元素。其中，Fe、Cr、Mn、Ni和Ti来源于超级13Cr不锈钢基体，C和O主要来自于腐蚀介质。但是元素的相对含量基本变化不大（见表3-8），并且Cr在表面也没呈现富集现象（两种状态下超级13Cr不锈钢的Cr含量分别为13.23%和13.18%）。

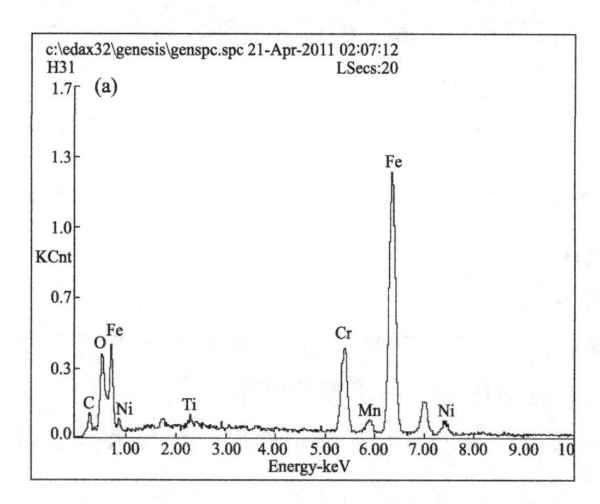

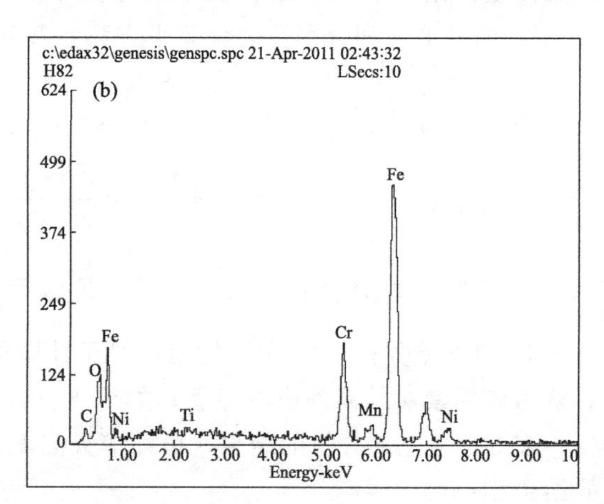

图3-11　不同热处理工艺后腐蚀表面EDS能谱

(a) H3；(b) H8

表3-8　H3和H8热处理工艺后腐蚀表面元素含量（质量分数）　　单位：%

条件	C	O	Ti	Cr	Mn	Fe	Ni
H3	9.35	10.06	2.11	13.23	0.77	60.1	4.38
H8	6.47	7.78	2.20	13.18	1.37	63.67	5.33

为进一步确定腐蚀产物层的主要成分，采用XRD对其进行测定，结果如图3-12所示，其主要成分是Fe-Cr和$FeCO_3$，这与张亚明、韩燕和Mu等的研究结果相同，Mu用XPS分析发现超级13Cr不锈钢在高温高压条件下所生成的产物膜由$FeCO_3$、Fe_2O_3和Cr_2O_3构成。通常，超级13Cr不锈钢因生成非晶态的$Cr(OH)_3$而具有较好的耐CO_2侵蚀性。然而该XRD图并未显示明显的“馒头”峰，这也解释了上边EDS能谱未见Cr在表面富集的现象。

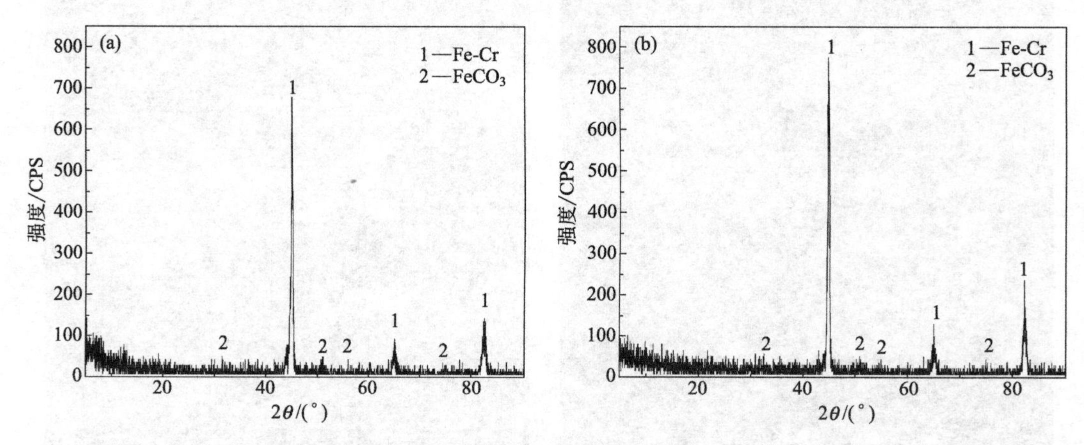

图3-12　不同热处理工艺后腐蚀表面XRD图

(a) H3；(b) H8

可见，超级13Cr不锈钢腐蚀速率的变化不仅受产物膜成分和含量的影响，而且取决于不同的热处理工艺所引起的组织变化。

3.3.2 油钻杆钢

3.3.2.1 组织

世界致密气生产主要分布在美国、南美、澳洲、中国、俄罗斯、北欧、中东等国家和地区，其中美国产量最大，致密砂岩气产量已占美国天然气总产量的1/3，而中国的天然气总产量的1/4来自于致密砂岩气。致密砂岩气储层具有低渗透率（小于0.1mD，1mD＝$0.9869\times10^{-9}m^2$），低孔隙度（小于12%）等特点，适合使用气体欠平衡钻井技术开发，以便提高钻速、保护储层、发现常规钻井遗漏的产层。采用N_2钻井工艺，钻井时虽没有钻井液对储层的污染，可获得较高的产量，但使用油管完井时仍会对储层造成污染。

塔里木盆地蕴藏着丰富的天然气资源，但部分气田为含大量CO_2的致密砂岩气田。CO_2对油套管的腐蚀也是困扰塔里木油田安全生产的突出问题，针对酸性气体腐蚀最安全的措施就是采用耐蚀管材。超级13Cr不锈钢是在传统13Cr不锈钢的基础上减少C含量，增加Ni、Mo等元素含量发展而来。相对于传统13Cr不锈钢，超级13Cr不锈钢油套管具有更高的强度和良好的耐蚀性能。传统13Cr不锈钢最高使用温度为150℃，而超级13Cr不锈钢在直到180℃的高温、含CO_2环境下仍具有良好抗局部和均匀腐蚀的能力，并且超级13Cr不锈钢油套管强度达到110ksi（$1ksi=6.895\times10^6N/m^2$）级别。

为了满足塔里木盆地含CO_2致密砂岩气藏N_2钻完井一体化管柱的需要，中国石油塔里木油田公司与钻杆生产厂家联合研制了一种既能满足钻井工况又能满足完井和采气工况的高强度超级13Cr不锈钢油钻杆。为检验该油钻杆的可靠性，曾德智等开展了管材的力学性能和腐蚀性能室内实验检测对比研究：采用金相显微镜观测得出了该油钻杆金相组织特征；采用拉伸实验机和示波冲击实验机实验测得了该油钻杆材料的基本力学性能；采用高温高压循环流动腐蚀仪实验获得了模拟工况下油钻杆材料的耐腐蚀性能。

对照样的金相组织如图3-13(a)所示，油钻杆管材的金相组织如图3-13(b)所示。由图3-13(a)可见，对照样的金相组织为马氏体＋析出的块状和条状δ-铁素体，其中，δ-铁素体如图3-13(a)中箭头所指；由图3-13(b)可见，相比对照样而言，油钻杆析出的δ-铁素体很少，组织更加均匀。

图3-13 超级13Cr不锈钢金相组织

(a) 对照样；(b) 油钻杆

3.3.2.2 性能

利用高温高压循环流动腐蚀仪，实验总压30MPa，其中CO_2压力为1.76MPa，N_2压力为28.24MPa，实验温度为90℃，流速为5m/s，实验时间为168h。因评价对象为不锈钢，主要考虑Cl^-对腐蚀的影响，采用NaCl和去离子水配制模拟地层水，溶液中Cl^-含量为100000mg/L。

对照样和超级13Cr不锈钢油钻杆样的拉伸性能非常接近，且满足API Spec 5D对135级钻杆的强度要求（标准规定屈服强度的范围为827～1138MPa，抗拉强度大于965MPa），如表3-9所示。

表3-9 拉伸性能测试结果表

试样	屈服强度/MPa		抗拉强度/MPa		屈强比	断后伸长率/%	
	实测值	均值	实测值	均值		实测值	均值
对照样	979	975	1023	1020	0.95	22.34	22.38
	975		1028			22.41	
	972		1010			22.39	
油钻杆	943	953	984	996	0.96	22.1	21.7
	956		999			22.0	
	962		1005			21.1	

对照样和油钻杆的冲击功都远远大于API Spec 5D中对钻杆冲击韧性的要求（54J）。但是，油钻杆的冲击性能明显优于对照样，油钻杆试样的冲击功比对照样高出14.7%。可见，金相组织中δ-铁素体的析出降低了超级13Cr不锈钢的韧性。

腐蚀实验结果如图3-14所示。根据NACE RP 0775—2005标准的规定，腐蚀速率小于0.025mm/a为轻度腐蚀；0.025～0.125mm/a为中度腐蚀。可见，对照样和油钻杆在气相中的腐蚀程度都为轻度腐蚀，在液相中的腐蚀程度都为中度腐蚀。塔里木油田均匀腐蚀速率控制的技术指标为不超过0.076mm/a，对照样在模拟积水采气工况下的腐蚀速率超出该标准。

两种模拟工况下，油钻杆的耐腐蚀性能均优于对照样的，且腐蚀速率都在油田控制标准之内。在模拟携水采气工况下油钻杆的腐蚀速率为0.0036mm/a，约为对照样的48%；在模拟积水采气工况下油钻杆的腐蚀速率为0.0394mm/a，约为对照样的38%，如图3-14所示。可见，金相组织中析出的δ-铁素体的量越少，超级13Cr不锈钢的耐腐蚀性能越优良。

值得注意的是，对照样在腐蚀清洗后出现肉眼可见的腐蚀坑，图3-15为积液腐蚀工况环境下对照样中发现的最显著的点蚀坑之一。利用景深显微镜对蚀坑进行三维扫描成像观测，结果如图3-16所示，最深的蚀坑深度达到190.3μm，换算成年腐蚀深度为9.9228mm，局部点蚀严重。虽然对照样的力学性能较好，但是由于其点蚀严重，不适合油田现场生产工况，而新研制的油钻杆在气相和液相中都没有明显点蚀，其耐点蚀性能大大优于对照样。

有研究表明，富含Cr、Mo的δ-铁素体存在，会使得其与马氏体在界面上形成脆性的碳化物层。另外，δ-铁素体的C含量比马氏体低，晶格畸变程度低于马氏体。因此，位错更容易在δ-铁素体中发射、运动，即δ-铁素体抵抗变形能力弱于马氏体基体，冲击过程中两相变形不一致。在试样冲击变形过程中，大量位错会聚集在δ-铁素体的晶界，使得δ-铁素体与脆性碳化物层开裂。因此对照样的冲击功低于超级13Cr不锈钢油钻杆试样。

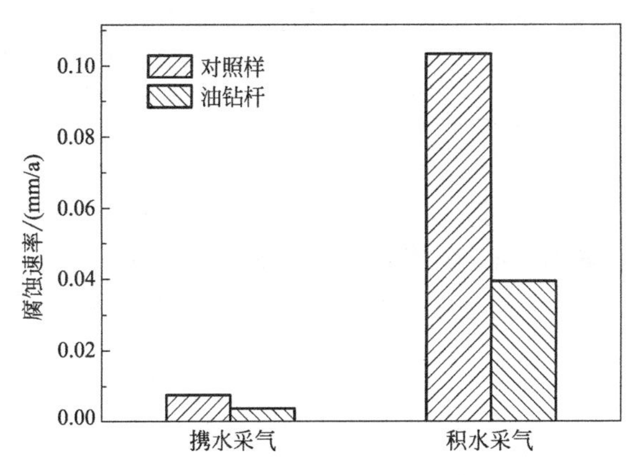

图 3-14 油钻杆和对照样腐蚀速率比较

图 3-15 对照样腐蚀后的表面蚀坑形貌图

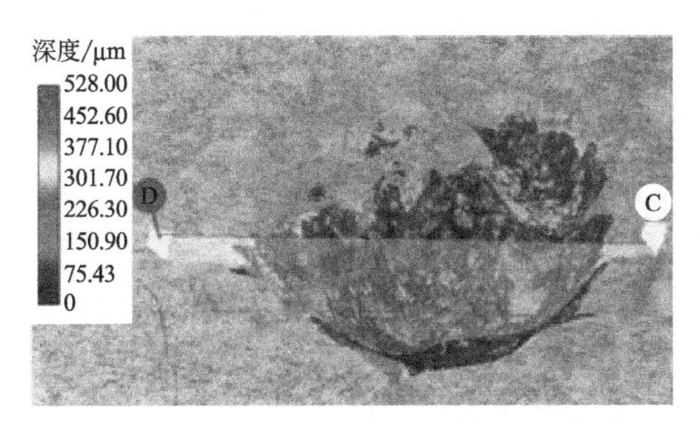

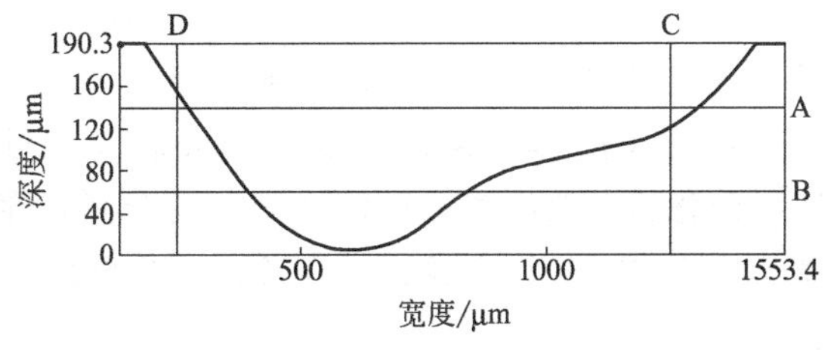

图 3-16 对照样腐蚀后表面蚀坑的三维成像图（1000×）

一般情况下，马氏体不锈钢中的δ-铁素体富含 Cr、Mo 元素，并且δ-铁素体与马氏体不锈钢交界处的碳化物也富含 Cr。相关研究表明，随着不锈钢中 Cr 含量的增加，钝化电流密度降低且钝化膜击穿电压会提高，即不锈钢耐蚀性能提高。另外，Mo 有减缓不锈钢腐蚀速率、促进不锈钢再钝化的作用，可以有效抑制点蚀形核。因此，点蚀偏向于在马氏体组织区域发生。并且，δ-铁素体与马氏体基体成分的差异，会加剧马氏体区域的电化学腐蚀。因此，对照样出现明显局部腐蚀；新研制的超级 13Cr 不锈钢油钻杆组织均匀，基本上为板条状马氏体，点蚀倾向大大低于对照样。综合上述分析可见，对照样中含有的δ-铁素体对超级 13Cr 不锈钢的冲击性能和腐蚀性能影响较大，在油钻杆的生产制造中克服了该问题，因而新研制的油钻杆具有优良的力学性能和腐蚀性能，能胜任塔里木含 CO_2 致密气藏钻完井作业和后期采气生产的需要。

总体来说，超级 13Cr 不锈钢油钻杆金相组织均匀，δ-铁素体含量符合标准要求；拉伸性能达到了 S135 级钻杆的强度要求，屈服强度达 953MPa；冲击性能优于 S135 级钻杆，冲击功达 165.56J；在模拟高温、富含 CO_2、高矿化度采气工况下油钻杆耐均匀腐蚀和耐点蚀性能良好，而较高的δ-铁素体含量对照样在模拟采气工况下出现严重点蚀，不能满足油田生产要求。可见，新研制的超级 13Cr 不锈钢油钻杆性能优良，将在塔里木油田氮气钻完井作业中得到充分应用。

方旭东等在 Gleeble-3800 热模拟实验机上，研究了超级 13Cr 不锈钢的热塑性及热变形行为，并建立了合金的热加工图。结果表明，在 900～1300℃，合金均具有较好的热塑性；通过热加工图分析得出，合金适宜初始加工温度范围在 1100～1200℃、应变速率为 $0.1s^{-1}$ 是最佳的热加工区间，该区域动态再结晶进行充分，功率耗散效率为 60%。采用此参数变形获得的组织细小均匀。

3.4 组织影响因素

3.4.1 相图

利用 Thermo Calc 软件计算 00Cr13Ni5Mo（超级 13Cr 不锈钢）的平衡相图如图 3-17 所示。可以看出，在 500～720℃范围内，00Cr13Ni5Mo 的主要结构为铁素体和奥氏体双相，奥氏体相的比例随着温度的升高而增大。可以推测，在非平衡组织即淬火条件下，00Cr13Ni5Mo 以马氏体组织为主。随着回火温度的升高，马氏体分解和结构奥氏体化的速度加快，特别是在 600℃以上。在 600～650℃回火范围内，奥氏体占一定比例，碳化物溶解度不高，说明相的稳定性好，达到室温后仍有一定比例的奥氏体结构。但随着回火温度的升高，碳化物完全溶解，奥氏体化程度升高，导致奥氏体的稳定性较差，奥氏体转变为马氏体。

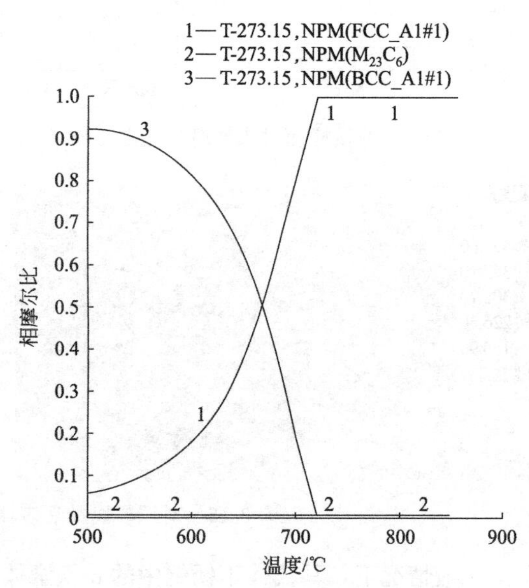

图 3-17 用 Thermo Calc 软件计算获得的平衡相图

提高 Mo 的含量后，超级 13Cr 不锈钢在 500～1300℃的相图如图 3-18 所示。从图中可以明显地看出铁素体和奥氏体相的变化规律，并且在 827℃附近奥氏体化基本完成。计算表明，在 500～850℃之间存在的析出相有 CHI、HCP、$M_{23}C_6$ 和 M_3P，且含量很少。采用差热分析仪进行 DSC 曲线分析，超级 13Cr 不锈钢在变温速率为 10℃/min 时的 A_s 点约为 656.9℃，M_s 点约为 329.1℃，并且在空冷状态下即可转变为马氏体。

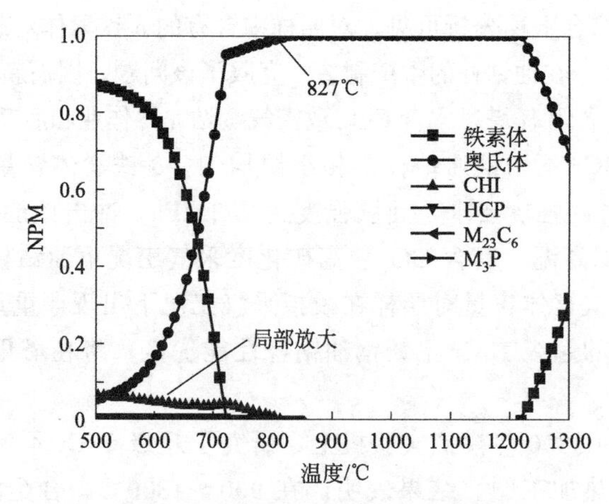

图 3-18 超级 13Cr 不锈钢相图

3.4.2　成分

在超级 13Cr 马氏体不锈钢中，Cr 是强烈形成并稳定铁素体的元素，缩小奥氏体区，其含量过高会影响不锈钢的力学性能。随着 Cr 含量的增加，一些金属间化合物析出的倾向增大。Ni 是强烈形成并稳定奥氏体且扩大奥氏体相区的元素，它降低马氏体转变温度，增加其淬透性。Ni 含量的增加会降低 C、N 在奥氏体中的溶解度，从而使碳氮化合物脱溶倾向增强；降低钢中铁素体含量，在所有合金元素中其效果最好。在特定的 C、Cr 含量条件下，这一作用可使钢获得满意的相变效果和最大硬度。δ-铁素体会影响钢的高温力学性能，尤其是它在钢组织中所占比例对钢的高温塑性有着直接影响。Mo 是铁素体形成元素，属于强碳化物形成元素，当其含量较低时，形成复合的渗碳体；含量较高时，则形成特殊碳化物。在较高回火温度下，由于弥散分布和二次硬化作用，能提高不锈钢的强度、韧性和回火稳定性。Mo 和 Cr 配合使用，可显著提高钢的淬透性并抑制或降低回火脆性，提高耐热钢的热强性和蠕变强度。C 是奥氏体形成元素，形成奥氏体的能力是 Ni 的 30 倍，但为获得良好的综合性能，钢中的 C 含量控制得非常低，通常小于 0.03%。N 的影响类似于 C，能够扩大相区，是一种很强的形成和稳定奥氏体的元素，广泛应用于奥氏体和双相钢中，起到 Ni 的作用。Ti 能够缩小相区，形成 γ 圈，在 α-Fe 中无限固溶。微合金元素对于超级马氏体不锈钢的研究表明，Ti 作为稳定和细化元素可以有效地提高强度和韧性，它和 C、N 都有较强的亲和力，为强碳化物及氮化物形成元素，细化钢的晶粒，提高晶粒粗化温度，从而降低钢的过热敏感性，并提高钢的强度和韧性。它还增加淬火钢的回火稳定性，并有强烈的二次硬化作用。除此之外，稀土元素、Nb 等也对其组织产生较为显著的影响。

热处理钢的显微组织由回火板条马氏体、残余奥氏体和 δ-铁素体组成。奥氏体化温度和回火温度对材料的微观结构变化有显著影响，导致材料力学性能的复杂多变。好的回火板条马氏体和更多分散逆变奥氏体的微观结构可改善钢的综合力学性能。马氏体不锈钢淬火后，经一定温度回火，部分马氏体将发生逆变，形成逆变奥氏体。这种逆变奥氏体的热稳定性很高且弥散分布在低碳板条马氏体基体间，优化了材料的各项性能。所以研究钢在不同热处理条件下的组织对其性能有重要的指导意义。

3.4.2.1　显微组织

（1）稀土元素

稀土元素在钢中可以微量固溶、净化晶界、变质夹杂物、均匀组织，从而改善钢的力学性能和物理化学性能。表 3-10 是 1～4 号试样中的主要化学成分含量。

表 3-10　1～4 号试样中的主要化学成分　　单位:%

试样号	Fe	Cr	C	Y
1	87.000	12.430	0.0100	0
2	86.900	12.340	0.0150	0.0016
3	86.950	12.730	0.0150	0.0064
4	86.600	13.020	0.0100	0.0840

图 3-19 为 0Cr13 不锈钢在淬火＋回火热处理后的显微组织。由图 3-19 可以看出，热处理后实验钢的铁素体组织比较清晰。1 号试样不含稀土元素 Y，其晶粒大小不均匀，大铁素

体晶粒之间出现少许细小晶粒；2、3、4 号试样含有稀土元素 Y，混晶现象逐渐减轻，3、4 号试样晶粒均匀。1 号试样不含 Y 元素，成分分布不十分均匀，热处理后晶粒大小不均匀，有轻微混晶现象。可见，实验钢中加入稀土元素 Y 可以促进成分均匀，减少夹杂物，净化晶界，使得晶粒均匀，混晶现象逐渐减小。混晶减轻，相界面减少，可以提高抗腐蚀性。

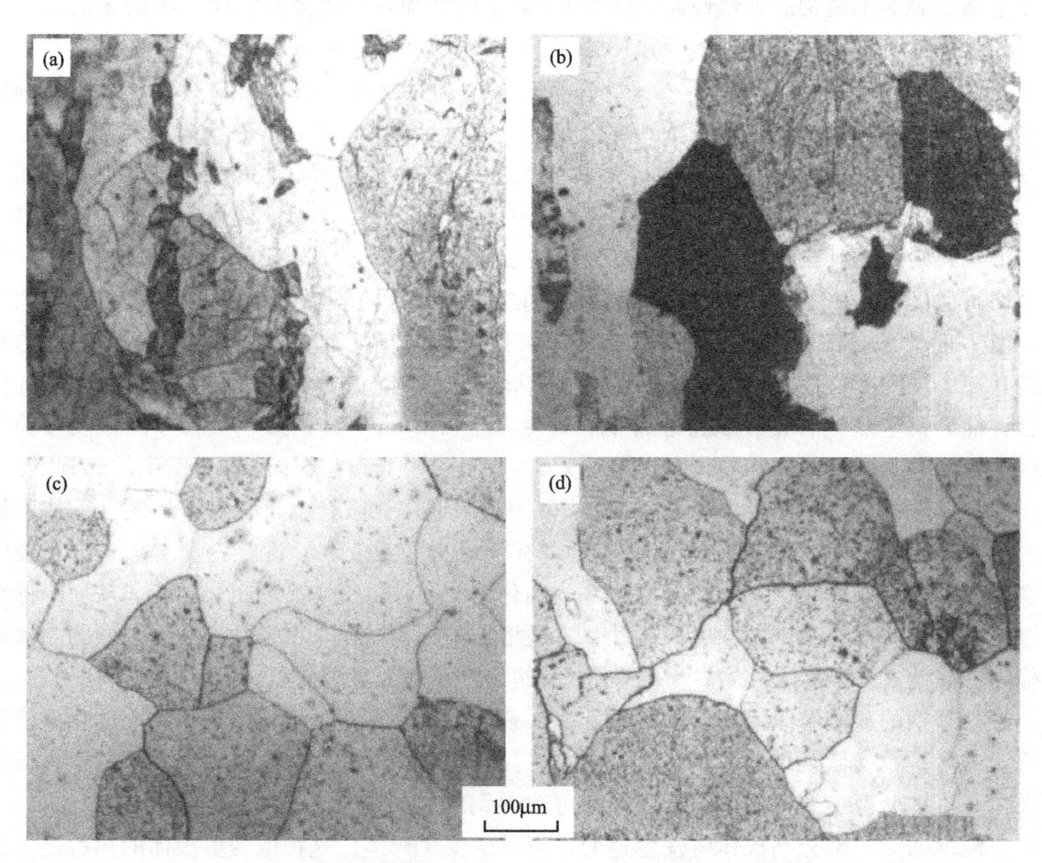

图 3-19 不同含量稀土元素 Y 的 0Cr13 不锈钢光学显微组织

(a) 1 号试样；(b)；2 号试样 (c)；3 号试样；(d) 4 号试样

(2) Nb 元素

第一个把 Nb 引进不锈钢中的是德国克鲁勃公司，成功地将 Nb 加入钢中以改善抗晶间腐蚀性能，并取得专利权。Nb 是强碳化物形成元素，高温时能形成稳定细小的碳化物和氮化物，结合控扎控冷对晶界起到很大的钉扎作用。固溶过程中，Nb 的原子半径比 Fe 大得多，因而也具有很强烈的拖拽晶界移动的作用，能够提高再结晶温度，能够抑制晶粒长大，起到显著细化晶粒的作用。Nb 的碳氮化物析出相作为障碍物与可动位错的交互作用是造成析出强化的本质。此外，Nb 的添加还抑制晶间碳化铬的形成，改善抗晶间腐蚀性能，具有良好的抗回火性能，即随着 Nb 含量的增加，强度随回火温度降低而减少。

姜召华等研究发现微合金化可推迟逆变奥氏体转变，00Cr13Ni5Mo2 钢在 625℃ 回火后逆变奥氏体含量最多，但部分逆变奥氏体在 625℃以上回火后冷却过程中转变为二次淬火马氏体。

近年来，Nb 作为一种强奥氏体形成元素被广泛应用于奥氏体和双相不锈钢中，以节省昂贵的 Ni 来提高局部耐蚀性能。也有一些商用的 Nb 合金超级马氏体不锈钢，Nb 合金化提高了超级马氏体不锈钢的力学性能和耐点蚀性能，强调了在13Cr5Ni1～2Mo不锈钢的合金设计中Nb添加量与间隙（C和N）的平衡的重要性，并对Nb在超级马氏体不锈钢中的微合金化作用机制进行了研究。

（3）Mo元素

众所周知，Mo对提高不锈钢的局部耐蚀性能是非常有效的。Kondo等测试各种低碳13Cr马氏体不锈钢的耐腐蚀性能，其条件为5%NaCl、3.0MPa CO_2 和0.001MPa H_2S、298K（25℃），研究表明腐蚀速率随Mo含量的增加显著降低，Mo含量为2%或更高的钢不发生SSC，而Mo含量为1%或不添加Mo的钢在暴露环境中发生SSC或点蚀。在文献研究的基础上，制备了添加2%Mo的低碳13%Cr-5%Ni钢（2Mo钢）。同时，研究了添加0.1%Nb的低碳13%Cr-5%Ni-2%Mo钢（2MoNb钢）中Nb对其组织和性能的影响。两种钢的详细化学组分如表3-11所示。为防止加工过程中奥氏体晶粒的严重生长，将两种含2%Mo钢的热轧温度从1473K降低到1373K（1200℃到1100℃）。

表3-11 两种钢的化学组分（质量分数） 单位：%

钢种	C	Si	Mn	P	S	Cr	Ni	Mo	N	Nb	V	Ti
2Mo	0.020	0.42	0.51	0.016	0.004	12.59	5.01	1.90	0.013	—	—	0.0062
2MoNb	0.022	0.41	0.48	0.016	0.006	12.91	5.16	2.05	0.010	0.11	—	0.0043

图3-20（a）和（b）给出了经正火处理后两种2Mo钢的带所对应的高角度位错取向的

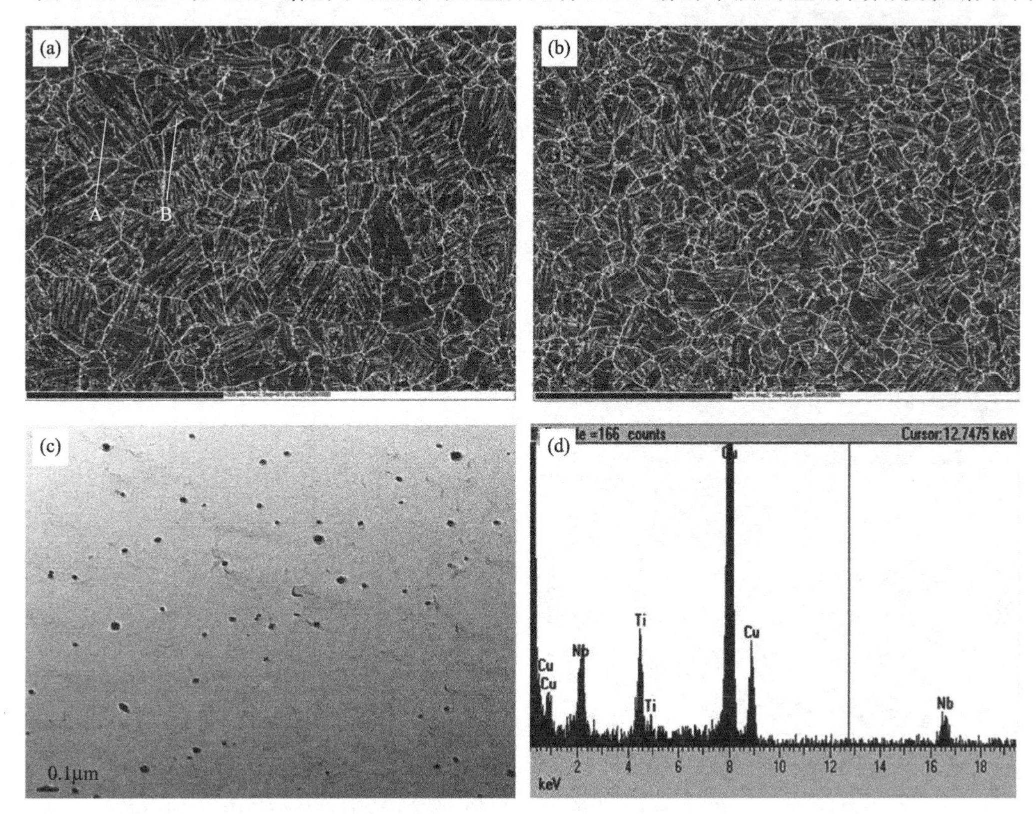

图3-20 含明显带状的大角度位错边界EBSD特征对比以及沉积物形貌与组分

（a）2Mo钢；（b）2Mo钢；（c）25～30nm球状沉淀物萃取复制品的TEM；（d）含Nb和Ti射线特征的球形沉淀物EDS

EBSD（电子背散射衍射）特征对比图。2Mo 轴承钢通过 1323K（1050℃）正火获得淬火马氏体微观结构，原始奥氏体颗粒被分割成薄薄的板条包。原始奥氏体晶界（图 3-20（a）中 A 所指）和板条包边界（图 3-20（a）中 B 所指）被发现超过 15°的高角度位错。而且，与 2Mo 钢相比，2MoNb 钢经 1373K（1100℃）热轧、1323K（1050℃）固溶处理后其原始奥氏体晶粒被明显细化。制备了热轧 2MoNb 钢的碳萃取复制品，以寻找在固溶处理过程中束缚奥氏体晶界的析出物。图 3-20（c）为 2MoNb 钢热轧试样在碳萃取复制品的 TEM，在其上观察到析出物，由图 3-20（d）所示的 EDS 图谱证实此为 Ti 和 Nb 的富集物。该结果与沉积物的热动力学计算结果一致。Nb（C，N）析出的起始温度高于热轧温度。此外，由于 Ti（C，N）作为 Nb（C，N）成核基体，在钢中加入 Ti 可以提高析出物的起始温度。

除了残余奥氏体，高于 823K（550℃）回火也促进了沉积物在上述两种钢中的沉积。图 3-21（a）～（b）为 TEM（透射电子显微镜）形貌，在 823K（550℃）回火的 2Mo 钢样品薄片内观察到板条内边界的颈挂式沉积物以及板条内簇状沉淀物。在 873K（600℃）回火的 2Mo 钢中也发现了类似分布的沉淀物。图 3-21（c）是 2Mo 钢在 873K（600℃）回火后获得的簇状沉淀物 TEM 图。这些簇状沉淀物的 EDS 图谱显示 Cr 和 Mo 的 X 射线信号特征，如图 3-21（d）所示。它们可能是 $M_{23}C_6$，其中 M 是 Cr 和 Mo 的组合。

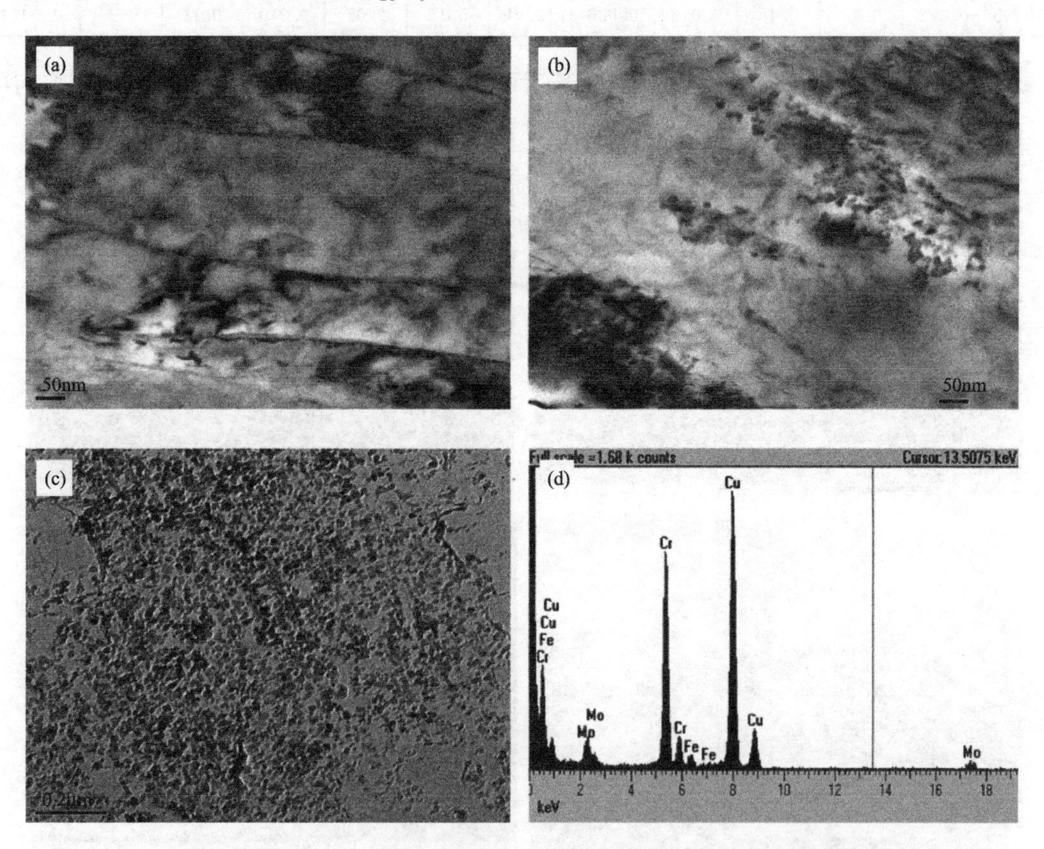

图 3-21　在 823K（550℃）下回火的 2Mo 钢薄片 TEM 与沉积物组分

（a）条带间析出物；（b）条带内簇状析出物；（c）873K（600℃）回火 2Mo 钢试样的提取复制品 TEM，含有大量簇状沉淀物；（d）在（c）中具有 Cr、Mo 和 Fe X 射线特征的簇状沉淀物的 EDS

图3-22（a）是10～25nm球状沉淀物的TEM，该2MoNb钢的碳萃取的复制品事先在873K（600℃）下回火。从图3-22（b）所示的析出物的EDS图谱中可以确定它们富含Ti、Nb和少量Cr。这些沉淀物很难与热轧过程中形成的沉淀物区别开来。图3-22（c）和（d）为898K（625℃）下回火2MoNb钢薄片的非常精细的纳米级沉淀物（5～10nm）钉扎位错的TEM图像，它们被认为是在回火过程中所形成的。

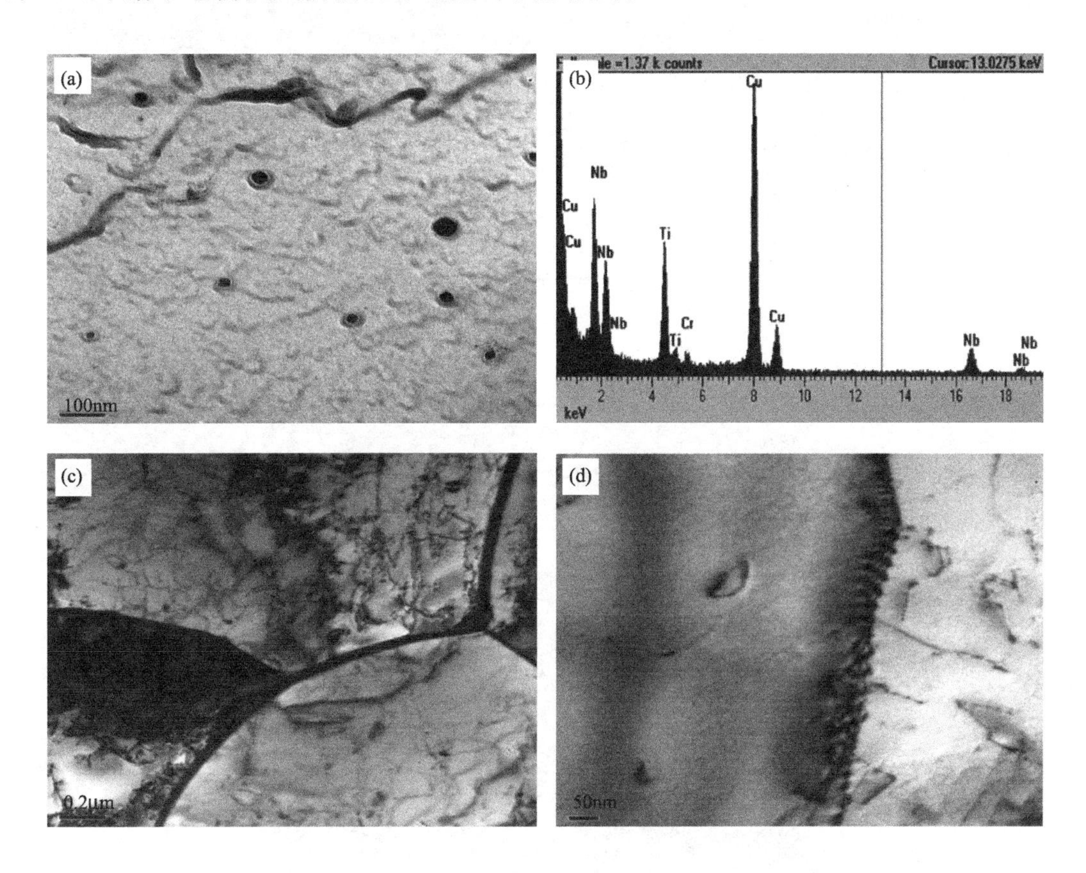

图3-22 沉积物形貌与组分及其TEM图

（a）2MoNb钢试样在873K（600℃）回火后的碳萃取复制品，具有分散良好的球形沉淀物，尺寸为10～25nm；（b）如图（a）所示的具有Ti和Nb X射线特征的析出物EDS能谱；（c）和（d）2MoNb钢试样在898K（625℃）回火后分别在基体内和板条边界处出现纳米级（5～10nm）沉淀物的薄片

3.4.2.2 夹杂物

对0Cr13不锈钢试样的夹杂物进行显微观察和能谱分析，图3-23为0Cr13不锈钢试样夹杂物SEM（扫描电子显微镜）照片。由图3-23和能谱分析得出，未加稀土元素Y的1号试样夹杂物成分为Cr、Mn等氧化物，加入稀土元素Y后，夹杂物为含有稀土元素Y的高熔点复合夹杂物。稀土元素Y加入，可以与钢中O、S产生作用，生成在晶体内部任意分布的高熔点球状稀土硫化物和稀土硫氧化物，取代原有聚集分布的不规则低熔点夹杂物，并使夹杂物细化和弥散分布，起到了变质夹杂物的作用。夹杂物的均匀分布可以减轻混晶现象，同时可以细化晶粒。

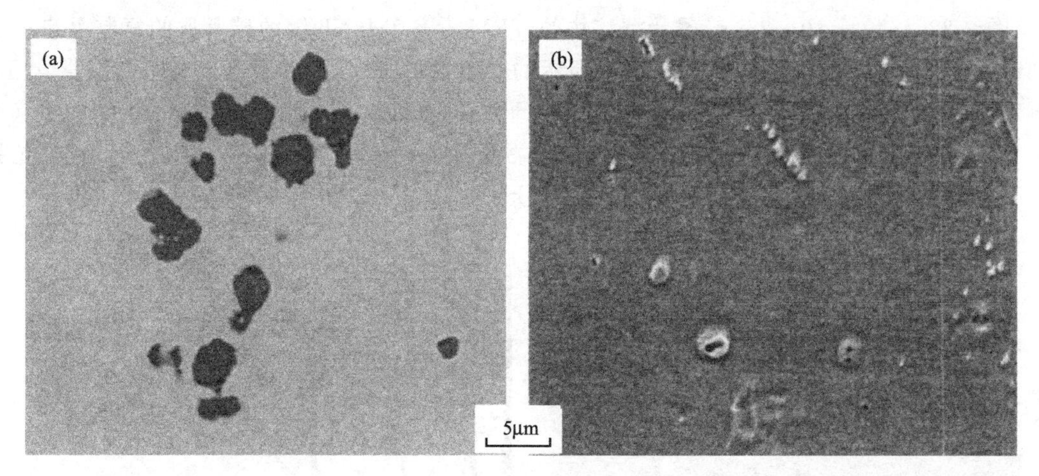

图 3-23　不含稀土元素 Y（1 号）与含稀土元素 Y（4 号）的 0Cr13 不锈钢夹杂物 SEM
（a）1 号；（b）4 号

3.4.3　奥氏体化温度

铸造态的金相组织如图 3-24 所示，原始奥氏体晶粒被条状的马氏体和出现在原始晶界处环状或条纹形状的少量 δ-铁素体分隔成数块。

图 3-24　锻造后实验用钢的微观组织

图 3-25 为超级马氏体不锈钢在不同温度下奥氏体化后在 630℃回火 2h 的微观组织，可以看出，所获得的板条马氏体变成低位错密度的细回火马氏体和逆变奥氏体，其在微观结构中为白色的岛屿状分布。这些分散的奥氏体作为软相组织能有效提高 SMSS 的韧性。高倍典型 TEM 图像错位与具有逆变奥氏体的板条马氏体如图 3-26 所示。值得注意的是，在板条边界内和板条间发现了奥氏体，如箭头所示。据报道，回火后形成的逆变奥氏体并未保留原始马氏体的高密度的位错结构。因此，如果在马氏体板条边界形成大量软相奥氏体，毫无疑问，它们可以缓解在变形过程中因堆积混乱在边界上所造成的应力集中。先前的研究已经表明，逆向转换发生在 A_s～A_f 的温度范围，且逆变奥氏体的含量在 600～650℃达到最大。

由于高浓度的合金元素和低浓度的淬火缺陷，逆变奥氏体在室温下具有较高的稳定性，并可随机分布在马氏体组织中。

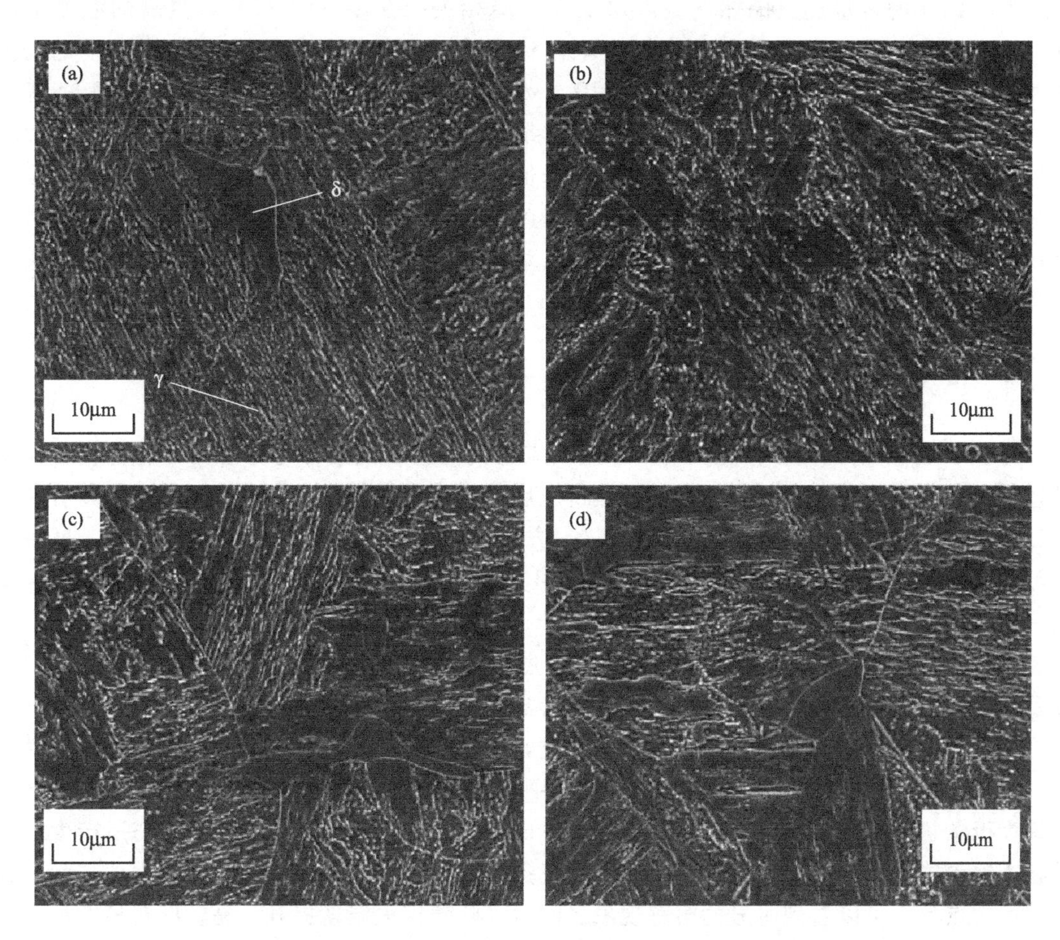

图 3-25　超级马氏体不锈钢在不同温度下奥氏体化后在 630℃回火 2h 的微观组织

(a) 940℃；(b) 1000℃；(c) 1100℃；(d) 1200℃

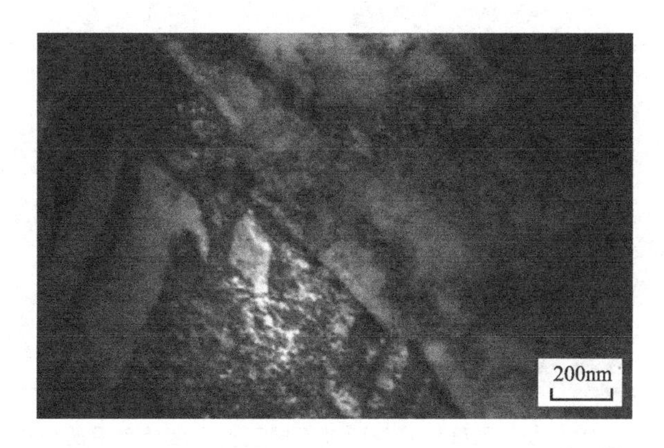

图 3-26　在 1000℃奥氏体化后再 630℃回火的 TEM 图

随着奥氏体化温度从 940℃升高到 1000℃，回火过程降低了残余应力和位错密度，导致抗拉强度和硬度略微降低。然而，钢中的元素，如 Cr、Mo 和 N，更均匀溶到原始组织中，以及铁素体逐渐球化，这可能会导致屈服强度的增加。与此同时，伸长率下降可能与逆变奥氏体的含量随奥氏体化温度增加而下降相关。在 1000～1100℃更高的温度范围进行奥氏体化，形成了大量的细小回火马氏体，并具有低含量的逆变奥氏体，这是抗拉强度、屈服强度和硬度增加的主要原因。然而，需指出的是，当奥氏体化温度高于1100℃时，奥氏体的晶粒尺寸大幅增加，这将导致在原始奥氏体颗粒中形成新的粗大马氏体板条，而逆变奥氏体的成核位置明显降低，导致伸长率减少。人们已发现，晶粒尺寸和马氏体板条越小，材料的强度越大。因此，在奥氏体化温度范围内，抗拉强度、屈服强度和硬度会降低。同时，铁素体晶粒尺寸在较高的奥氏体化温度下再次增加，这可能是伸长率下降的另一个原因。

3.4.4 正火处理

对于 13Cr 不锈钢而言，正火马氏体组织应力大，且 δ-铁素体易分解出 σ 有害相，在服役过程易发生严重的失效行为。因此，热挤压后的 HP2 13Cr 管材均需进行后续的调质处理(正火+回火)。正火温度在 *AC*3 线以上，一方面可以消除热挤压产生的组织应力，另一方面可以消除 δ-铁素体所分解出的有害组织。回火的作用是使马氏体中过饱和的 C 析出，变成一种回火马氏体形态，回火后硬度明显降低，韧性明显增强。

HP2 13Cr 无缝钢管的正火温度不能选取过高，过高的正火温度会使大量 Cr、Ni、Mo 等元素溶于奥氏体基体，降低马氏体的开始形成温度，从而造成材料强度偏低；另一方面，随着正火温度的升高，晶粒会明显长大和粗化，同时会产生 δ-铁素体，降低了材料的塑性。

图 3-27 所示为 HP2 13Cr 无缝钢管经两种不同正火温度处理后的金相组织，正火态的组织为板条状马氏体，可以看到清晰的原始奥氏体晶界。1000℃正火后，挤压态所产生的条带状 δ-铁素体依然存在，无明显溶解迹象；正火温度升至 1050℃后，δ-铁素体由条带状变成不连续的点状，可以看到明显的溶解现象。同时，随着正火温度提升，晶粒度明显增加，由原始的 8 级晶粒长大至 5 级左右。考虑到细晶粒的强化作用且可以提升韧性，正火的温度不能再继续提升。

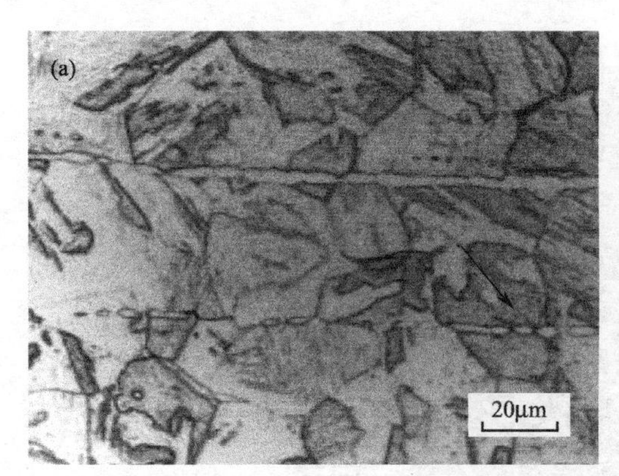

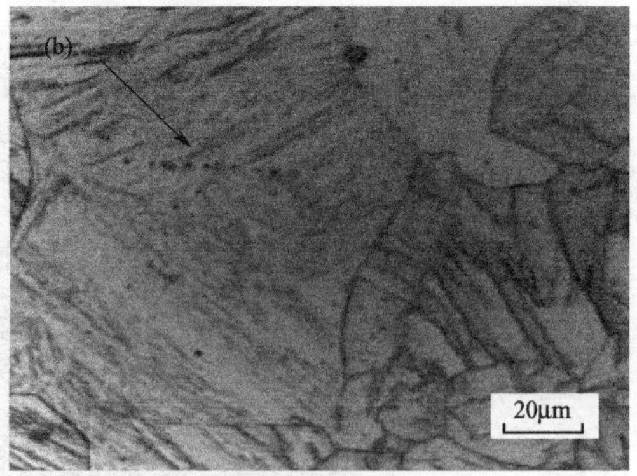

图 3-27 HP2 13Cr 无缝钢管经两种不同正火温度处理后的金相组织

(a) 1000℃×1h；(b) 1050℃×1h

3.4.5　淬火处理

3.4.5.1　不同钢种

刘玉荣等针对两种超级13Cr不锈钢研究了不同热处理条件下的组织。超级13Cr（A）与含W和Cu的超级13Cr（B）两种钢试样，分别经800、900、1000、1050和1100℃淬火后观察其显微组织，如图3-28和图3-29，实验用钢淬火后的组织均为淬火马氏体，且淬火

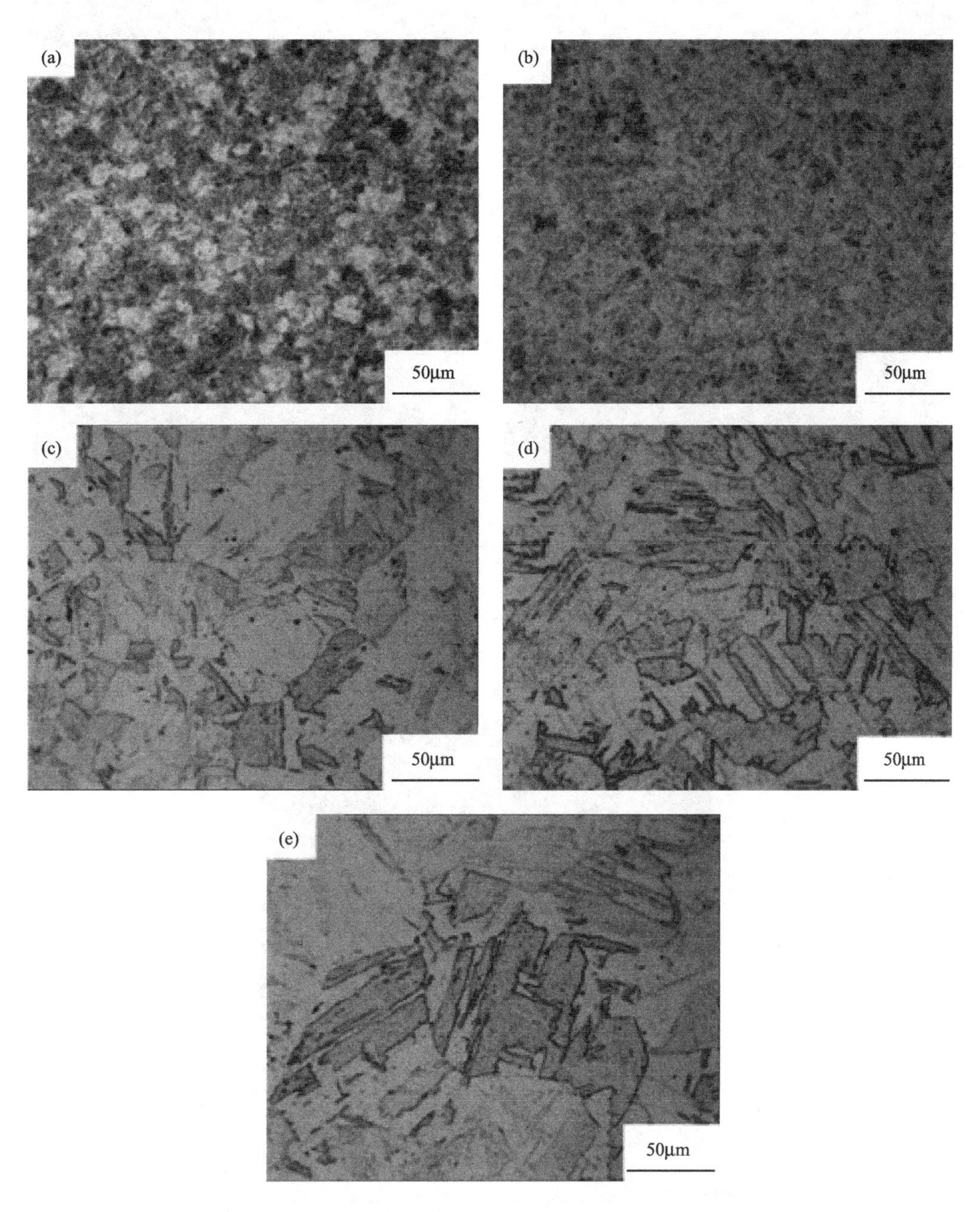

图3-28　A钢不同温度淬火时的显微组织

（a）800℃；（b）900℃；（c）1000℃；（d）1050℃；（e）1100℃

马氏体以板条状马氏体为主。随着淬火温度的升高，马氏体板条束逐渐变得粗大。试样淬火后一个晶粒内有多个取向不同的马氏体板条束，且在1050℃淬火时马氏体板条束粗大，晶界平滑且出现典型的三叉晶界，说明1050℃淬火时，晶粒充分长大。SEM下观察马氏体的形态如图3-30所示。

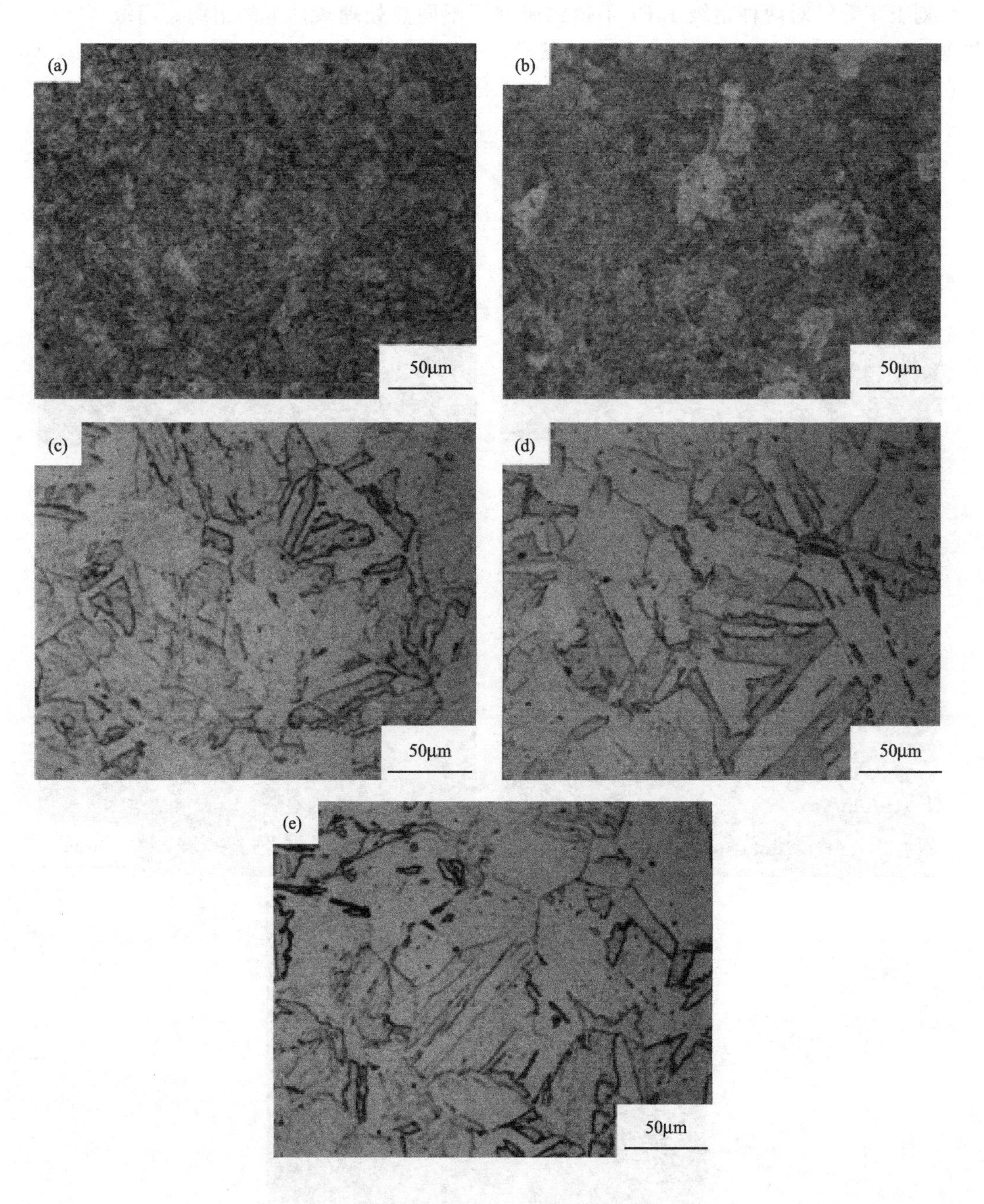

图3-29　B钢不同温度淬火时的显微组织

(a) 800℃；(b) 900℃；(c) 1000℃；(d) 1050℃；(e) 1100℃

A钢和B钢经1050℃保温0.5h油淬后的X射线衍射结果表明（表3-12），在1050℃淬火时，A钢和B钢的奥氏体的含量很低，在误差范围内可以看成是零，所以试样淬火

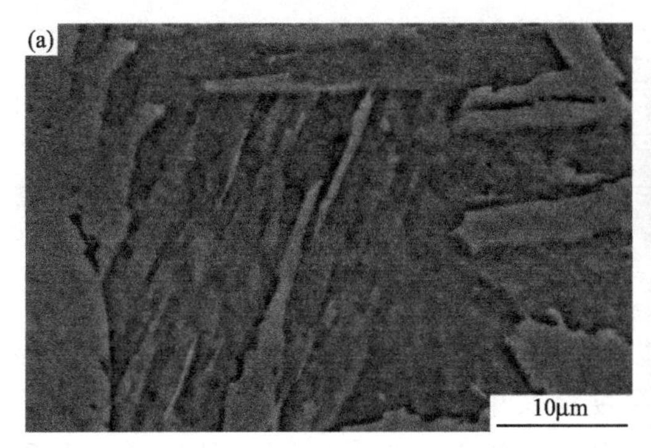

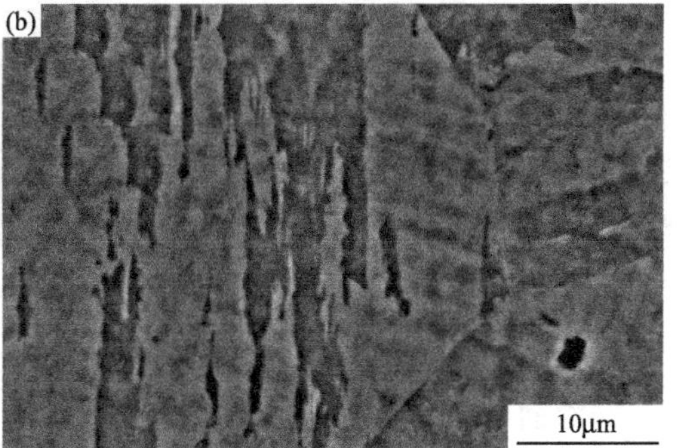

图 3-30　1050℃淬火时 A 钢和 B 钢的 SEM 显微组织
(a) A 钢；(b) B 钢

后的组织为淬火马氏体。由图 3-28 和图 3-29 还可以看出，随着淬火温度的升高，马氏体板条束逐渐变得粗大。相同淬火条件下 A 钢和 B 钢的组织大致相同。实验用钢淬火后测试其原始奥氏体晶粒度，结果如图 3-31 所示，随着淬火温度的升高，原始奥氏体晶粒逐渐长大，尺寸由 900℃淬火时的 16.8μm 长大为 1100℃淬火时的 56.88μm。在相同热处理条件下 B 钢的晶粒尺寸要大于 A 钢，但随着淬火温度的升高，A 钢和 B 钢的晶粒长大趋势一致，在 900～1000℃和 1050～1100℃温度区间淬火时，晶粒长大的速度较缓慢；而在 1000～1050℃淬火时，晶粒迅速长大。随着淬火温度的升高，原始奥氏体晶粒逐渐长大，且马氏体板条束越来越粗大，这是因为淬火马氏体是在原始奥氏体晶粒内形成，在一个奥氏体晶粒内有多个捆，每个捆由相互平行的板条束组成，各束之间以大倾角晶界相隔，在一个束内由平行排列的板条所构成，奥氏体的晶粒度对板条宽度和分布几乎没有影响。但是在一个奥氏体晶粒内板条束的个数基本不变，所以，板条束的大小随奥氏体晶粒增大而增大。

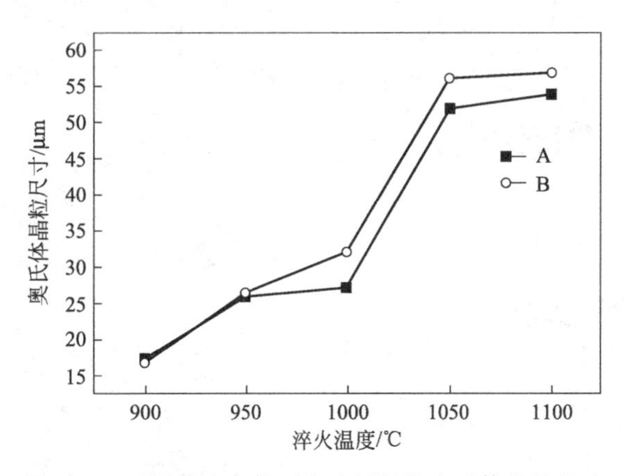

图 3-31　不同淬火条件下实验用钢的奥氏体晶粒尺寸

表 3-12　不同热处理条件下试样中奥氏体含量

热处理	奥氏体含量/%	
	A 钢	B 钢
1050℃×0.5h	0.34	0.30

续表

热处理	奥氏体含量/%	
	A 钢	B 钢
1050℃×0.5h+600℃×2h	1.52	2.55
1050℃×0.5h+650℃×2h	6.28	17.14
1050℃×0.5h+600℃×4h	8.35	20.70

图 3-32 和图 3-33 为 A、B 两试样分别经 900℃、950℃、1000℃、1050℃和 1100℃淬火并在 650℃回火后的显微组织，可知钢经不同温度淬火并在 650℃回火后，显微组织由单独淬火条件下粗大的板条马氏体组织变成细小的回火马氏体，且随着淬火温度的升高，奥氏体晶粒逐渐变大，在 1000～1050℃淬火时试样晶粒长大速度较快，这和实验用钢单独淬火条件下的晶粒长大趋势一样，说明在回火过程中晶粒长大不显著。且在相同热处理条件下，B 钢比 A 钢的晶界更明显。

3.4.5.2 不同温度淬火

图 3-34 为不同温度下淬火后的光学显微组织。超级马氏体不锈钢的形成不需要快冷，即在空冷条件下就可以获得全马氏体组织，因此不存在淬透性的问题，淬火态的组织主要由板条马氏体和 δ-铁素体组成，还可能存在微量的碳氮化物颗粒，940℃淬火可以看到马氏体组织较为凌乱，大量的 δ-铁素体沿原奥氏体晶界分布且尺寸较宽，在局部 δ-铁素体内部还留有岛状的原奥氏体相。这可能是因为淬火温度较低，合金化元素扩散不均匀，组织转变不均

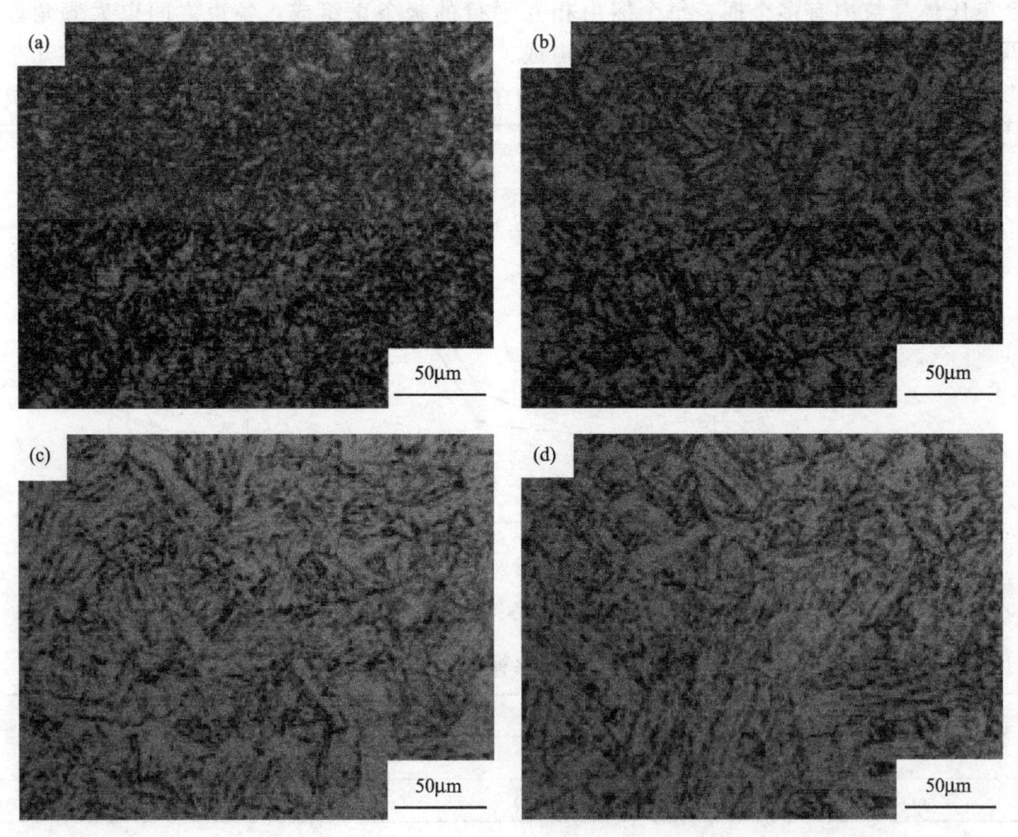

图 3-32　A 钢不同温度淬火 650℃回火的显微组织

(a) 900℃；(b) 950℃；(c) 1000℃；(d) 1050℃；(e) 1100℃

衡所致。当温度升高到 1000℃时，合金元素扩散均匀，晶粒细化，δ-铁素体呈现较窄的条状分布。随着温度的升高，原奥氏体晶粒逐渐长大，淬火后会得到粗大的马氏体组织，此外，原奥氏体晶界处析出的 δ-铁素体又重新粗化且含量增加。

超级 13Cr 不锈钢油管原管在更高温度下淬火处理后的典型显微组织如图 3-35 所示。金相分析结果见表 3-13，由表 3-13 可见，超级 13Cr 不锈钢油管原管的显微组织主要为非平行的彼此咬合、相互交错分布的板条状马氏体，马氏体板条束之间含有一定量弥散分布的残留奥氏体，热处理后的显微组织主要为板条状马氏体＋残留奥氏体＋少量链状或长条状 δ-铁素

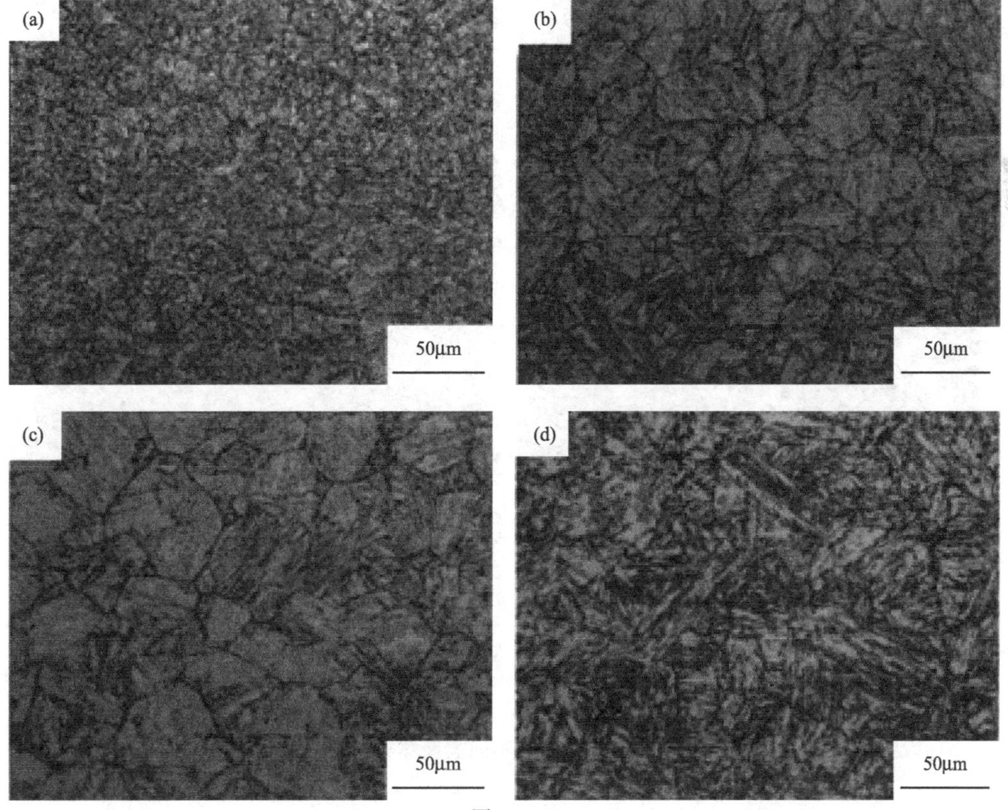

图 3-33

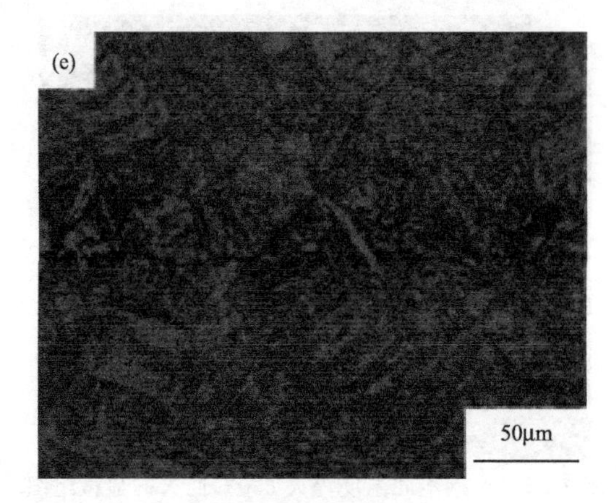

图 3-33　B 钢不同温度淬火 650℃回火的显微组织

(a) 900℃；(b) 950℃；(c) 1000℃；(d) 1050℃；(e) 1100℃

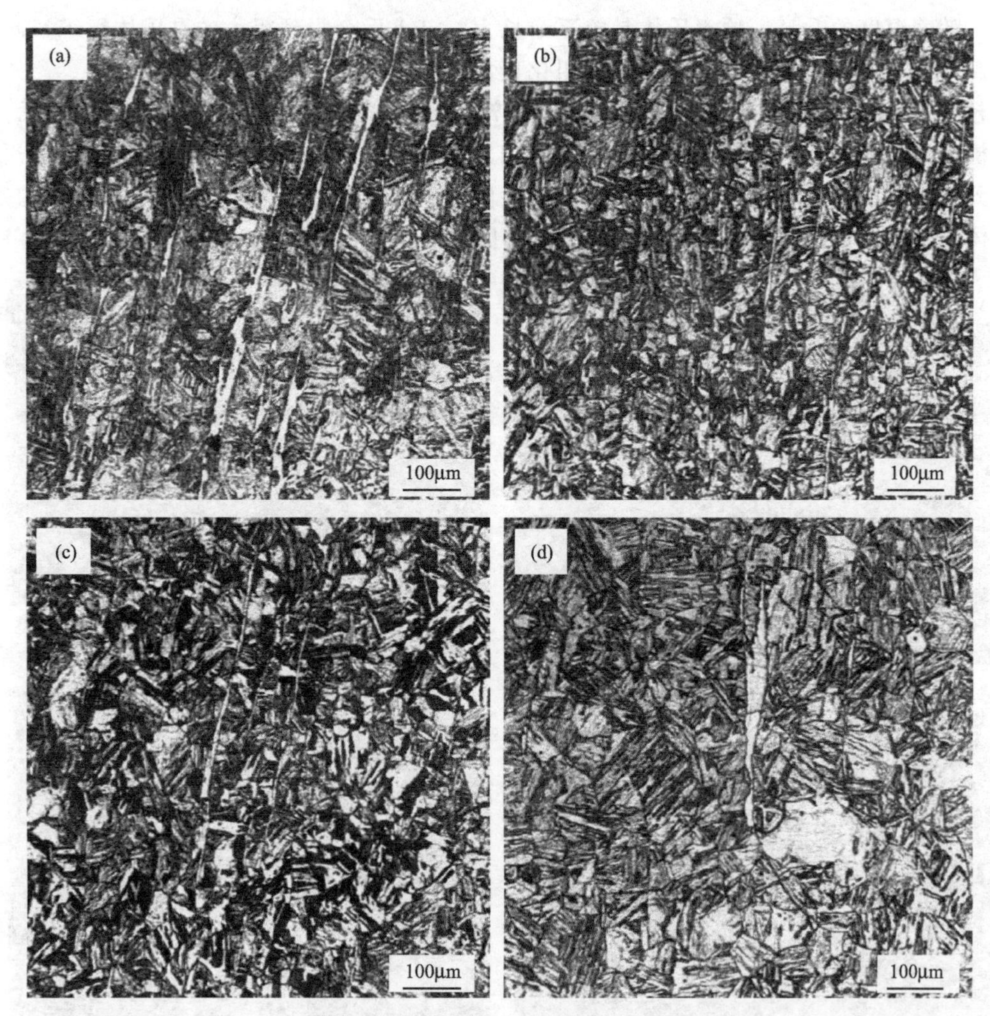

图 3-34　超级 13Cr 不锈钢不同温度淬火后的显微组织

(a) 940℃；(b) 1000℃；(c) 1100℃；(d) 1200℃

体（图3-35中框线内），这种组织不仅赋予钢很高的强度，而且由于残留奥氏体的存在，还具有很好的韧性及低温韧性。随着热处理温度升高，晶粒度等级降低，晶粒粗化，δ-铁素体含量增多，尤其是在1350℃淬火后，δ-铁素体含量突增，为5.4%。

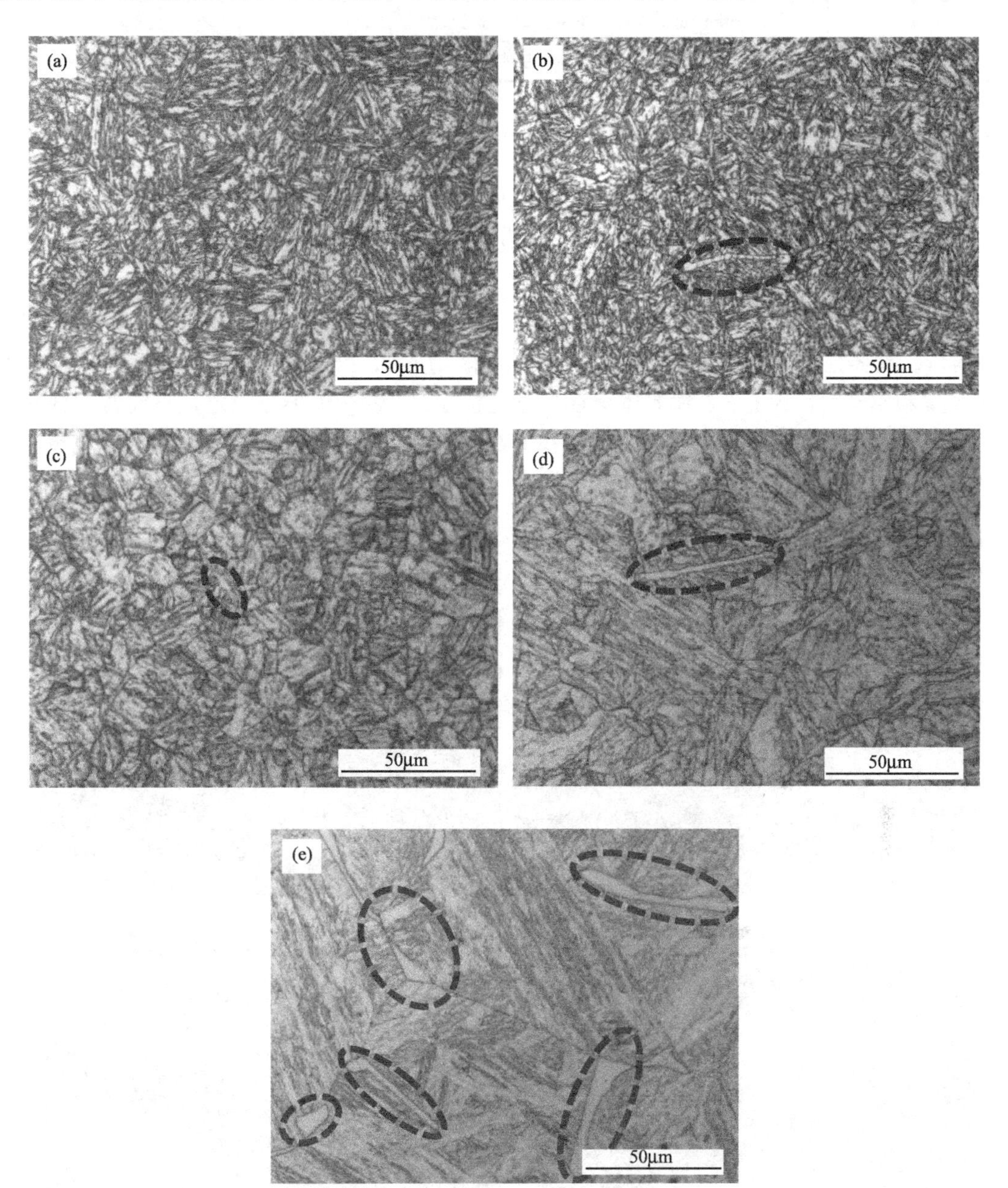

图3-35 超级13Cr不锈钢在不同淬火温度下的金相组织

（a）原管；（b）1050℃；（c）1150℃；（d）1250℃；（e）1350℃

表3-13 超级13Cr不锈钢油管金相分析

淬火温度/℃	显微组织	晶粒度等级	δ-铁素体含量/%
原管	马氏体+残留奥氏体	9	几乎无
1050	马氏体+残留奥氏体+少量δ铁素体	9	0.3

续表

淬火温度/℃	显微组织	晶粒度等级	δ-铁素体含量/%
1150	马氏体+残留奥氏体+少量δ铁素体	8	0.2
1250	马氏体+残留奥氏体+少量δ铁素体	7	0.5
1350	马氏体+残留奥氏体+少量δ铁素体	6	5.4

3.4.5.3 不同温度淬火+回火

图 3-36 扫描电镜下不同温度淬火后经 630℃回火的显微组织。淬火形成的粗大板条状马氏体转变成细小的具有较高密度位错的回火马氏体。在较低温度下淬火时，钢中原奥氏体三叉晶界处析出了大量的δ-铁素体。这是因为当淬火温度较低时，合金元素没有充分固溶到钢中，从而在淬火处理后空冷至室温的过程中，Cr、Mo 等合金元素没有扩散均匀而沉淀析出δ-铁素体。晶界处能量较高，并且存在大量的缺陷和应力，给δ-铁素体的析出提供了充足的形核位置和驱动力，因此，δ-铁素体会在晶界处析出。δ-铁素体十分稳定，目前常规的热处理方法只能改变δ-铁素体的形貌而不能减少其数量，只有通过调整钢的化学成分、浇铸温度和加快钢的冷却速度才能消除δ-铁素体组织。

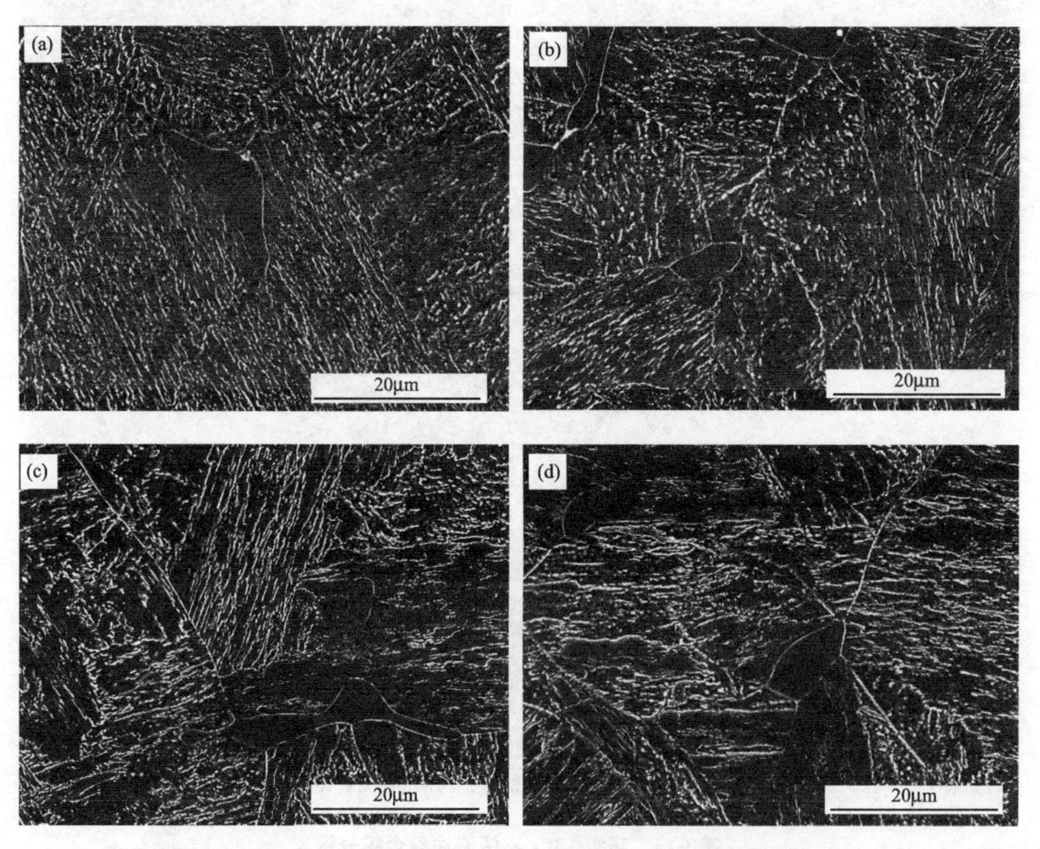

图 3-36 超级 13Cr 不锈钢不同温度淬火后经 630℃×2h 回火的显微组织

(a) 940℃；(b) 1050℃；(c) 1100℃；(d) 1200℃

在 940℃淬火时，钢中可能析出了含 Nb 和 V 的碳氮化合物，致使其具有良好的综合性能。随着淬火温度的升高，回火处理逐渐减少了淬火后存在于板条马氏体之间的残余应力和高密度位错，并且钢中更多的合金元素溶入到原奥氏体中，δ-铁素体变得细小、均匀分布，减少了其给钢带来的恶劣影响。然而，过高的淬火温度（1050℃以上）会使δ-铁素体在高温淬火后呈现网状分布，钢的韧性随之降低。由于δ-铁素体内吸收了周围碳化物造成了大量的位错，在钢受到应力时，这些位错容易形成裂纹源，导致钢受力时容易断裂。此外，宏观分析认为，δ-铁素体的体积膨胀系数与周围马氏体和奥氏体差异很大，钢受力时体积膨胀不一样，因此，钢会从δ-铁素体晶界处首先断裂。

3.4.5.4　不同淬火介质

超级 13Cr 不锈钢的原始组织如图 3-37 所示。经过水淬和油淬处理的超级 13Cr 不锈钢组织的拉伸性能相差不大。但相比于水淬，采用油淬的试样经回火处理后塑性得到更大提升。淬火试样经回火处理后，组织变为回火索氏体。随着回火温度升高，材料的塑性先增加后减小，硬度与强度变化则相反。620℃回火试样含有逆变奥氏体，强度塑性组合较好。二次回火能够增加超级 13Cr 不锈钢中逆变奥氏体含量，但塑性变化不明显，强度下降较大。

图 3-37　供货态超级 13Cr 不锈钢金相组织

切割供货态试样，在箱式电阻炉中进行热处理，研究表明，超级 13Cr 不锈钢在 1050℃时全部转化为奥氏体。过低的淬火温度会使奥氏体大小、分布不均匀，而过高的淬火温度可能会增加组织中δ-铁素体含量，造成性能恶化。因此，选择 1050℃为淬火温度。具体热处理工艺见表 3-14。

表 3-14　超级 13Cr 不锈钢的热处理工艺

样品编号	热处理工艺
A	1050℃×0.5h 水冷
B	1050℃×0.5h 油冷
C	1050℃×0.5h 水冷＋620℃×6h 炉冷
D	1050℃×0.5h 油冷＋550℃×6h 炉冷
E	1050℃×0.5h 油冷＋620℃×6h 炉冷
F	1050℃×0.5h 油冷＋690℃×6h 炉冷
G	1050℃×0.5h 油冷＋650℃×2h 炉冷＋620℃×6h 炉冷

图 3-38 为不同淬火介质处理（样品编号为 A 和 B）的试样的金相显微组织。可以看出样品 A 和样品 B 的显微组织均为板条状马氏体，马氏体板条宽度基本相同，并不存在较大组织差异。图 3-39 所示冷却速度均较大（大于 2000℃/min），因此细化空间很小，硬度变化趋于平缓。

水、油的冷却速度都相对较快。在淬火过程中，钢中 C、N 无法出现在上述热处理试样的 XRD 结果中。可以看出，两者的 XRD 谱图只存在马氏体峰，在误差范围内可以认为淬火处理后的超级 13Cr 不锈钢只存在马氏体组织。

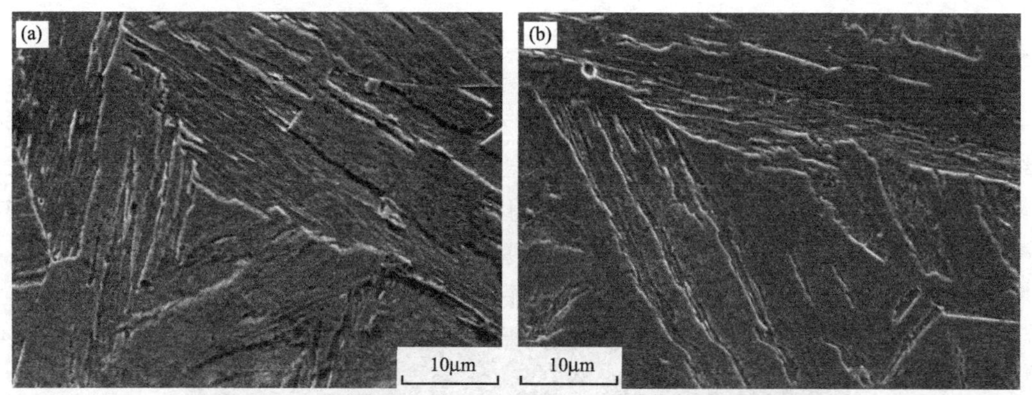

图 3-38　不同淬火介质处理的超级 13Cr 不锈钢的金相组织
(a) 水淬；(b) 油淬

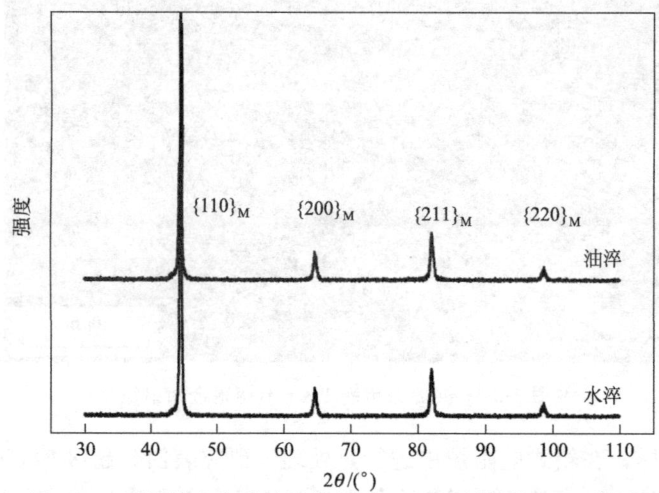

图 3-39　不同淬火介质处理的超级 13Cr 不锈钢的 XRD 谱图

3.4.6　回火处理

超级 13Cr 不锈钢的 A_s 点约为 656.9℃，M_s 点约为 329.1℃，并且在空冷状态下即可转变为马氏体。回火温度对超级 13Cr 不锈钢强度影响很大，随着回火温度的升高，其强度呈现先降低后又升高的趋势。在 630℃ 回火时，超级 13Cr 不锈钢组织中逆变奥氏体与回火马氏体比例适中，强韧性匹配最好。

为促进马氏体（α′）部分逆变为奥氏体（γ），超级 13Cr 不锈钢的回火温度通常略高于奥氏体转变开始温度（A_s），这个过程称为临界回火。逆变奥氏体通常沿马氏体间板条晶界和原始奥氏体晶界形成，在随后冷却到室温时，在晶界间以分散的薄岛状形式保留下来，并达到一定的体积分数。以往的研究表明，回火温度和回火时间对 13Cr 不锈钢的强度、韧性和耐点蚀性能有重要影响，主要通过调节室温下残余奥氏体的数量和第二相颗粒的析出行为来控制。

3.4.6.1　不同钢种

刘玉荣等对两种钢回火后的显微组织进行了相关研究，图 3-40 和图 3-41 分别为超级 13Cr 不锈钢用 A 钢和 B 钢经 1050℃淬火后在不同温度下回火时的显微组织。可知试样回火后的组织均为细小的回火马氏体，当回火温度为 550℃时，由于回火温度较低，试样仍保留原板条马氏体的形态（图 3-40（a）及图 3-41（a）所示），随着回火温度的升高，回火马氏体越来越细小。

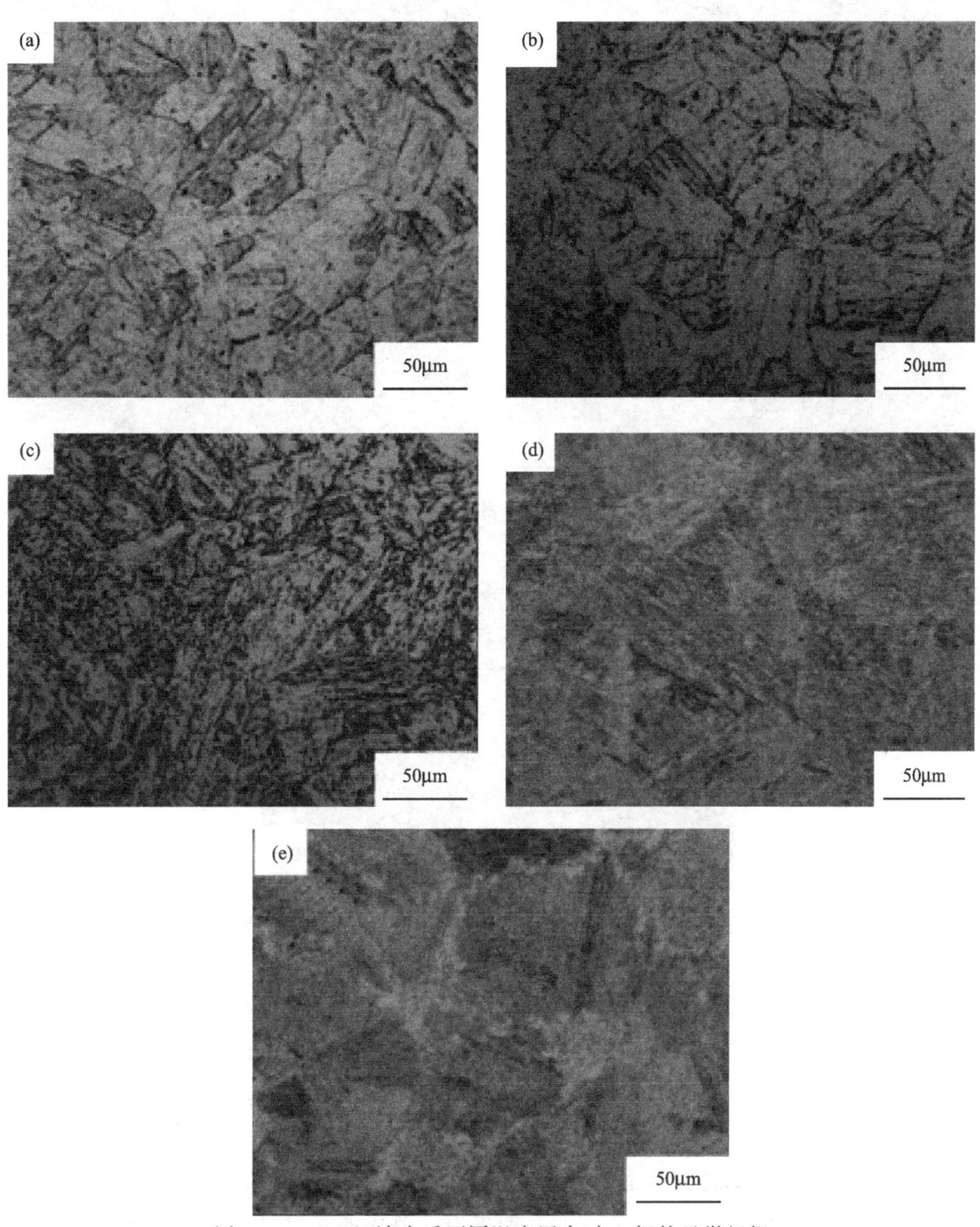

图 3-40　1050℃淬火后不同温度回火时 A 钢的显微组织

（a）550℃回火；（b）600℃回火；（c）650℃回火；（d）700℃回火；（e）750℃回火

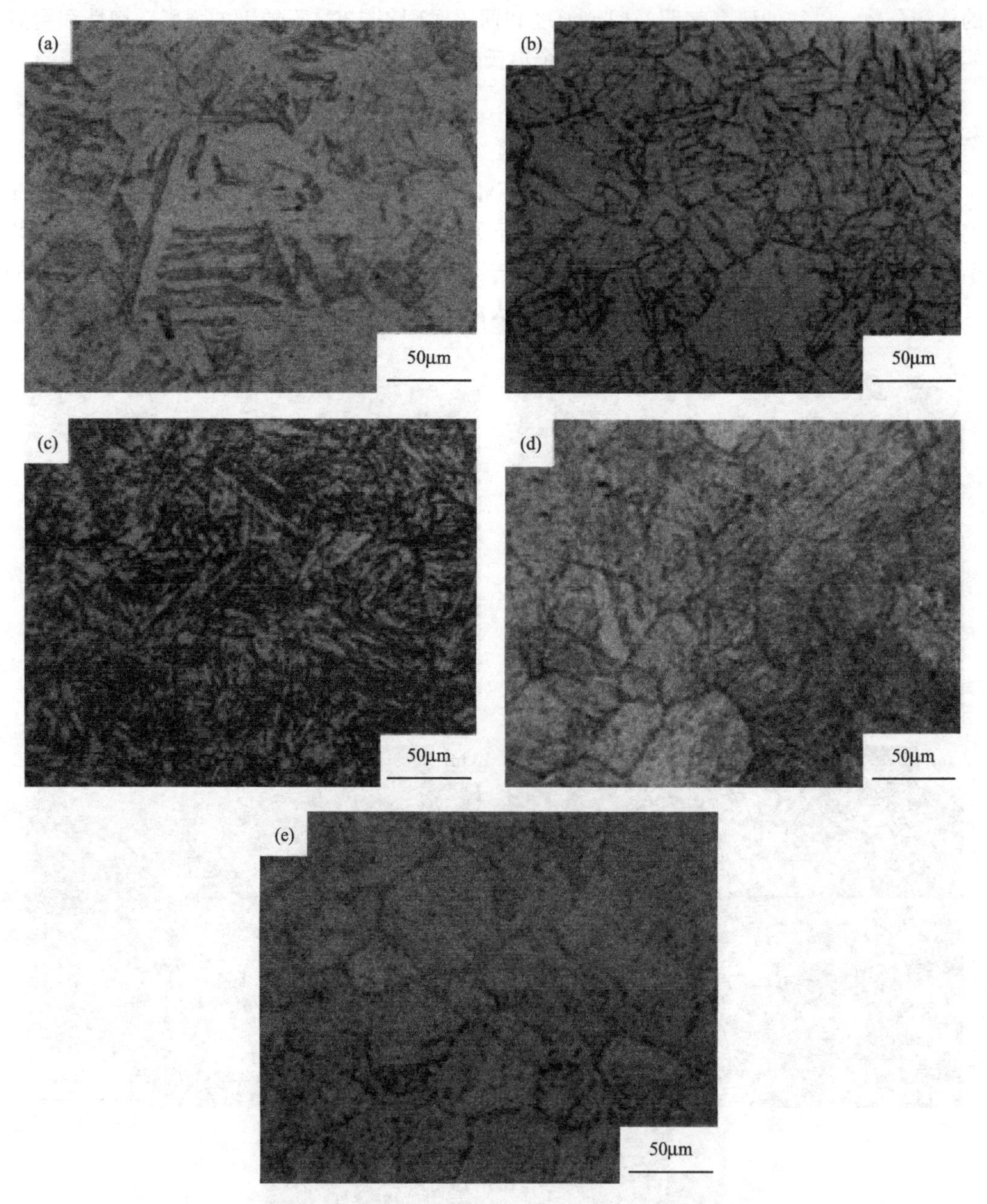

图 3-41　1050℃淬火后不同温度回火时 B 钢的显微组织

(a) 550℃回火；(b) 600℃回火；(c) 650℃回火；(d) 700℃回火；(e) 750℃回火

采用 XRD 方法对淬火及不同温度回火后的试样检测奥氏体，结果如图 3-42 所示。试样在单独淬火时，没有奥氏体衍射峰的存在，而在回火后，奥氏体衍射峰迅速升高，说明在回火过程中，有部分马氏体重新转变成奥氏体组织。这部分由回火获得的奥氏体即为逆变奥氏体。

不同热处理条件下 A 钢和 B 钢的奥氏体含量如表 3-15 所示，在 1050℃淬火时钢中奥氏体含量为零，而试样在 1050℃淬火加 600℃回火后，奥氏体含量略有增加，并且随着回火温度的升高和保温时间的延长，奥氏体含量均逐渐增加，在 1050℃淬火加 650℃保温 4h 回火

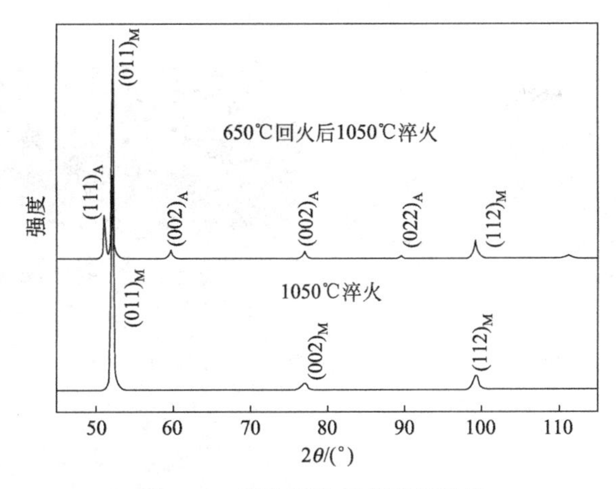

图 3-42 实验用钢 X 射线衍射谱

时，A 钢和 B 钢的奥氏体含量分别达到了 8.35%和 20.70%。已有研究表明，只有在 A_s～A_f 温度区间内回火时才会生成逆变奥氏体，且生成的逆变奥氏体量随回火温度的升高先增加后逐渐减少，一般在 600～650℃回火时生成量最多。逆变奥氏体热稳定性很高且在马氏体基体中高度弥散分布，它的存在对于钢的各项性能的提高有显著作用。

表 3-15 不同热处理条件下试样中奥氏体含量 单位:%

热处理	A 钢	B 钢
1050℃,0.5h	0.34	0.30
1050℃×0.5h+600℃×2h	1.52	2.55
1050℃×0.5h+650℃×2h	6.28	17.14
1050℃×0.5h+650℃×4h	8.35	20.70

图 3-43 为试样经 1050℃淬火、650℃回火后的 TEM 观察结果。其中，图 3-43（a）为马氏体板条内的逆变奥氏体组织，其在马氏体板条边界及奥氏体晶界处呈长条状及菱形状分布，长为 10^2～10^3nm，宽约为 100nm。图 3-43（b）和（c）为图 3-43（a）所示的逆变奥氏体组织的选区电子衍射斑点及其标定。逆变奥氏体是由合金元素尤其是奥氏体形成元素 Ni 原子扩散所形成，回火过程中它们优先在马氏体板条束间隙和原奥氏体晶界处形核长大。因为这些位置存在高密度的缺陷，这些缺陷的存在为钢在相变时的原子扩散提供快速通道，有利于逆变奥氏体的长大和稳定。逆变奥氏体沿马氏体板条界或晶界上析出，对改善钢的韧性十分有利。这是因为在材料塑性变形时它能吸收变形功，不仅可阻止裂纹在马氏体板条间的扩展，还可以减缓板条间密集排列时位错前端引起的应力集中，这使得钢的强韧性尤其对塑韧性显著提高。

可见，在 800～1100℃淬火时 A 钢和 B 钢的组织均为淬火马氏体。淬火后试样原始奥氏体晶粒尺寸为 16.8～56.88μm。随淬火温度的升高，原始奥氏体晶粒逐渐长大，马氏体板条束逐渐粗大。在相同淬火条件下，A 钢和 B 钢的组织及晶粒尺寸均差别不大。不同温度淬火 650℃回火时，A 钢和 B 钢的组织均保留了原马氏体位相的细小回火马氏体。随淬火温度的升高，奥氏体晶粒逐渐长大，其长大趋势与单独淬火条件下一样。试样在 1050℃淬火并在不同温度回火后有逆变奥氏体产生，在 650℃以下回火时随着回火温度的升高和保温时间的延长，逆变奥氏体含量逐渐增多。且回火后逆变奥氏体主要以长条状及菱形状分布于马氏体板条束间及奥氏体晶界处。所以回火后钢的组织由回火马氏体及弥散分布于马氏体间隙的逆变奥氏体组成。

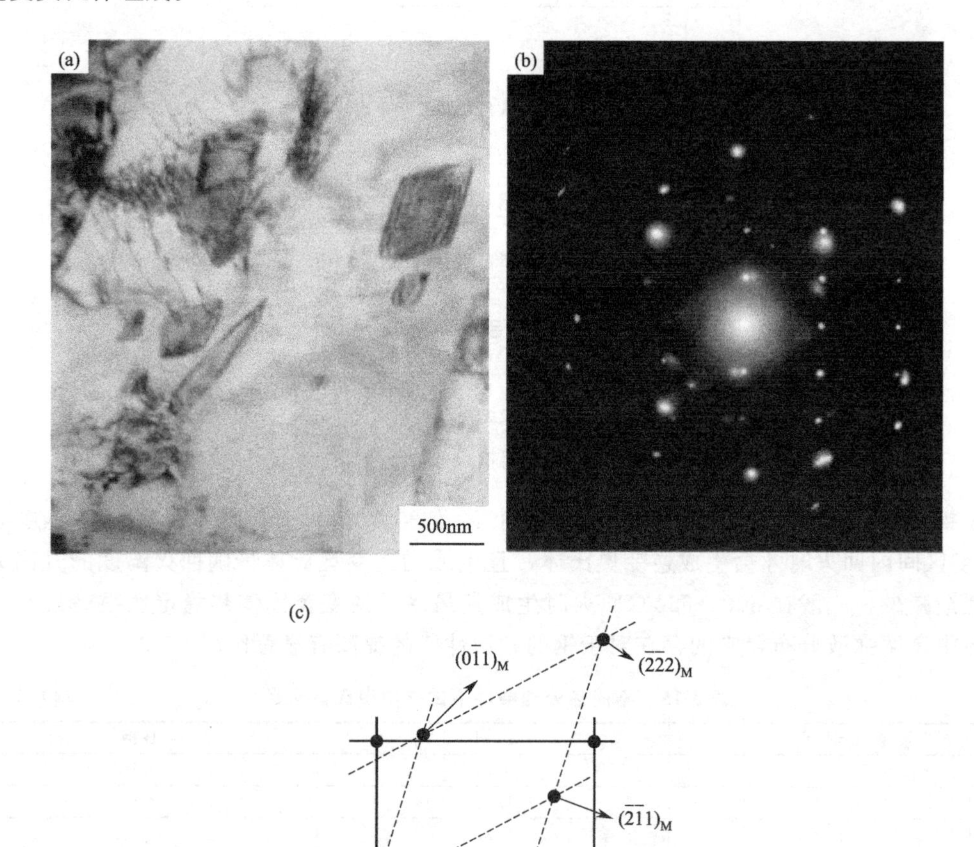

图 3-43　1050℃淬火＋650℃回火后试样中逆变奥氏体 TEM 形貌及选区电子衍射图

(a) 基体中的逆变奥氏体组织；(b) 逆变奥氏体衍射花样；(c) 衍射花样标定

3.4.6.2　不同温度回火

Qin 等发现在超级马氏体不锈钢中由于回火过程中二次硬化和所形成逆变奥氏体的共同作用，钢的硬度随着回火温度的升高而稳定下降。Liu 等研究发现随着回火温度从 550℃升高到 750℃，超级 13Cr 不锈钢的硬度先降低然后增加，认为这种变化波动源于残留奥氏体的含量，它随着回火温度的增加呈现先增加后减少的变化。Zou 等广泛研究了不同回火温度和 600℃下不同周期对 00Cr13Ni4Mo SMSS 力学性能的影响。当回火温度从 520℃提高到 720℃时，硬度稳定增加，马氏体组织在 600℃时表现出细化的特征，而马氏体板条在 600～720℃范围内回火后粗化。在其他一些研究中，经过两阶段回火得到了含有一定量的残余奥氏体的细化马氏体基体。然而，对马氏体钢的细化及对单级回火钢的力学性能影响的研究较少。

于是，Xu 等首先将 00Cr13Ni5Mo2 超级马氏体不锈钢在 570～730℃回火 2h 后观察组织和硬度变化。回火温度设置为 600℃、650℃、700℃，分别低于、等于、高于奥氏体转变起始温度，在每个保温周期内观察回火时间对钢的结构和性能的影响。用光学显微镜和透射电镜观察了试样的微观结构，用 X 射线衍射法测定了相组成。研究发现在 700℃回火的钢中出现了板条细化现象，细化程度与回火时间有明显的关系。与普通回火软化钢相反，钢的硬度显著提高，主要是由于单级临界回火后马氏体板条得到细化，而马氏体（α′）向奥氏体（γ）的反向转变是晶粒细化的主要原因。

图 3-44（a）为经 1050℃处理后的实验钢随后水淬至室温的 OM（光学显微镜）图像。试样呈现出典型的低碳马氏体形态，原始奥氏体晶粒被分成包块，包块中含有取向相似的马氏体条带，利用 TEM 对其进行了进一步表征，见图 3-44（b）。从 TEM 图中可以看出，该钢完全由相互平行的马氏体板条组成，没有发现残余奥氏体，这与图 3-45 所示的 XRD 图谱一致。

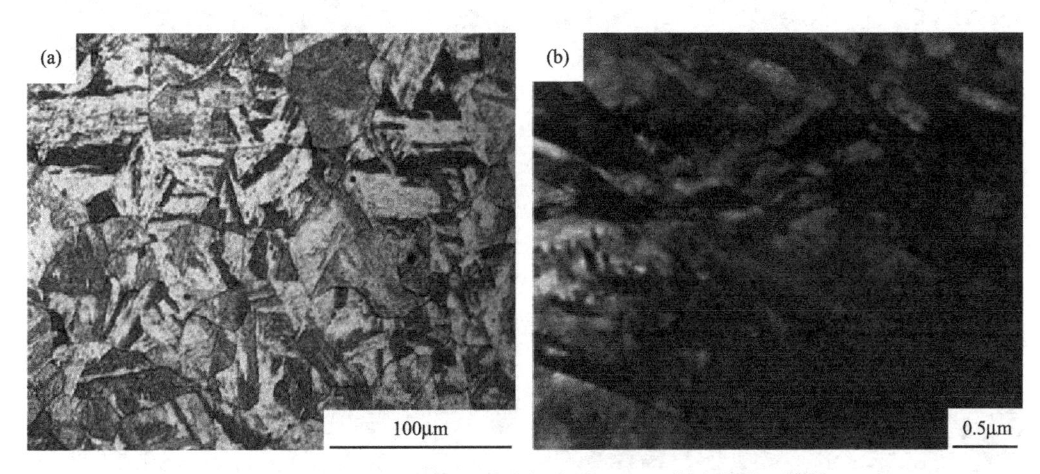

图 3-44　1050℃处理后，再进行水淬至室温的试样微观结构

（a）OM 图像；（b）TEM 图像

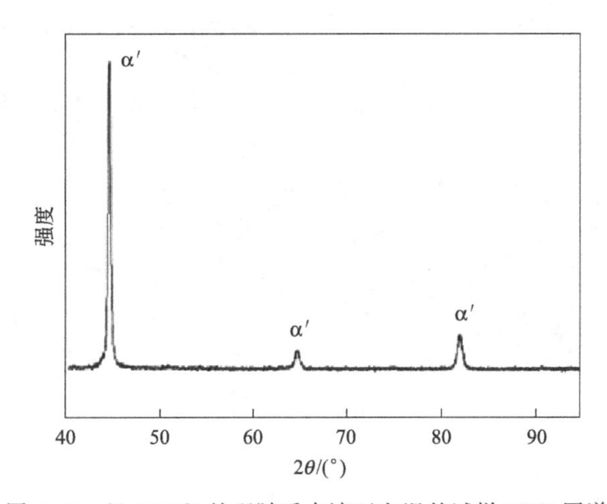

图 3-45　经 1050℃处理随后水淬至室温的试样 XRD 图谱

图3-46为570～730℃回火试样的OM图像。当试样回火温度在570～630℃范围内时，马氏体板条的包块对比强烈，随着回火温度的升高，腐蚀深度增大。令人惊奇的是，从650℃开始［见图3-45（d）］，形态发生了非常明显的变化。650℃以上呈网状结构，马氏体板条细化显著，其TEM见图3-47。与淬火相比，试样在650℃回火后的马氏体板条明显缩小，并进一步降低马氏体板条宽度。而在730℃回火后的试样中并没有发现残余奥氏体或析出物。

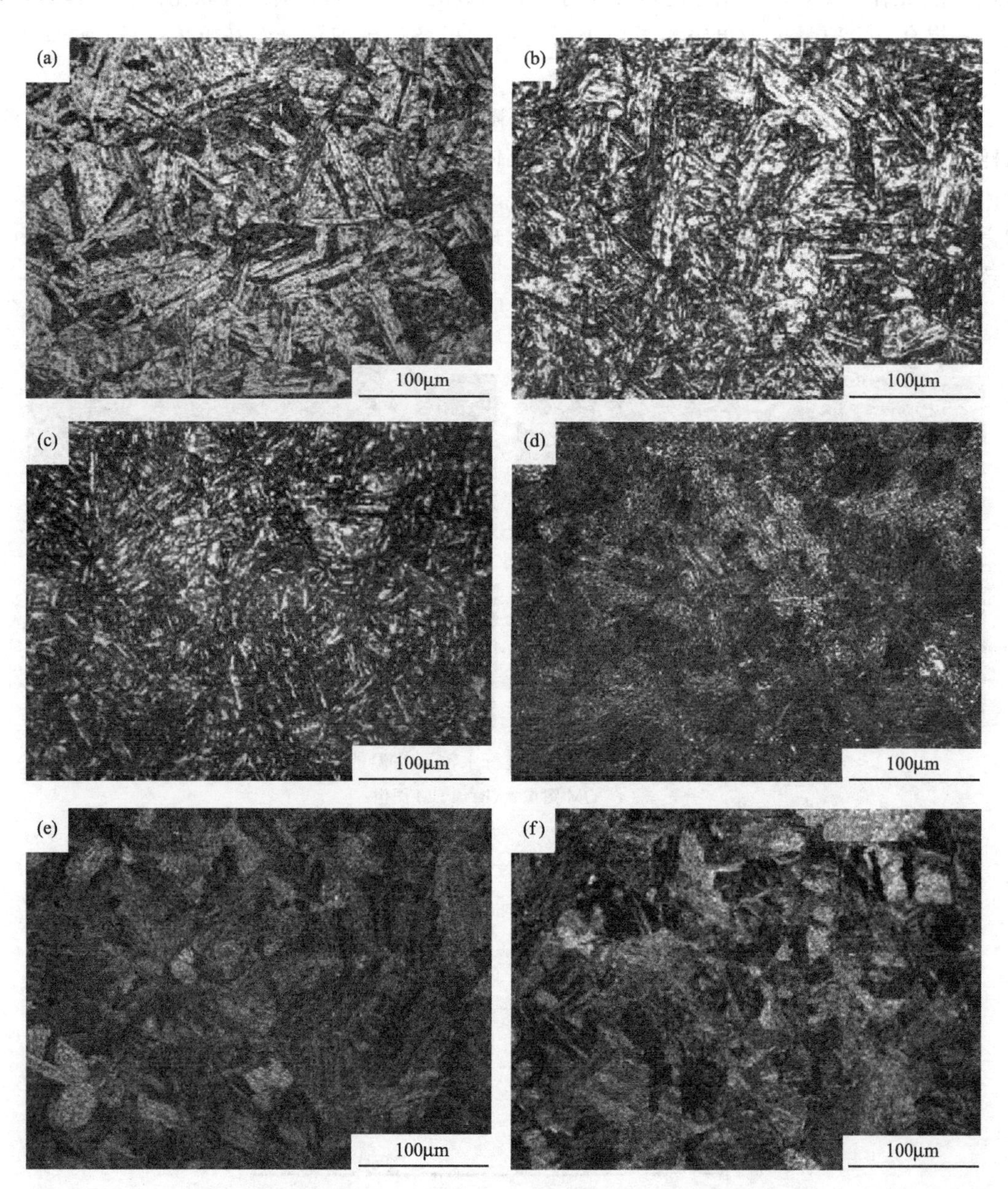

图3-46　试样在不同温度下回火的OM图像

(a) 570℃；(b) 600℃；(c) 630℃；(d) 650℃；(e) 700℃；(f) 730℃

为了进一步探究板条细化的原因，又分别在钢的A_s温度600℃、650℃和700℃左右对试件进行了不同时间的回火。

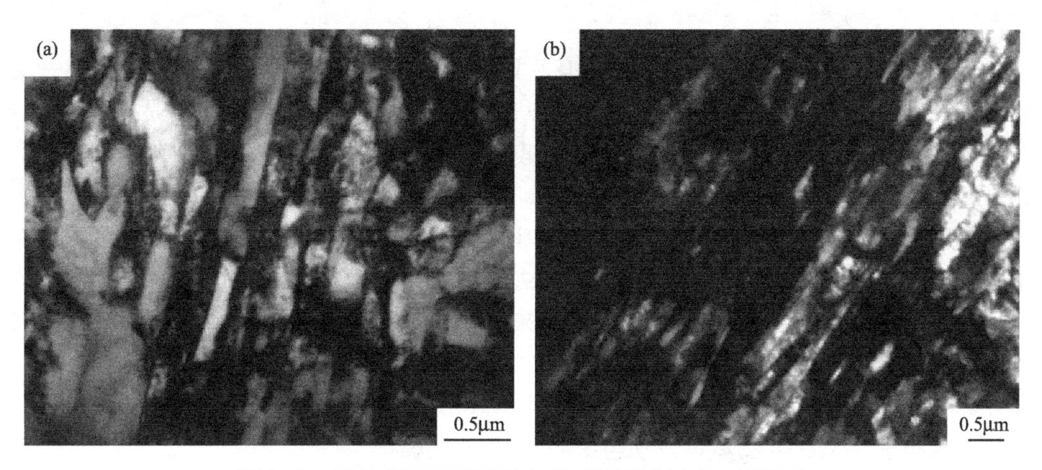

图 3-47　试样在不同温度回火 2h 后的透射电镜（TEM）

(a) 650℃；(b) 730℃

（1）600℃回火

第一组试件在 600℃下回火，回火时间分别为 2h、4h、6h 和 8h。试件 OM 图像如图 3-48 所示。结果表明，金相组织基本保持不变，马氏体板条基本保留。

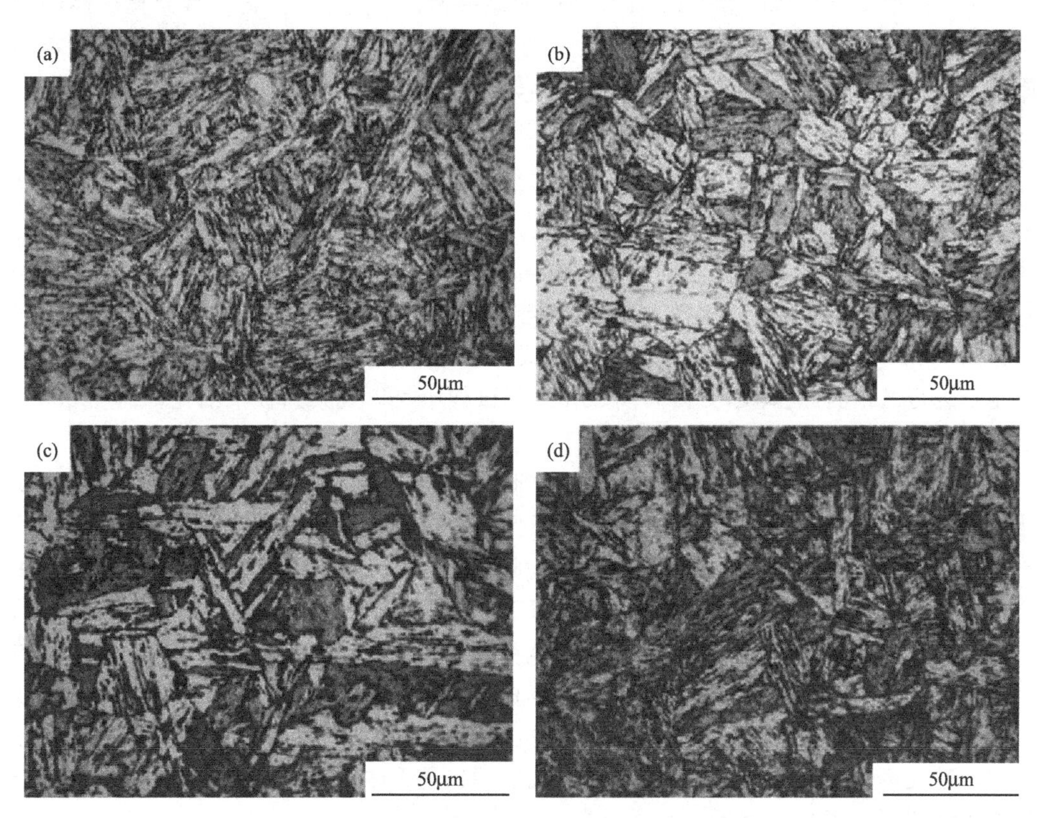

图 3-48　试样在 600℃不同时间回火的 OM 图像

(a) 2h；(b) 4h；(c) 6h；(d) 8h

（2）650℃回火

根据升温速率从α′反向转变为γ主要有两种机制：扩散和非扩散。研究表明，在一定的升温速率下，一些不锈钢的反向转化是通过热激活扩散机制进行的。特别是Lee等发现，Fe-3Si-13Cr-7Ni马氏体不锈钢，当升温速率低于600℃/min，其α′反向转换为γ时发生了扩散；否则，发生非扩散切变机制。

考虑到所有试样均以50～70℃/min的速率加热，现有钢的反向转变为扩散性质。为了更好地理解反向转变的扩散性质如何影响结构的细化，从而影响力学性能，对试样在650℃，不同时间0.5h、1h、2h、4h、6h和8h下进行回火处理。图3-49为650℃下不同回火时间的试样OM图像。可见，回火0.5h和1h后组织变化不大，但回火2h后马氏体板条开始细化，组织致密。随着回火时间从2h增加到8h，板条进一步细化。同样，对这组试样进行X射线衍射（XRD）测试，发现组织中的残余奥氏体。

XRD图结果表明，回火4h以上的试样中存在残余奥氏体（图3-50）。考虑到与残余奥氏体的体积分数不一样大的马氏体，γ相的主要峰值几乎没有明显的模式。根据上述公式计算的残余奥氏体含量与回火时间作图（图3-51）。在650℃下加热2h或更短时间的试样中未检出奥氏体相。回火时间增加到4h时检出残余奥氏体［5.0%（体积分数）］，6h时残余奥氏体体积分数增加到5.3%，8h时残余奥氏体体积分数增加到5.7%。可见，残余奥氏体含量随回火时间的变化与Zou和Shirazi等报道的结果相似。其中，室温下残余奥氏体的含量依赖于反向奥氏体的稳定性。Ni、Si和Mn的富集通常被认为是导致奥氏体反转稳定的主要原因，因为这些合金元素显著降低了马氏体转变起始温度（M_s）。

（3）700℃回火

反向转变是由扩散机制驱动的，假定板条细化可以进行得更快，因此将回火温度提高到700℃，等温保存试样的时间短于650℃回火的，研究更高温度下发生的反向转变对微观结构演化的影响。试样在700℃回火5min、10min、20min和30min后的OM图像如图3-52所示。回火5min和10min的试样，仍能观察到奥氏体晶粒内原有马氏体条带的包块。回火时间达到20min和30min时，形成了以窄马氏体条带为主的细化组织。反向转化是在热激活机制下进行的，因此在700℃回火仅20min的试样中可以观察到板条细化，而在650℃回火至少需要2h才能观察到。

在其他有关SMSS两阶段回火描述的基础上，提出了实验钢临界间回火后马氏体板条细化的示意过程。在临界回火过程中，逆变奥氏体沿板条边界开始形成，并以马氏体板条为代价水平生长，导致原马氏体板条宽度减小；此外，原淬火马氏体转变为回火马氏体。在短时间内回火，α′阶段不太可能完全转化为γ相，逆变奥氏体因此被限制在板条间的狭窄纵桁上。当试样冷却到室温时，亚稳态逆变奥氏体将转变为新的马氏体。受逆变奥氏体形状的限制，新形成的马氏体板条宽度将小于原马氏体板条宽度，从而形成含有细化马氏体的结构。如果回火时间足够使Ni等稳定元素在部分逆变奥氏体内部扩散富集，则在室温下，经过后续冷却，逆变奥氏体稳定部分将以晶粒的形式蚀刻在马氏体板条之间。由临界间回火引起的结构细化示意图如图3-53所示。

可见，马氏体板条细化发生在650℃以上回火的试样中，这是奥氏体转变的起始温度。板条的细化严重依赖于临界间回火时间，因为它是由反向转化引起的，而反向转化被认为是在扩散机制之后发生的。与常规回火工艺的软化效果相反，临界回火诱导板条细化，显著提

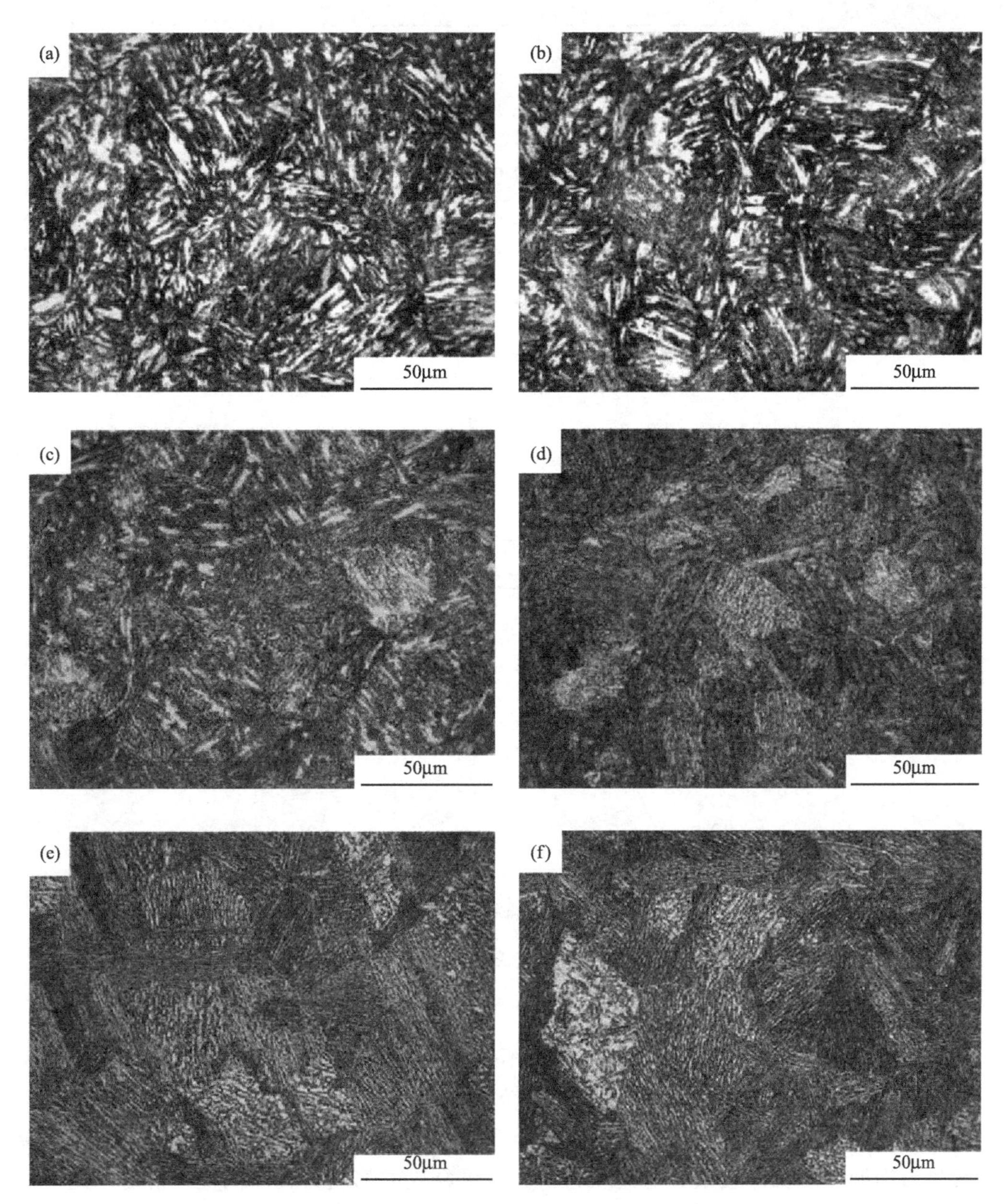

图 3-49　试样在 650℃不同时间回火的 OM 图像

(a) 0.5h；(b) 1h；(c) 2h；(d) 4h；(e) 6h；(f) 8h

高了钢的硬度。这种增强效果在 700℃回火时比在 650℃回火时更强。随着 650℃回火时间的延长，残余奥氏体含量呈稳定增加趋势，而 700℃回火试样中未检出残余奥氏体。

(4) 综合分析

康喜唐等认为回火温度的选取如果过高，会析出大量的化合物，溶质原子产生脱溶，固溶强化作用减弱，且随着化合物的聚集长大，强度降低、延伸率升高趋势变得缓慢；回火温度偏低，溶质原子没有大量脱溶，硬度和强度高，延伸率偏低。如钢经 600℃回火 2h 后，在马氏体晶界上及晶粒内部会析出碳化物，如图 3-54 所示，通过降低马氏体的过饱和度，

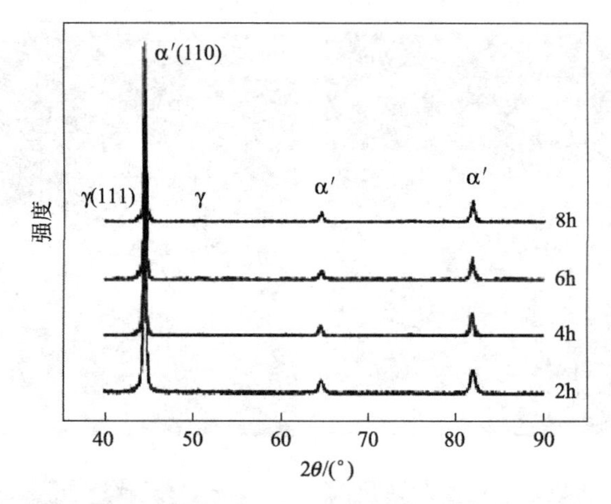

图 3-50　试样在 650℃不同回火时间的 XRD 图谱

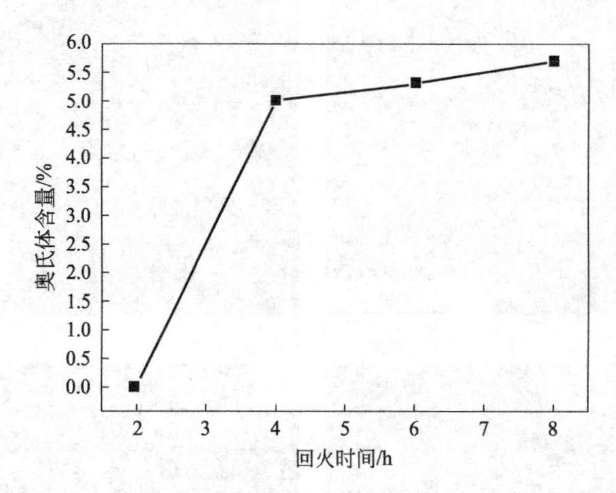

图 3-51　650℃下试样中残余奥氏体含量随回火时间的变化规律

组织形态呈现典型的回火马氏体形态。

Zou 等研究了不同回火温度下超级 13Cr 不锈钢的 SEM 以及逆变奥氏体含量，如图 3-55 和图 3-56 所示，在回火过程中，板条马氏体转化为逆变奥氏体，该组织因在空冷至室温时相对稳定，可在室温下部分组织保留下来，当在 525℃回火时，板条马氏体在奥氏体化温度以上转化为细回火马氏体板条，这些软相马氏体可释放内部应力、降低位错密度。此外，在这种情况下还观察到少量的逆变奥氏体。随着回火温度升高到 550℃，马氏体中残余奥氏体的体积分数微量增加，导致抗拉强度和硬度减小、延伸率降低。在 550～630℃内，由于成核驱动力的增加，逆变奥氏体含量增加。

在 630℃左右，逆变奥氏体以条状和块状形式分布于马氏体微观结构中，在 630℃回火后奥氏体含量达到最大值，导致伸长率突然增加、硬度降低到相对低值。在 630℃到 700℃范围内回火后冷却，在回火过程中所形成的部分逆变奥氏体重新转变为新的马氏体，导致抗拉强度和硬度稍微增加、延伸率大幅减少。然而，在较高回火温度下，屈服强度呈现出缓慢下降的趋势，这可能与奥氏体晶粒尺寸、板条马氏体间距和沿着晶界的 δ-铁素体的增加相关。

原始奥氏体颗粒随温度的增加而迅速增大，导致形成粗大的马氏体结构，并减少逆变奥

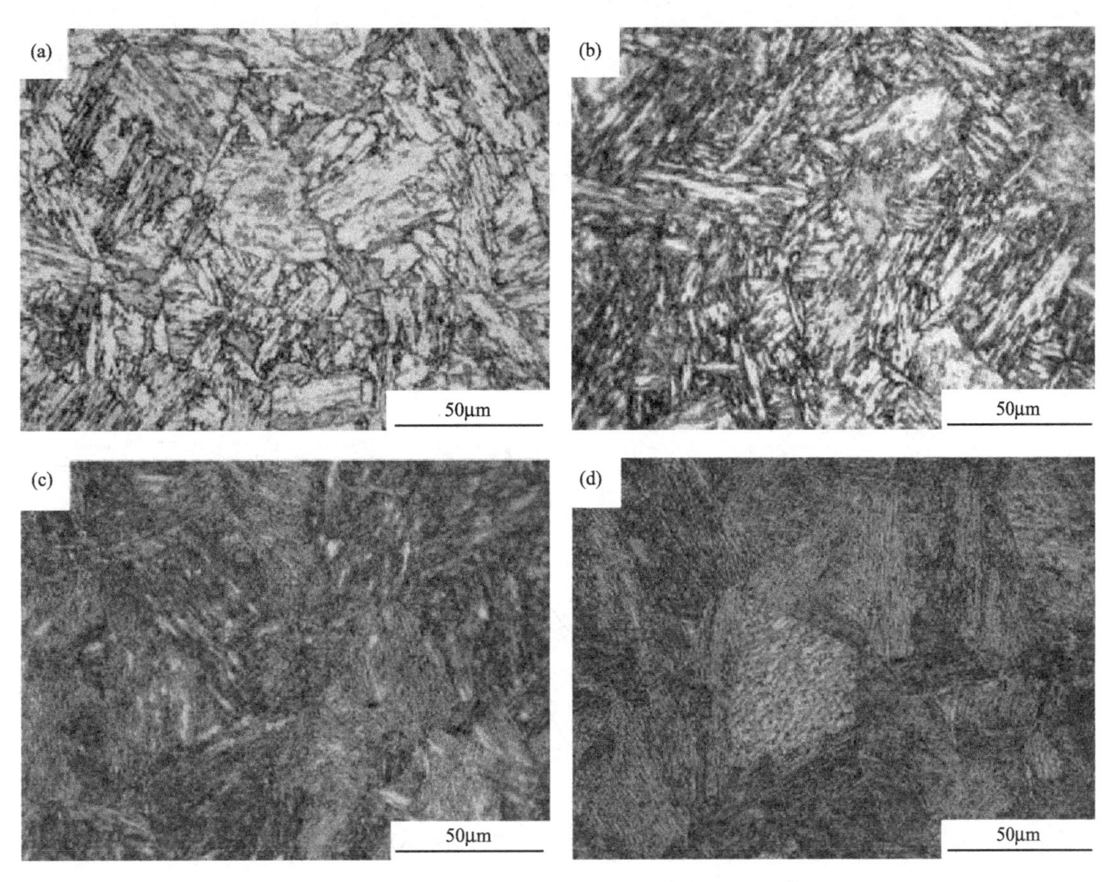

图 3-52 试样在 700℃不同时间回火的 OM 图像

(a) 5mim；(b) 10min；(c) 20min；(d) 30min

氏体的量。合理的奥氏体化温度的范围应该选择在 1000～1100℃。逆变奥氏体含量对合金的力学性能和工艺性能有重要影响，而回火温度越高，逆变奥氏体含量越高，在 630℃左右出现峰值，超过 630℃时，逆变奥氏体含量随温度的继续升高而减小。姜召华研究发现正火组织均为板条马氏体及少量残余奥氏体，在回火过程中发生板条马氏体的回复、逆变奥氏体形成和碳氮化物的析出。回火温度较低时，薄膜状逆变奥氏体优先在马氏体板条间或原奥氏体晶界形成；随着回火温度的升高，逆变奥氏体的体积分数增加。在逆变奥氏体中观察到稀疏的位错网络，分析 EDS 能谱发现 Ni 元素在逆变奥氏体中出现富集现象，验证了 $\alpha \rightarrow \gamma$ 转变是由扩散机制控制。逆变奥氏体转变量随着保温时间延长而增加，既可以等温形成和长大，也可以随加热温度的升高而增加。

图 3-57 为超级 13Cr 不锈钢淬火后经 525～700℃回火的光学显微组织图像。淬火态的基体组织为板条马氏体和沿原奥氏体晶界分布的长条状 δ-铁素体，这种马氏体具有高密度的位错和内应力，因此具有高强度和高硬度。当回火处理后［图 3-57（a～d）］，组织转变为回火板条马氏体，板条马氏体细化，其内部位错密度降低，内应力得到释放。随着回火温度的升高，原奥氏体晶粒长大，其内部形成的板条马氏体取向规则、清晰［图 3-57（b）］。条状 δ-铁素体被分割成几段或呈块状，优先分布在原奥氏体晶界的三叉晶界处［图 3-57（c）］。在回火过程中，钢中的板条马氏体逐渐向奥氏体转变形成稳定的逆变奥氏体，它作为一个较软相弥散在板条马氏体之间［图 3-57（d）］，在应力的作用下会导致空穴形核，

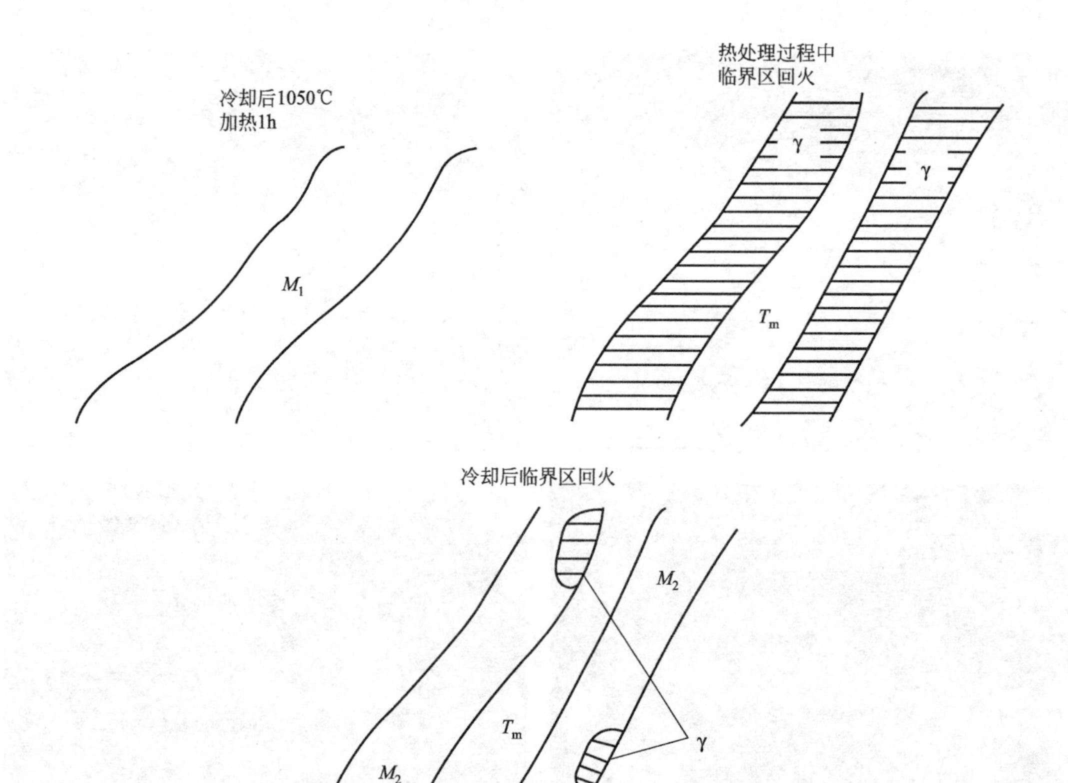

图 3-53　单级临界间回火结构细化示意图

图 3-54　HP2 13Cr 无缝钢管回火后的金相组织（600℃，2h）

从而降低整个组织的强度水平，提高钢的塑韧性。但由于这种逆变奥氏体以薄膜状弥散分布于板条马氏体间，在光学显微镜下不易观测到。此外，虽然钢中有恶化性能的δ-铁素体出现，但是由于其含量十分少，所以对钢的力学性能影响不大。

图 3-58 为不同温度回火超级 13Cr 不锈钢在扫描电镜下呈现的组织形貌。不同含量的逆变奥氏体以片层状在马氏体板条束间隙和原奥氏体晶界处析出（即马氏体板条束间的亮白色区域）。对于逆变奥氏体的产生机理目前还存在较大分歧，一般认为，逆变奥氏体的形成为

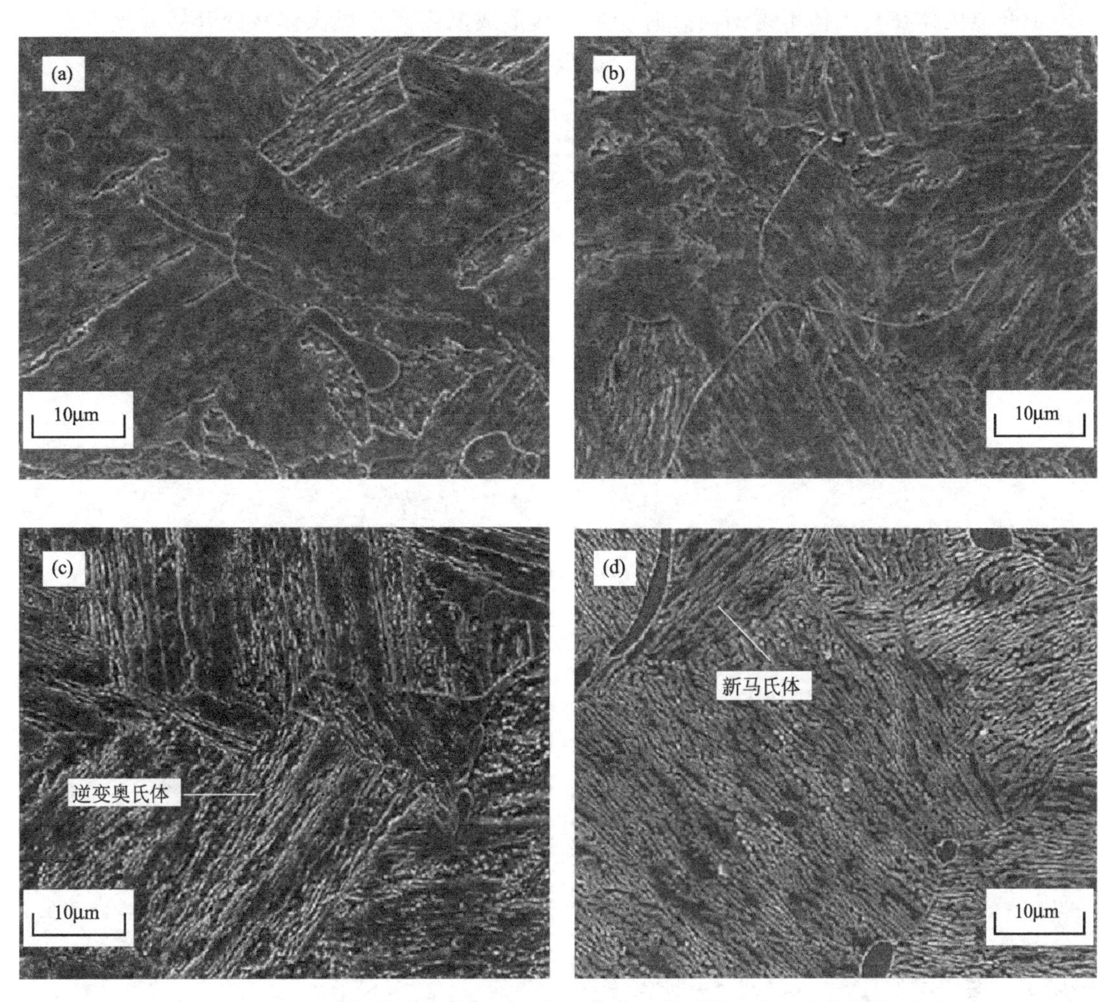

图 3-55　超级马氏体不锈钢在 1000℃奥氏体化后在不同温度下回火的微观组织

(a) 525℃；(b) 600℃；(c) 630℃；(d) 700℃

扩散型相变，奥氏体化元素的富集保证了其在冷却过程中的稳定性，抑制马氏体转变。由于逆变奥氏体并未保留原马氏体中的高密度位错结构和淬火后的残余应力，而作为软相存在，在一定条件（增加应力和温度）下会导致空穴较早成核，从而降低了整个组织的强度水平；同时，该软相在板条马氏体束边界的存在会松弛塑性变形时界面上由于位错塞积所引起的应力集中；另外，裂纹在逆变奥氏体中传播需消耗更多能量，因此其对裂纹扩展具有阻碍作用，增加裂纹扩展抗力，提高材料的韧性水平。

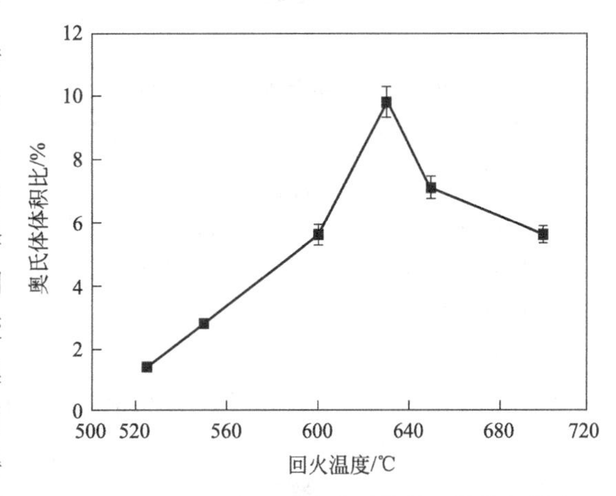

图 3-56　回火温度对残余奥氏体体积分数的影响

逆变奥氏体在马氏体不锈钢回火时产生，其形成温度高于奥氏体转变开始温度（A_s），冷却至室温时不再发生相变而保持稳定。扩散控制的形核长大是逆变奥氏体相变的核心机制，马氏体中的残余奥氏体、成分偏析区域、晶界缺陷和由时效产生的析出相均为晶核来源。该相在室温稳定的原因为奥氏体形成元素（C、Ni 等元素）在回火时富集，使马氏体转变温度低于室温。

图 3-57　超级 13Cr 不锈钢不同回火温度下的显微组织

可见，回火温度对钢的显微组织有显著的影响，在奥氏体转变开始温度以上回火会引起显微组织中马氏体板条的细化，回火温度越高，细化越明显，组织细化也带来显微组织硬度的升高。在奥氏体转变开始温度以上回火，马氏体板条细化现象需要一定的时间才能发生，并且回火温度越高，诱发组织细化所需保温时间越短。实验证实马氏体板条细化现象由临界回火过程中马氏体到奥氏体的逆变引起，奥氏体逆变过程是受扩散控制的热激活过程，因此马氏体板条细化现象同时受到回火温度和回火时间的影响。超级 13Cr 不锈钢在 A_s 温度（即 650℃）及以上回火后，显微组织中出现明显的马氏体板条细化现象，而在 A_s 温度以下回火的试样中则未观察到马氏体板条细化现象。在 650℃下回火不同时间，试样的显微组织形貌随着回火时间的延长表现出组织细化的规律，回火时间越长，马氏体板条细化越明显。马氏体板条细化是由 A_s 温度以上回火时发生的马氏体到奥氏体的逆变引起，而奥氏体逆变是一个受扩散控制的热激活过程，因此马氏体板条细化现象同时受到回火温度和回火保温时间的影响。在 A_s 温度以上，即 700℃回火的试样组，在回火 20min 的试样的显微组织中即

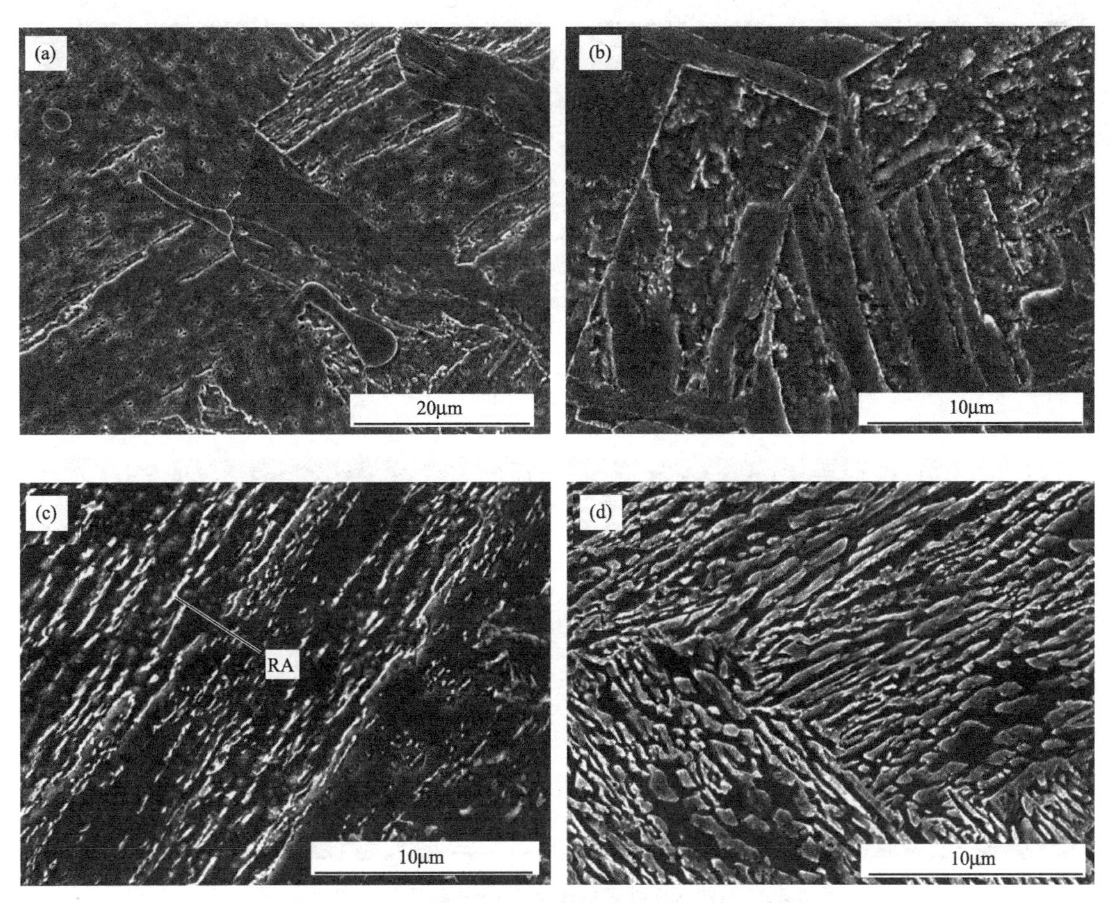

图 3-58　超级 13Cr 不锈钢不同回火温度下的 SEM 形貌

(a) 525℃；(b) 600℃；(c) 630℃；(d) 700℃

可观察到明显的马氏体板条细化现象，比 650℃回火试样组提前观察到，这进一步证明奥氏体逆变受热激活的扩散机制控制。试样的室温组织也随着回火时间的延长逐步升高，表明临界回火范围内回火温度越高，时间越长，新生成的马氏体板条越多，则室温组织硬度越高。马氏体板条细化是由于逆变奥氏体在板条界形成并长大而引起的，残余奥氏体则是由于逆变奥氏体因 Ni 富集稳定化后保留至室温而形成的。

3.4.6.3　不同回火工艺

不同温度回火试样（工艺编号为 D、E、F 和 G）的显微组织如图 3-59 所示，可以看到经过回火处理的试样组织转变为回火索氏体。通过对比可以发现，随着回火温度的升高，回火索氏体逐渐变细，且变化程度随着温度的升高而加大，同时晶粒有增大趋势。经过 650℃一次回火＋620℃二次回火的试样的组织为回火索氏体，与 620℃回火试样相比，回火索氏体略细小。

不同回火温度处理的试样 X 射线衍射谱如图 3-60 所示，可以发现，550℃和 690℃回火处理的试样谱图中未发现奥氏体衍射峰，谱图只存在马氏体衍射峰。而经 620℃回火处理及 650℃一次回火＋620℃二次回火处理的试样的 X 射线衍射图谱上有奥氏体衍射峰，且二次回火试样的衍射峰最明显。根据衍射峰的积分强度，可以计算出逆变奥氏体的体积分数：

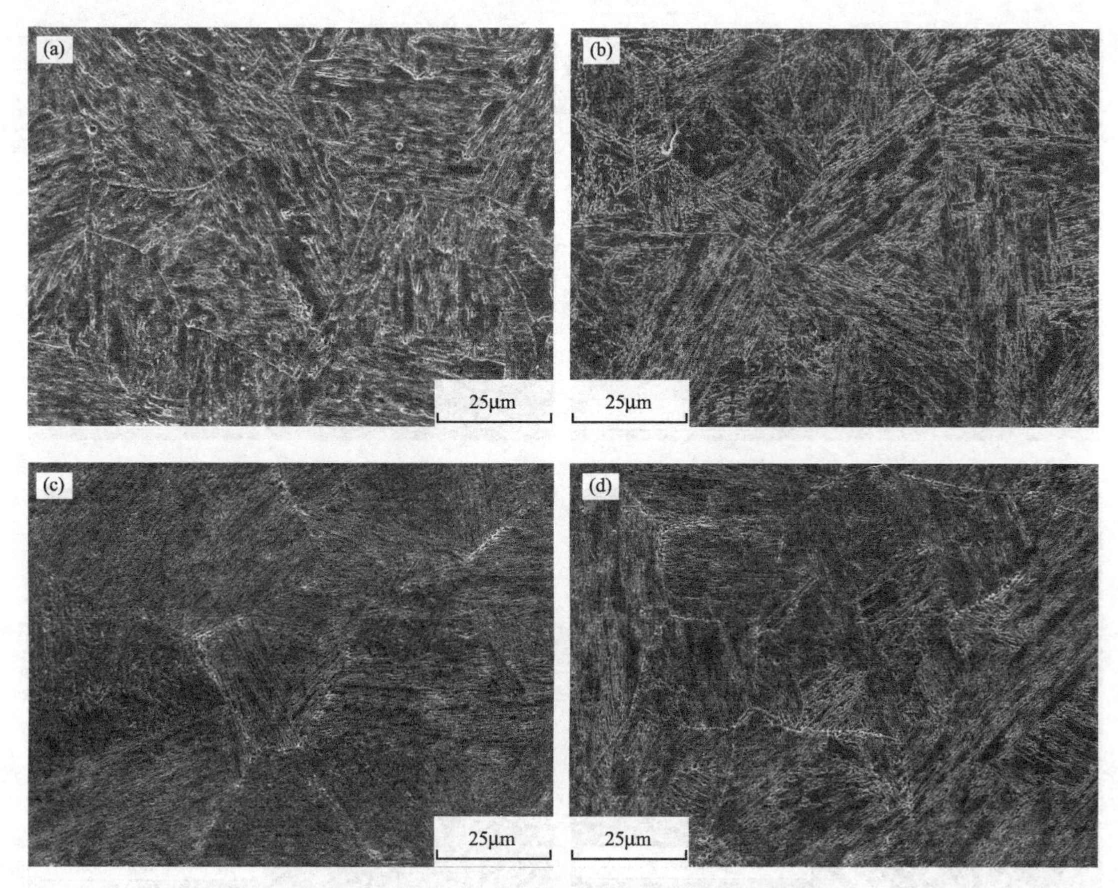

图 3-59　不同回火处理的超级 13Cr 不锈钢的金相组织

(a) 550℃回火；(b) 620℃回火；(c) 690℃回火；(d) 650℃回火+620℃二次回火

$$V_{\gamma}=1.4I_{\gamma}I_{\alpha}+1.4I_{\gamma} \tag{3-5}$$

式中，I_{γ} 为（111）A 峰的积分强度；I_{α} 为（110）M 峰的积分强度。

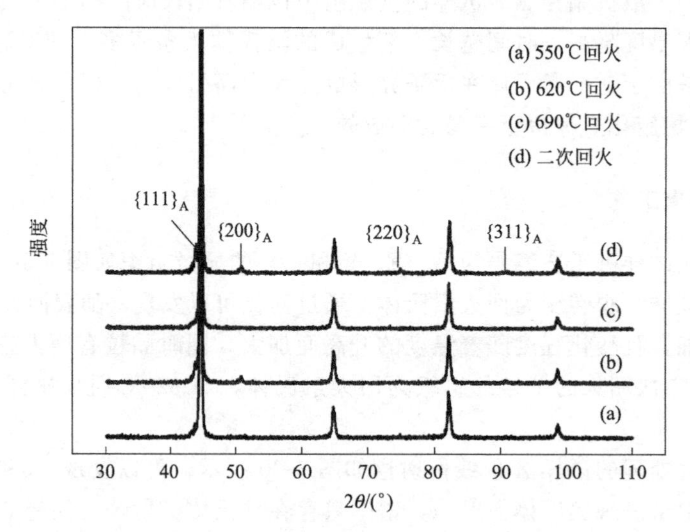

图 3-60　不同回火处理的超级 13Cr 不锈钢的 XRD 谱图

通过计算可知620℃回火试样中逆变奥氏体体积分数为7.4%，二次回火试样中逆变奥氏体体积分数为9.5%。可见，超级13Cr不锈钢组织中的逆变奥氏体含量随着回火温度的升高呈现先增加后减小的趋势，逆变奥氏体含量可在某一回火温度下达到最大。而二次回火能够增加逆变奥氏体的含量。

样品E的TEM形貌及EDS线扫描结果如图3-61所示。通过TEM可见在马氏体板条边界处分布有逆变奥氏体，呈点状及长条状［图3-61（b）圆圈处］，长条状逆变奥氏体长度为300～800nm，宽度约为100nm。对逆变奥氏体及马氏体［图3-61（a）直线］进行元素分析，镍元素在逆变奥氏体的含量要远大于在马氏体中的含量，同时未在奥氏体内发现大量位错，这说明逆变奥氏体没有继承原马氏体基体高密度位错组态，因此逆变奥氏体是由镍元素扩散形成的。同时根据EDS线扫描结果，可发现一处位于逆变奥氏体中的铬元素含量突增点，对应暗场图像可以看到，此处较逆变奥氏体亮度增加［图3-61（b）箭头处］，研究表明逆变奥氏体与$M_{23}C_6$具有共格关系，因此可认为此处为富铬的$M_{23}C_6$。研究同时表明，在回火过程中$M_{23}C_6$会优先形成于马氏体板条边界处，Ni在碳化物$M_{23}C_6$中溶解度较低，导致$M_{23}C_6$附近形成富镍区，这些为逆变奥氏体的形成提供了位置及驱动力。因此在回火处理的超级13Cr不锈钢中，马氏体板条边界处的逆变奥氏体通常会出现在碳化物附近。

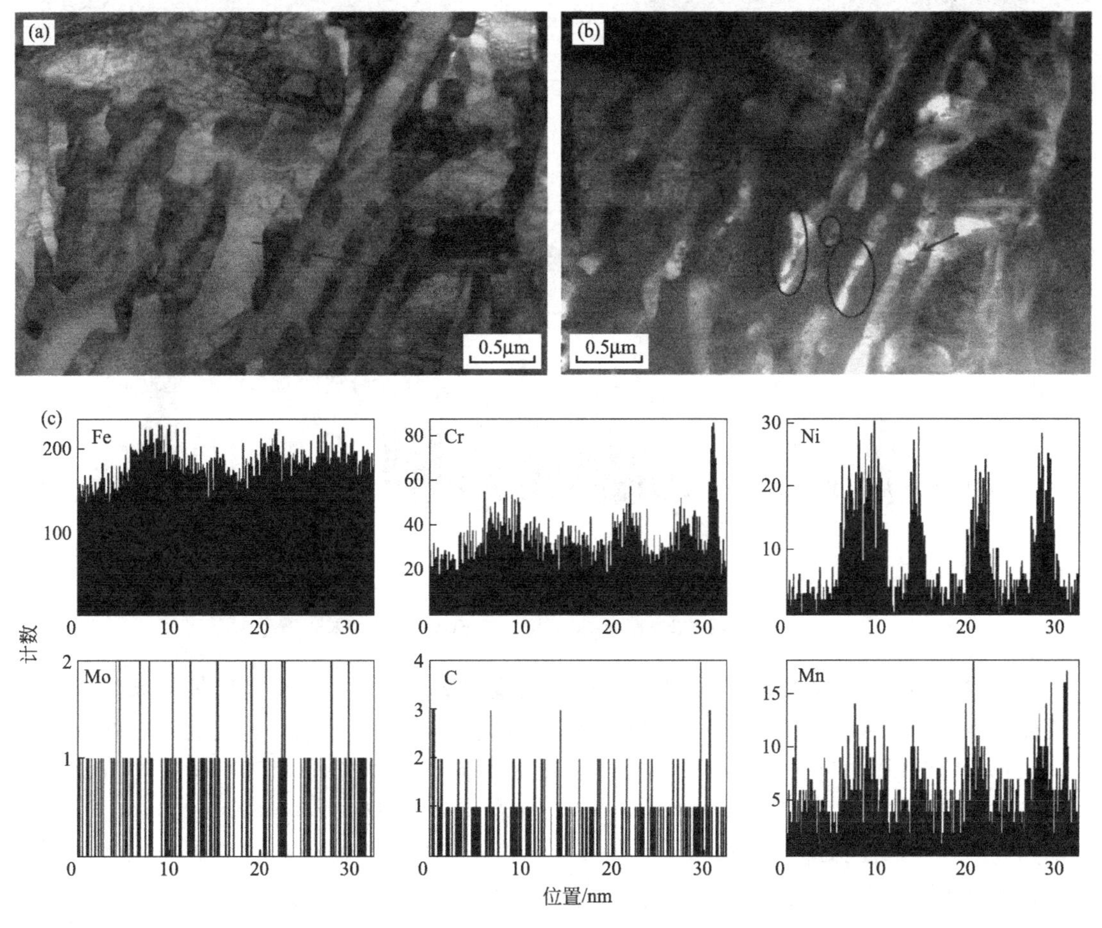

图3-61 620℃回火处理试样的TEM形貌及EDS线扫描结果

（a）明场；（b）暗场；（c）图（a）的EDS线扫描结果

样品 F 的 TEM 形貌及 EDS 线扫描结果如图 3-62 所示。可以看出，和样品 E 相比，样品 F 的马氏体板条明显变细。在板条边界处可见直径为 100～300nm 的富铬的 $M_{23}C_6$ [图 3-62（b）箭头处]，$M_{23}C_6$ 的体积较回火温度较低时有所增长。同时在 TEM 结果中未见逆变奥氏体存在，这与高温下奥氏体的稳定性有关。现有研究表明，奥氏体的稳定性主要由 Ni 含量决定，在回火温度较高时所产生的奥氏体较多，平均 Ni 含量较少，在冷却过程中这些奥氏体无法稳定存在，会再次转化为马氏体，因此在钢冷却至室温后，组织中没有逆变奥氏体存在。

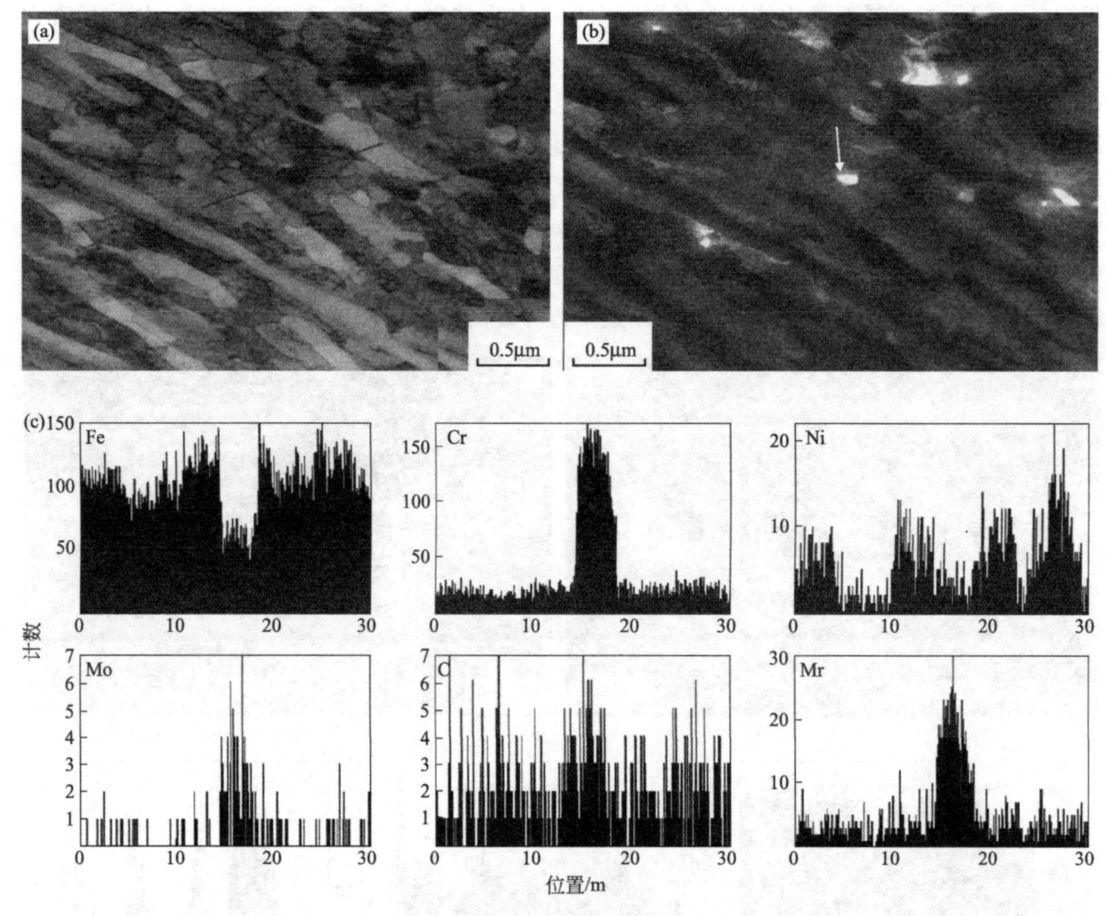

图 3-62　690℃回火处理试样的 TEM 形貌及 EDS 线扫描结果

（a）明场；（b）暗场；（c）图（a）EDS 线扫描结果

样品 G 的 TEM 形貌如图 3-63 所示，可以发现二次回火后，逆变奥氏体呈条状分布于马氏体板条边界及内部 [图 3-63（b）圆圈处]，长度为 1.0～1.2μm，宽度约为 300nm，与 620℃回火处理试样相比，逆变奥氏体的体积明显增大，这与 XRD 结果一致。产生这种现象的原因主要有两个，一是 650℃回火时会形成少量逆变奥氏体，在进行 620℃二次回火时，之前形成的逆变奥氏体会进一步增大；二是 650℃回火时，会形成部分弥散的不稳定奥氏体，这些奥氏体会在冷却过程中转化为马氏体，新转变的马氏体和奥氏体之间形成了大量新的界面，这些界面为二次回火时新生成的逆变奥氏体提供了形核位置。

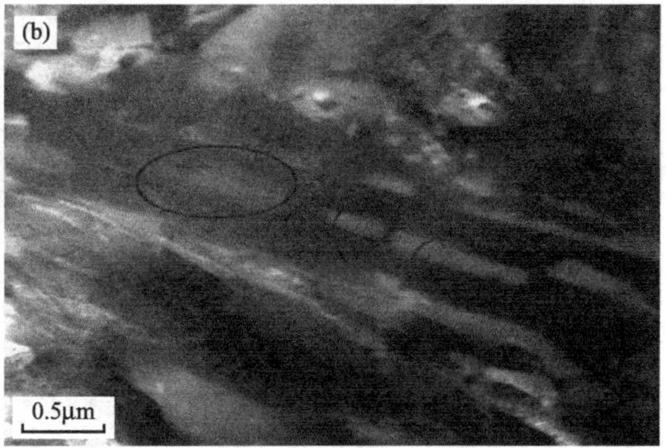

图 3-63　二次回火处理试样的 TEM 形貌
(a) 明场；(b) 暗场

3.4.7　热塑性

3.4.7.1　热压缩

变形速率为 $2.5s^{-1}$、不同温度下压缩后试样的晶粒大小如图 3-64 所示。从图中可看到，变形温度为 950℃时晶粒呈纤维状，基体仍具有很高的加工硬化现象，这一温度下组织主要处于回复状态；当变形温度升高到 1000℃时，呈纤维组织的晶界边部开始有再结晶晶粒出现；至变形温度为 1050℃时，开始有大量的再结晶发生，之后随着温度升高，动态再结晶，晶粒逐渐变得粗大。

图 3-65 和图 3-66 所示分别为回火前后试样的微观组织。从图 3-65 中可以看到，热压缩后水冷淬火试样的组织主要为马氏体板条，此时的板条粗大，存在明显的取向，但各个试样的板条宽度差异很小。根据相关研究表明，奥氏体化的温度或原始奥氏体晶粒的大小对马氏体板条宽度大小和分布几乎不产生影响，只有当淬火冷却速度增大时，板条马氏体束径和块宽才减小，使得组织变细，但因采取相同的冷却方式，对板条宽度和间距影响不大。

在回火后的试样组织中可以看到明显的原始奥氏体晶界（图 3-66)，且对比回火前后的晶粒，发现回火对晶界并无太大影响，在 1150℃和 1200℃下，由于再结晶发生完全，其再结晶晶粒呈均匀等轴状，主要组织为回火马氏体，但与回火前相比，板条明显发生细化。

为进一步研究变形温度对最终组织中逆变奥氏体含量的影响，对回火前后的试样进行了 XRD 分析，结果如图 3-67 所示。图 3-67（a）中没有出现奥氏体峰，因此可以认为淬火后的组织中没有或只有极少量残余奥氏体，回火组织中的奥氏体应该全部是在回火过程中由马氏体转变成的逆变奥氏体。由图 3-67（b)，根据 GB/T 8362 计算得到各试样中的奥氏体含量，结果见表 3-16。

表 3-16　不同变形温度下各试样回火后奥氏体的质量分数

变形温度/℃	奥氏体的质量分数/%	变形温度/℃	奥氏体的质量分数/%
950	8.42	1100	8.40
1000	5.80	1150	5.71
1050	6.80	1200	2.81

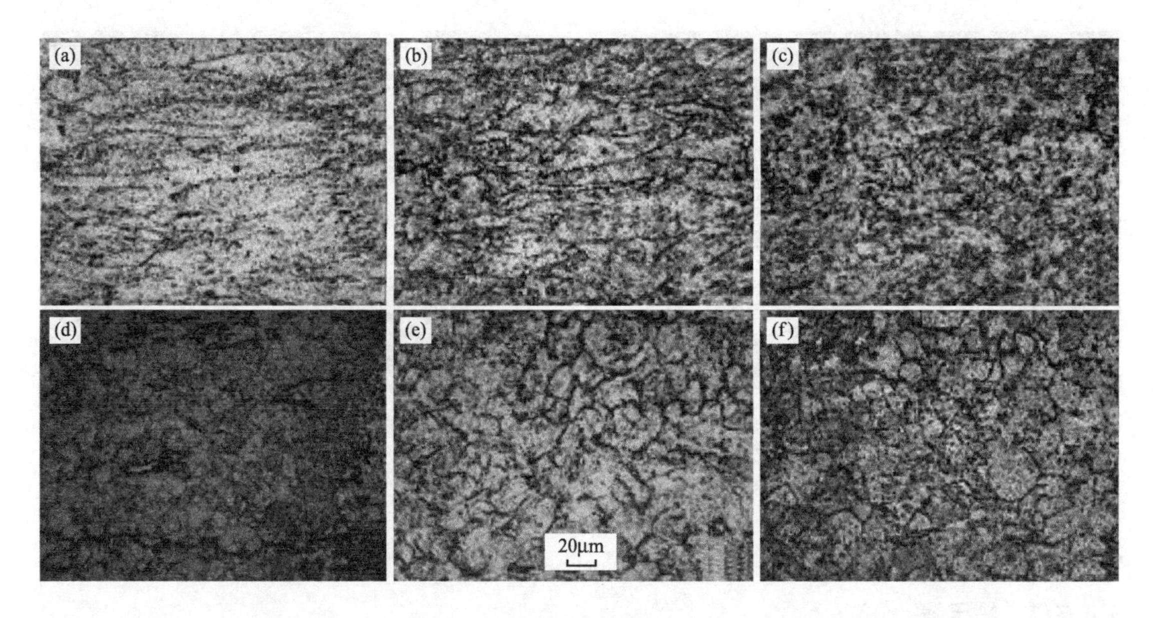

图 3-64　超级 13Cr 不锈钢不同变形温度下的晶粒大小

(a) 950℃；(b) 1000℃；(c) 1050℃；(d) 1100℃；(e) 1150℃；(f) 1200℃

图 3-65　超级 13Cr 不锈钢回火前的马氏体组织形貌

(a) 950℃；(b) 1000℃；(c) 1050℃；(d) 1100℃；(e) 1150℃；(f) 1200℃

由表 3-16 可知，变形温度为 950℃时，奥氏体质量分数较高，达到 8.42%。而当变形温度为 1000℃时，奥氏体质量分数下降为 5.80%。之后随着变形温度的升高，奥氏体质量分数上升，直到变形温度为 1100℃时，奥氏体质量分数达到峰值 8.40%。但随着变形温度的升高，奥氏体质量分数又呈下降趋势，在 1200℃时，奥氏体质量分数只有 2.81%。

在变形温度较低（950℃）时，几乎未发生动态再结晶，原始晶粒处于纤维状，位错较

图 3-66　超级 13Cr 不锈钢回火后的马氏体组织形貌

(a) 950℃；(b) 1000℃；(c) 1050℃；(d) 1100℃；(e) 1150℃；(f) 1200℃

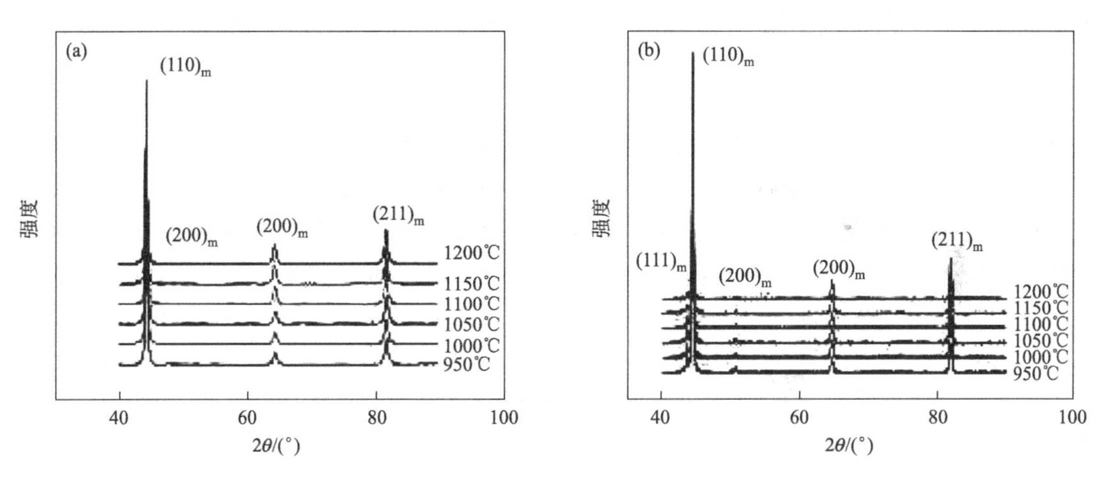

图 3-67　不同变形温度下各试样回火前后的 XRD 图谱

(a) 回火前；(b) 回火后

多，为回火过程中的奥氏体的生成提供了形核点，因此，逆变奥氏体含量高。当变形温度为 1000℃时，晶界处开始有均匀细小的再结晶晶粒生成，位错较未发生动态再结晶时减少，因此，奥氏体含量也较低。随着变形温度的升高，一方面，再结晶程度逐渐增加，使位错密度减小；但另一方面，由于变形温度升高，变形急冷后的过冷度增大，冷却过程中畸变能增大，淬火后组织的储存能升高，为回火过程中逆变奥氏体的形核提供了更多能量，因此，在 1100℃时又出现了逆变奥氏体的峰值。但在更高的温度下，由于晶粒过分长大，提供的奥氏体形核点减少，因此奥氏体含量降低。虽然在低温（950℃）变形回火后的逆变奥氏体含量较高，但由图 3-68 的高温热塑性曲线可知，该温度下的塑性仍较差，由于未发生再结晶，变形抗力也较高，所以实际生产中的变形温度为 1100℃较合理。

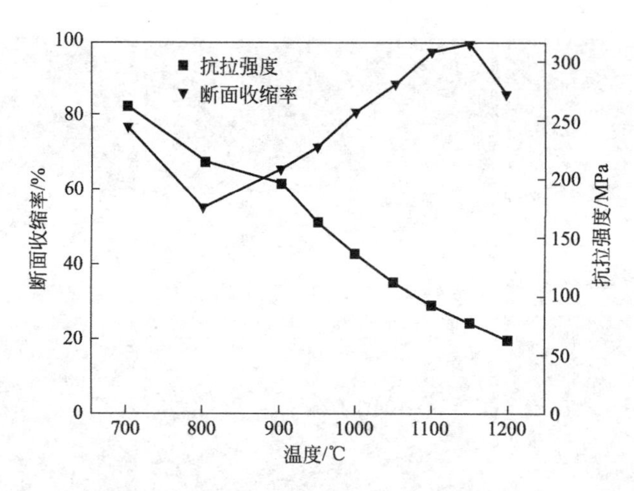

图 3-68　超级 13Cr 不锈钢高温热塑性曲线

3.4.7.2　热变形

图 3-69 是不同热变形条件下超级 13Cr 不锈钢的微观组织。由图 3-69（a）可看到，在较低的温度下，钢的晶粒保持被热压缩后的变形状态，可以认为在此时动态软化作用较弱。这是由于变形温度较低时，螺位错的交滑移和刃位错的攀移均较易进行，这样就易从结点和位错网中解脱出来而与异号位错相互抵消，因此亚组织中的位错密度较低，剩余的储能不足以引起动态再结晶。图 3-69（b）、（c）分别是变形速率为 $1s^{-1}$ 时，变形温度为 1050℃、1150℃时的晶粒组织。可看到这两个条件下实验钢均发生了动态再结晶，随着温度的升高，晶粒组织更为粗大，这与前面所述的真应力-真应变曲线的变化规律对应。温度高时，钢获得更大的形变储能，而形变储能可为晶界的迁移提供驱动力，当这种驱动力大于由于界面曲率存在而引起的驱动力时，会导致晶界向外弓出，形成新晶粒的核心，有助于再结晶发生。而对比图 3-69（c）、（d）知，在 1150℃时，两种不同变形速率下均发生了动态再结晶，但变形速率为 $5s^{-1}$ 时晶粒相对较小。因为在更高的变形速率下，变形产生的位错密度增大，峰值应力和储存能均增加，亚态再结晶的驱动力也增大，可有效抑制晶粒长大现象的发生。

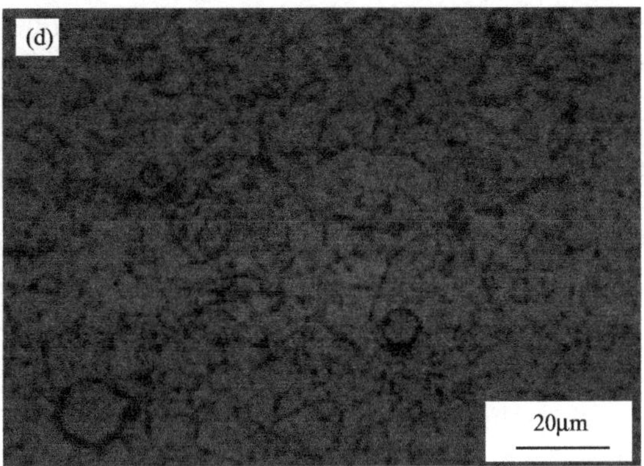

图 3-69 不同变形条件下超级 13Cr 不锈钢的微观组织

(a) 变形速率 $1s^{-1}$，变形温度 950℃；(b) 变形速率 $1s^{-1}$，变形温度 1050℃；

(c) 变形速率 $1s^{-1}$，变形温度 1150℃；(d) 变形速率 $5s^{-1}$，变形温度 1150℃

参考文献

[1] 解挺，尹延国，朱元吉．马氏体不锈钢的热处理和性能[J]. 国外金属热处理，1996，17(6)：38-40.

[2] 李灿碧．马氏体不锈钢的热处理与耐蚀性[J]. 航空制造技术，1987，(3)：29-31.

[3] 鲍进．1Cr13 马氏体不锈钢热处理工艺探讨[J]. 特钢技术，2006，11(2)：20-22.

[4] 高蕊，赵云志．热处理对超低碳马氏体不锈钢焊缝熔敷金属性能的影响[J]. 现代焊接，2011(7)：48-49.

[5] 钟陪道．Cr12Ni2WMoVNb(GX-8)钢的回火转变研究[C]. 北京：原子能出版社，1988：84-92.

[6] 朱世东，魏建锋，周根树，等．基于正交试验的 P110 腐蚀行为的研究[J]. 热处理技术与装备，2010，31(1)：4-9.

[7] 张亚明，臧晗宇，董爱华，等．13Cr 钢油管腐蚀原因分析[J]. 腐蚀科学与防护技术，2009，21(5)：499-501.

[8] 韩燕，李道德，林冠发，等．Cl^-、CO_2 和微量 H_2S 共存时 13Cr 不锈钢的腐蚀性能[J]. 物化检验-物理分册，2010，46(3)：145-150.

[9] Mu L J，Zhao W Z. Investigation on carbon dioxide corrosion behaviour of HP13Cr110 stainless steel in simulated stratum water[J]. Corrosion Science，2010，52：82-89.

[10] 林冠发，胥勋源，白真权，等．13Cr 油套管钢 CO_2 腐蚀产物膜的能谱分析[J]. 中国材料科技与设备，2008(3)：75-79.

[11] 陈溪强．超级 13Cr 钢软化工艺研究[J]. 热处理，2014，29(6)：21-23.

[12] 曾德智，王春生，施太和，等．微观组织对高强度超级 13Cr 材料性能的影响[J]. 天然气工业，2015，35(2)：70-75.

[13] 方旭东，王岩，夏焱，等．油气田用 Sup13Cr5Ni2Mo 超级马氏体不锈钢热变形加工图研究[J]. 特殊钢，2018，39(5)：1-4.

[14] 姜召华．Nb 微合金化超低碳马氏体不锈钢的组织性能研究[D]. 沈阳：东北大学，2011.

[15] Ma X P，Wang L J，Subramanian S V，et al. Studies on Nb microalloying of 13Cr super martensitic stainless steel[J]. Metallurgical and Materials Transactions A，2012，43(12)：4475-4486.

[16] 康喜唐，聂飞．HP2 13Cr 无缝钢管的研制开发[J]. 钢管，2015，44(3)：31-35.

[17] 杜荣耀，乔元绩．大型 Ni4 铸钢叶片逆变奥氏体组织对裂纹的影响[J]. 铸造技术，1996(5)：3-5.

[18] 李小宇，王亚，杜兵，等．逆变奥氏体对 0Cr13Ni5Mo 钢热处理恢复断裂韧性的作用[J]. 焊接，2007(10)：47-49.

[19] 刘玉荣，业冬，徐军，等．13Cr 超级马氏体不锈钢的组织[J]. 材料热处理学报，2011，32(12)：66-71.

[20] Xu D K，Liu Y C，Ma Z Q，et al. Structural refinement of 00Cr13Ni5Mo2 supermartensitic stainless steel during single-stage intercritical tempering[J]. International Journal of Minerals，Metallurgy and Materials，2014，21(3)：279-288.

[21] 李小宇，王亚，杜兵，等．逆变奥氏体对 0Cr13Ni5Mo 钢热处理恢复断裂韧性的作用[J]. 焊接，2007(10)：47-49.

[22] 陆世英，张廷凯，康喜范，等．不锈钢[M]. 北京：原子能出版社，1995.

[23] 王培，陆善平，李殿中，等．低加热速率下 ZG06Cr13Ni4Mo 低碳马氏体不锈钢回火过程的相变研究[J]. 金属学报，2008，44(6)：681-685.

[24] 文禾．低碳马氏体不锈钢中残余奥氏体的生成机理[J]．钢管，2004，33(6)：60-60.

[25] 马迅．热处理对 0Cr13Ni4Mo 马氏体不锈钢组织和性能的影响[J]．特殊钢，1995，16(5)：19-22.

[26] Eun S P, Dae K Y, Jee H S, et al. Formation of reversed austenite during tempering of 14Cr-7Ni-0. 3Nb-0. 7Mo-0. 03C super martenstic stainless steel[J]. Metals and Materials International, 2004, 10(6): 521-525.

[27] Leem D S, Lee Y D, Jun J H, et al. Amount of retained austenite at room temperature after transformation of martensite to austenite in an Fe-13%Cr-7%Ni-3%Si martensitic stainless steel[J]. Scripta Materialia, 2001, 45(7): 767-772.

[28] Ro novská G, Vodá rek V, Korá k A, et al. The effect of heat treatment on microstructure and properties of a 13Cr6Ni2. 5Mo super martensitic steel [J]. SborníKvědeckych Prací Vysoké koly bá ňské - Technické Univerzity Ostrava, 2005, 48(1): 225-231.

[29] 刘振宝，杨志勇，梁剑雄，等．超高强度马氏体时效不锈钢中逆变奥氏体的析出与长大行为[J]．金属热处理，2010，35(2)：11-15.

[30] 刘振宝，杨志勇，梁剑雄，等．高强度不锈钢中逆变奥氏体的形成动力学与析出行为[J]．材料热处理学报，2010，31(6)：39-44.

[31] Liu Y Q, Ye D, Yong Q L, et al. Effect of heat treatment on microstructure and property of Cr13 super martensitic stainless steel [J]. Journal of Iron and Steel Research International, 2011, 18(11): 60-66.

[32] Zou D N, Liu X H, Han Y, et al. Influence of heat treatment temperature on microstructure and property of 00Cr13Ni5Mo2 supermartensitic stainless steel[J]. Journal of iron and steel research International, 2014, 21(3): 364-368.

[33] 胥大坤．回火工艺对 13Cr 超级马氏体不锈钢组织和性能的影响[D]．天津：天津大学，2013.

[34] 王岩，方旭东，夏焱，等．回火温度对 SUP13Cr 钢组织与性能的影响[J]．金属热处理，2018，43(7)：131-134.

[35] 赵莉萍，王锦飞，麻永林，等．稀土元素 Y 对 0Cr13 不锈钢组织及腐蚀性能的影响[J]．钢铁，2010，45(4)：65-68.

[36] Ma X P, Wang L J, Subramanian S V, et al. Studies on Nb microalloying of 13Cr super martensitic stainless steel[J]. Metallurgical and Materials Transactions A, 2012, 43(12): 4475-4486.

[37] 张春霞，杨建强，张忠铧．00Cr13Ni5Mo2 中 D 类夹杂物在酸化环境中的腐蚀行为研究[J]．宝钢技术，2015(4)：18-21.

[38] Xu Y Q, Zhai R Y, Huang Z Z. Effect of tempering on the properties and microstructure of 00Cr13Ni5Mo[J]. Baosteel Technical Research, 2018, 12(3): 31-36.

[39] 赵志博．超级 13Cr 不锈钢油管在土壤酸化液中的腐蚀行为研究[D]．西安：西安石油大学，2014.

[40] 王少兰，飞敏银，林西华，等．高性能耐蚀管材及超级 13Cr 研究进展[J]．腐蚀科学与防护技术，2013，25(4)：322-326.

[41] 吴贵阳，余华利，闫静，等．井下油管腐蚀失效分析[J]．石油与天然气化工，2016，45(2)：50-54.

[42] 张国超，林冠发，孙育禄，等．13Cr 不锈钢腐蚀性能的研究现状与进展[J]．全面腐蚀控制，2011，25(4)：16-20.

[43] 朱世东，李金灵，马海霞，等．超级 13Cr 不锈钢腐蚀行为研究进展[J]．腐蚀科学与防护技术，2013，26(2)：183-186.

[44] 周永恒．不同 Cr 含量对超级马氏体不锈钢组织和性能的影响[D]．昆明：昆明理工大学，2012.

[45] Liu Y R, Ye D, Yong Q L, et al. Effect on Heat Treatment on microstructure and property of Cr 13 super martensitic stainless[J]. Journal of Iron and Steel Research International, 2010, 17(8): 50-54.

[46] Ma X P, Wang L J, Liu C M, et al. Microstructure and properties of 13Cr5Ni1Mo0. 025Nb0. 09V0. 06N super martensitic stainless steel [J]. Materials Science & Engineering A, 2012, 539 (none): 271-279.

[47] Ma X P, Wang L J, Qin B, et al. Effect of N on microstructure and mechanical properties of 16Cr5Ni1Mo martensitic stainless steel[J]. Materials & Design, 2012, 34: 74-81.

[48] 熊茂县，徐蔼彦，谢俊峰，等．淬火工艺对超级 13Cr 钢油管组织和性能的影响[J]．金属热处理，2019，44(8)：127-131.

[49] 方旭东，王岩，夏焱，等．淬火温度对 Sup13Cr 钢组织与性能的影响[J]．金属热处理，2018，43(2)：187-190.

[50] Nakamichi H, Sato K, Miyata Y, et al. Quantitative analysis of Cr-depleted zone morphology in low carbon martensitic stainless steel using FE-(S)TEM[J]. Corrosion Science, 2008, 50(2): 309-315.

[51] Calderón-Hernández J, Hincapíe-Ladino D, Edson B M F, et al. Relation between pitting potential, degree of sensitization and reversed austenite in a supermartensitic stainless steel[J]. Corrosion, 2017, 73(8): 953-960.

[52] Lei X, Feng Y, Zhang J, et al. Impact of reversed austenite on the pitting corrosion behavior of super 13Cr martensitic stainless steel[J]. Electrochimica Acta, 2016, 191: 640-650.
[53] 武光江，李颜．淬火和回火工艺对 00Cr13Ni5Mo 钢力学和组织性能的影响[J]. 金属世界，2017(5): 35-38.
[54] 赵晓磊，吴志星，张晓健，等．不同热处理工艺下的 2Cr13 组织和性能[J]. 热加工工艺，2015(12): 220-222.
[55] Lorenzo P, Sokolowski A. Titanium and molybdenum content in super martensitic stainless steel[J]. Materials Science and Engineering A, 2007, 460(1): 149-152.
[56] 方旭东，张寿禄，杨常春，等．TGOG13Cr-1 超级马氏体不锈钢的组织和性能[J]. 钢铁，2007, 42(8): 74-77.
[57] 姜雯，赵昆渝，业冬，等．热处理工艺对超级马氏体钢逆变奥氏体的影响[J]. 钢铁，2015, 50(2): 70-75.
[58] Ro novská G, Vodárek V, Kuboň Z. Precipitation of secondary phases in a super martensitic 13Cr6Ni2.5MoTi steel during heat treatment[J]. Materials Science Forum, 2017, 891: 161-166.
[59] 高秋志，刘家咏，刘永长，等．冷却速度对高 Cr 铁素体耐热钢马氏体相变和微观组织的影响[J]. 金属热处理，2012, 37(5): 20-23.

第4章 力学性能

4.1 绪言

超级13Cr不锈钢因其高的力学性能、良好的耐蚀性能、相对较低的价格而在国内外“三超”油气田环境中得以大量应用，然而恰当的热处理工艺是保障其强硬度、高韧性的前提。因此，为了获得理想的组织，钢通常在1000～1100℃进行固溶处理，然后气/水淬至室温，并进行单级或两级回火。超级13Cr不锈钢的微观组织一般包含85%～95%的马氏体和5%～15%的逆变奥氏体，这种组织结构通常通过淬火+回火工艺获得，淬火处理使材料具有较高强度，而回火过程产生的逆变奥氏体使材料具有良好的延展性。不当的热处理工艺会导致材料微观组织的变化及力学性能的下降。

国内外专家学者们开展了大量有关超级13Cr不锈钢的研究，而在热处理工艺方面，主要集中在工艺参数对残留奥氏体含量和形态的影响及其对力学性能的作用，如Liu等将一种超级13Cr不锈钢在800～1000℃之间奥氏体化处理0.5h后油冷至室温，研究了淬火温度对钢组织和性能的影响，发现随着淬火温度升高，钢的拉伸强度降低，晶粒发生粗化。Ma等对Fe-13Cr-4Ni-Mo进行不同温度回火试验研究，指出在较高的回火温度下，合金元素在逆变奥氏体中的富集程度下降，导致逆变奥氏体热稳定性降低，证实Ni是导致逆变奥氏体稳定化的重要元素。现阶段对于超级13Cr不锈钢淬火的研究主要集中在热处理工艺对于其组织性能的影响。刘玉荣等的研究表明，随着淬火温度的升高，马氏体板条逐渐变粗。方旭东等认为，过高的淬火温度会使超级13Cr不锈钢回火后的性能恶化，水淬较空冷能更好地控制回火后材料的性能。以上研究成果对超级13Cr不锈钢油管生产厂家的工艺优化，油田的选材、工况控制及防腐实践等具有重要的理论指导意义。

而通过对超级13Cr不锈钢在多种热处理前后力学性能进行分析，不仅可获得优化超级13Cr不锈钢钢油管最终性能的有效途径，还可深入了解合金特性，为实际生产提供指导，为油气田用超级13Cr不锈钢管、杆的合理热处理工艺制定提供依据。

4.2 工艺设计与力学性能

利用正交试验法设计了热处理工艺，如表4-1所示，淬火加热保温时间为0.5h，淬火和回火后都采用空冷，加热设备采用箱式电阻炉，探讨了热处理工艺参数对某国产超级13Cr不锈钢（成分见表4-2）性能的影响。

表 4-1　热处理工艺参数正交表

条件	淬火温度/℃	回火温度/℃	回火时间/h
H1	950	600	1.0
H2	950	650	1.5
H3	950	700	2.0
H4	1000	600	2.0
H5	1000	650	1.0
H6	1000	700	1.5
H7	1050	600	1.5
H8	1050	650	2.0
H9	1050	700	1.0

表 4-2　超级 13Cr 不锈钢的主要化学成分

元素	C	Si	Mn	P	S	Cr	Ni	Mo	V	Ti	Cu	N
质量分数/%	0.026	0.24	0.45	0.013	0.005	13.0	5.14	2.15	0.025	0.036	1.52	0.04

维氏硬度试验中所施加的力为 10kgf（1kgf=9.8N），保荷时间为 10s，其维氏硬度压痕形貌见图 4-1，压痕四角处未见裂纹，可见其韧性较好。由于维氏硬度与抗拉强度（σ_b）之间存在一定的线性关系，在测量材料硬度的同时可直读其抗拉强度。表 4-3 是热处理工艺对力学性能（包括硬度和抗拉强度）的影响。API SPEC 5L 规定 P110 钢级材料的最小屈服强度为 758MPa，最大屈服强度为 965MPa。可见，该热处理工艺能满足 P110 钢级材料力学性能的要求。

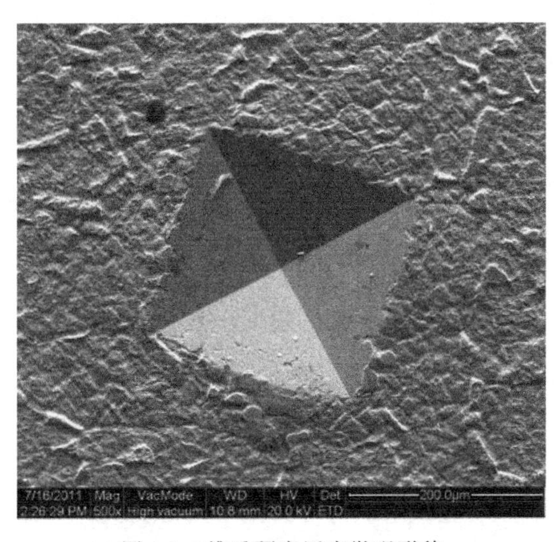

图 4-1　维氏硬度压痕微观形貌

表 4-3　热处理工艺对力学性能的影响

参数	H0	H1	H2	H3	H4	H5	H6	H7	H8	H9
HV/(N/mm^2)	319.3	297.7	324.3	351.3	288.1	278.7	329.7	285.4	304.5	315.6
σ_b/(N/mm^2)	1084.0	1018.0	1099.3	1180.0	988.3	960.0	1115.0	980.0	1038.6	1072.0

4.3　奥氏体化温度

Zou 研究了超级 13Cr 不锈钢的拉伸强度、屈服强度、伸长率和 HRC（洛氏硬度）随奥氏体化温度的变化，见图 4-2 和图 4-3。可以看出，奥氏体化温度对钢的力学性能影响非常复杂。随着奥氏体化温度由 940℃提高到 1000℃，拉伸强度、硬度和伸长率降低，屈服强度显著提高；继续升高温度，即从 1000℃到 1100℃，屈服强度和伸长率分别呈现增加和减少的趋势，相比之下，抗拉强度和硬度表现出增加的趋势；1100℃后，抗拉强度、屈服强度、硬度略有下降，与此同时，伸长率也减小，在 1150℃处达到一个稳定值。这表明高奥氏体化温度（1100℃以上）可使综合力学性能恶化。

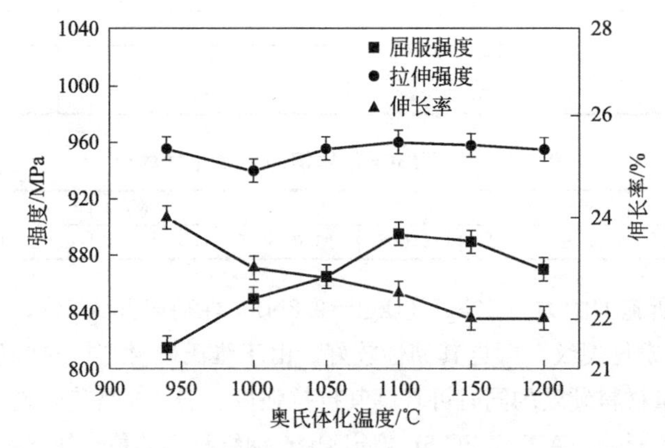

图 4-2　奥氏体化温度对拉伸性能的影响

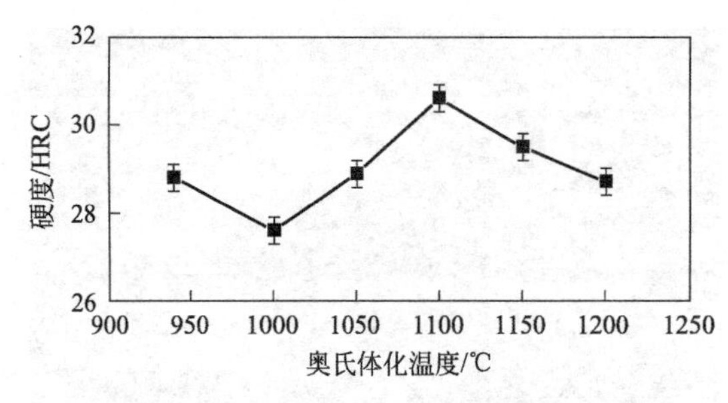

图 4-3　奥氏体化温度对硬度的影响

4.4　淬火处理

超级 13Cr 不锈钢油管原管显微组织为马氏体＋残留奥氏体，晶粒度等级为 9 级。随着淬火温度的升高，超级 13Cr 不锈钢组织和性能发生变化，当温度达到 1350℃时，组织中 δ-铁素体含量为 5.4%，晶粒度等级降低为 6 级，晶粒发生粗化，抗拉强度升高为 980MPa，屈服强度升高为 821MPa，显微硬度降低为 29.4HRC，冲击吸收能量降低为 104J。

4.4.1　淬火温度

4.4.1.1　拉伸性能

超级 13Cr 不锈钢在不同温度热处理后的拉伸性能见表 4-4。由表 4-4 可见，超级 13Cr 不锈钢抗拉强度为 928MPa，屈服强度为 811MPa，伸长率为 29.5%，硬度为 31.8HRC，冲击吸收能量为 203J。随着淬火温度升高，超级 13Cr 不锈钢的抗拉强度和屈服强度均先升高后降低，升高时趋势较缓和，当淬火温度达到 1350℃时，超级 13Cr 不锈钢抗拉强度为 980MPa，屈服强度为 821MPa，伸长率为 18%。可见高温时超级 13Cr 不锈钢的强度仍然较高，这主要与 1350℃时含有大量 δ-铁素体及晶粒粗化有关。

表 4-4　超级 13Cr 不锈钢的拉伸性能

淬火温度/℃	屈服强度 $R_{p0.6}$/MPa	抗拉强度 R_m/MPa	伸长率 $A_{50.8}$/%
原管	811	928	29.5
1050	855	949	28.0
1150	875	961	27.0
1250	890	988	26.5
1350	821	980	18.0
技术协议要求	758～896	≥827	≥16

4.4.1.2　冲击韧性

超级 13Cr 不锈钢的冲击韧性见表 4-5，冲击断口扫描图如图 4-4 所示。由表 4-5 可见，超级 13Cr 不锈钢原管的平均冲击吸收能量较高，为 203J，冲击韧性较好，随着淬火温度升高，平均冲击吸收能量降低，当温度达到 1350℃时冲击吸收能量较低，为 104J。这是因为 1350℃时晶粒粗化，生成大量的 δ-铁素体，容易成为裂纹萌生地带，使冲击韧性降低。由图 4-4 冲击断口扫描图可见，断口以纤维状为主，为典型的韧性断口，随着温度升高，剪切断面率依次为 100%、95%、80%、75%、70%，呈降低趋势，冲击吸收能量降低，冲击开裂敏感性降低。

表 4-5　超级 13Cr 不锈钢冲击吸收能量

淬火温度/℃	冲击吸收能量/J	
	实测值	平均值
原管	199、204、206	203
1050	178、178、184	180
1150	153、155、159	156
1250	130、131、138	133
1350	100、105、107	104
技术协议要求	≥80	

4.4.1.3　硬度

超级 13Cr 不锈钢的硬度结果如表 4-6 所示，可见超级 13Cr 不锈钢的洛氏硬度的变化总趋势是随着温度的升高而下降，在 1050～1250℃阶段，温度的下降趋势较为平缓，而温度达到 1250℃后，试样的硬度出现一个较陡的降低。这是因为，随着温度的升高，晶粒度逐渐长大，导致超级 13Cr 不锈钢的硬度随之降低，尤其达到 1350℃时晶粒度等级为 6 级，奥氏体晶粒被限制长大，这也是硬度在 1350℃出现陡降的原因；其次板条状马氏体尺寸随着温度的升高而增大，使钢单位体积内的界面密度减小，这也会导致硬度随淬火温度升高而降低。

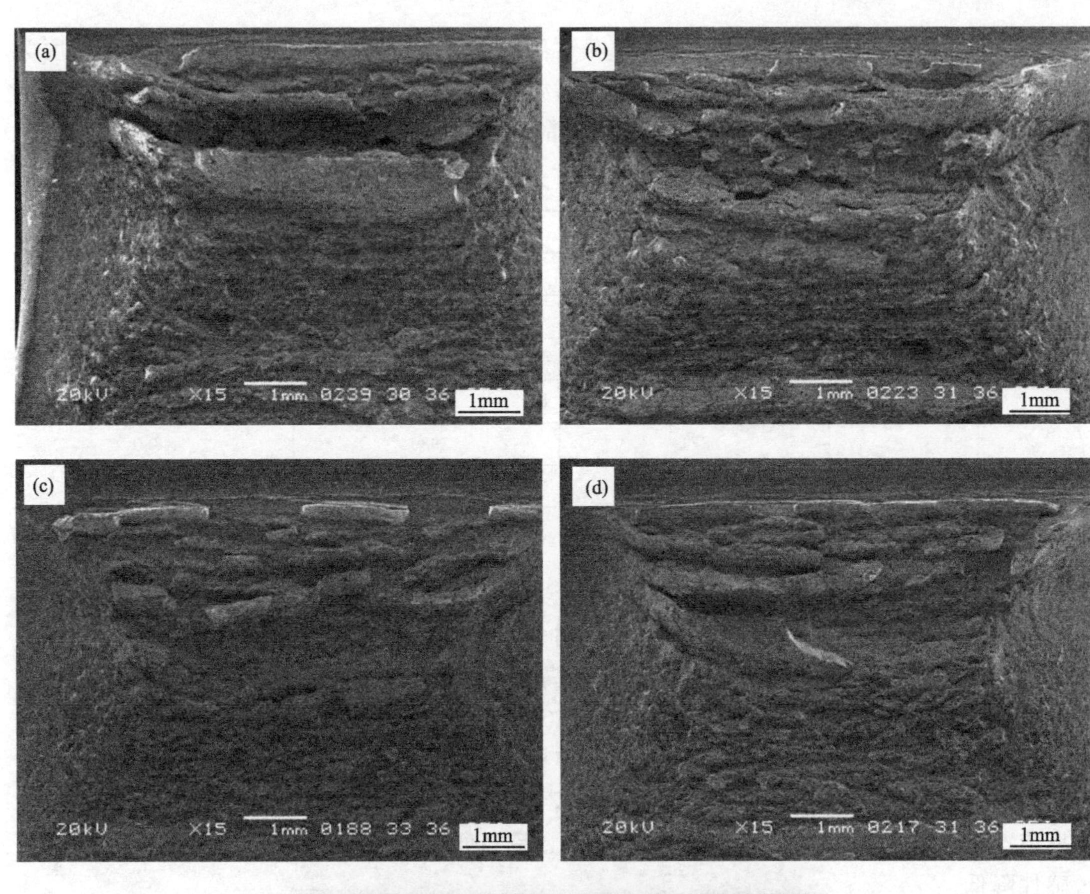

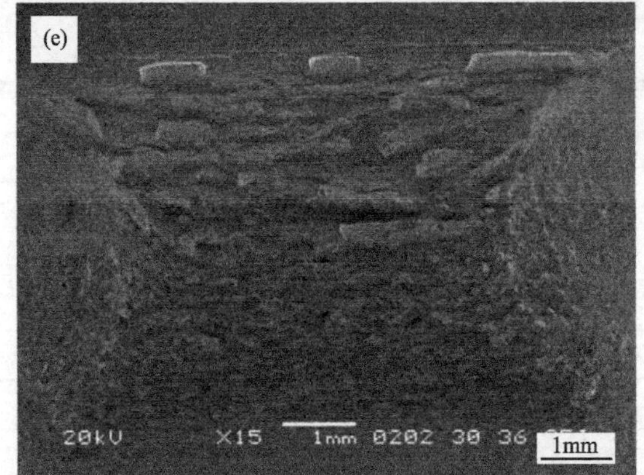

图 4-4 不同淬火温度下超级 13Cr 不锈钢的冲击断口形貌

(a) 原管；(b) 1050℃；(c) 1150℃；(d) 1250℃；(e) 1350℃

表 4-6 超级 13Cr 不锈钢的硬度

淬火温度/℃	洛氏硬度/HRC	
	实测值(外、中、内)	平均值
原管	31.7、31.8、31.9	31.8
1050	31.2、31.2、31.4	31.3
1150	30.7、30.9、31.1	30.9
1250	30.2、30.3、30.4	30.4
1350	29.4、29.5、29.4	29.4
技术协议要求	≤32	

4.4.2　淬火＋回火

图 4-5（a）和（b）分别为不同温度淬火经 630℃×2h 回火后力学性能及硬度变化趋势图。从图 4-5（a）中可以看出，随着温度的升高，抗拉强度逐渐降低，在 1050℃时的屈服强度变化趋势与抗拉强度近似相同，只是在 980℃出现了一个小的峰值。而伸长率随着淬火温度的升高，总体呈现下降的趋势；在 940℃、1000℃和 1050℃处表现出良好的韧性。硬度在 1000℃时具有最低值 [如图 4-5（b）所示]。从图 4-5 中还可以发现，在所有淬火温度区间下 630℃回火均可以达到性能指标要求，即屈服强度 759MPa、抗拉强度 827MPa、伸长率 22%、硬度小于 32HRC。综合来看，超级 13Cr 不锈钢在 1000℃×0.5h 空淬＋630℃×2h 回火后，强韧性匹配程度最好。

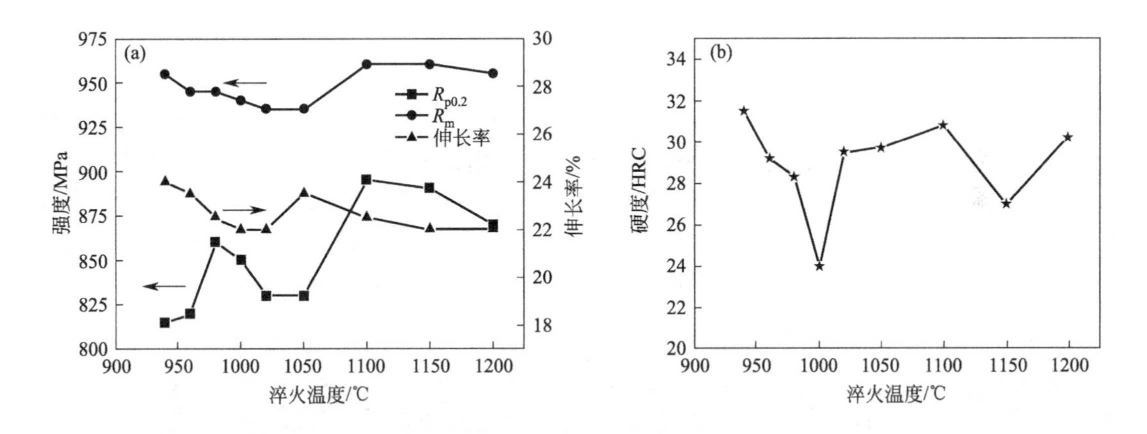

图 4-5　淬火温度对超级 13Cr 不锈钢特征的影响（630℃×2h 回火）

（a）力学性能；（b）硬度

4.4.3　淬火介质

4.4.3.1　拉伸性能和 SSRT 曲线

图 4-6 为两试样（水淬 A、油淬 B）的 SSRT（慢应变速率拉伸）曲线图，拉伸性能数据对比见表 4-7。可以看出，A 的抗拉强度（σ）略高于 B，但伸长率（ε）及断面收缩率（σ）均小于 B。此外，A 和 B 的 SSRT 曲线不存在明显的屈服平台，这一方面是因为水、油的冷却速度都相对较快，在淬火过程中，钢中 C、N 无法很好析出形成“柯氏气团”，对位错钉扎作用不强；另一方面淬火组织中存在大量界面，当位错运动到这些界面时受到阻碍，产生加工硬化，掩盖了屈服平台的产生。

表 4-7　不同热处理工艺的拉伸性能数据

热处理工艺	抗拉强度/MPa	伸长率/%	断面收缩率/%
A	1043.8	10.8	38.4
B	1012.5	11.9	45.3

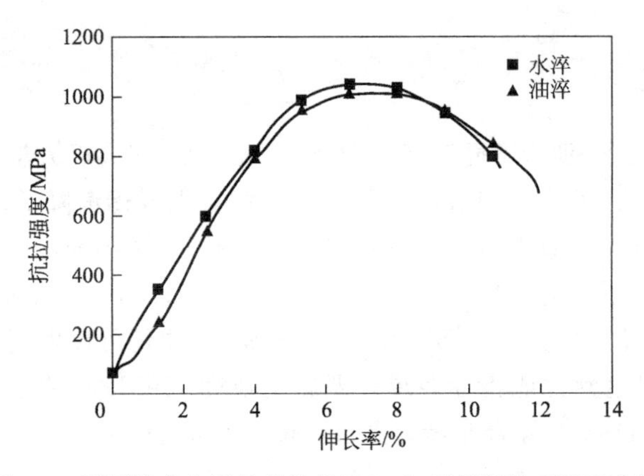

图 4-6　不同淬火介质处理的超级 13Cr 不锈钢的 SSRT 曲线

4.4.3.2　断口特征

A 和 B 的断口形貌如图 4-7 所示，对比两者的断口形貌可以看出，A 的断口形貌由浅韧窝及阶梯状平面组成，断口较为平整，这表明断裂以脆性断裂为主；B 的断口同样以韧窝、解理面共存，但韧窝数量和深度明显增加，呈混合型断裂。断口形貌和拉伸性能数据结果说明 B 的塑性要好于 A 的。可见虽然超级 13Cr 不锈钢经水淬或油淬处理后微观组织相差不大，但水淬的降温速率较高，产生了较大的内应力，导致样品 A 的塑性较差。

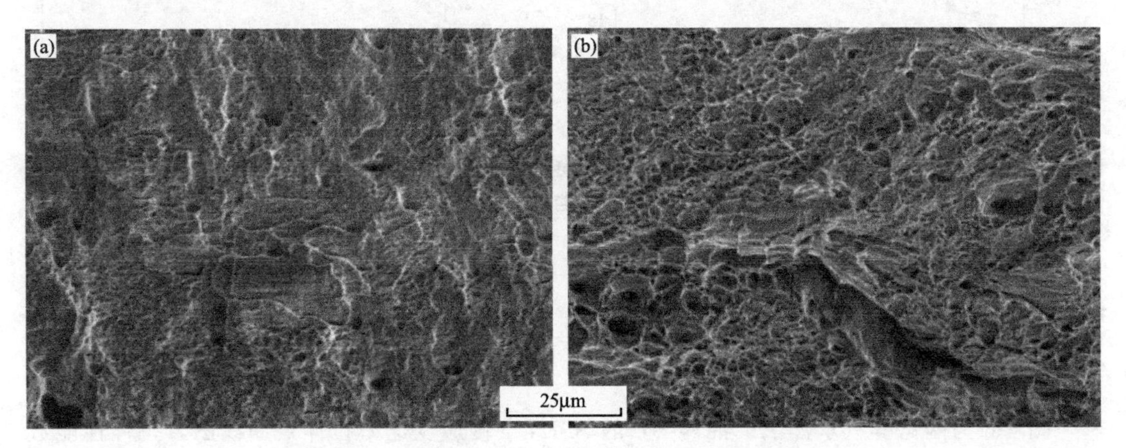

图 4-7　不同淬火介质处理的超级 13Cr 的断口形貌

(a) 水淬；(b) 油淬

从 SSRT 曲线及断口形貌可以看出，无论是水淬还是油淬，超级 13Cr 不锈钢均表现出较高的脆性，因此需要对淬火后的试样进行回火处理，以提高材料塑性。分别对水淬和油淬试样在 620℃保温 6h 后炉冷，得到拉伸性能数据（工艺编号为 C 和 E）见表 4-8。可以看到，试样经回火处理后塑性均得到了一定的提高，但油淬试样的变化量大于水淬试样。综上所述，超级 13Cr 不锈钢应该选择油作为淬火介质。

表 4-8　不同热处理工艺的拉伸性能数据

热处理工艺	工艺抗拉强度/MPa	伸长率/%	断面收缩率/%
A	1043.8	10.8	38.4

续表

热处理工艺	工艺抗拉强度/MPa	伸长率/%	断面收缩率/%
B	1012.5	11.9	45.3
C	787.8	12.0	46.2
E	777.4	14.4	58.6

4.5　回火处理

4.5.1　回火温度

4.5.1.1　力学性能

王岩等研究了不同回火温度条件下超级 13Cr 不锈钢拉伸性能及硬度变化，如图 4-8 所示。从图 4-8 可以看出，强度曲线随着温度的升高呈现先降低后升高的趋势，伸长率在 630℃时最高，硬度在 620～660℃时存在波谷。

结合组织图与力学性能变化趋势，分析原因如下：在 525～600℃之间回火时，淬火后的板条马氏体逐渐转变为细小的回火板条马氏体束，后者具有更低的内应力和位错密度。另外，随着回火温度的升高，逆变奥氏体的形核驱动力增大，含量提升，二者共同引起钢的强度降低。屈服强度的提高归因于马氏体基体中碳氮化合物析出所引起的二次硬化效应。

在 600～630℃回火时，亮白色的逆变奥氏体沿着奥氏体母晶粒和马氏体板条边界大量析出。其含量在 630℃时达到峰值，此时屈服强度和抗拉强度降低，硬度也表现出相同规律，而伸长率迅速升高至最大值 22%；回火温度升至 700℃，加热过程中产生的逆变奥氏体在冷却时大部分转变成新马氏体（未回火马氏体），仅存少量新马氏体的边界仍保留未发生转变的逆变奥氏体，此时抗拉强度、硬度再次升高，伸长率降低。这种新马氏体一般对钢的性能不利，需控制其含量。

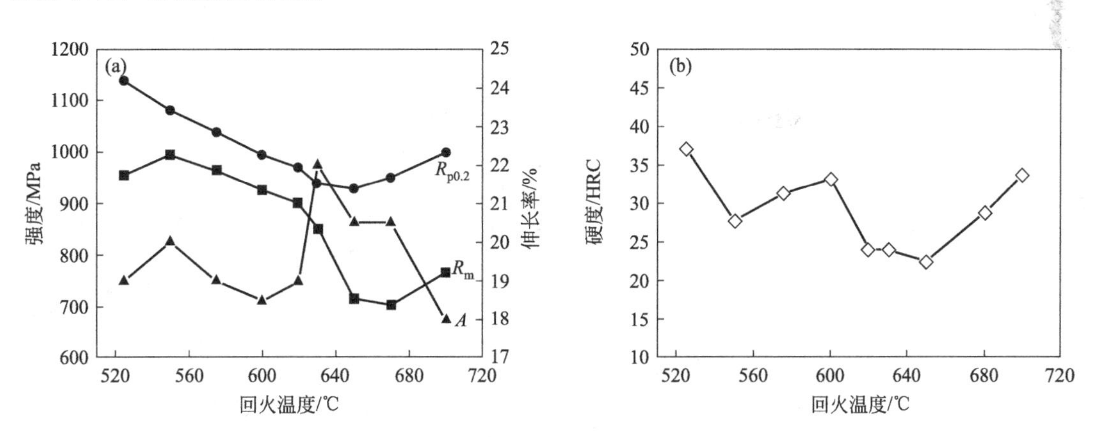

图 4-8　不同回火温度条件下超级 13Cr 不锈钢的特征变化

(a) 性能；(b) 硬度

Zou 等也获取基本类似的规律，研究发现抗拉强度、屈服强度、伸长率和硬度是回火温度的函数，如图 4-9 所示。可以看出，当回火温度在 525～550℃的范围时，抗拉强度和硬度略有减少，而屈服强度和伸长率增加。从 550℃到 630℃，抗拉强度和硬度逐渐降低，在 630℃均取得最小值，而屈服强度与抗拉强度的趋势相同。同时，伸长率有明显提高，在

630℃获得一个峰值。当回火温度超过 630℃后，抗拉强度和硬度呈现一个轻微的增加趋势，伸长率和屈服强度则大幅降低。并认为超级 13Cr 不锈钢的最佳热处理工艺为先在 1000℃中奥氏体化 0.5h 后，再在 630℃空冷回火 2h，可达到拉伸强度、伸长率和硬度的完美结合。

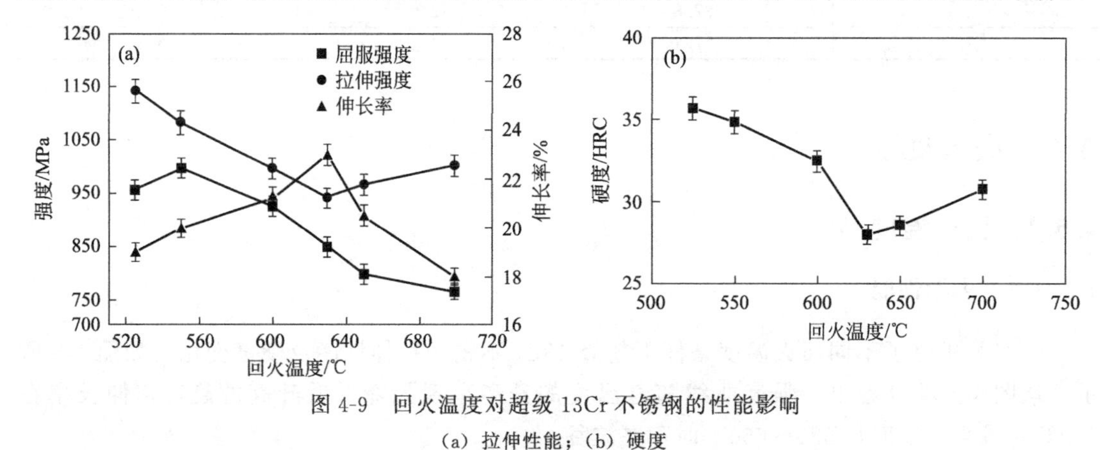

图 4-9 回火温度对超级 13Cr 不锈钢的性能影响

(a) 拉伸性能；(b) 硬度

Xu 等进一步研究了不同回火温度下试样的维氏显微硬度随温度的变化图，如图 4-10 所示。硬度在 570～630℃范围内开始下降，下降的原因是残余奥氏体体积分数的增加。由于试样中未发现残余奥氏体，硬度的变化不太可能与残余奥氏体软化有关，而是与内部应力的释放和马氏体结构中位错的消除有关。650℃后硬度急剧增加，这与马氏体细化相一致。根据 Lee 等报道的结果表明，回火时二次硬化效应仅发生在 450℃以下。因此，马氏体的细化被认为是硬度提高的主要原因。细化后的板条马氏体通过引入更多的边界来阻止位错的移动，从而导致硬度/强度的增加。Bilmes 等研究发现临界回火处理之后的超级马氏体钢中会保留部分逆变奥氏体，并且常常伴有组织细化现象，由此可以推断临界回火过程中发生的奥氏体逆转变是导致实验钢中马氏体板条细化的原因。

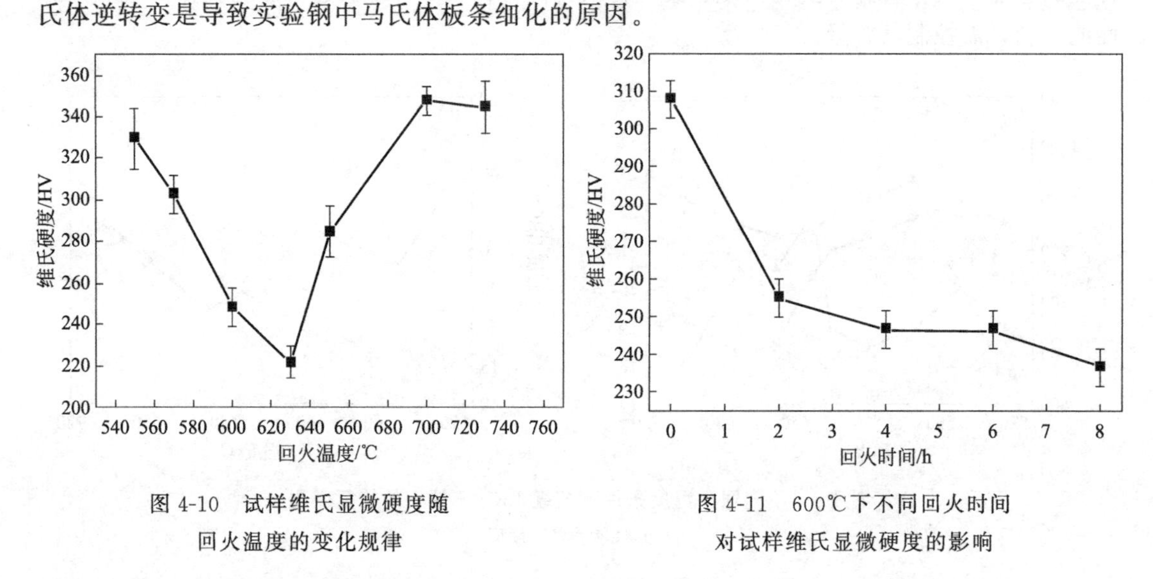

图 4-10 试样维氏显微硬度随回火温度的变化规律

图 4-11 600℃下不同回火时间对试样维氏显微硬度的影响

不同回火温度下不同回火时间对材料力学性能的影响如图 4-11～图 4-13 所示，图 4-11 为 600℃回火试样的维氏显微硬度随回火时间的变化情况，其中横轴上的 0 为未回火处理的淬硬试样。随着回火时间的延长，试样硬度逐渐下降，说明回火过程中没有出现板条细化现象。注意到与未回火试样相比，600℃回火试样的硬度下降非常明显，这是由回火过程中内应力释放与位错密度下降所导致。

图4-12为650℃回火试样的维氏显微硬度随回火时间的变化情况。由于内应力的释放和位错密度的降低，回火时间小于2h的试样硬度较之前未回火试样的硬度有所下降；然而，当试样回火时间达到2h以后，钢的硬度开始增大，也正是在回火时间大于2h的试样中才开始出现马氏体板条的细化，其对钢的强化作用增强，因此硬度增大；硬度在4h时达到峰值，对回火时间进一步延长后的试样，钢的显微硬度出现一定程度的下降，硬度的降低可归因于钢中残余奥氏体的出现。残余奥氏体比马氏体更“软”，因此会造成显微组织硬度降低。因为钢中的残余奥氏体含量较低，而且变化不大，因此对钢造成的软化程度有限，硬度的下降程度也较小。

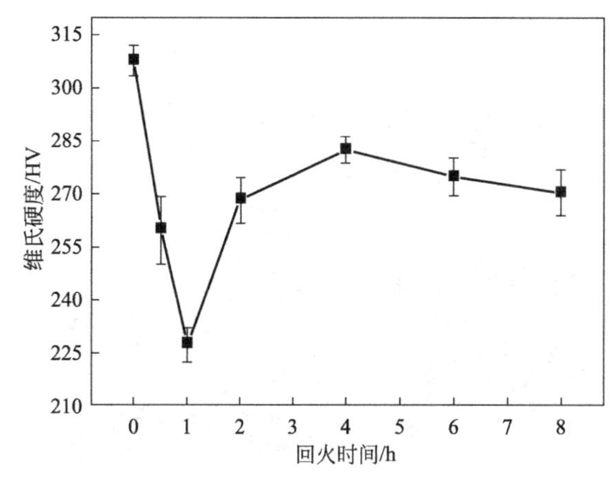

图4-12 650℃下不同回火时间对试样维氏显微硬度的影响

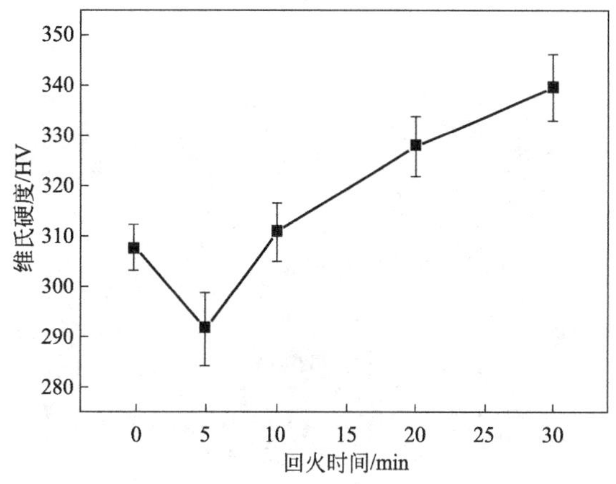

图4-13 700℃下不同回火时间对试样维氏显微硬度的影响

700℃回火试样的维氏显微硬度随回火时间的变化如图4-13所示。调质5min的试样与未调质试样相比硬度略有下降；然而与650℃回火试样的不同，随着回火时间的延长，硬度逐渐增大，并高于原淬火试样的。高硬度有三个原因：首先，Smith等指出，反向奥氏体中位错密度高，且存在叠加断层和孪晶，导致了反向奥氏体的强度/硬度增强，从而形成冷却后的新转化马氏体；其次，试样在700℃下回火时间较短，因此位错恢复和应力释放没有大规模发生，因此，与650℃下长时间回火的试样相比，虽然前两个因素对回火5min的试样确实造成了轻微的硬度下降，但所得到的硬度下降幅度很小；第三，细化后的马氏体使试样的硬度从原来的310HV增加到330HV，硬度增加约20HV，随着温度的升高，板条进一步细化，回火30min后试样硬度跃升至340HV左右。

4.5.1.2 断口特征

超级13Cr不锈钢经550℃、600℃、630℃和700℃回火后的拉伸断口形貌见图4-14。所有回火温度下的拉伸断口均可见大量韧窝，由此判断超级马氏体不锈钢为韧性断裂。韧窝一般由大量孔洞聚集而成，即表现为显微孔洞的形核、长大、聚集直到材料的断裂。在此过程中首先形成大量显微孔洞，其在滑移的作用下逐渐长大并相互连接形成韧窝。回火温度为550℃和630℃时，韧窝分布均匀且较深，大量的小韧窝依附在大韧窝周围，此时材料表现出较好的韧性。而在600℃和670℃回火时，韧窝边界出现大量撕裂岭，导致韧性明显下降。综上分析，超级13Cr不锈钢在630℃回火时，其综合性能最佳。

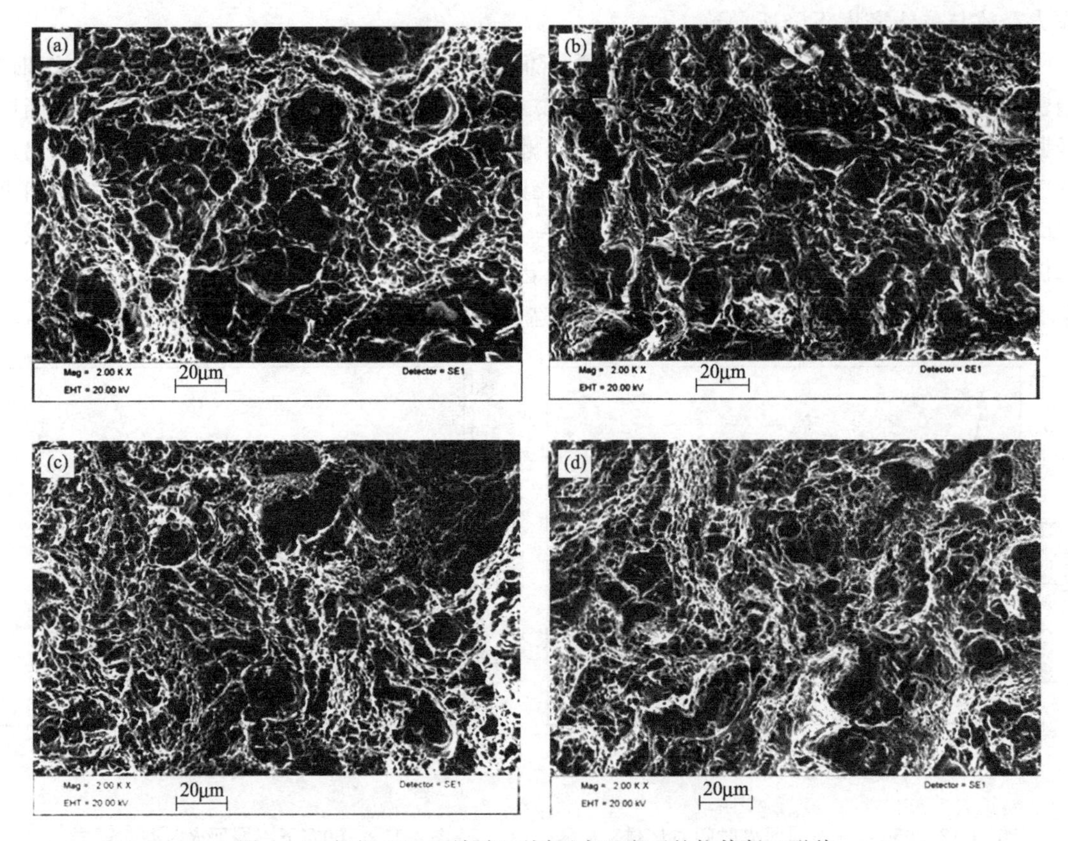

图 4-14　超级 13Cr 不锈钢不同回火温度下的拉伸断口形貌

(a) 550℃；(b) 600℃；(c) 630℃；(d) 700℃

可见，超级 13Cr 不锈钢的 A_s 点约为 656.9℃，M_s 点约为 329.1℃，并且在空冷状态下即可转变为马氏体。回火温度对超级 13Cr 不锈钢强度的影响很大。随着回火温度的升高，其强度呈现先降低后又升高的趋势。在 630℃回火时，超级 13Cr 不锈钢组织中逆变奥氏体与回火马氏体比例适中，强韧性匹配最好。

4.5.2　回火工艺

4.5.2.1　硬度

对不同回火工艺处理的试样进行维氏显微硬度测试，结果如图 4-15 所示。可以发现，回火后试样硬度均小于淬火试样的，一次回火试样的硬度随着回火温度的升高呈现先减小后增加的趋势，二次回火试样的硬度明显小于一次回火试样的硬度。

4.5.2.2　SSRT 曲线

超级 13Cr 不锈钢经不同回火工艺处理后的 SSRT 曲线如图 4-16 所示，可以发现样品 D（550℃）、样品 E（620℃）、样品 G（690℃）的 SSRT 曲线不具有明显的屈服平台，均呈现连续屈服的圆屋顶型。样品 F（二次回火）的 SSRT 曲线出现了屈服平台，这可能是在 690℃回火处理过程中，钢中析出的碳化物对位错起到了钉扎作用，从而产生了屈服平

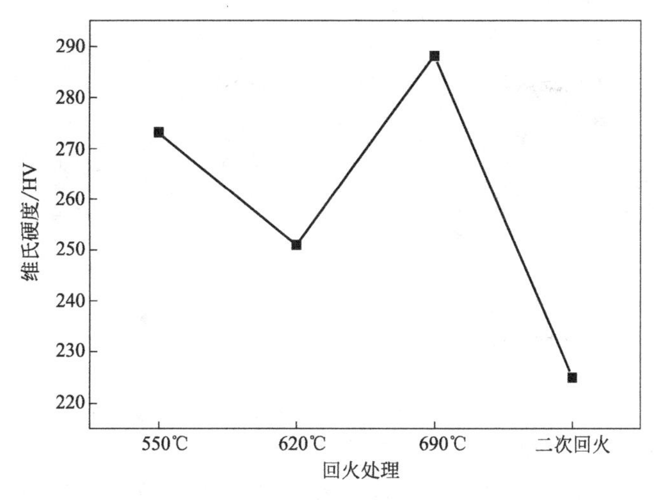

图 4-15　不同回火处理的超级 13Cr 不锈钢的维氏硬度

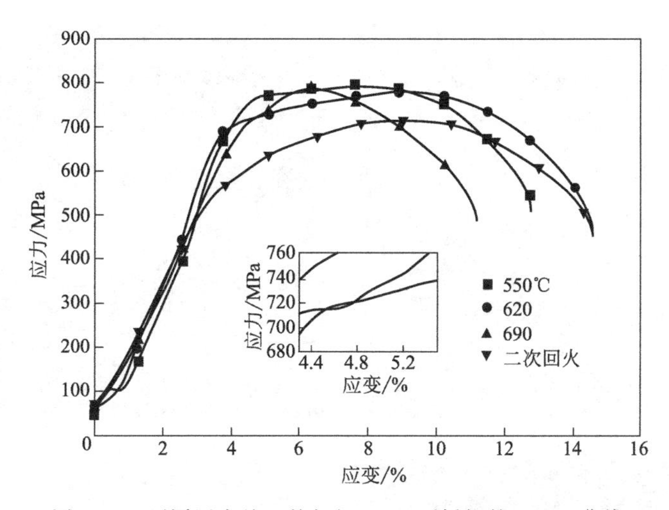

图 4-16　不同回火处理的超级 13Cr 不锈钢的 SSRT 曲线

台。而在回火温度较低时，钢中碳化物含量较少，对位错钉扎作用不强，因此未产生屈服平台。文献表明，随着回火温度升高，钢的 SSRT 曲线会出现屈服平台，且温度越高，平台越明显。不同回火工艺处理试样的拉伸性能数据如图 4-17 所示，钢的抗拉强度随着回火温度升高先降低后升高，而伸长率及断面收缩率随着温度升高先升高后降低。二次回火试样具有最大的伸长率及断面收缩率，但与一次回火试样相比，其抗拉强度显著下降。

4.5.2.3　断口特征

图 4-18 所示为不同回火处理试样经 SSRT 试验后的断口形貌，样品 D（550℃）、样品 E（620℃）、样品 G（690℃）的断口均由大小不一的韧窝组成，为典型的韧性断裂。二次回火处理试样的韧窝相对一次回火处理试样的较大较深，说明塑性较好，这与 SSRT 试验结果一致。样品 F 的断口由解理台阶及一些小而浅的韧窝组成，表现出较高的脆性，呈现混合型断裂，说明塑性最差。

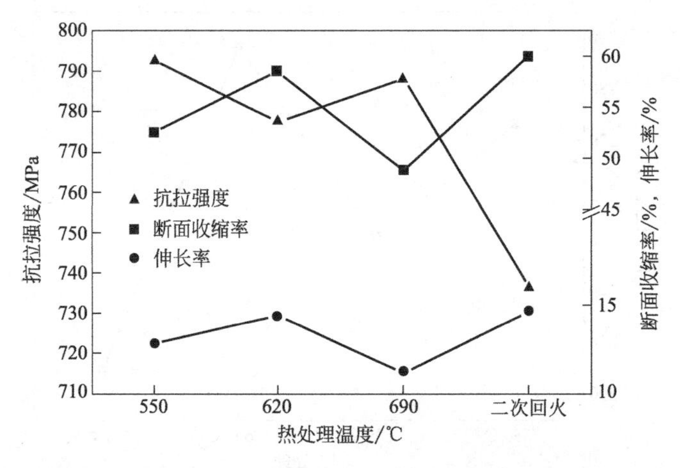

图 4-17　不同回火处理的超级 13Cr 不锈钢的抗拉强度、伸长率及断面收缩率

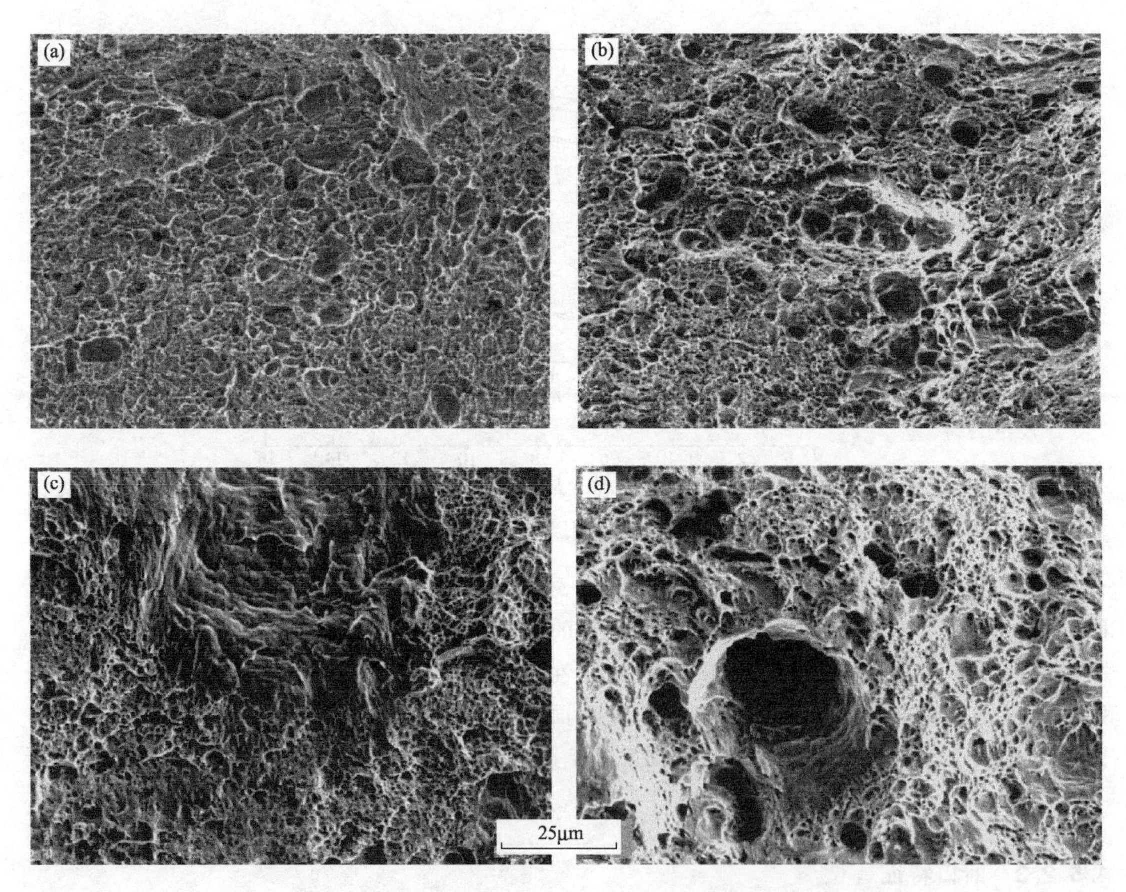

图 4-18　不同回火处理的超级 13Cr 不锈钢的断口形貌

(a) 550℃回火；(b) 620℃回火；(c) 690℃回火；(d) 650℃回火＋620℃二次回火

回火处理后钢的硬度及拉伸性能变化的主要原因是：当回火温度为 550℃时，没有达到奥氏体转变起始温度，试样中不含逆变奥氏体，但回火处理能够消除内应力、减小位错密度，因此试样硬度、抗拉强度均小于淬火处理试样，同时伸长率提高，塑性变好。

随着回火温度提高，高温下开始生成奥氏体，且数量随着温度升高而增多。当温度达到620℃时，冷却至室温的试样中含有一定数量的逆变奥氏体，这部分逆变奥氏体对钢的性能产生了很大影响。一方面，逆变奥氏体使组织中位错减少，降低了硬度及抗拉强度；另一方面，逆变奥氏体在拉伸过程中会转变为马氏体，这种转变能够吸收形变能，从而提高了钢的塑性。当回火温度进一步升高至690℃，钢的伸长率急剧下降，这一方面是由于高温下形成的奥氏体在冷却过程中无法稳定存在，冷却至室温后已经全部转变为未回火马氏体，组织中脆硬相增加；另一方面是由于回火过程产生的碳化物降低了钢的塑性。二次回火增加了逆变奥氏体含量，试样伸长率较一次回火试样得到了提升。然而，二次回火也同时将一次回火形成的未回火马氏体进行了处理，因此硬度和抗拉强度较一次回火试样有一定的下降。

4.6 成分的影响

4.6.1 铌元素

超级 13Cr 不锈钢在淬火加回火条件下，其力学性能如下：屈服应力 $\sigma_{0.2}$ 为 550～580MPa，抗拉强度 σ_b 为 780～1000MPa，冲击强度大于 50J，延伸率大于 12%，可选用不同的回火制度调整钢的力学性能。马氏体不锈钢的优异性能源于其特殊的微观组织，经过恰当的正火及回火处理后，其微观组织为回火马氏体和弥散分布在马氏体基体中的片层逆变奥氏体的两相结构。文献报道认为逆变奥氏体在回火过程中以切变方式在板条束之间形成，而有的文献则认为逆变奥氏体以扩散型相变模式形成，其中富集的奥氏体化元素使其在随后的冷却过程中不发生马氏体转变。

由于碳钢易腐蚀、双相不锈钢价格昂贵的原因，超级 13Cr 不锈钢成为石油天然气海洋管道用钢领域的一个新选择。与传统马氏体不锈钢相比，由于合金成分的差异，超级马氏体不锈钢表现出优异的韧性、耐蚀性和可焊性。在不降低原有焊接性能的基础上，提高服役强度及耐蚀性能是当前许多关键部件对超低碳马氏体不锈钢提出的更高要求。例如原有超低碳马氏体不锈钢只能制造 95ksi（1ksi＝6.895MPa）钢级的抗高温、抗高压、高抗（$CO_2+Cl^-+H_2S$）环境腐蚀的油井管，而当前的超深油井则迫切需要更高钢级且耐蚀性能和韧性更好的超级马氏体不锈钢。此外，研究报道也指出尽管这种超低碳马氏体不锈钢中仅含有极少量 C，但仍然可以观察到在热影响区（HZA）由于富含 Cr 的碳化物沉淀导致贫铬区的出现而引起的晶间应力腐蚀及点蚀。在取得优异塑韧性和可焊性的同时，为了提高强度和改善这种类型不锈钢的耐点蚀性能，采用微合金化的方法来固定残余 C，通过添加与 C 更易结合的 Ti、Nb 取代碳化铬的出现，从而减少应力腐蚀断裂和降低点蚀敏感性。因此采用时效强化作用显著而又对韧性损失较小的 Nb 元素进行微合金化，在不影响韧塑性的前提下，希望能够得到在提高强度的同时耐蚀性也可以保持较高强度水平的新型超级马氏体不锈钢。

00Cr13Ni5Mo2Nb 和 00Cr13Ni5Mo2 两种实验钢在 550～625℃的温度范围内回火时，屈服强度和抗拉强度随着回火温度升高而降低，延伸率和冲击韧性随着回火温度升高而升高。00Cr13Ni5Mo2Nb 钢比 00Cr13Ni5Mo2 钢表现出更高的屈服强度、抗拉强度和较低的冲击韧性、延伸率，其结果分别如图 4-19～图 4-22 所示。

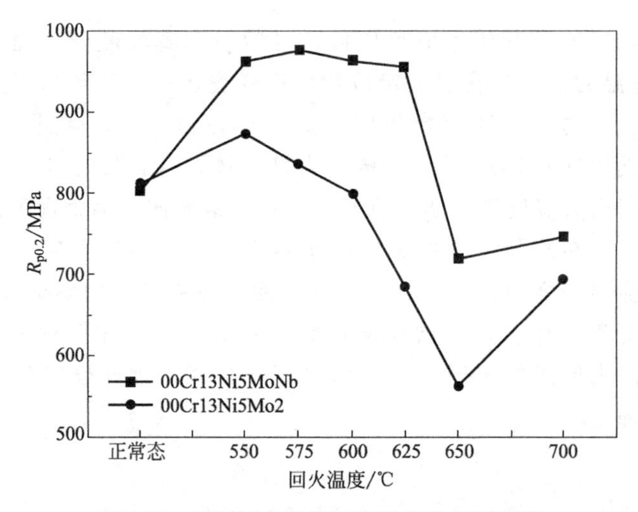

图 4-19　不同回火温度下两种钢的屈服强度

经过 1050℃正火后，合金成分不同的两种钢，屈服强度相差无几，都约为 800MPa，此时马氏体相变强化是最主要的强化机制，微合金元素 Nb 的固溶强化贡献不明显。550℃回火 2h 后 00Cr13Ni5Mo2 钢屈服强度提高了 50MPa，增至 875MPa。00Cr13Ni5Mo2Nb 钢屈服强度提高了 150MPa，增至 960MPa。时效过程中两种钢在 550℃回火后屈服强度达到峰值。从图 4-19 可以观察到，两种钢屈服强度随回火温度的变化可以分为 3 个阶段：①回火温度从 550～600℃，00Cr13Ni5Mo2 钢屈服强度逐步缓慢降低，从 875MPa 降至 800MPa；回火温度从 550℃到 625℃，00Cr13Ni5Mo2Nb 钢屈服强度下降不明显，一直保持在 965MPa 左右。②当回火温度从 600℃升到 650℃，00Cr13Ni5Mo2 钢屈服强度迅速下降到 560MPa；而从 625℃到 650℃，00Cr13Ni5Mo2Nb 钢屈服强度也迅速降低到了 720MPa，降至最低。③两种钢在 700℃回火后，屈服强度都出现明显的上升，且 00Cr13Ni5Mo2 钢强度上升更为明显。

抗拉强度随热处理条件变化的幅度高达 150～200MPa，较屈服强度变化幅度小。正火态的两种钢，抗拉强度相差无几，约为 1000MPa，见图 4-20。各温度回火后抗拉强度仅差别 100MPa，变化较小。550℃回火 2h 后，00Cr13Ni5Mo2Nb 钢的抗拉强度提高到

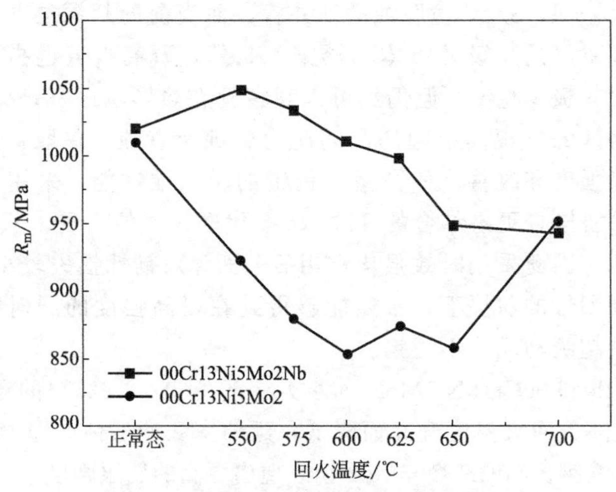

图 4-20　不同回火温度下两种钢的抗拉强度

1050MPa，而 00Cr13Ni5Mo2 钢的抗拉强度却已经开始迅速降低到 920MPa。00Cr13Ni5Mo2 钢在 600℃回火时达到最低抗拉强度 850MPa，625℃和 650℃回火抗拉强度出现微弱波动，相差无几；700℃回火后抗拉强度出现明显的跳跃式上升，涨幅达 150MPa。而 00Cr13Ni5Mo2Nb 钢在 550℃更高温度回火后抗拉强度单调降低，除了在 650℃回火时出现较大的降幅，降低的速度随回火温度升高逐渐趋于平缓，在 700℃回火时抗拉强度仅比 650℃回火抗拉强度降低 5MPa。

00Cr13Ni5Mo2Nb 钢由于强度的提高，塑性比 00Cr13Ni5Mo2 低。在图 4-21 中可以清楚地看到经过适当回火后的试样比正火态试样延伸率提高了 5%，回火处理明显改善了塑性。从曲线的总体变化趋势可以看出，未进行微合金化的基础钢 00Cr13Ni5Mo2 钢的延伸率随热处理条件改变而变化的幅度高达 7%，而微合金化钢的延伸率随热处理条件改变而变化的幅度在 5%左右。这些变化主要是由正火态和 700℃回火态比其他回火态存在明显的延伸率下降造成的，550℃到 650℃温度区间的回火导致的延伸率波动不大于 0.3%。两种实验钢在 550℃回火态的延伸率要比正火态的延伸率至少高 2%，说明回火时的位错回复反应提高了延伸率。00Cr13Ni5Mo2 钢在 550℃到 700℃温度区间回火，延伸率随着回火温度升高而增加，直到 625℃温度达到一个极大值后开始下降。00Cr13Ni5Mo2Nb 钢的极值温度出现在 650℃，700℃回火时产生大量二次马氏体使延伸率再次下降。

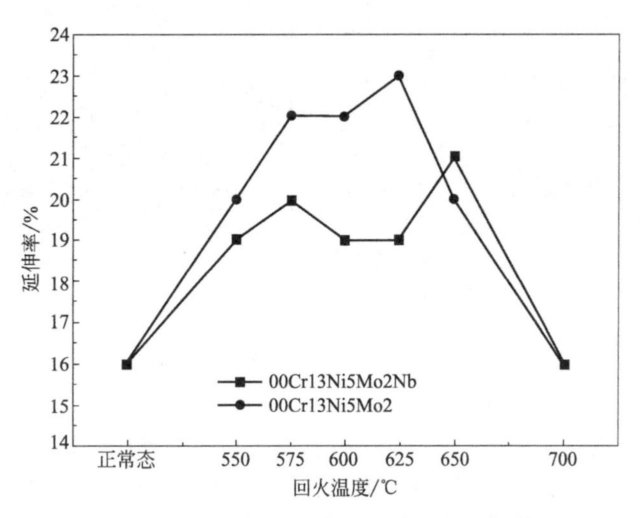

图 4-21 不同回火温度下两种钢的延伸率

不同温度回火后试样冲击吸收功存在差异，但冲击吸收功随回火温度变化的趋势遵守相同的规律（图 4-22）：冲击吸收功先随回火温度升高逐渐增大，在某一回火温度达到最大值之后逐渐降低，与延伸率的变化规律相类似。00Cr13Ni5Mo2 钢韧性明显更好，00Cr13Ni5Mo2Nb 钢在 650℃回火后试样冲击吸收功最大为 180J，而 00Cr13Ni5Mo2 钢在 600℃最大为 200J。两种钢经过不同温度回火后冲击吸收功都保持在 150J 以上，观察其冲击试样断口均为韧窝型断裂形貌，如图 4-23 所示。

00Cr13Ni5Mo2 钢的冲击韧性随回火温度升高明显提高，在 600℃时效后冲击功达到 200J，575 ～ 625℃ 时效温度都保持出色的冲击韧性。从图 4-22 中可以看到 00Cr13Ni5Mo2Nb 钢由于受到 Nb 的固溶强化以及析出弥散细小的 Nb（C，N）钉扎位错强

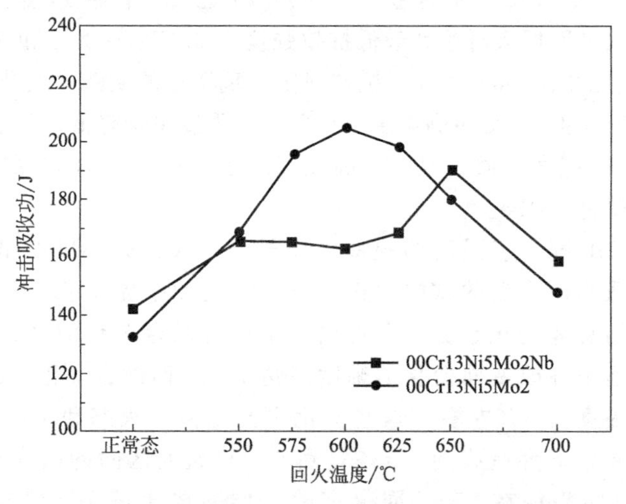

图 4-22　不同回火温度下两种钢的冲击吸收功

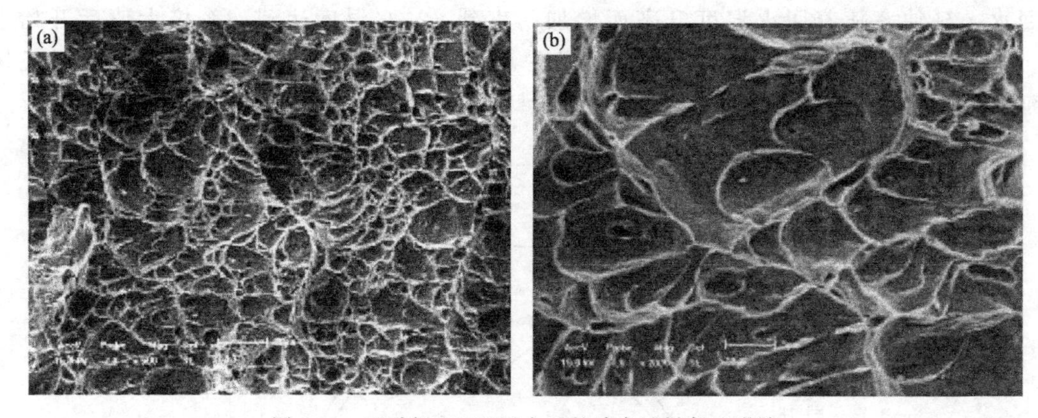

图 4-23　两种钢 625℃回火后的冲击试样断口形貌

化作用，其在回火后韧性明显较 00Cr13Ni5Mo2 钢低。00Cr13Ni5Mo2Nb 钢在 650℃回火后存在残留的逆变奥氏体比 00Cr13Ni5Mo2 钢更多，冲击韧性略高。00Cr13Ni5Mo2Nb 钢在 550℃到 625℃区间回火时，$\alpha' \rightarrow \gamma$ 相变几乎没有发生，逆变奥氏体转变量很少，因此韧性没有明显提高，只在 650℃回火时韧性得到提高、为 190J；而 00Cr13Ni5Mo2 钢在 600℃甚至 575℃回火可产生稳定弥散的薄片状逆变奥氏体，因此在 575～625℃温度区间回火都表现出优良的冲击韧性。

4.6.2　其他元素

Ma 等较为系统地对比研究了 5 种钢在室温下的力学性能，如图 4-24 所示，该 5 种钢分别在 823～973K（550～700℃）下正火和回火 2h。经正火处理后的 1MoNbVN 钢强度指标明显高于其他正火处理后的试样，而经正火处理后的 1MoNbVN 钢的夏比冲击韧性较低。这些差异与正火钢的组织特征有关，主要是由于残余 N 的固溶强化作用和正火 1MoNbV 钢中富 Nb 和 V 析出物的高密度析出强化作用。两种含 Nb 钢在正火后的强度性能与基准钢接近，但 2MoNb 钢中出现了一些析出物。由于 Nb 原子在固溶中对位错的钉扎作用，1MoNb

钢在正火后的韧性低于1Mo钢。与普通2Mo钢相比，2MoNb钢具有更高的韧性，这与Nb的晶粒细化效应有关。

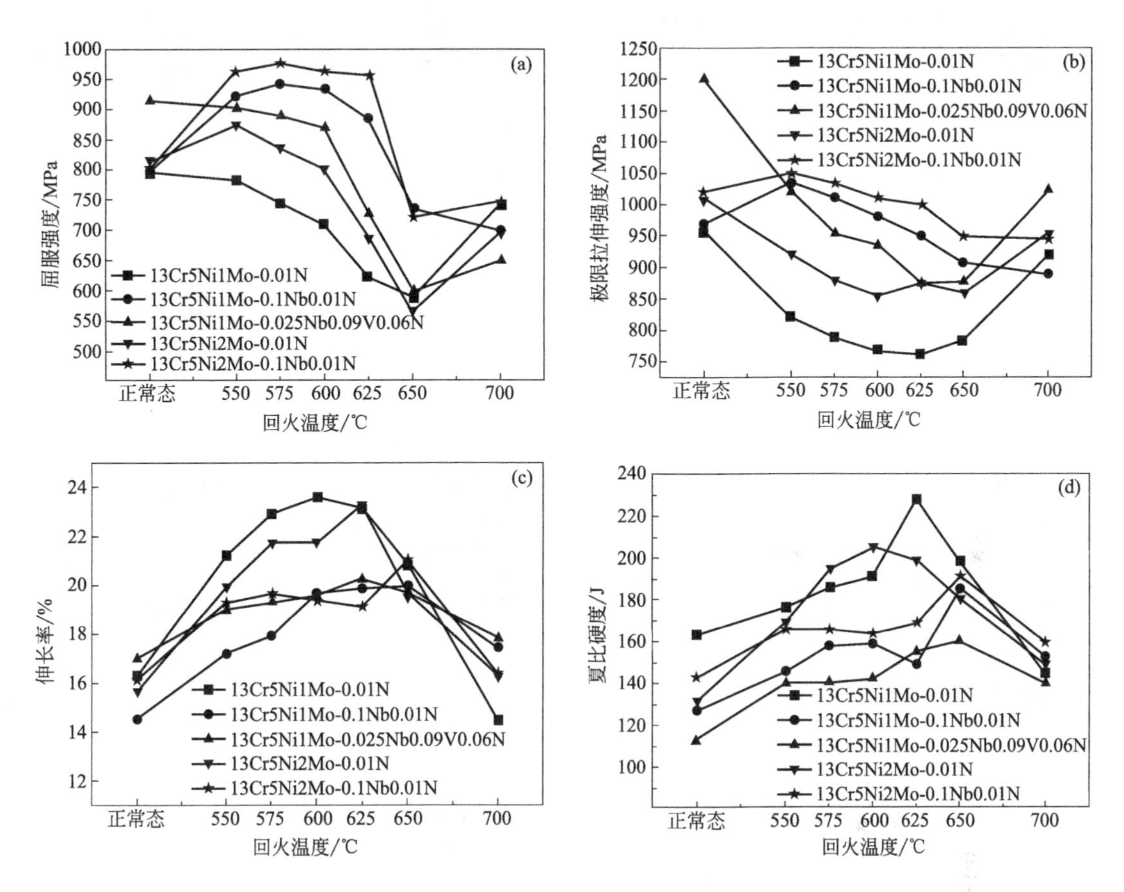

图4-24 钢的力学性能随回火温度的变化规律

(a) 屈服强度（$R_{p0.2}$）；(b) 极限抗拉强度（R_m）；(c) 延伸率（A_{pct}）；(d) 夏比硬度（A_{kv}）

回火后试样的力学性能取决于残余奥氏体软化效果、马氏体基体中位错的消除、析出物的硬化效果以及逆变奥氏体向马氏体再转变时的平衡。尽管先前阐述到不同析出物对强度的相对贡献难以量化，但众所周知，分散良好的细尺寸析出物对强度的贡献最为有效，尽管其代价是延性和韧性。根据AshbyOrowan析出相强化模型可知，当析出相粒径约为5nm时，即使在很小的析出相分数（＜0.0005％）下，也能获得超过100MPa的强度增量。与正火态对比，在823K（550℃）下回火，1MoNb和2MoNb钢的屈服强度实际上得到增加，而1MoNbVN钢的屈服强度减低了，如图4-24(a)所示。从X射线衍射测量的残余奥氏体的体积分数可以看出，823K（550℃）回火后测得钢逆变奥氏体的体积分数与在低温下低热力学势所形成逆变奥氏体几乎相等。因此，三种在823K（550℃）回火后的钢中沉积物的数量、尺寸和分布是解释其屈服强度不同的关键。在此温度下回火的两种含N和含Nb低合金钢中，纳米尺度的高密度析出物（＜5nm）对强度的提高有重要作用。虽然在其他三种钢中也有沉积物，但它们的硬化效果不如两种含低N和Nb的轴承钢，因为其数量少、晶粒大以及分布不均匀。随着回火温度的升高，残余奥氏体体积分数的快速增加是导致屈服性能下降、延性和韧性提高的主要原因。Nb阻止了逆变奥氏体的形成，从而阻止了由于残余奥氏

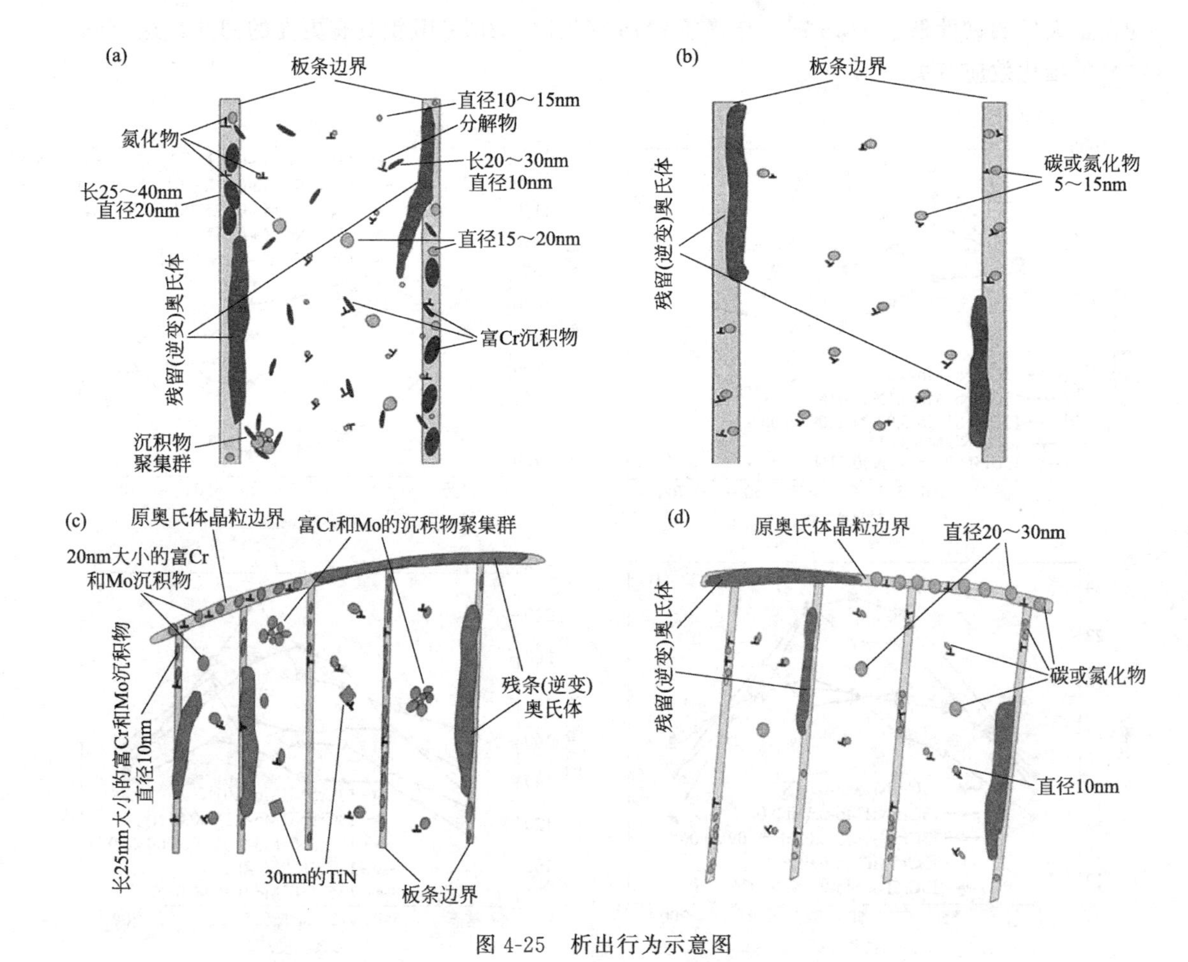

图 4-25　析出行为示意图

(a) Fe-13.0Cr-5.0Ni-1.0Mo-0.025Nb-0.12V-0.06N 钢；(b) Fe-13.0Cr-5.0Ni-1.0Mo-0.1Nb-0.01N 钢；
(c) Fe-13.0Cr-5.0Ni-2.0Mo-0.01N 钢；(d) Fe-13.0Cr-5.0Ni-2.0Mo-0.1Nb-0.01N 钢

体的形成而导致的软化。在 973K（700℃）回火后油冷的逆变奥氏体向马氏体的再转变导致强度增加、延伸率和韧性降低。将两种含 N 量低、含 Nb 量高的钢的力学性能与其基准钢进行比较，发现添加 Nb 能有效地提高钢的强度性能、且延伸率和韧性损失不大。提高回火温度的作用是提高残余奥氏体的体积分数。在这几个回火条件下，在 873K（600℃）下回火的低含 N 的 Nb 钢具有优良的力学性能。

综上所述，在高 N 马氏体不锈钢中添加 Nb 是不合适的，因为在高温下会形成 NbN，在后续回火过程中，NbN 会作为粗析出物成核的基体，由于析出的热力学势增大，钢的韧性降低。超级马氏体不锈钢作为一种耐腐蚀性较强的材料，其抗点蚀性能和力学性能同样受到人们的关注。虽然根据平衡固溶积可知，加入微量合金元素可以抑制富铬氮化物析出物的形成，但析出动力学决定了铬析出物的抑制程度。因此，降低超级马氏体不锈钢中 N 含量是提高其韧性和抗点蚀性的必要条件。添加 0.1%Nb 可减少低间隙 0.1Mo 和 0.2Mo 钢中富 Cr 沉淀物的数量，Nb 优先与残余 C 和 N 结合形成 Nb 碳氮化物，能抑制 Cr_2N 和 $M_{23}C_6$ 的形成，其中 M 是指 Cr 和 Mo 的组合，其示意图如图 4-25 所示。可见，耐点蚀性能的提高与富铬析出物的显著减少密切相关，添加 0.1%Nb 至低间隙的超级马氏体不锈钢可显著提高强度性能、耐点蚀性能，且韧性没有明显降低。

4.7　热变形的影响

4.7.1　热塑性

钢在不同拉伸温度下的断面收缩率与强度曲线如图 4-26 所示，从曲线可以看出，温度在 900～1300℃，合金的断面收缩率波动较小，均在 80%以上，有较好的热塑性。其高温强度由 900℃时的 230MPa 下降到 1300℃时的 50MPa 左右。因此，在整个试验温度区间，超级 13Cr 不锈钢均可实现良好的热变形。

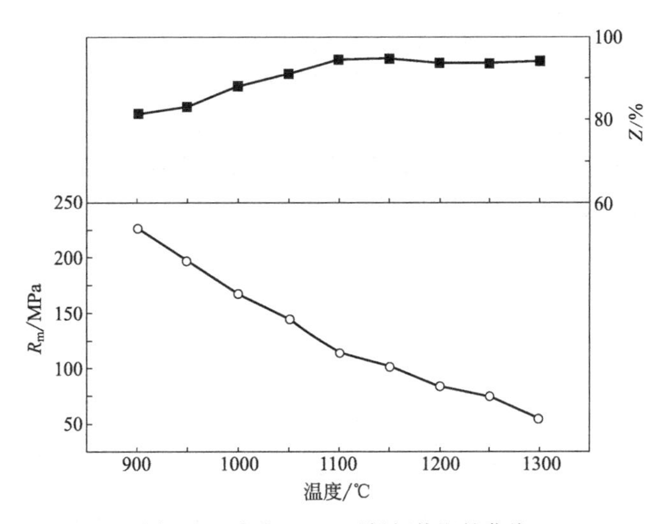

图 4-26　超级 13Cr 不锈钢热塑性曲线

4.7.2　高温热塑性

图 4-27 为超级 13Cr 不锈钢的抗拉强度和断面收缩率随温度变化曲线。从图 4-27

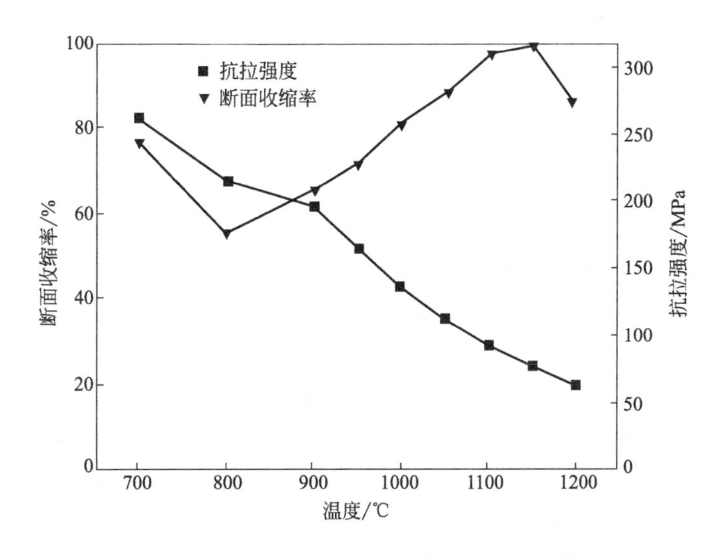

图 4-27　超级 13Cr 不锈钢高温热塑性曲线

可以看到，随着温度升高，抗拉强度逐渐降低，在 700℃拉伸时，抗拉强度达到了 265.78MPa，当变形温度升高至 1200℃时，抗拉强度下降到 62.86MPa。在 800～900℃范围内，由于处于 $\gamma \rightarrow \alpha$ 相变区，断面收缩率在该温度区间出现低谷，在 900℃以上，随着温度升高，塑性越来越好，但达到 1200℃时，由于晶粒的过分粗大，断面收缩率又降低。在 1150℃时，断面收缩率可达 99%，抗拉强度也较低（79MPa），因此，超级 13Cr 马氏体不锈钢比较适合的变形温度应该为 1050～1150℃，尤其在 1150℃左右达到最佳水平。

4.7.3 热变形

超级 13Cr 不锈钢在不同变形参数下的热变形曲线如图 4-28 所示。从曲线上可以看出，在应变速率较低时，在开始变形阶段，应力随应变量的增加而迅速增大，达到峰值后开始下降，直至形成稳态；当应变速率较高时，在开始变形阶段，应力随应变量的增加而迅速增大，达到峰值形成稳态后应力继续小幅增长。因此，对于超级 13Cr 不锈钢，当应变速率较低时，热变形过程中动态软化占据主导；当应变速率较高时，热变形过程中加工硬化占据主导。

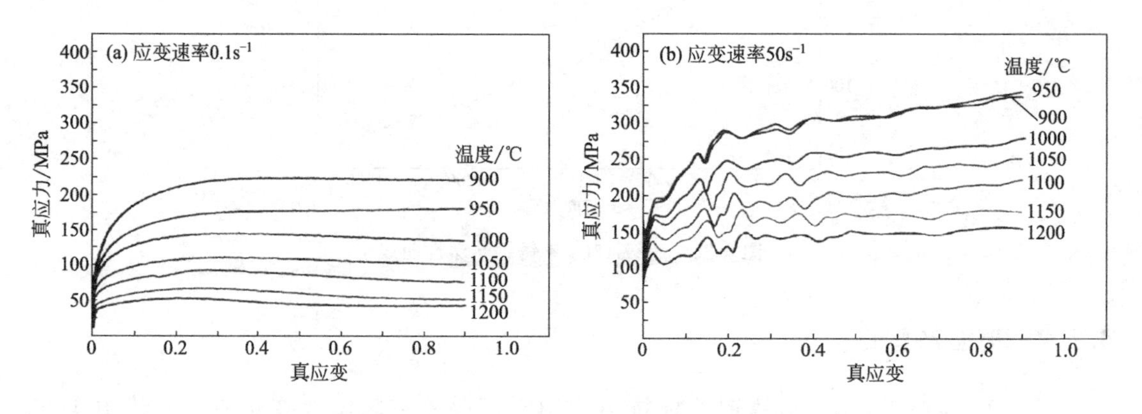

图 4-28 超级 13Cr 不锈钢热变形曲线

4.7.4 热加工图与组织

图 4-29 为超级 13Cr 不锈钢在应变分别为 0.3、0.5、0.7 和 0.9 时的功率耗散图。当应变为 0.3 时，如图 4-29(a) 所示，可以看到功率耗散效率有两个区域存在明显的变化：首先是右下角区域，随着变形温度的升高和应变速率的降低，功率耗散效率逐渐升高，说明热变形时材料内部显微组织演变所耗散的能量从低温高应变速率区向高温低应变速率区增大，当变形温度为 1150～1200℃时，应变速率为 $0.1s^{-1}$ 时，功率耗散效率达到最大值 40%；另一个区域是中温高应变速率区（温度为 950～1150℃、应变速率大于 $10s^{-1}$），功率耗散效率向中温高应变速率方向逐渐增加，最大值可达到 25%。对比不同应变速率下的功率耗散图，如图 4-29(b)～(d)，可以看到随着应变速率的增加，功率耗散效率的数值不断增加，说明随着变形加剧，钢内部组织演变所耗散的能量增加，但其总体的变化趋势基本没有改变。

功率耗散效率反映了钢在不同变形条件下的组织演化规律，尤其反映了动态回复和动态

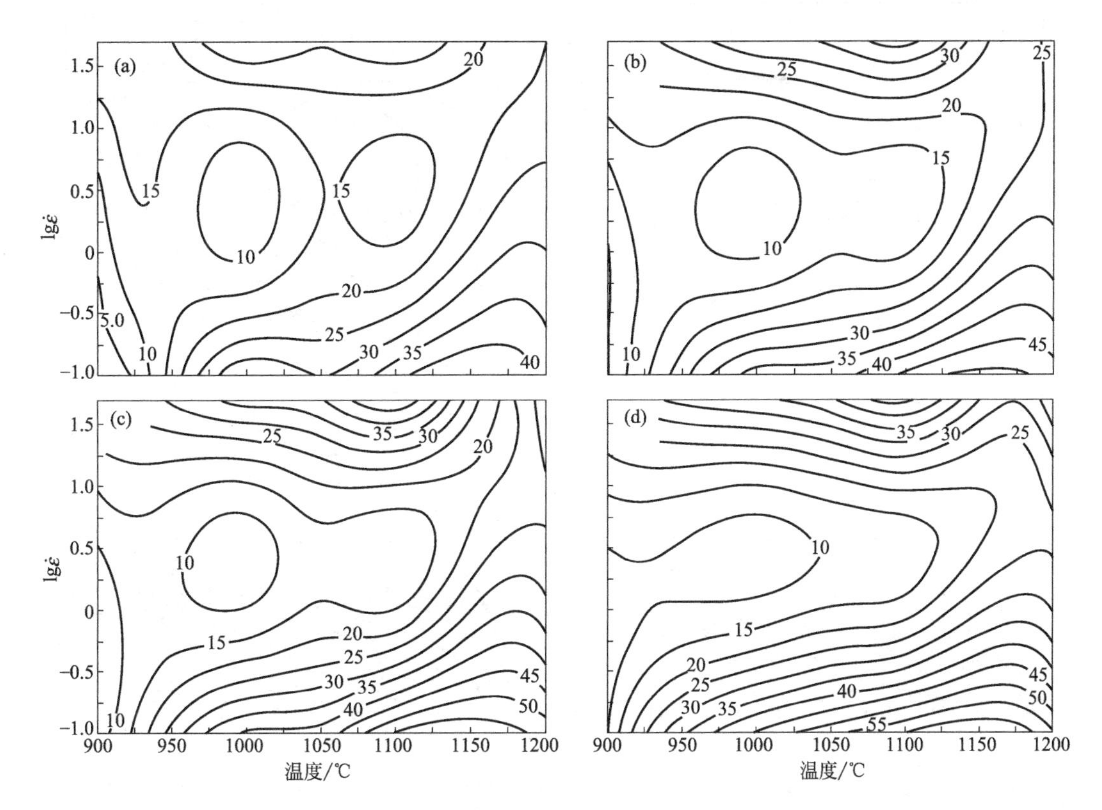

图 4-29 超级 13Cr 不锈钢在不同应变速率时的功率耗散图

(a) 应变 0.3；(b) 应变 0.5；(c) 应变 0.7；(d) 应变 0.9

再结晶的进行程度。从图 4-29 中可以看到，变形温度和应变速率对功率耗散效率的影响较大，即对热变形过程中组织变化的影响较大。随着温度的升高，功率耗散效率普遍增大，说明组织发生了明显的变化。在较低温度下，动态回复是超级马氏体不锈钢主要的软化机制，温度的升高加快了动态再结晶形核率和晶核长大速率，使软化机制从动态回复向动态再结晶转化。在实际生产中，动态再结晶比动态回复更有利于热加工，所对应的功率耗散效率也较高。另一方面，在较低的应变速率下（$<1s^{-1}$），应变速率越低，动态软化所需要的时间越充分，再结晶形核和晶核长大就越容易，所以功率耗散效率较高，并且这种升高的趋势逐渐向高温方向拓展；而在中高应变速率下（$>1s^{-1}$），随着应变速率的升高，对应的功率耗散效率也随之升高，这可能是因为在高应变速率下，钢由于变形速度太快以至于发生的动态回复进行得不充分，位错密度在短时间内迅速上升，促进了动态再结晶形核，高的形核率表现出了高的功率耗散效率。因此，高功率耗散效率区域可能就是动态再结晶进行得较充分的区域，也是进行热加工的优化区域。此外，随着应变的增加，组织获得的应变也随之增加，动态回复和动态再结晶过程进行得越来越充分，因此，功率耗散效率有增大的趋势。

从图 4-30 的不同真应变加工图可以看出，当应变为 0.5 时，失稳区主要集中在低中温和较低应变率区（温度<1150℃、应变速率$<1.78s^{-1}$）。随着应变速率的增大，失稳区呈现增大的趋势，可加工区（安全区）减小。

以应变为 0.9 的加工图为例分析合金在易加工区及失稳区间变形的组织特点，可知，当

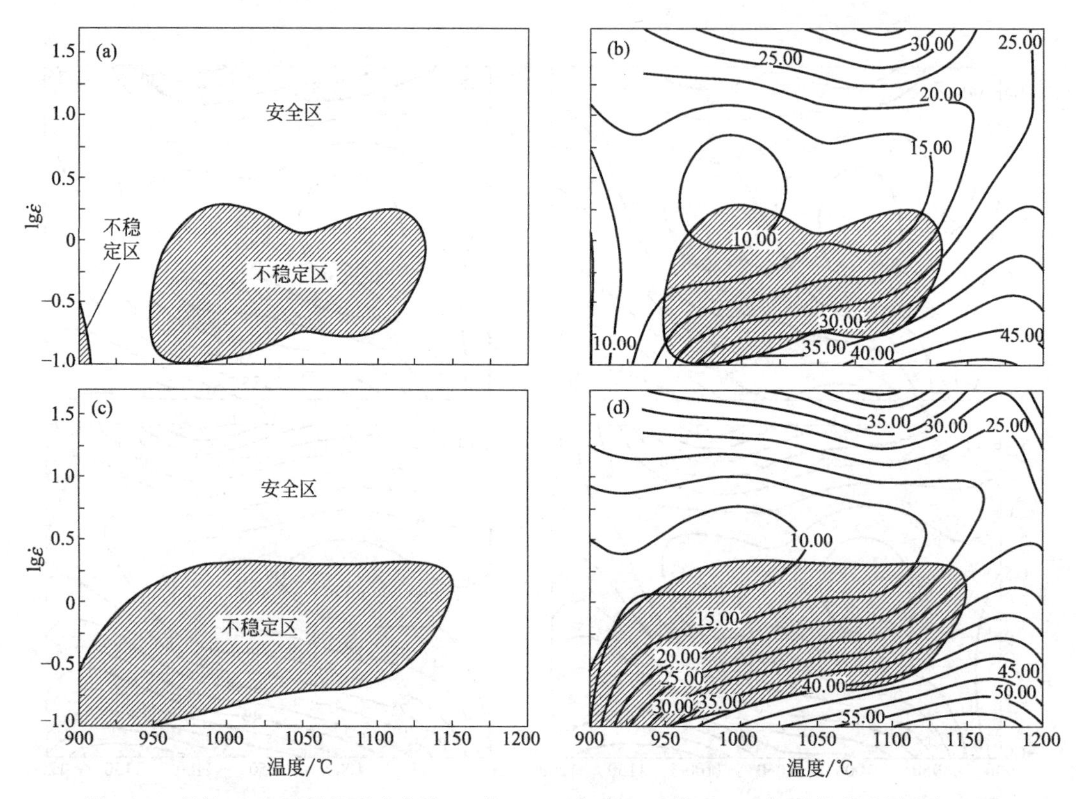

图 4-30 超级 13Cr 不锈钢真应变为 0.5[(a)、(b)] 和 0.9 [(c)、(d)] 时的失稳图和加工图

变形温度 1100～1200℃、应变速率 0.1s^{-1}、功率耗散效率的最大值可达 60%，热变形组织如图 4-31(a) 所示，等轴状的再结晶晶粒均匀分布，再结晶过程进行得很充分，达到完全动态再结晶程度。在变形温度为 900～950℃、应变速率为 0.1s^{-1} 和变形温度为 950～1150℃、应变速率为 1s^{-1} 的阴影区域为材料失稳区，越靠近阴影区的中心，发生失稳的可能性越大。图 4-31(b)、(c) 为合金失稳区的微观组织。可以看到在较低应变速率下，低中温度下钢的应变分布不均匀，出现了局部流变现象，此处的动态回复过程进行得也不充分，因此，该区域不宜进行热加工。

图 4-31 超级 13Cr 不锈钢在不同条件下变形后组织形貌

(a) 1200℃，$0.1s^{-1}$；(b) 900℃，$0.1s^{-1}$；(c) 1000℃，$0.1s^{-1}$

参考文献

[1] 鲍进．1Cr13 马氏体不锈钢热处理工艺探讨[J]．特钢技术，2006，11(2)：20-22.

[2] 李灿碧．马氏体不锈钢的热处理与耐蚀性[J]．航空制造技术，1987，(3)：29-31.

[3] 解挺，尹延国，朱元吉．马氏体不锈钢的热处理和性能[J]．国外金属热处理，1996，17(6)：38-40.

[4] 高蕊，赵云志．热处理对超低碳马氏体不锈钢焊缝熔敷金属性能的影响[J]．现代焊接，2011(7)：48-49.

[5] 朱世东，魏建锋，周根树，等．基于正交试验的 P110 腐蚀行为的研究[J]．热处理技术与装备，2010，31(1)：4-9.

[6] MuLJ，ZhaoWZ. Investigation on carbon dioxide corrosion behaviour of HP13Cr110 stainless steel in simulated stratum water[J]. Corrosion Science，2010，52：82-89.

[7] 陈溪强．超级 13Cr 钢软化工艺研究[J]．热处理，2014，29(6)：21-23.

[8] 曾德智，王春生，施太和，等．微观组织对高强度超级 13Cr 材料性能的影响[J]．天然气工业，2015，35(2)：70-75.

[9] 方旭东，王岩，夏焱，等．油气田用 Sup13Cr5Ni2Mo 超级马氏体不锈钢热变形加工图研究[J]．特殊钢，2018，39(5)：1-4.

[10] 姜召华．Nb 微合金化超低碳马氏体不锈钢的组织性能研究[D]．沈阳：东北大学，2011.

[11] Ma X P，Wang L J，Subramanian S V，et al. Studies on Nb microalloying of 13Cr super martensitic stainless steel[J]. Metallurgical and Materials Transactions A，2012，43(12)：4475-4486.

[12] 杜荣耀，乔元绩．大型 Ni4 铸钢叶片逆变奥氏体组织对裂纹的影响[J]．铸造技术，1996(5)：3-5.

[13] 李小宇，王亚，杜兵，等．逆变奥氏体对 0Crl3Ni5Mo 钢热处理恢复断裂韧性的作用[J]．焊接，2007(10)：47-49.

[14] Xu D K，Liu Y C，Ma Z Q，et al. Structural refinement of 00Cr13Ni5Mo2 supermartensitic stainless steel during single-stage intercritical tempering[J]. International Journal of Minerals，Metallurgy and Materials，2014，21(3)：279-288.

[15] 李小宇，王亚，杜兵，等．逆变奥氏体对 0Crl3Ni5Mo 钢热处理恢复断裂韧性的作用[J]．焊接，2007 (10)：47-49.

[16] 王培，陆善平，李殿中，等．低加热速率下 ZG06Crl3Ni4Mo 低碳马氏体不锈钢回火过程的相变研究[J]．金属学报，2008，44(6)：681-685.

[17] 文禾．低碳马氏体不锈钢中残余奥氏体的生成机理[J]．钢管，2004，33(6)：60-60.

[18] 马迅．热处理对 0Cr13Ni4Mo 马氏体不锈钢组织和性能的影响[J]．特殊钢，1995，16(5)：19-22.

[19] Eun S P，Dae K Y，Jee H S，et al. Formation of reversed austenite during tempering of 14Cr-7Ni-0.3Nb-0.7Mo-0.03C super martenstic stainless steel [J]. Metals and Materials International，2004，10(6)：521-525.

[20] Leem D S，Lee Y D，Jun J H，et al. Amount of retained austenite at room temperature after transformation of martensite to austenite in an Fe-13%Cr-7%Ni-3%Si martensitic stainless steel[J]. Scripta Materialia，2001，45(7)：

767-772.

[21] Ro novská G, Vodárek V, Korák A, et al. The effect of heat treatment on microstructure and properties of a 13Cr6Ni2. 5Mo super martensitic steel [J]. SborníKvědeckych Prací Vysoké koly báňské-Technické Univerzity Ostrava, 2005, 48(1): 225-231.

[22] 刘振宝,杨志勇,梁剑雄,等. 超高强度马氏体时效不锈钢中逆变奥氏体的析出与长大行为[J]. 金属热处理,2010,35(2): 11-15.

[23] 刘振宝,杨志勇,梁剑雄,等. 高强度不锈钢中逆变奥氏体的形成动力学与析出行为[J]. 材料热处理学报,2010,31(6): 39-44.

[24] Liu Y Q, Ye D, Yong Q L, et al. Effect of heat treatment on microstructure and property of Cr13 super martensitic stainless steel [J]. Journal of Iron and Steel Research International, 2011, 18(11): 60-66.

[25] Zou D N, Liu X H, Han Y, et al. Influence of heat treatment temperature on microstructure and property of 00Cr13Ni5Mo2 supermartensitic stainless steel[J]. Journal of iron and steel research International, 2014, 21(3): 364-368.

[26] 胥大坤. 回火工艺对 13Cr 超级马氏体不锈钢组织和性能的影响[D]. 天津: 天津大学,2013.

[27] 王岩,方旭东,夏焱,等. 回火温度对 SUP13Cr 钢组织与性能的影响[J]. 金属热处理,2018,43(7): 131-134.

[28] 赵莉萍,王锦飞,麻永林,等. 稀土元素 Y 对 0Cr13 不锈钢组织及腐蚀性能的影响[J]. 钢铁,2010,45(4): 65-68.

[29] Ma X P, Wang L J, Subramanian S V, et al. Studies on Nb microalloying of 13Cr super martensitic stainless steel[J]. Metallurgical and Materials Transactions A, 2012, 43(12): 4475-4486.

[30] Xu Y Q, Zhai R Y, Huang Z Z. Effect of tempering on the properties and microstructure of 00Cr13Ni5Mo[J]. Baosteel Technical Research, 2018, 12(3): 31-36.

[31] 赵志博. 超级 13Cr 不锈钢油管在土壤酸化液中的腐蚀行为研究[D]. 西安: 西安石油大学,2014.

[32] 王少兰,飞敬银,林西华,等. 高性能耐蚀管材及超级 13Cr 研究进展[J]. 腐蚀科学与防护技术,2013,25(4): 322-326.

[33] 朱世东,李金灵,马海霞,等. 超级 13Cr 不锈钢腐蚀行为研究进展[J]. 腐蚀科学与防护技术,2013,26(2): 183-186.

[34] 周永恒. 不同 Cr 含量对超级马氏体不锈钢组织和性能的影响[D]. 昆明: 昆明理工大学,2012.

[35] Liu Y R, Ye D, Yong Q L, et al. Effect on Heat Treatment on microstructure and property of Cr 13 super martensitic stainless [J]. Journal of Iron and Steel Research International, 2010, 17(8): 50-54.

[36] Ma X P, Wang L J, Liu C M, et al. Microstructure and properties of 13Cr5Ni1Mo0. 025Nb0. 09V0. 06N super martensitic stainless steel [J]. Materials Science & Engineering A, 2012, 539 (none): 271-279.

[37] Ma X P, Wang L J, Qin B, et al. Effect of N on microstructure and mechanical properties of 16Cr5Ni1Mo martensitic stainless steel [J]. Materials & Design, 2012, 34(none): 74-81.

[38] 熊茂县,徐蔼彦,谢俊峰,等. 淬火工艺对超级 13Cr 钢油管组织和性能的影响[J]. 金属热处理,2019,44(8): 127-131.

[39] 方旭东,王岩,夏焱,等. 淬火温度对 SUP13Cr 钢组织与性能的影响[J]. 金属热处理,2018,43(2): 187-190.

[40] Nakamichi H, Sato K, Miyata Y, et al. Quantitative analysis of Cr-depleted zone morphology in low carbon martensitic stainless steel using FE-(S)TEM [J]. Corrosion Science, 2008, 50(2): 309-315.

[41] Calderón-Hernández J, Hincapíe-Ladino D, Edson B M F, et al. Relation between pitting potential, degree of sensitization and reversed austenite in a supermartensitic stainless steel [J]. Corrosion, 2017, 73(8): 953-960.

[42] Lei X, Feng Y, Zhang J, et al. Impact of reversed austenite on the pitting corrosion behavior of super 13Cr martensitic stainless steel[J]. Electrochimica Acta, 2016, 191: 640-650.

[43] 武光江,李颜. 淬火和回火工艺对 00Cr13Ni5Mo 钢力学和组织性能的影响[J]. 金属世界,2017(5): 35-38.

[44] 赵晓磊,吴志星,张晓健,等. 不同热处理工艺下的 2Cr13 组织和性能[J]. 热加工工艺,2015(12): 220-222.

[45] Lorenzo P, Sokolowski A. Titanium and molybdenum content in super martensitic stainless steel[J]. Materials Science and Engineering A, 2007, 460(1): 149-152.

[46] 方旭东,张寿禄,杨常春,等. TGOG13Cr-1 超级马氏体不锈钢的组织和性能[J]. 钢铁,2007,42(8): 74-77.

[47] 姜雯,赵昆渝,业冬,等. 热处理工艺对超级马氏体钢逆变奥氏体的影响[J]. 钢铁,2015,50(2): 70-75.

[48] Ro novská G, Vodárek V, Kuboň Z. Precipitation of secondary phases in a super martensitic 13Cr6Ni2. 5MoTi steel

during heat treatment [J]. Materials Science Forum,2017,891：161-166.

[49] 高秋志,刘家咏,刘永长,等. 冷却速度对高 Cr 铁素体耐热钢马氏体相变和微观组织的影响[J]. 金属热处理,2012,37(5)：20-23.

[50] 任泽,陈旭,董培,等. 热处理对超级 13Cr 不锈钢组织及拉伸性能的影响[J]. 钢铁,2019,54(7)：68-76+82.

[51] 陈肇翼,刘靖,任学平,等. 13Cr 超级马氏体不锈钢的热变形行为研究[J]. 热加工工艺,2019,48(6)：51-54.

[52] 熊茂县,徐蔼彦,谢俊峰,等. 淬火工艺对超级 13Cr 钢油管组织和性能的影响[J]. 金属热处理,2019,44(8)：127-131.

[53] 陈肇翼,刘靖,任学平. 13Cr 超级马氏体不锈钢热变形特性[J]. 中国冶金,2019,29(7)：39-43.

[54] 方旭东,王岩,夏焱,等. 油气田用 SUP13Cr5Ni2Mo 超级马氏体不锈钢热变形加工图研究[J]. 特殊钢,2018,39(5)：1-4.

[55] 付安庆,赵密锋,李成政,等. 激光表面熔凝对超级 13Cr 不锈钢组织与性能的影响研究[J]. 中国腐蚀与防护学报,2019,39(5)：446-452.

[56] Bilmes P D,Solari M,Llorente C L. Characteristics and effects of austenite resulting from tempering of 13Cr-NiMo martensitic steel weld metals[J]. Materials Characterization,2001,46(4)：285-296.

[57] 王锦飞. 稀土元素 Y 对 0Cr13 不锈钢组织及腐蚀性能的影响[D]. 包头：内蒙古科技大学,2009.

第5章 完井过程中的电化学腐蚀

5.1 绪言

油井管是钻井、完井和安全采油（气）的重要基础材料，在石油勘探与开发中具有十分重要的作用，其寿命直接决定油井的寿命。而酸化是油气井投产、增产和注入井增注的一项重要技术措施。其基本原理是按照一定顺序向地层注入由一定类型、浓度的酸液和添加剂组成的配方酸液，溶蚀地层岩石部分矿物和孔隙、裂缝内的堵塞物，提高地层或裂缝渗透性，改善渗流条件，达到恢复或提高油气井产能的目的。目前油气田常用的酸化压裂工艺主要有常规酸化压裂工艺和耐蚀合金油管酸化压裂工艺两种，其中耐蚀合金油管酸化液的主要成分是盐酸和氢氟酸。酸化施工工艺简单、成本低廉，在各油田得到普遍应用。

然而，在采用酸化措施提高油气采收率的同时，随之出现一个很严重的酸液腐蚀问题。在油气井酸化处理作业时，酸化液经常会直接与油气井下套管、油管等接触，而且腐蚀程度随着地层越深、温度越高而加剧，即在酸化压裂时，完井管柱必将遭受严重腐蚀，尤其是局部腐蚀，最终将影响生产井下管柱的使用寿命，严重影响到井下管柱的结构完整性和密封完整性。

在钻井完井生产中，为适应各种钻井完井工艺的需要，使用了多种低固相、无固相、盐水以及正电荷泥浆体系。在这些体系中往往含有多种添加剂，在井下高温高压作用下，使其具有强烈的腐蚀性能。在完井过程中，完井液中的一些添加剂以及溶解氧（O_2）、硫化氢（H_2S）、二氧化碳（CO_2）、各种盐类（如 $CaCl_2$）、各种菌体及其代谢产物会对管柱造成严重的腐蚀，同时管柱在井下的运动还受到弯曲应力、压应力、扭矩等交变应力作用，在腐蚀和交变应力联合作用下，使管柱容易发生管壁点蚀穿孔、应力腐蚀开裂（SCC）等。因此，在石油和天然气开采过程中，管柱用钢的耐腐蚀性能在油气井开发过程中的作用越发重要。

5.2 HCl 溶液中的电化学腐蚀特征

在 pH 3.8 强缓冲溶液中，金属基体粗糙的表面和未处理的合金 13Cr 焊缝试样均可能在低电位下发生主动腐蚀。同样的行为在较低的 pH 值下也能发生。在没有缓冲液的溶液中，活化的风险较小，因为如果发生析氢反应，阴极反应会使钢表面的 pH 值增加。在缓冲液中，这种 pH 值的增加是可以防止的。

5.2.1 温度的影响

图5-1是不同温度时超级13Cr不锈钢在15%HCl溶液中的极化曲线。由图可见，温度的升高使超级13Cr不锈钢的自腐蚀电位稍有负移。温度的变化对阴阳极反应的影响不大。在三个温度下阳极极化曲线中均出现了由钝化造成的电流密度减小的现象，这主要是由腐蚀产物膜形成欧姆电压降造成的，这层产物膜对反应离子的扩散和迁移过程有一定的抑制作用，使得自腐蚀电流 i_{corr} 降低。但这层腐蚀产物膜不致密，溶液中的反应离子可以透过这层疏松的固体腐蚀产物膜到达基体合金表面，所以在阳极极化曲线上并没有出现完整的钝化区。15%HCl的腐蚀性特别强，故而活化区发展充分，直到外加高的电位时才有可能发生钝化；又因介质中所含高浓度的 Cl^- 对钝化膜有很强的破坏作用，使不锈钢表面不断发生钝化-活化-再钝化-再活化的过程，与之相伴地，腐蚀电流密度处于较高的水平，故而阳极极化曲线不出现明显的过钝化阶段。对于不锈钢来说这种钝化状态并不能对金属起到保护作用，因此，超级13Cr不锈钢在盐酸溶液中处于高腐蚀速率状态。

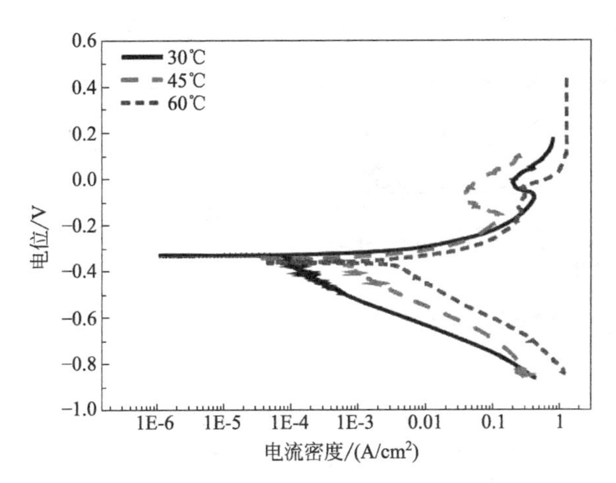

图5-1 不同温度下超级13Cr不锈钢的极化曲线

表5-1是超级13Cr不锈钢在不同温度下的极化参数，可见，随着温度的升高，自腐蚀电流密度增大，从30℃时的37.63$\mu A/cm^2$ 增加到60℃时的3737$\mu A/cm^2$，表明温度的升高加速了介质中反应物的反应速率，使得腐蚀速率增大。但是，自腐蚀电位变化较小。由Tafel斜率分析可知，阴极的塔菲尔斜率明显大于阳极，说明腐蚀过程为阴极过程控制。尽管温度的升高加速了超级13Cr不锈钢的腐蚀速率，但其极化曲线的形状基本相同，表明不同温度下其腐蚀机理并没有发生变化。

表5-1 不同温度下极化测量分析数据

温度/℃	E_{corr}/mV	$i_{corr}/(A/cm^2)$	b_c/(mV/dec)	b_a/(mV/dec)
30	−330.366	3.763×10^{-5}	125.9	23.1
45	−350.752	4.258×10^{-4}	148.0	41.2
60	−360.752	3.737×10^{-3}	171.6	76.4

注：E_{corr}、i_{corr} 分别为自腐蚀电位和自腐蚀电流密度，b_a、b_c 分别为阳极和阴极的Tafel斜率。电化学过程对温度非常敏感，随着温度升高，腐蚀反应速率加快。

图 5-2 是超级 13Cr 不锈钢的阻抗图谱，可见，在 15%HCl 溶液中，温度不同，但阻抗谱的形状类似，说明腐蚀机理没有发生变化。图谱上出现 2 个时间常数，即高频区的容抗弧和低频区的感抗弧，对应的状态变量分别为电极电位 E 和中间产物吸附覆盖率。随着温度的增大，高频区容抗弧半径逐渐减小，说明随着温度的增大，腐蚀速率也随之增大，这与极化曲线规律一致。随着温度的升高，反应物的吸附能力减弱，感抗弧半径逐渐减小，表明试样表面进一步被腐蚀。当温度升高时，自腐蚀电位负移，使吸附覆盖率 θ 减小，在阻抗谱图上表现为感抗弧半径减小。

表 5-2 为阻抗谱的拟合结果。由表可见，随着温度升高，电荷转移电阻 R_t 降低，表明试样表面电极反应加速。取 $\omega \to 0$ 的实部减去 $\omega \to \infty$ 的实部计算出极化电阻 R；随着温度升高，极化电阻 R_p 减小，说明随着温度升高，离子穿过双电层的能力增大，即阳极反应加速，反应电阻降低。

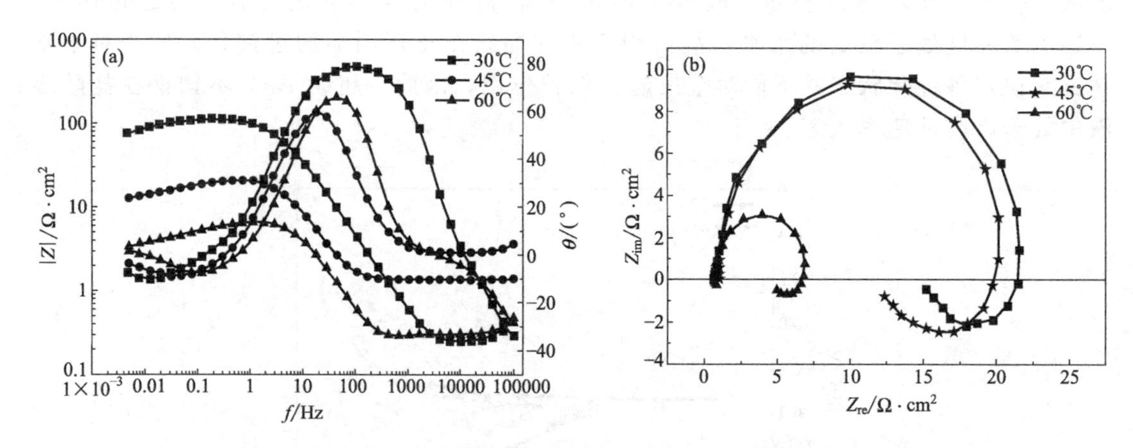

图 5-2　超级 13Cr 不锈钢在不同温度、15%HCl 下的阻抗图谱

(a) Bode 图；(b) Nyquist 图

表 5-2　交流阻抗谱拟合结果

T/℃	R_s/Ω · cm²	Q_{dl}/(×10⁻⁴F/cm²)	n	R_t/Ω · cm²	R_L/Ω · cm²	L/H · cm²	R_p/Ω · cm²
30	2.829	32.78	0.96	15.05	6.025	18.06	15.05
45	1.333	21.23	0.96	12.27	7.124	18.07	12.27
60	0.33	31.56	1	4.302	1.922	1.711	4.302

图 5-3 是超级 13Cr 不锈钢在不同温度下极化后的 SEM 形貌。由图可见，30℃和 45℃时，试样表面有少量腐蚀产物覆盖，表面没有明显的点蚀坑；60℃时，试样表面出现了较多的大小不一的点蚀坑，说明温度升高，点蚀坑更容易形成。

由超级 13Cr 不锈钢极化后试样表面腐蚀产物的 EDS 可见，30℃、45℃、60℃的腐蚀产物成分主要是 C、Fe、O、Cr、Ni、Mo。膜中 Cr 的质量分数分别为 25.23%、17.92%、15.00%，分别是基体的近 1.9 倍、1.4 倍、1.1 倍，均高于基体，出现 Cr 的富集现象。这主要是因为在酸性溶液中，Cr 和 Cr 的氧化物比 Fe 和 Fe 的氧化物优先溶解，在溶解的同时，伴随着强烈的氧化成膜过程，溶液中的氧通过与不锈钢中的 Cr 相结合，形成致密的以 Cr_2O_3 为主体的富 Cr 钝化膜。

图 5-4 是超级 13Cr 不锈钢在不同温度下、15%HCl+3%HAc+1.5%HF 和鲜酸（15%

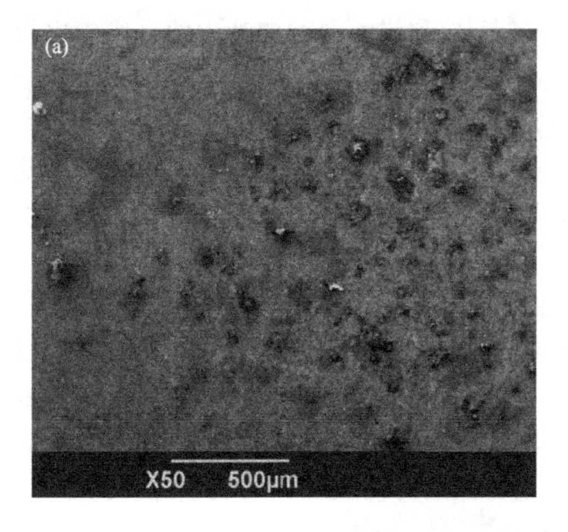

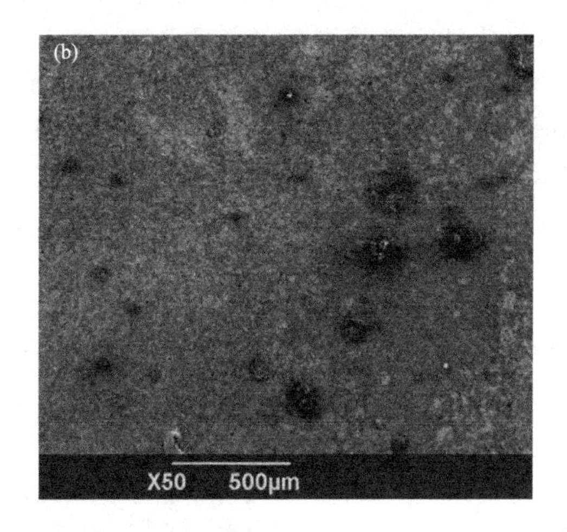

图 5-3　超级 13Cr 不锈钢在不同温度下的腐蚀产物形貌

(a) 30℃；(b) 45℃；(c) 60℃

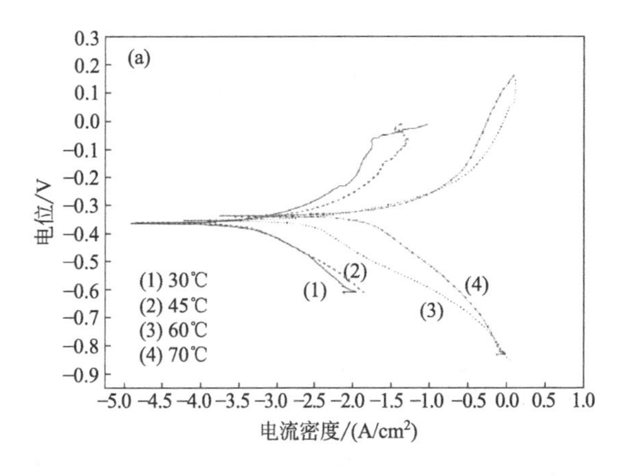

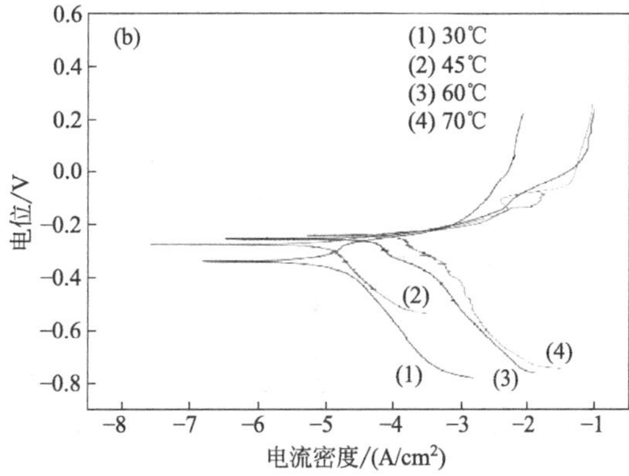

图 5-4　超级 13Cr 不锈钢在不同温度下两种酸溶液中的极化曲线

(a) 15%HCl+3%醋酸+1.5%HF；(b) 15%HCl+3%醋酸+1.5%HF+4.5%缓蚀剂

HCl＋3％HAc＋1.5％HF＋4.5％缓蚀剂）中的极化曲线，从图中可以看出，随着温度的升高，超级 13Cr 不锈钢在 15％HCl＋3％HAc＋1.5％HF 和鲜酸两种酸液中的自腐蚀电流密度都明显增大。因此，温度对超级 13Cr 不锈钢在两种酸化液中的腐蚀速率都有一定影响。从两种酸化液中的极化曲线上可以看出，随温度的升高，它们各自的阴极极化曲线形状大体相似，而阳极极化曲线形状却出现明显的改变。这可能是由于随着温度的升高，电荷传递阻力变小，阴极反应加速，腐蚀速率变大。但是，随着反应的进行，堆积在阳极表面的腐蚀产物数量逐渐增多，金属的溶解受到影响。

图 5-5 是超级 13Cr 不锈钢在不同温度下两种酸溶液中的极化曲线对比分析，结合表 5-3 中的电化学参数可以看出，在相同温度下，加入缓蚀剂后自腐蚀电流显著降低。出现这种现象的原因可能是通过缓蚀性粒子（分子或离子）在金属表面上的吸附或使金属表面上形成某种表面膜，阻滞了腐蚀过程的进行。加入缓蚀剂前后的阴极和阳极极化曲线形状发生明显改变，即增大了阴极和阳极塔菲尔斜率，因此该酸化缓蚀剂对阴极和阳极反应都有抑制作用，即该缓蚀剂属于混合型缓蚀剂。

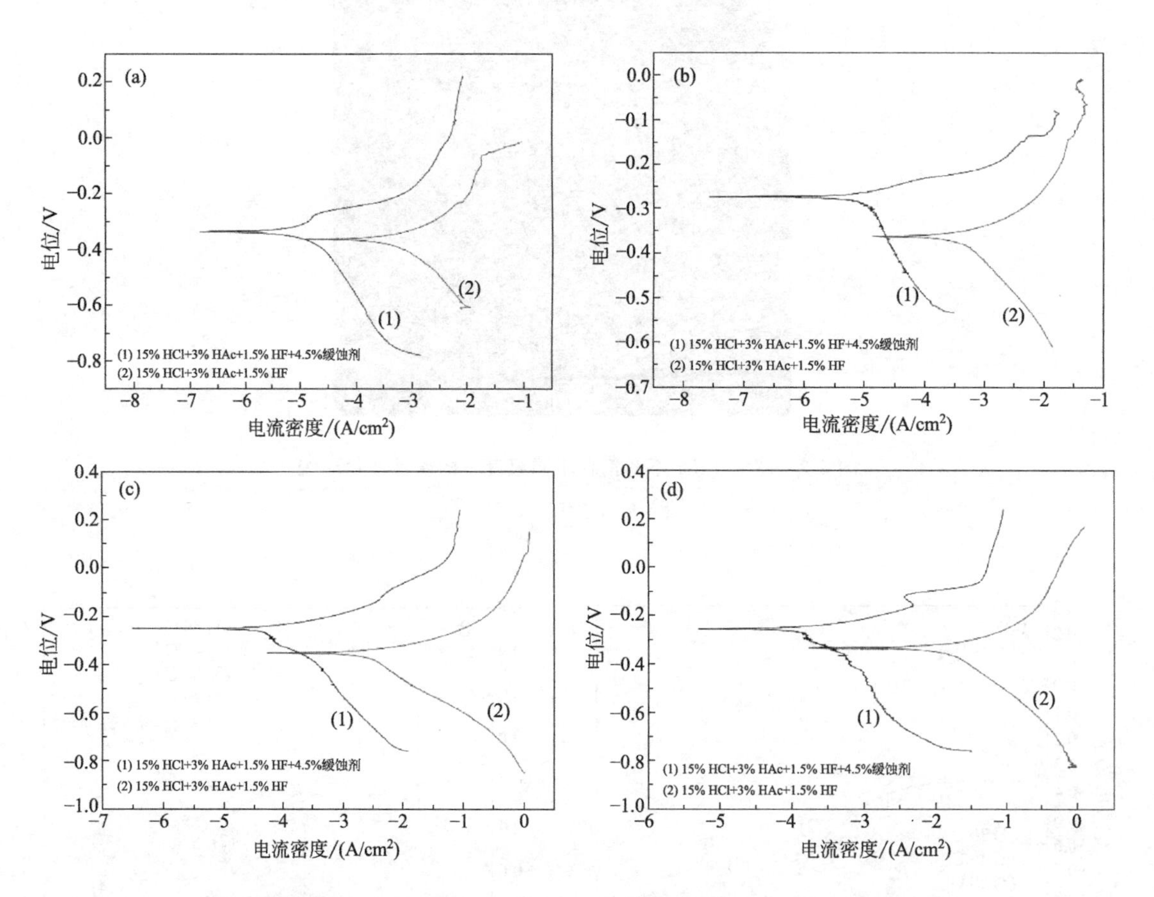

图 5-5　超级 13Cr 不锈钢在不同温度下两种酸溶液中的极化曲线对比分析

(a) 30℃；(b) 45℃；(c) 60℃；(d) 70℃

可见，缓蚀剂的加入显著提高了钢的自腐蚀电位，极大地降低了阳极和阴极自腐蚀电流密度。经计算，缓蚀剂的缓蚀效率都超过 90％（计算结果见表 5-3），缓蚀性能良好。

表 5-3 不同温度下超级 13Cr 不锈钢的极化参数

温度/℃	介质	自腐蚀电位/mV	自腐蚀电流密度/($\mu A/cm^2$)	b_a/(mV/dec)	b_c/(mV/dec)	缓蚀率/%
30	15%HCl+3%HAc+1.5%HF	−377	82.15	32.69	144.24	94.35
	15%HCl+3%HAc+1.5%HF+4.5%缓蚀剂	−278	4.58	110.1	155.03	
45	15%HCl+3%HAc+1.5%HF	−363	99.67	21.51	142.38	91.34
	15%HCl+3%HAc+1.5%HF+4.5%缓蚀剂	−278	8.63	95.36	171.75	
60	15%HCl+3%HAc+1.5%HF	−352	123.53	33.06	151.09	90.27
	15%HCl+3%HAc+1.5%HF+4.5%缓蚀剂	−256	12.02	130.14	175.58	

5.2.2 缓蚀剂的影响

随着酸化工艺的发展及耐蚀管材的选用，国内外在油井和气井酸化施工过程中使用的酸液种类也越来越多。合理使用酸液体系及与之匹配的酸化缓蚀剂，对油气井增产效果及井下管柱的腐蚀与防护起着同等重要的作用。关于超级 13Cr 不锈钢油管在 HCl 及 HCl＋HF（土酸）酸化液中的腐蚀控制，国内外普遍采用缓蚀剂（主剂，通常为曼尼希碱）＋增效剂（辅剂，一般含金属离子）的协同效应降低材料腐蚀的方法。研究表明马氏体不锈钢油管（传统 13Cr、超级Ⅰ型 13Cr、超级Ⅱ型 13Cr 及高强 15Cr），在鲜酸溶液中的腐蚀速率高达 350～600mm/a（80℃），合理使用与之匹配的酸化缓蚀剂（缓蚀剂＋增效剂），可使其腐蚀速率降低到 25mm/a 以下，且未出现明显点蚀。

图 5-6 为 30℃时超级 13Cr 不锈钢在 15%HCl＋1.5%HF＋3.0%HAc 及 15%HCl＋1.5%HF＋3.0%HAc＋4.5%缓蚀剂溶液中的动电位极化曲线。由图可见，加入缓蚀剂后，极化曲线向左偏移，腐蚀电流减小。

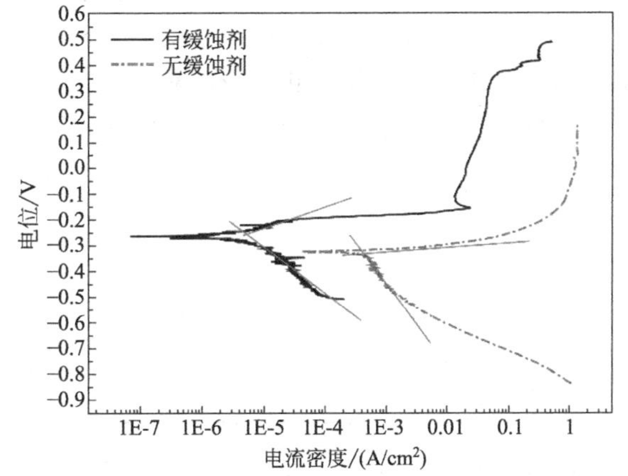

图 5-6 超级 13Cr 不锈钢在 15%HCl＋1.5%HF＋3.0%HAc 及 15%HCl＋1.5%HF＋3.0%HAc＋4.5%缓蚀剂溶液中的极化曲线

超级 13Cr 不锈钢未加入酸化缓蚀剂时，阳极和阴极的 Tafel 斜率绝对值分别为 20.63mV/dec 和 151.88mV/dec，阳极 Tafel 斜率值均远小于阴极，如表 5-4 所示，说明腐蚀过程为阴极控制。加入酸化缓蚀剂后，阳极 Tafel 斜率增大，达到 106.27mV/dec，阴极 Tafel 斜率增加到 162.16mV/dec，阳极 Tafel 斜率的变化量为 85.64mV，阴极 Tafel 斜率的变化量为 10.28mV，阳极 Tafel 斜率变化显著，表明该缓蚀剂属于以抑制阳极反应为主的混合型缓蚀剂，即阳极反应阻力增大（金属离子化阻力增大）。加入酸化缓蚀剂，腐蚀电流密度从 $8.971\times10^{-4}A/cm^2$ 下降到 $5.45\times10^{-6}A/cm^2$，自腐蚀电位从－322mV 正移到－262mV，电化学腐蚀驱动力显著降低。按照曹楚南理论，若缓蚀剂使反应的活化能位垒升高，反应速率就降低，缓蚀剂对于该反应起着负催化，即抑制作用，这与所用的缓蚀剂相符，缓蚀效应主要通过吸附改变电极反应的活化能，从而减缓腐蚀反应的速率，为负催化效应。

表 5-4　超级 13Cr 不锈钢由极化曲线计算得到的腐蚀数据

酸化环境	E_{corr}/mV	b_a/(mV/dec)	b_c/(mV/dec)	I_{corr}/(A/cm^2)	缓蚀率/%
15%HCl+1.5%HF+3.0%HAc	−322	20.63	151.88	8.97×10^{-5}	
15%HCl+1.5%HF+3.0%HAc+4.5%缓蚀剂	−262	106.27	162.16	5.45×10^{-6}	93.9

图 5-7 是超级 13Cr 不锈钢在 15%HCl+1.5%HF+3.0%HAc 溶液中加入缓蚀剂前后的交流阻抗图谱，可见，超级 13Cr 不锈钢的阻抗图谱上均出现 2 个时间常数，即高频区的容抗弧和低频区的感抗弧，对应的状态变量分别为电极电位 E 和吸附覆盖率。加入缓蚀剂后高频区容抗弧的半径显著增大，对应 R_t 增大，腐蚀受到抑制，腐蚀速率减小。

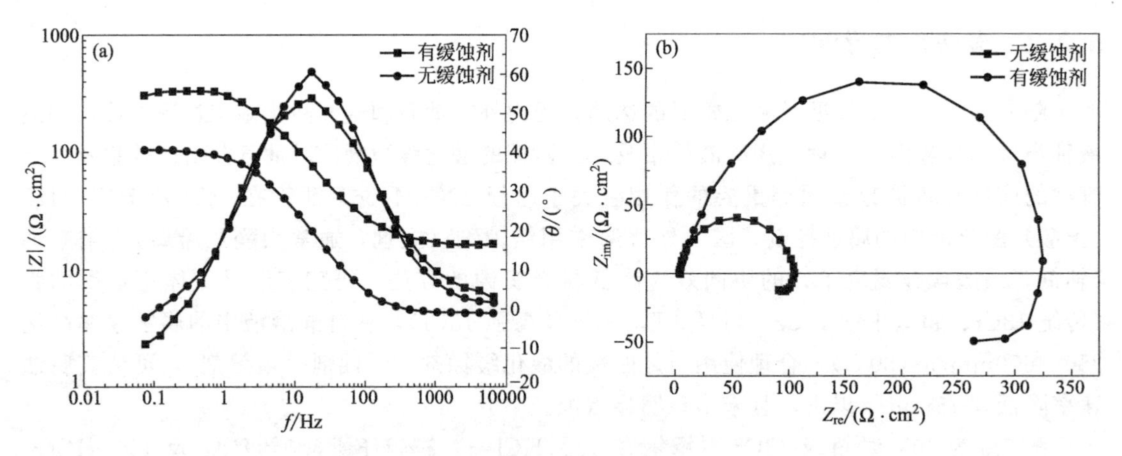

图 5-7　加缓蚀剂前后超级 13Cr 不锈钢在盐酸中的阻抗图谱

(a) Bode 图；(b) Nyquist 图

加入缓蚀剂后，极化电阻显著增大，这说明加入缓蚀剂后腐蚀阻力增大，腐蚀速率降低；而加入缓蚀剂后界面电容 Q_{dl} 减小，这是因为缓蚀剂分子在金属表面发生吸附，替代了介电常数高和尺寸小的水分子，所以使得界面电容减小，如表 5-5 所示。

表 5-5　交流阻抗谱拟合结果

酸化环境	R_s /Ω·cm^2	Q_{dl} /(×10^{-4}F/cm^2)	n	R_t /Ω·cm^2	R_L /Ω·cm^2	L /H·cm^2	R_p /Ω·cm^2
15%HCl+1.5%HF+3.0%HAc	4.274	7.401	0.89	75.26	25.35	456.6	75.26
15%HCl++1.5%HF+3.0%HAc+4.5%缓蚀剂	16.14	2.84	0.82	201.3	146.6	4436.5	201.3

图 5-8 为超级 13Cr 不锈钢在加缓蚀剂和不加缓蚀剂极化后的 SEM 形貌。未加缓蚀剂时，试样表面几乎没有腐蚀产物膜覆盖，表面也没有明显的点蚀坑；加缓蚀剂后试样表面有一层膜覆盖。由超级 13Cr 不锈钢极化后试样表面腐蚀产物的 EDS 能谱可见，未加缓蚀剂时，腐蚀产物成分主要是 C、Fe、O、Cr、Ni、Mo；而加入缓蚀剂后，腐蚀产物成分除了有 C、O、Cr、Fe 等元素外，还有 Cu 元素，说明缓蚀剂中的 Cu 在试样表面吸附，形成一层铜膜。缓蚀剂在金属表面形成吸附膜，抑制金属的腐蚀过程，当吸附膜在表面覆盖率较大时，其缓蚀效率较高。但是相比于超级 13Cr 不锈钢金属基体，Cu 为正电性金属（贵金属），如果膜的覆盖不致密将会形成典型的大阴极-小阳极结构，导致严重的局部腐蚀。

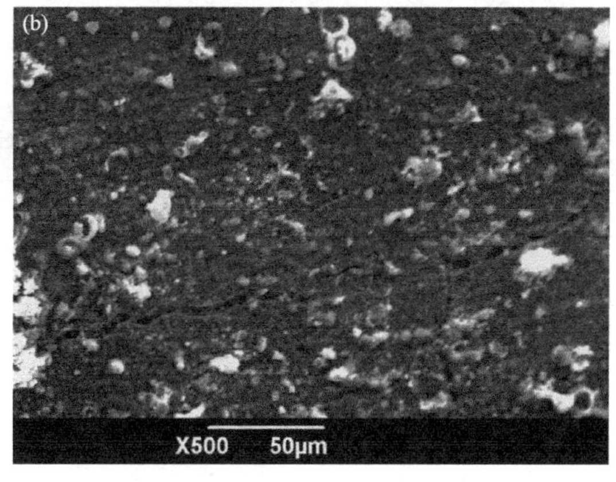

图 5-8　超级 13Cr 不锈钢在不同温度下的腐蚀产物形貌

(a) 无缓蚀剂；(b) 有缓蚀剂

5.2.3　压应力的影响

5.2.3.1　极化曲线

图 5-9 为超级 13Cr 不锈钢在不同压应力下的极化曲线，随着压应力的增加，自腐蚀电位出现负移的趋势，其分析结果如表 5-6 所示。HP13Cr 钢（超级 13Cr 不锈钢）电化学腐蚀受应力作用时由于应变而影响金属材料原子的电化学位势（$+V\Delta p$，V 为金属的摩尔体积，Δp 为金属因变形产生的内部压力，由于金属材料可压缩性低，热力势与压力之间的线性可保持到超高压范围），且电化学位的改变与变形的符号（拉伸或压缩）无关，从而造成超级 13Cr 不锈钢与酸液界面电位发生负移（溶液中金属离子的电位基本不变），所以，金属中的内应力，不管是如何形成的，都能在金属的局部地区产生拉伸或压缩的效果。力学作用对金属腐蚀速率的影响其实质应是对金属热力势（或电位）的影响，从而导致对金属平衡电势、电极电势的影响。王景茹在 A3 钢的弹性形变范围内的应变电极行为的研究中也利用由于存在力学作用而导致的电位变化和剩余压力之间的关系式：

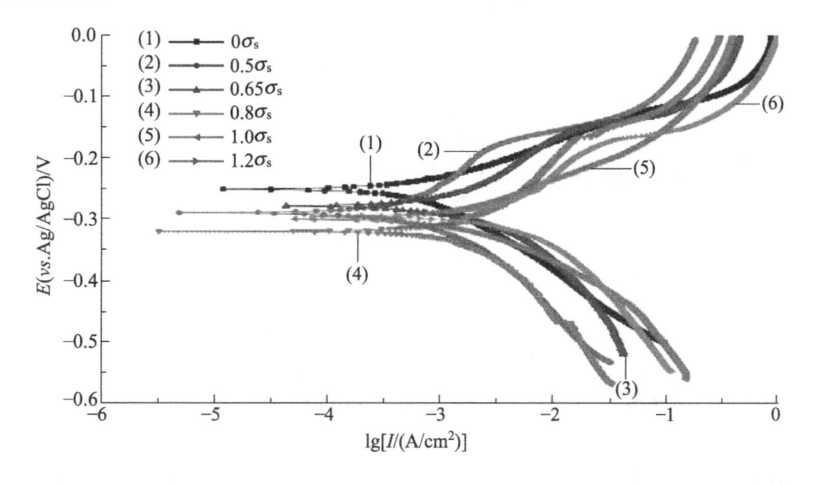

图 5-9　不同压应力下超级 13Cr 不锈钢的极化曲线

$$\Delta\phi = -\frac{\Delta pV}{zF} \tag{5-1}$$

式中，Δp 为剩余压力；V 为物质的分子体积；F 为法拉第常数；z 为化合价数。该式可用来粗略估算应力对电极电位的影响。对超级 13Cr 不锈钢钢来说，取 $V\approx 7\text{cm}^3$，$z=2$，$F=96485\text{c/mol}$，以此计算出当外加力场为 $0.5\delta_s$、$0.65\delta_s$、$0.8\delta_s$、$1.0\delta_s$ 和 $1.2\delta_s$ 时 $\Delta\phi$ 的变化分别为 15mV、20mV、25mV、31mV 和 37mV。但这是假定在电极体系的热力学活度不变的情况下进行的，对单一阳离子系统同时考虑两个外部因素（力学的因素和电的因素）时，系统的电化学位表达式为 $\bar{\mu}=\mu_0+RT\ln\alpha+V\Delta p+zF\phi$，金属电极在压力 Δp 的作用下，其热力学活度也发生变化，因压应力的存在使得金属原子的电位增加，热力学活度提高，因此电极电位的变化应大于上面的计算值，这与本结果相符。

表 5-6　不同压应力水平下超级 13Cr 不锈钢的极化曲线分析结果

压应力	E_{corr}(*vs*. Ag/AgCl)/mV	b_a/(mV/dec)	b_c/(mV/dec)	I_{corr}/(mA/cm^2)	R_P/Ω·cm^2
$0\delta_s$	−249	186	206	0.36	115
$0.5\delta_s$	−290	172	182	0.52	50
$0.65\delta_s$	−278	147	224	1.3	32
$0.8\delta_s$	−320	149	210	2.1	25
$1.0\delta_s$	−298	120	141	2.82	13
$1.2\delta_s$	−294	121	134	2.97	12

从腐蚀动力学来看，随着压应力的增加，极化电阻 R_P 明显减小，而腐蚀电流密度逐渐增大，印证了压应力对超级 13Cr 不锈钢电化学腐蚀具有促进作用的说法。对于酸液中超级 13Cr 不锈钢的电化学腐蚀阴阳极过程均为活化极化过程，自腐蚀电位的负移必将造成腐蚀速率的增大；从阴阳极塔菲尔斜率 b_c 和 b_a 均随应力水平的增加而减小的变化趋势上可以看出，应力对活化控制的阴阳极过程均产生了促进作用，但对阳极过程的影响较大。

图 5-10 为超级 13Cr 不锈钢在添加 TG201 缓蚀剂的盐酸溶液中，承受不同压应力水平下的极化曲线，表 5-7 为该腐蚀过程电化学参量的解析结果。从应力对自腐蚀电位的影响来

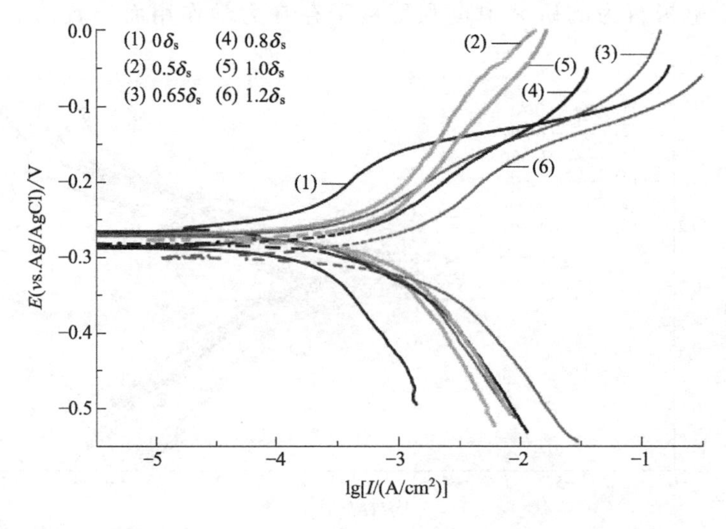

图 5-10　添加缓蚀剂时，不同压应力作用下超级 13Cr 不锈钢的极化曲线图

看，与无缓蚀剂加入相比，自腐蚀电极电位的负移小，但规律性更加明显；从应力对极化曲线的影响来看，在 $E_{corr}\pm100mV$ 区间内，应力造成极化电流密度明显增大，且其值与应力的大小密切相关。

对比图5-9，由无应力作用时的极化行为得出，加入缓蚀剂后，试样与缓蚀剂分子中的含氮活性基团和溶液中的氧发生反应有关，施加应力后这种现象的消失可能是因为应力施加后金属表面发生腐蚀反应的速率过快，改变了反应的历程，抑制了含氮活性基团与溶液中氧发生反应。对于所研究的超级13Cr不锈钢在盐酸中，TG201是一种以抑制阴极过程为主的混合性缓蚀剂。随着缓蚀剂的加入，其在金属表面发生吸附，反应阻力增加，有效地抑制了腐蚀过程。

表5-7 不同压应力水平下添加TG201缓蚀剂后超级13Cr不锈钢的极化曲线分析结果

压应力	E_{corr}(*vs*. Ag/AgCl)/mV	b_a/(mV/dec)	b_c/(mV/dec)	I_{corr}/(mA/cm^2)	R_p/Ω·cm^2	η/%
$0\delta_s$	−259	118	231	0.15	312	58.3
$0.5\delta_s$	−271	142	217	0.21	175	59.6
$0.65\delta_s$	−273	112	216	0.3	102	76.9
$0.8\delta_s$	−276	129	228	0.48	99	77.1
$1\delta_s$	−284	136	214	0.54	94	80.9
$1.2\delta_s$	−299	125	201	0.86	43	76.7

随着压应力的增加，反应极化电阻逐渐减小，腐蚀电流密度增大，表明随着压应力的增加，材料的耐蚀性能变弱。对比不同应力下的缓蚀效率，在弹性变形阶段内，随着压应力的增加，缓蚀效率逐渐升高，这是因为随着压应力的增加，促进了原子的移动，增大了金属的化学活性。总之，TG201缓蚀剂在超级13Cr不锈钢上形成的吸附表面，随着压应力水平的增加，自腐蚀电位也发生明显负移，腐蚀电流密度呈单调增加，极化电阻逐渐减小，腐蚀加剧。

5.2.3.2 交流阻抗谱

图5-11(a)和(b)分别为超级13Cr不锈钢承受不同压应力时的交流阻抗图谱及其等效电路图。未加载应力的超级13Cr不锈钢的阻抗谱为高频容抗弧和低频感抗弧，随着压应力的增大，高频容抗弧半径减小，低频感抗弧发生“退化”。容抗半径大小与其电化学腐蚀速率直接相关，随着加载应力水平的提高，容抗弧半径减小，腐蚀速率增加，这与极化曲线测试结果一致。

阻抗谱图中低频感抗弧的出现和退化，这与钝态金属超级13Cr不锈钢在酸液中钝化膜遭受 Cl^- 侵蚀发生孔蚀性破坏过程有关。在钝态金属的孔蚀诱导期内，其阻抗特征表现为高频容抗弧和低频感抗弧，进入发展期后，其阻抗特征表现为高频容抗弧（低频的感抗弧退化）。随着应力水平的增加，孔蚀诱导期缩短（感抗弧逐渐消失），腐蚀进入发展期。不同应力水平下的交流阻抗谱是试样在溶液中浸泡大致相同的时间后测得的，但是施加应力的试样已进入孔蚀期，而未施加应力的试样还处于孔蚀的诱导期，这与小孔腐蚀形成的基本条件密切相关。孔蚀形成源于金属表面钝化膜的不均匀性，在钝化膜比较薄弱或不完整的局部表面上，阳极电流密度就会偏高。局部表面上钝化膜越薄弱，在这些表面区的阳极电流密度偏高的幅度就越大，这些表面区域也就越容易发生小孔腐蚀。试样表面施加应力后，金属表面钝化膜的钝化膜遭到破坏，应力水平越大，对表面钝化膜的破坏越严重，因而越容易在这些表面形成孔蚀，缩短孔蚀的诱导期。

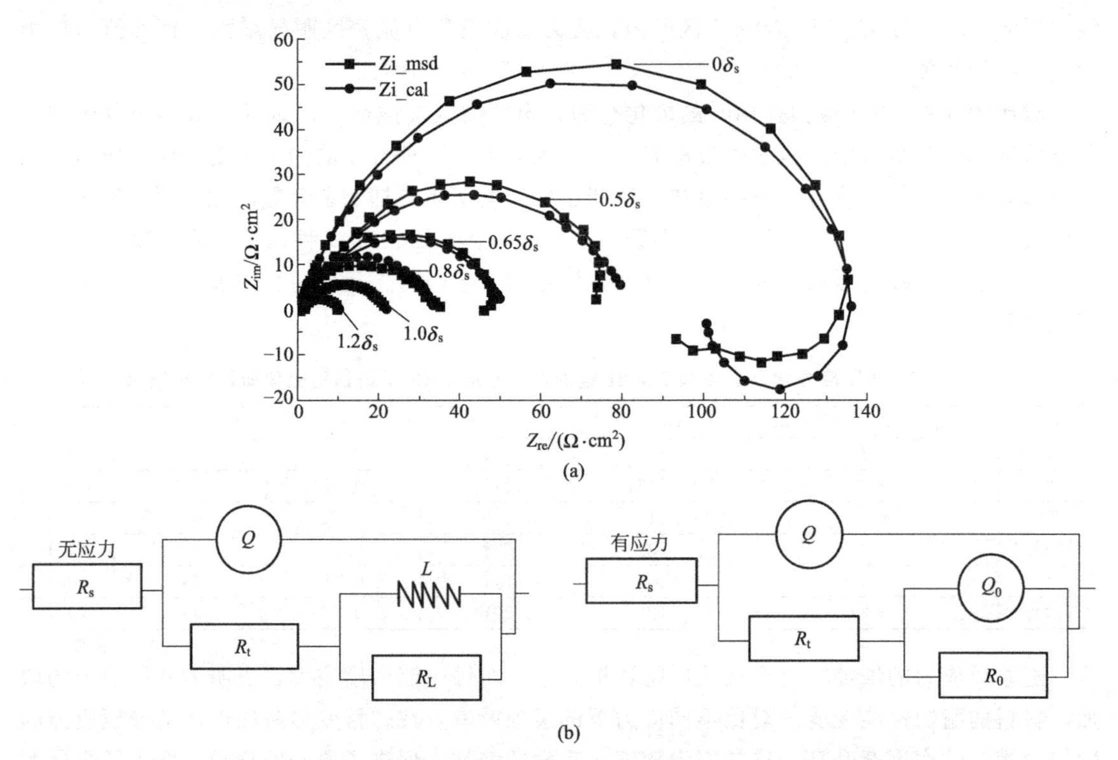

图 5-11　不同压应力水平下超级 13Cr 不锈钢的交流阻抗谱及等效电路

图 5-11(b) 中，R_s 为溶液电阻，即 Luggin 毛细管尖端到电极表面间的溶液电阻；Q 为试验溶液与研究电极表面之间所形成的双电层电容的常相位角元件；R_t 为膜电阻；Q_0 为蚀孔内界面电容；R_L 和 L 为弛豫过程电阻和感抗。表 5-8 所示为其解析结果，可以看出腐蚀反应电阻减小，腐蚀速率随着应力水平的增大而加快。

表 5-8　超级 13Cr 不锈钢在不同压应力水平下交流阻抗图谱解析结果

压应力	R_s /Ω·cm²	Q /(F/cm²)	nQ	R_t /Ω·cm²	R_L /Ω·cm²	R_0 /Ω·cm²	Q_0 /(F/cm²)	nQ_0	L /H·cm²
$0\delta_s$	0.3645	5.69×10^{-4}	0.7906	135	41.73	—	—	—	113.3
$0.5\delta_s$	0.82	2.30×10^{-45}	1	80.8	—	0.9711	1.00×10^{-3}	0.6954	—
$0.65\delta_s$	0.7656	3.93×10^{-5}	1	49.51	—	0.9258	0.00155	0.7033	—
$0.8\delta_s$	0.6734	2.72×10^{-4}	1	31.71	—	0.445	0.00157	0.6826	—
$1.0\delta_s$	0.2578	1.60×10^{-6}	1	21.6	—	0.2967	0.00373	0.578	—
$1.2\delta_s$	0.2269	0.1145	0.5418	10.13	—	0.02516	0.00944	1	—

图 5-12(a) 和 (b) 分别为超级 13Cr 不锈钢在添加 TG201 缓蚀剂后，不同压应力水平作用下的交流阻抗谱与其等效电路图。由图 5-12(a) 中可以看出，加入缓蚀剂 TG201 后，试样表面在阻抗谱高频段中表现为高频容抗弧和低频感抗弧。随着压应力的增加，容抗弧和感抗弧的半径均不断减小，表明钢的耐蚀性能下降。这是由于随着应力水平的增加，钢在力学和化学竞争作用下，缓蚀剂吸附表面仍然表现出应力作用促进腐蚀作用强于与之相适应的缓蚀剂的表面吸附，但是腐蚀作用在起初就十分强烈，因此，在二者变化速率上虽然缓蚀剂效率提高，但依然表现为腐蚀占据主导地位，腐蚀速率增加，从而导致阻抗谱图中容抗和感

抗半径的不断变小。

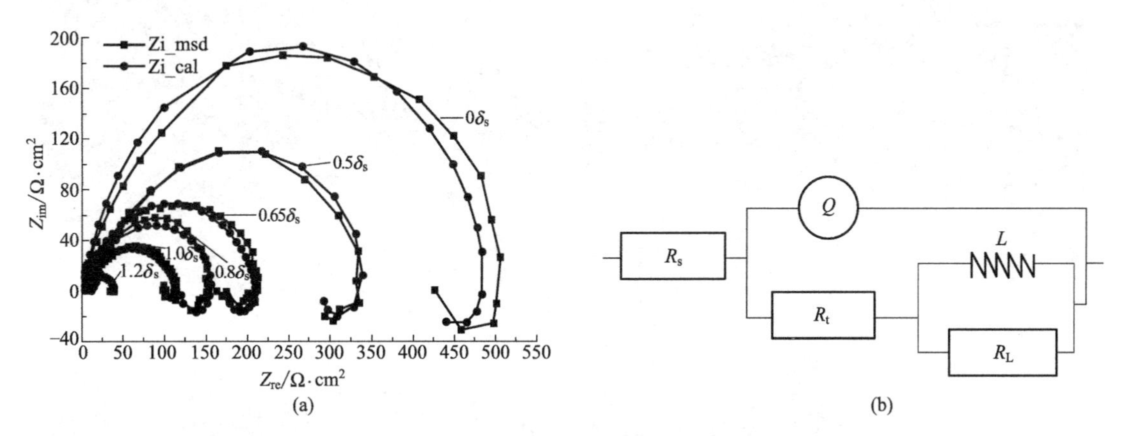

图 5-12　超级 13Cr 不锈钢在添加缓蚀剂 TG201 时的交流阻抗谱及等效电路

从图 5-11(a) 和图 5-12(a) 的对比中可以看出加入缓蚀剂的溶液中的容抗半径明显大于未含缓蚀剂的容抗半径，表明缓蚀剂的加入均有效地抑制了有/无应力作用下的腐蚀速率。双电层电容的减小主要是由于缓蚀剂分子的介电常数比水分子的介电常数小得多，且一般情况下缓蚀剂吸附层的厚度比水吸附层的厚度大。

从表 5-8 和表 5-9 对比中可以看出，加入缓蚀剂后，随着压应力的增加，反应电阻逐渐降低，腐蚀反应产生的阻力减少，腐蚀速率增加。表 5-10 为由电荷转移电阻与自腐蚀电流计算得到的缓蚀效率对比。从表 5-10 中可以看出，随着应力水平的增加，其变化规律相同，且具有良好的一致性。

表 5-9　添加缓蚀剂时，在不同压应力水平下交流阻抗图谱解析结果

压应力	R_s/Ω·cm^2	Q/(F/cm^2)	nQ	R_t/Ω·cm^2	R_L/Ω·cm^2	Q_0/(F/cm^2)
0δ_s	0.2002	7.58×10^{-5}	0.8395	426	73.92	119.9
0.5δ_s	1.088	4.61×10^{-4}	0.6913	281.7	88.98	161.7
0.65δ_s	1.291	2.98×10^{-4}	0.7258	174.6	40.09	178.8
0.8δ_s	0.9990	4.98×10^{-4}	0.6817	120.7	55.34	43.2
1.0δ_s	1.037	4.97×10^{-4}	0.6638	101.5	15.25	52.60
1.2δ_s	0.3702	0.00282	0.6013	37.54	5.763	8.823

表 5-10　由电荷转移电阻与自腐蚀电流计算得到的缓蚀效率对比

压应力	R_{CT}(空)/Ω·cm^2	R_{CT}(缓)/Ω·cm^2	缓蚀效率/%	i_{corr}(空)/(mA/cm^2)	i_{corr}(缓)/(mA/cm^2)	缓蚀效率/%
0δ_s	135.0	426.0	68.3	0.36	0.15	58.3
0.5δ_s	80.80	281.7	71.3	0.52	0.21	59.6
0.65δ_s	49.51	174.6	71.6	1.3	0.3	76.9
0.8δ_s	31.71	120.7	73.7	2.1	0.48	77.1
1δ_s	21.60	101.5	78.7	2.82	0.54	80.9
1.2δ_s	10.13	37.54	73.0	3.69	0.86	76.7

5.2.3.3　腐蚀形貌

图 5-13 为超级 13Cr 不锈钢在承受不同压应力水平下浸泡试样腐蚀试验后的表面形态 SEM 照片。从图 5-13 可以看出，未加入缓蚀剂的试样表面均覆盖着一层腐蚀产物膜，随着

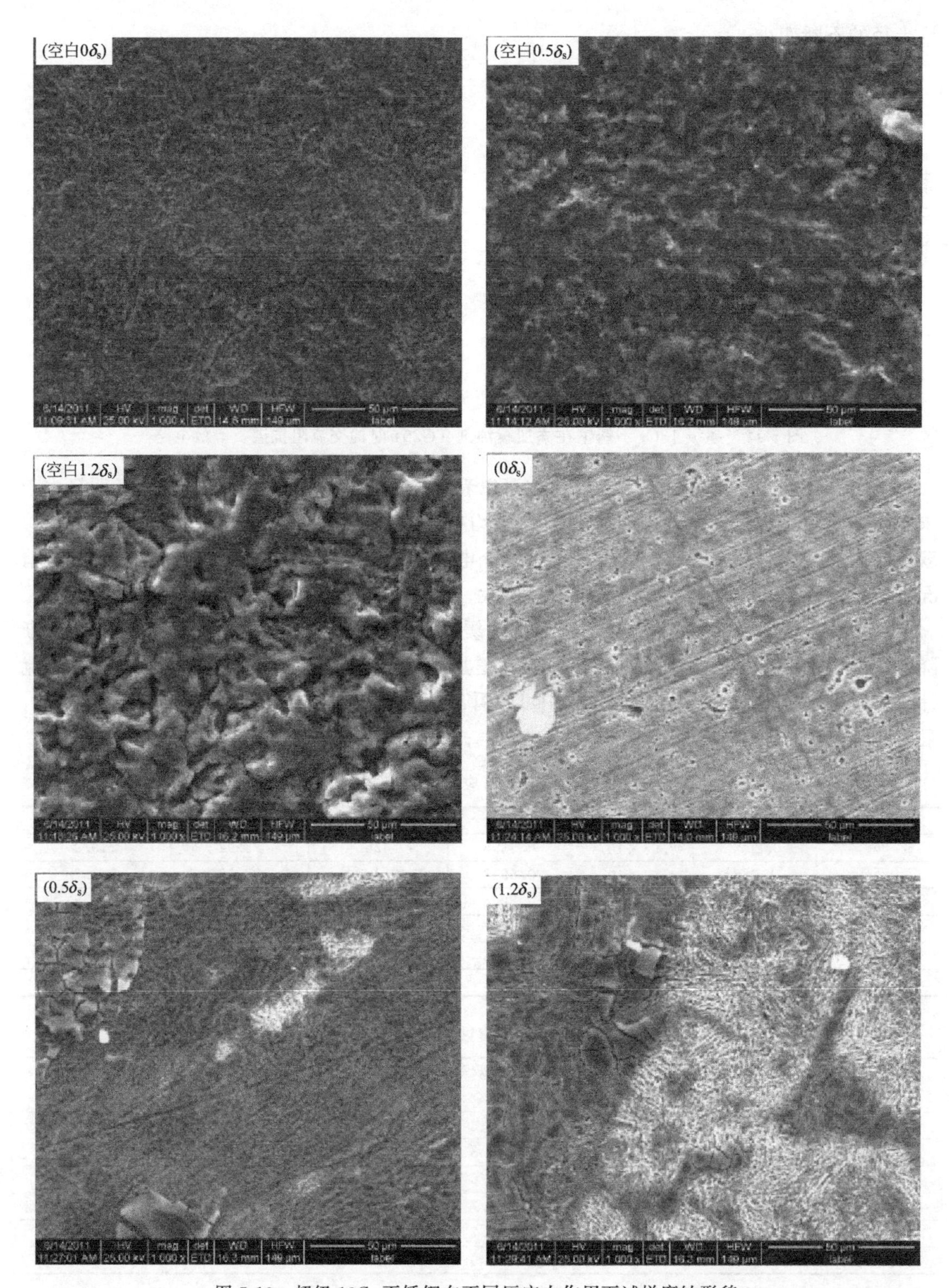

图 5-13　超级 13Cr 不锈钢在不同压应力作用下试样腐蚀形貌

应力水平的增加，腐蚀产物膜变得疏松，在应力水平较大时，腐蚀产物膜的表面还出现了明显的开裂痕，而在无应力和应力水平较小的情况下，试样表面的腐蚀产物膜呈现均匀且致密的特征，从而可对试样表面起到较好的保护作用。对比腐蚀液中未加有缓蚀剂的试样表面，加有缓蚀剂的试样表面腐蚀轻微，随着应力水平的增加，虽然腐蚀有所加剧，但应力对腐蚀的影响作用有限，在 1.2δ_s 应力水平下的试样表面出现完全覆盖的产物膜，但膜层较薄，易于剥落。在应力水平为零时，这种差异最为明显，表现为加入缓蚀剂的试样表面只有点蚀坑出现，尚可明显看到砂纸打磨基体后的划痕，随着应力水平接近钢的屈服极限，打磨痕迹逐渐被腐蚀掩盖。

可见，随压应力水平的增加，超级 13Cr 不锈钢的自腐蚀电位逐渐负移，电化学腐蚀速率不同程度地增大（极化电阻逐渐减小、腐蚀电流密度增大、反应电荷转移电阻逐渐减小），超级 13Cr 不锈钢的耐蚀性能下降。压应力可促进电化学腐蚀，但控制应力水平在（0.5～0.6）δ_s 以下可以减轻应力对于电化学腐蚀的加速影响，同时选择适当的缓蚀剂进行表面吸附形成保护，也有助于显著降低应力对电化学腐蚀的不利影响。弹性形变范围内，随着压应力的增加，腐蚀趋于严重，但缓蚀剂的缓蚀效率增加；当压应力超过钢的屈服极限后，进入塑性形变区后，缓蚀剂的缓蚀效率会开始下降。因此，控制压应力水平对于缓蚀剂效率发挥具有一定的影响。

5.3　醋酸液中的电化学腐蚀特征

5.3.1　醋酸浓度的影响

图 5-14 为超级 13Cr 不锈钢在含醋酸溶液中的开路电位变化情况，可见，在 3.5% NaCl 中添加醋酸引起超级 13Cr 不锈钢开路电位下降，但其点蚀电位未显著降低。不含醋酸时，试样的钝化膜呈 n 型半导体特性；加入 1%和 10%的醋酸后，钝化膜呈现 n+p 型的双极性特征。醋酸会使钝化膜减薄，膜内点缺陷密度增大，从而降低钝化膜的保护作用。溶液中不含醋酸时，升高温度会导致钝化区间变窄，但在含 1%醋酸的溶液中，试样的钝化区间宽度随温度升高几乎不变。试验溶液中加入醋酸后，试样的开路电位显著下降（如图 5-14）。在未添加醋酸的 3.5% NaCl 溶液中，试样的开路电位为－160mV，而加入 0.3%醋酸后，试样的开路电位为－253mV，进一步增加醋酸的量，开路电位约为－280mV。这表明醋酸的加入增大了试样的腐蚀倾向，随着醋酸加入量的增加，开路电位下降的趋势减小。此外，试样在无醋酸溶液中 OCP（开路电位）的稳定时间约为 600s；加入醋酸后，试样在溶液中 OCP 的稳定时间延长至 1500s。溶液中加入醋酸后，发生电离作用：

$$HAc \longrightarrow Ac^- + H^+ \tag{5-2}$$

试样表面钝化膜生长的过程势必伴随着 H^+ 所引起的钝化膜溶解，见式（5-3）～式（5-5）。

$$Cr_2O_3 + 6H^+ \longrightarrow 2Cr^{3+} + 3H_2O \tag{5-3}$$

$$Fe_2O_3 + 6H^+ \longrightarrow 2Fe^{3+} + 3H_2O \tag{5-4}$$

$$FeO + 2H^+ \longrightarrow Fe^{2+} + H_2O \tag{5-5}$$

钝化膜未完整覆盖基体表面时，H^+ 会引起的基体金属的溶解，见式(5-6)～式(5-7)。

$$Cr + 3H^+ \longrightarrow Cr^{3+} + 3H_{abs} \tag{5-6}$$

$$Fe + 2H^+ \longrightarrow Fe^{2+} + 2H_{abs} \tag{5-7}$$

根据点缺陷模型，在金属/钝化膜界面发生钝化膜的生长，而在钝化膜/溶液界面发生钝化膜的溶解，两者的综合作用决定了钝化膜的增厚/减薄速率（dL/dt）以及最终厚度。显然，当 $dL/dt>0$ 时，即钝化膜的生长速率大于其溶解速率时，钝化膜增厚；当 $dL/dt<0$ 时，即钝化膜的生长速率小于其溶解速率时，钝化膜减薄。浸泡初期，钝化膜通常先经历增厚过程；钝化膜生长速率逐渐地减小并趋近于溶解速率，膜增厚速率降低；最终，当钝化膜生长速率和溶解速率达到平衡时，钝化膜的厚度维持不变，即体系达到稳态。以上的动力学过程反映在 OCP 曲线中，就是图 5-14 中趋于稳定的典型特征。

在 OCP 测试过程中，钝化膜溶解反应延缓了钝化膜的生长过程，见式(5-3)～式(5-5)，且金属基体的溶解在钝化膜生长初期（钝化膜不完整覆盖基体）也具有一定的抑制膜生长的作用，反映在 OCP 曲线上，即趋于稳定的时间延长。

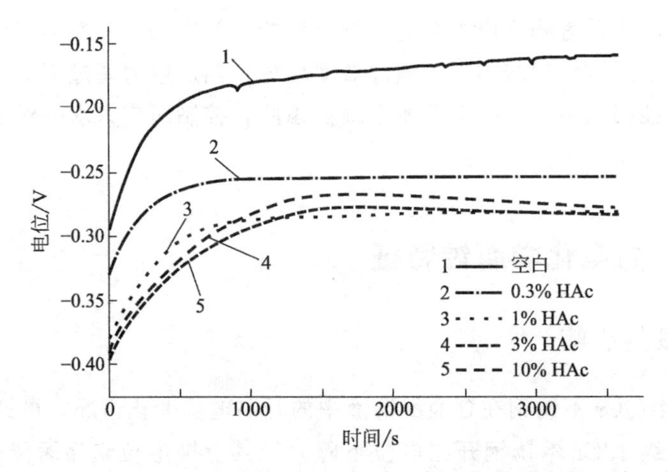

图 5-14　超级 13Cr 不锈钢在含不同量醋酸的 3.5% NaCl 溶液中的开路电位（25℃）

由图 5-15 和表 5-11 可见，随着溶液中醋酸加入量的增多，试样的自腐蚀电位（E_{corr}）逐渐负移，变化规律与试样 OCP 的变化规律基本一致。加入 0.3%的醋酸后，试样的自腐蚀电流密度（i_{corr}）减小，但随着醋酸加入量的增多，i_{corr} 又逐渐增大。维钝电流密度（i_p）随醋酸加入量的增多而增大，这表明 H^+ 含量增加后，钝化膜溶解速率增大。与此同时，加入醋酸后的阴极反应电流密度增大，但是随着醋酸含量的增加，阴极电流密度增大的趋势不明显，这表明相对于阴极析氢反应，醋酸对于阳极溶解的促进作用更大。醋酸并未显著改变

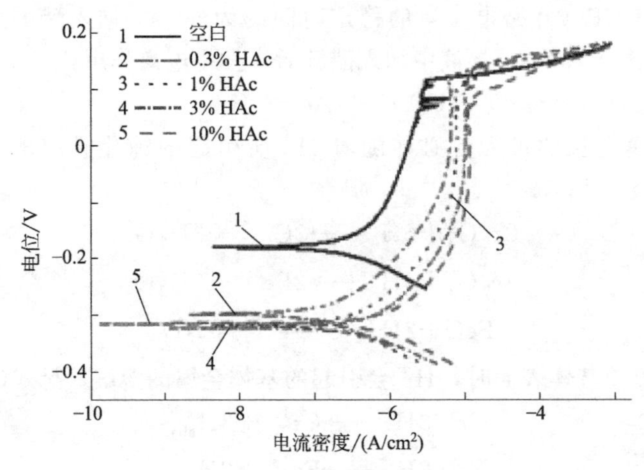

图 5-15　超级 13Cr 不锈钢在含 3.5% NaCl 的醋酸溶液中的动电位极化曲线（25℃）

试样的点蚀电位（E_p），这是因为H^+引起的是钝化膜的溶解反应，使得钝化膜稳态厚度减小；而在该体系中Cl^-是诱发点蚀的主要因素，Cl^-的浓度维持不变，因此E_p并未发生明显变化，只是在醋酸达到较高浓度时，钝化膜的厚度显著降低，Cl^-更易导致钝化膜的破坏，所以使得E_p略有下降。

表 5-11 极化曲线拟合结果

HAc加入量/%	E_{corr}/mV	i_{corr}/(μA/cm²)	b_a/(mV/dec)	b_c/(mV/dec)	E_p/mV	J_p/(μA/cm²)
0	−178	0.151	66.44	−47.52	117	1.764
0.3	−299	0.081	59.55	−47.29	116	6.461
1	−318	0.167	65.55	−48.73	121	7.986
3	−324	0.301	74.18	−50.10	133	10.329
10	−316	0.508	75.64	−56.11	92	11.679

由图5-16可见，阻抗谱中相位角在很宽的范围内变化，且接近−80°，说明可能有两个时间常数，相位角在中频区域相重叠出现宽峰。随着醋酸浓度的增大，容抗弧的半径逐渐减小，阻抗模值$|Z|$亦减小，超级13Cr不锈钢试样表面的钝化膜对其基体的保护性降低。图5-17与表5-12中，R_s为溶液电阻，CPE_{dl}和CPE_f分别为双电层和钝化膜的常相角元件，

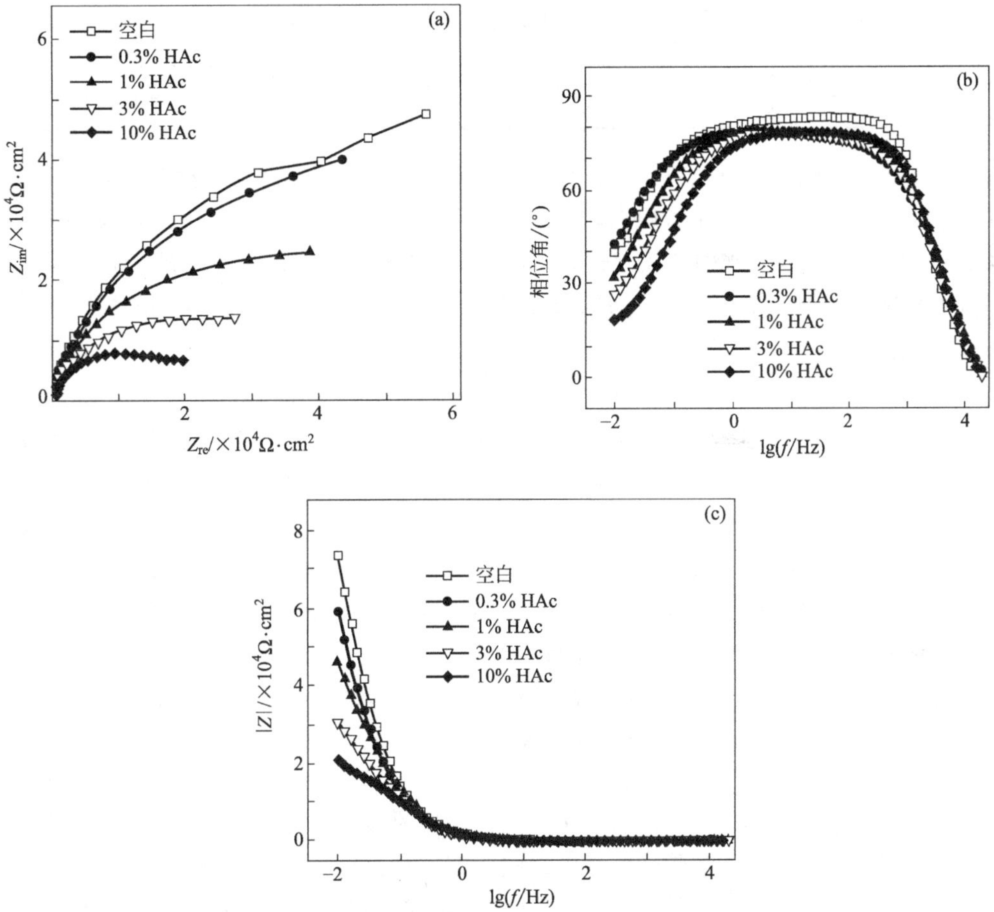

图5-16 超级13Cr不锈钢在含不同量醋酸的3.5% NaCl的电化学阻抗谱（25℃）
(a) Nyqusit图；(b) 相位角-频率Bode图；(c) 模-频率Bode图

R_{ct} 为电荷转移电阻，C_{dl} 为双电层电容，R_f 为钝化膜电阻，C_f 为钝化膜电容。由图5-16和表5-12可见，随着醋酸含量的增大，钝化膜电阻降低，电荷转移电阻降低，而膜电容逐渐增大，说明增大醋酸浓度使得钝化膜对基体的保护作用降低。此外，钝化膜的厚度（L_{ss}）与钝化膜电容（C_f）之间存在如下关系：

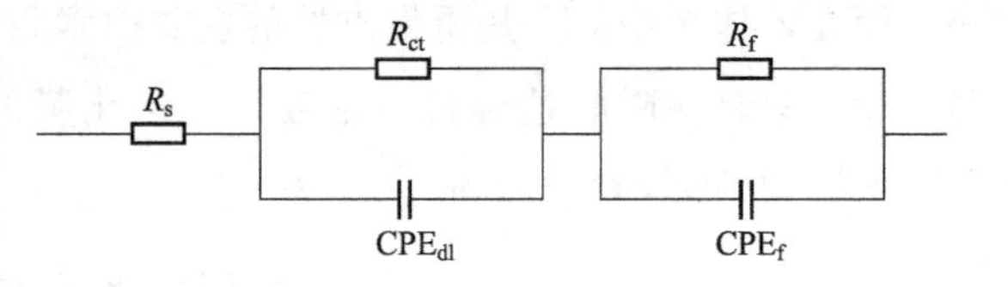

图5-17　EIS曲线拟合所用的等效电路

$$L_{ss}=\varepsilon_0\varepsilon/C_f \tag{5-8}$$

式中，ε_0 为真空电容率，ε 为膜介电常数。由式(5-8)可知，膜电容 C_f 增大，则钝化膜厚度 L_{ss} 减小，即醋酸浓度的增大使得钝化膜减薄。由于钝化膜在溶液中存在一个生成和溶解的平衡，加入醋酸所引起的溶解反应打破了这一平衡，使得溶解加剧，从而使得钝化膜减薄。直到膜厚度降至某一值后，才重新达到了钝化膜生成和溶解的平衡状态。

表5-12　电化学阻抗谱的拟合结果

HAc/%	R_s /$\times10^4\Omega\cdot cm^2$	C_{dl} /($\times10^{-4}$F/cm^2)	n_{dl}	R_{ct} /$\times10^4\Omega\cdot cm^2$	C_f /($\times10^{-4}$F/cm^2)	nf	R_f /$\times10^4\Omega\cdot cm^2$
0	1.51	2.84	0.897	1.72	1.56	0.906	8.75
0.3	1.58	2.86	0.881	2.15	2.07	0.875	8.12
1	1.32	1.93	0.884	1.76	2.54	0.888	4.56
3	1.51	1.63	0.885	1.62	4.67	0.892	2.32
10	1.30	1.24	0.898	1.13	5.88	0.905	1.18

通过动电位极化曲线及电化学阻抗谱，只能获得钝化膜对基体保护效果的基本信息，无法掌握钝化膜的半导体特性及膜内点缺陷大小。因此，有必要通过表征不同浓度醋酸溶液中超级13Cr不锈钢的Mott-Schottky曲线，来获取钝化膜半导体类型及点缺陷密度的相关信息。对于n型和p型半导体膜，空间电荷电容（C）和电位（E）具有如下关系：

$$C^{-2}=2\varepsilon\varepsilon_0 eN_D(E-E_{fb}-KTe)\quad\text{（n型半导体膜）}\tag{5-9}$$

$$C^{-2}=2\varepsilon\varepsilon_0 eN_A(-E+E_{fb}-KTe)\quad\text{（p型半导体膜）}\tag{5-10}$$

式中，ε_0 为真空电容率（8.854×10^{-14} F/cm）；ε 为膜介电常数（此处取15.6）；e 为电子电量（1.602×10^{-19}C）；N_D 为施主密度；N_A 为受主密度；E_{fb} 为平带电位；K 为玻尔兹曼常数；T 为热力学温度。由式(5-9)、式(5-10)可知，空间电荷电容（C）和电位（E）之间存在线性关系，而式中电位 E 的系数即为曲线的斜率。所以，对Mott-Schottky曲线近直线段进行线性拟合得到斜率，就可以利用式(5-9)、式(5-10)分别计算出n型和p型半导体膜的施主密度（N_D）和受主密度（N_A）。

由图5-18可见，溶液中不含醋酸时，超级13Cr不锈钢的钝化膜呈n型半导体特性；加入1%醋酸，钝化膜呈现n+p型的双极性膜特征；加入10%醋酸，钝化膜则以p型半导体特性为主，只具有较弱的n型半导体响应。Xia等针对硫代硫酸钠体系，认为S改变了钝化膜的组成，改变了空位类型，从而引起了半导体类型的转变。对于醋酸引起半导体类型的转变尚未见报道，其机理亦不清楚。根据点缺陷模型，马氏体不锈钢之所以呈现n型半导体，是因为钝化膜主要由非化学计量比的 $Cr_{2+x}O_{3-y}$ 组成。加入醋酸后，非化学计量比的钝化膜最外层有可能发生式(5-6)的反应，使得最外层 $Cr_{2+x}O_{3-y}$ 的Cr/O比例发生变化，从而引起钝化膜外层半导体类型的转变，反映在Mott-Schottky曲线上，即出现双极性特征。表

5-13是由式(5-9)、式(5-10)计算得到的钝化膜的施主密度（N_D）和受主密度（N_A）。可见，醋酸的加入使得N_D和N_A逐渐升高，钝化膜的保护作用降低，这与阻抗谱的结果相吻合，而N_D和N_A的升高可能与H^+对非化学计量比氧化物$Cr_{2+x}O_{3-y}$的选择性溶解有关。

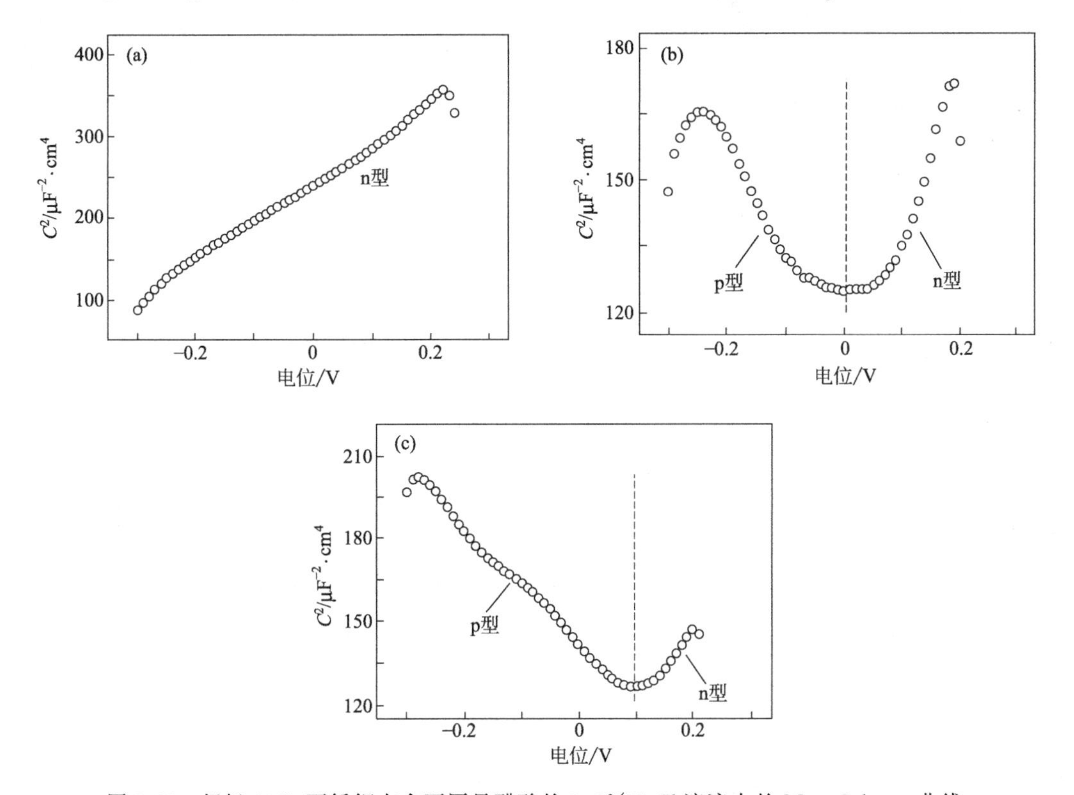

图5-18　超级13Cr不锈钢在含不同量醋酸的3.5%NaCl溶液中的Mott-Schotty曲线

(a) 0% HAc；(b) 1% HAc；(c) 10% HAc

表5-13　超级13Cr不锈钢钝化膜内的施主密度和受主密度

溶液条件	$N_D/\times10^{22}cm^{-3}$	$N_A/\times10^{22}cm^{-3}$
不含HAc	1.97	—
1%HAc	2.36	3.46
10%HAc	3.50	4.31

5.3.2　温度的影响

由图5-19可见，加入1%醋酸，试样的自腐蚀电位E_{corr}比空白试样约低150～200mV，钝化区的电流密度比空白试样高出一个数量级，升高温度，这一特征仍然存在。此外，醋酸的加入并未改变超级13Cr不锈钢的点蚀电位（E_p）。对比不同温度下超级13Cr不锈钢的点蚀电位可知，温度升高引起E_p逐渐降低。这是因为，高温下电化学反应速率增加，且钝化膜的溶解和生成过程加剧，在成膜和溶解的竞争过程中，膜中的点缺陷密度增加，且使得电极表面富氯，从而导致试样的点蚀电位降低。图5-20(d)中，钝化区宽度为点蚀电位（E_p）与自腐蚀电位（E_{corr}）之差。不含醋酸溶液中试样的钝化区宽度随温度的升高逐渐减小，而在含有1%醋酸溶液中试样的钝化区宽度几乎保持不变。产生该现象的机理尚不清楚，可能与醋酸电离出的有机酸根（CH_3COO^-）有关，有待进一步研究。

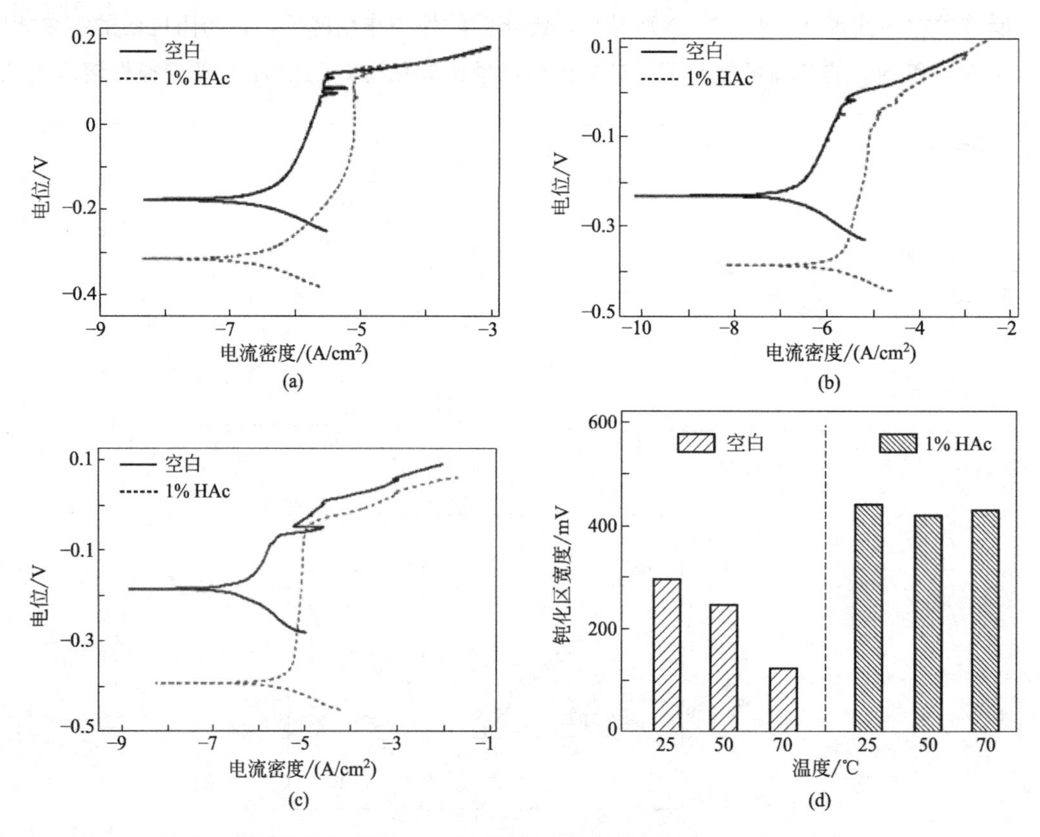

图 5-19　不同温度下超级 13Cr 不锈钢在空白和含 1%HAc 的 3.5%NaCl 溶液中的动电位极化曲线及钝化区宽度

(a) 25℃；(b) 50℃；(c) 70℃；(d) 钝化区宽度

由图 5-20 可见，随着温度的升高，Nyquist 图的容抗弧半径逐渐减小，体系的腐蚀反应加剧。50℃和 70℃条件下，在含 1%醋酸的 3.5% NaCl 溶液中，试样在低频区域出现 Warburg 阻抗，未出现和出现 Warburg 阻抗的 EIS（电化学阻抗谱）分别采用图 5-17 和图 5-21 所示等效电路进行拟合，结果见表 5-14。3 种温度下，含有 1%醋酸的 3.5% NaCl 溶液中的钝化膜电阻 R_f 均小于空白溶液中的，而且高温下 R_f 减小的幅度更为显著，这可能是由高温下反应加剧所引起的。膜电阻的结果表明，试样在空白溶液中形成的钝化膜的保护效果优于在含 1% HAc 溶液中的，这与图 5-19 中动电位极化的规律一致。Warburg 阻抗的出现通常反映电极腐蚀反应转为由扩散控制，溶液中加入 1%HAc，溶液中 H^+ 浓度应与电极表面 H^+ 无显著差异，此时浓度梯度主要是电极表面反应的产物 Fe、Cr 离子与远离电极的溶液中同类离子的浓度梯度。笔者认为，Fe、Cr 离子之所以会产生浓度梯度，一方面醋酸电离出来的 H^+ 使得阳极溶解速率大大提高，电极表面产生的 Fe、Cr 离子浓度显著增大；另一方面醋酸根（CH_3COO^-）中存在 C═O 键，对金属表面具有一定吸附作用，从而使得阳极溶解产生的阳离子向溶液中的扩散受到一定的阻碍。相比较而言，仅含有 3.5% NaCl 的空白溶液不具备以上两方面的条件，因此在 50℃和 70℃时未产生 Warburg 阻抗。

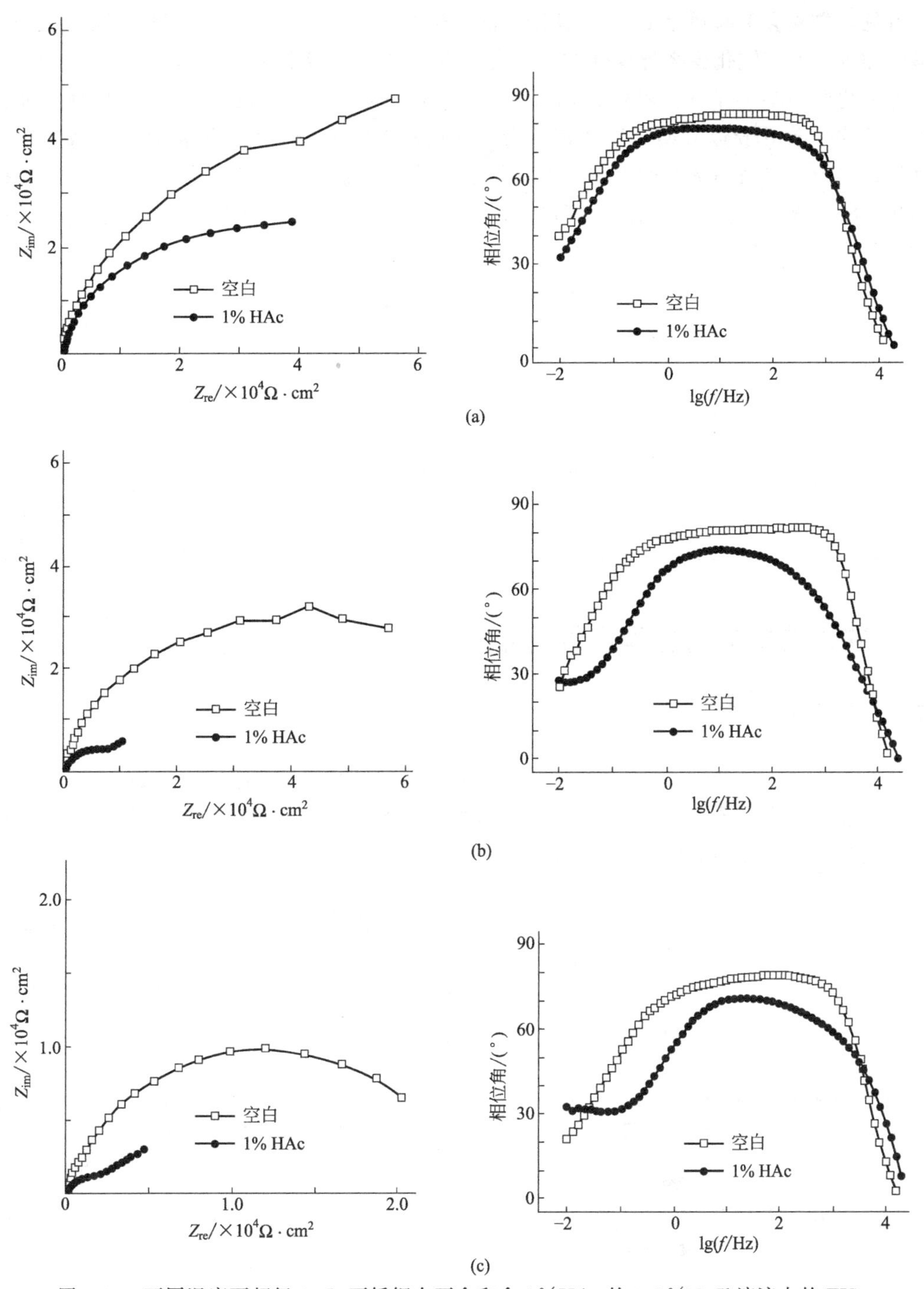

图 5-20　不同温度下超级 13Cr 不锈钢在不含和含 1%HAc 的 3.5%NaCl 溶液中的 EIS

(a) 25℃；(b) 50℃；(c) 70℃

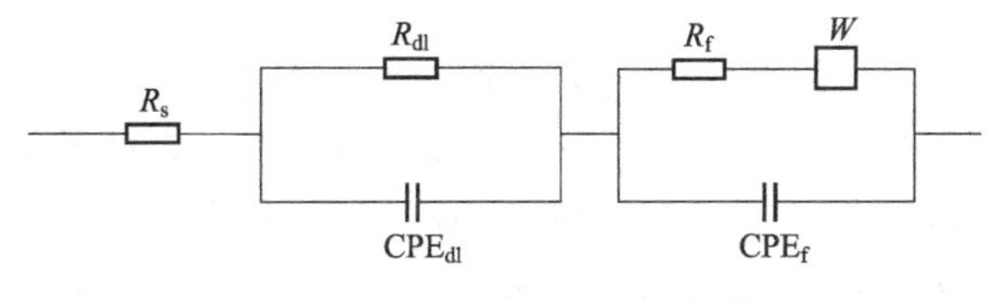

图 5-21　EIS 等效电路

可见，醋酸会引起超级 13Cr 不锈钢开路电位的降低，但是并不会显著降低其点蚀电位。醋酸的加入导致了钝化膜半导体性质的改变。超级 13Cr 不锈钢在不含醋酸的 3.5% NaCl 溶液中的钝化膜呈 n 型半导体特性；加入 1%的醋酸，钝化膜呈现 n+p 型的双极性特征；加入 10%醋酸，钝化膜以 p 型半导体特性为主。随着醋酸量的增大，钝化膜厚度减小，保护性降低，膜内的点缺陷密度增大。溶液中不含醋酸时，随着温度的升高，超级 13Cr 不锈钢的钝化区间显著变窄，维钝电流密度增大；但在含 1%醋酸的溶液中，随着温度升高，钝化区宽度几乎保持不变。

表 5-14　拟合结果

T /℃	HAc /%	R_s /Ω·cm²	C_{dl} /(×10⁻⁴F/cm²)	n_{dl}	R_{ct} /(×10⁴Ω·cm²)	C_f /(×10⁻⁴F/cm²)	nf	R_f /(×10⁴Ω·cm²)
25	0	1.51	2.84	0.897	1.72	1.56	0.906	8.75
1	1.32	1.93	0.884	1.76	2.54	0.888	4.56	—
50	0	1.13	3.86	0.882	4.29	0.98	0.887	6.93
1	2.29	8.53	0.647	0.62	1.23	0.993	0.23	3.99
70	0	1.29	4.90	0.842	1.57	1.53	0.857	2.36
1	1.18	6.29	0.663	0.85	1.49	0.998	0.06	2.72

5.4 完井液中的电化学腐蚀特征

5.4.1 材质的影响

传统 13Cr 不锈钢在 3 种不同浓度溴盐溶液下的极化曲线图如图 5-22(a) 所示，随着溴盐质量浓度的提高，传统 13Cr 不锈钢的自腐蚀电位不断负移。相比来看，超级 13Cr 不锈钢在不同质量浓度溴盐溶液中的自腐蚀电位则较为稳定，如图 5-22(b) 所示。

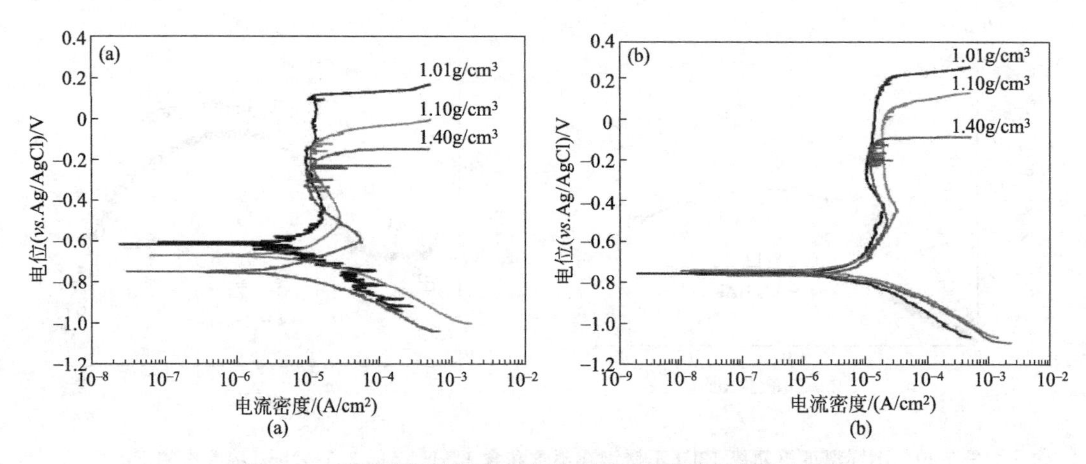

图 5-22　不同质量浓度溴盐溶液下两种钢的动电位极化曲线

(a) 传统 13Cr 不锈钢；(b) 超级 13Cr 不锈钢

点蚀电位是评价不锈钢局部腐蚀倾向的关键参数。图 5-23 给出了两种钢在不同浓度溴盐溶液下的点蚀电位变化图，可以看出，随着溴盐浓度的提高，两种钢的点蚀电位均明显负移。对于传统 13Cr 不锈钢，溶液质量浓度由 1.01g/cm³ 上升到 1.10g/cm³ 时，点蚀电位变化最为剧烈，下降超过 200mV；溶液质量浓度由 1.10g/cm³ 上升到 1.40g/cm³ 后，点蚀电位继续下降约 100mV。超级 13Cr 不锈钢点蚀电位变化趋势与传统 13Cr 不锈钢类似。这说明两种钢的局部腐蚀倾向对溴盐浓度的提升均具有较高的敏感性。另外，从图 5-24 中可以看出相比传统 13Cr 不锈钢，超级 13Cr 不锈钢的点蚀电位整体正移约 100mV，说明超级 13Cr 具有更强的耐点蚀性能。出现这种点蚀电位和耐蚀性能差异的根本原因主要与超级 13Cr 不锈钢中 Ni、Mo 的添加对钝化膜的稳定性与点蚀抑制能力的加强有关，一方面，Ni 的添加在一定程度上可以提高金属基体的热力学稳定性，增强基体对铁原子的约束能力，降低 Fe 的热力学活性；另一方面，Mo 的添加具有晶粒细化的作用，从而降低了局部腐蚀的敏感性。在动力学方面，当超级 13Cr 不锈钢表面发生钝化时，Ni 和 Mo 元素分别以各自的氧化物形式参与钝化膜的构成，并且由于 Cr 的存在，Ni、Cr、Mo 还有可能形成更为复杂的络合物，从而使超级 13Cr 不锈钢表面所形成的钝化膜比传统 13Cr 不锈钢更为致密、稳定，具有更强的耐局部腐蚀能力。

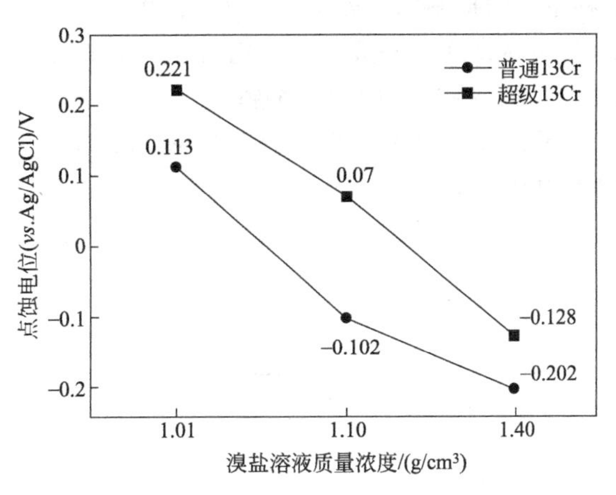

图 5-23　传统 13Cr 和超级 13Cr 不锈钢在不同浓度溴盐溶液下的点蚀电位对比

5.4.2　抑制剂的影响

5.4.2.1　极化曲线

向完井液中添加 1%的不同抑制剂［乌洛托品、钨酸盐、硫脲、咪唑啉、钼酸盐、碘化物、铬酸盐、十二胺和丙炔醇（PA）］，CO_2 分压保持在 1.0MPa，温度控制在 125℃，分析

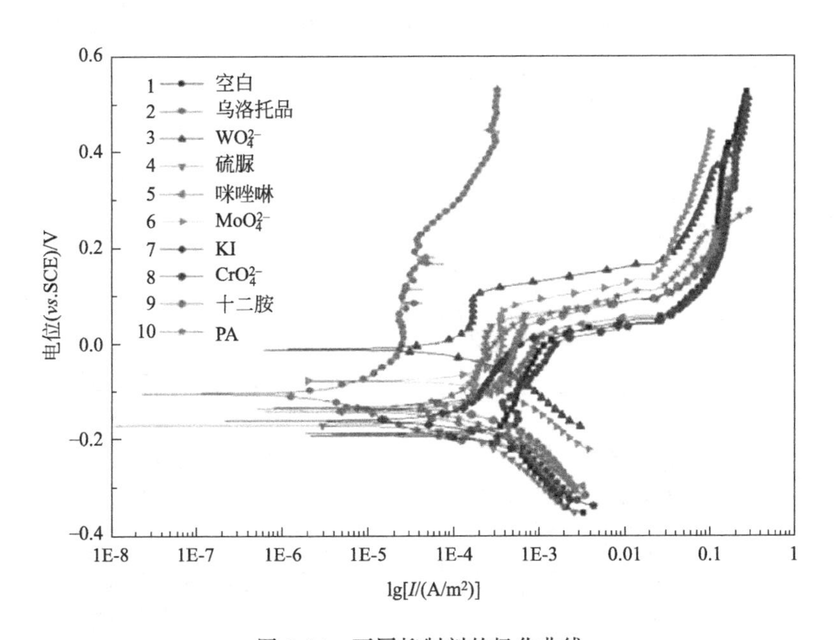

图 5-24　不同抑制剂的极化曲线

9 种不同的抑制剂的影响，图 5-24 为添加 1%（质量分数）抑制剂和不添加抑制剂后超级 13Cr 不锈钢在完井液中的极化曲线。结果表明，乌洛托品对超级 13Cr 不锈钢在完井过程中的均匀腐蚀有较好的抑制作用。

图 5-24 的拟合结果如表 5-15 所示，其中 i_{corr} 为腐蚀电流密度，E_{corr} 为腐蚀电位，η 是腐蚀抑制效率。

表 5-15　极化曲线拟合结果

抑制剂类型	$i_{corr}/(\mu A/cm^2)$	E_{corr}/mV	$\eta/\%$
空白	422.0	−194	
PA	81.6	−135	80.55
KI	89.2	−162	78.86
CrO_4^{2-}	454.6	−189	—
咪唑啉	105.3	−141	75.05
十二胺	147.5	−134	65.05
硫脲	90.7	−171	78.51
乌洛托品	5.5	−105	98.70
MoO_4^{2-}	221.3	−78	47.56
WO_4^{2-}	102.8	−12	75.6447.56

5.4.2.2　快速扫描曲线、慢速扫描曲线

通过快速扫描曲线和慢速扫描曲线可以得到电位范围。试验溶液为 39% $CaCl_2$ 卤水，N_2 鼓泡 12h，CO_2 鼓泡 6h，加入 300mg/L 乙酸和 1%抑制剂，温度控制在 125℃时，超级 13Cr 不锈钢的加载应力为 100%YS（屈服强度）。快速扫描速度为 0.3mV/s，慢速扫描速度则为 15mV/s。

图 5-25 为超级 13Cr 不锈钢的快、慢速扫描曲线。参数 P_i 表示 SCC 的敏感性，根据快速扫描曲线和慢速扫描曲线可由下式计算得到。

$$P_i=(i_f)^2/i_s \tag{5-11}$$

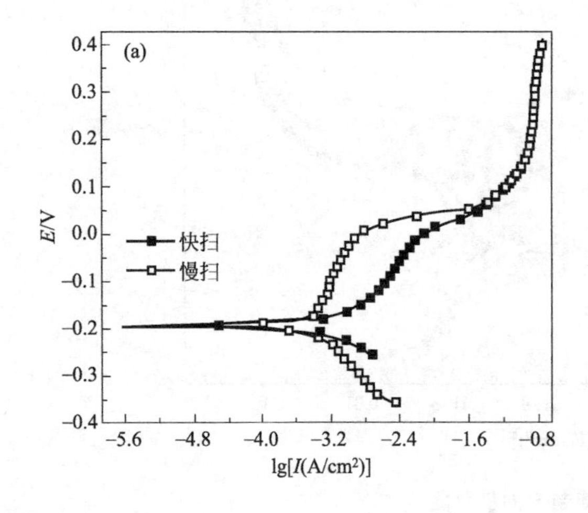

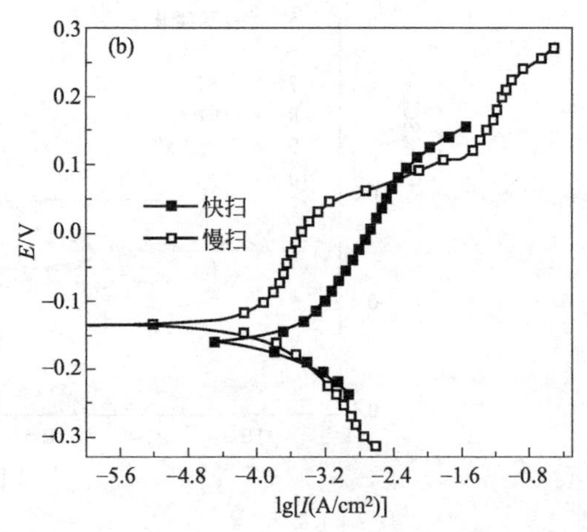

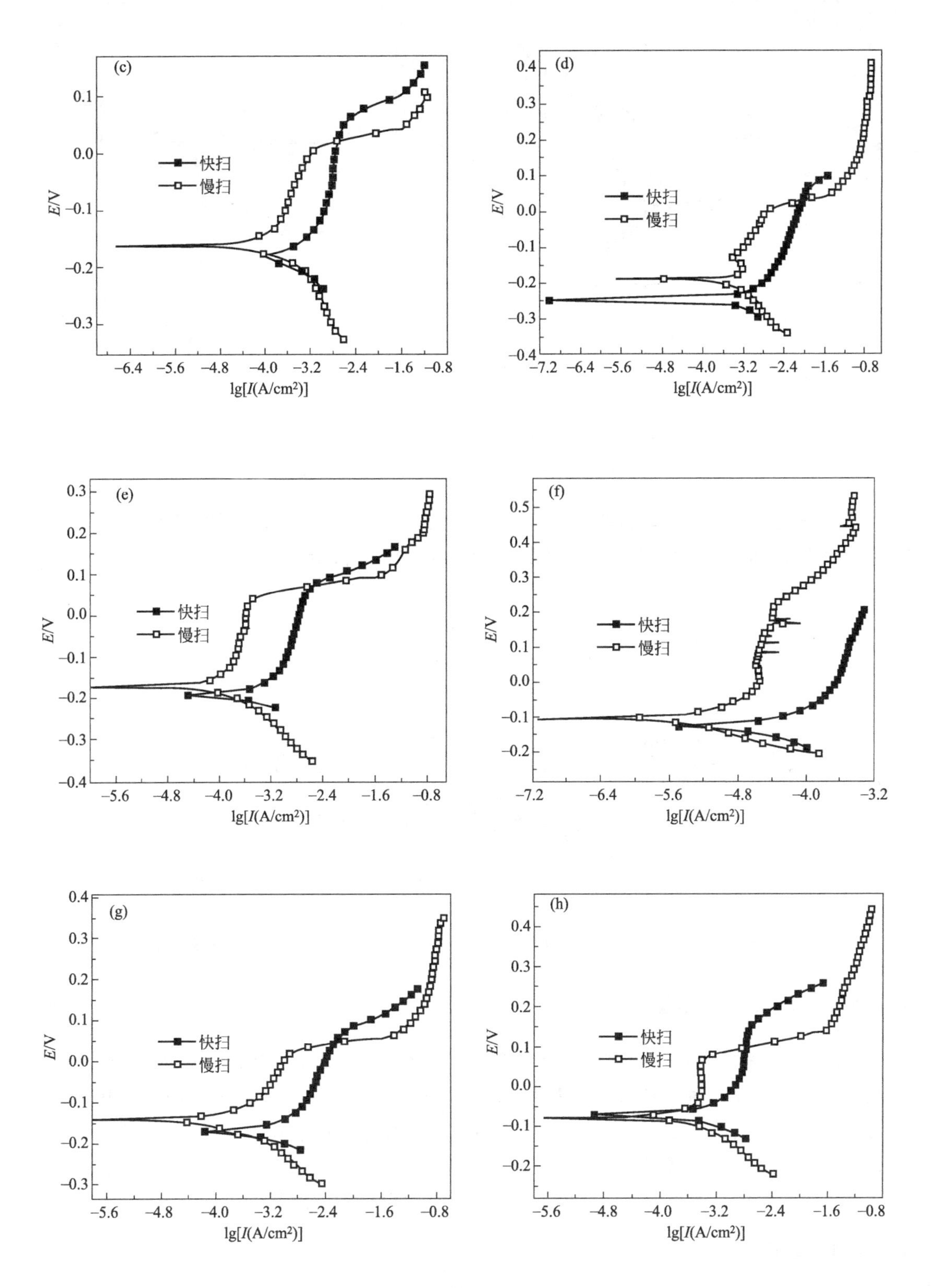
(c)
快扫
慢扫
E/V
lg[I(A/cm²)]
(d)
快扫
慢扫
E/V
lg[I(A/cm²)]
(e)
快扫
慢扫
E/V
lg[I(A/cm²)]
(f)
快扫
慢扫
E/V
lg[I(A/cm²)]
(g)
快扫
慢扫
E/V
lg[I(A/cm²)]
(h)
快扫
慢扫
E/V
lg[I(A/cm²)]

图 5-25

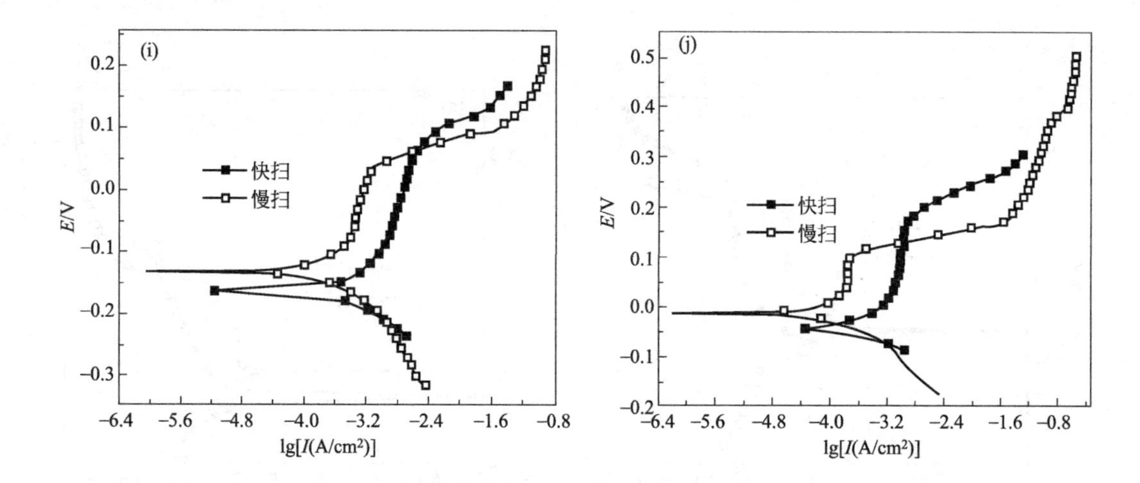

图 5-25　超级 13Cr 不锈钢的快慢速扫描曲线

(a) 空白；(b) PA；(c) KI；(d) CrO_4^{2-}；(e) 硫脲；(f) 乌洛托品；

(g) 咪唑啉；(h) MoO_4^{2-}；(i) 十二胺；(j) WO_4^{2-}

图 5-26 为在添加 1%抑制剂和不添加 1%抑制剂的 39%$CaCl_2$ 溶液中超级 13Cr 不锈钢的 P_i，表明添加抑制剂后超级 13Cr 不锈钢的 SCC 敏感性降低。

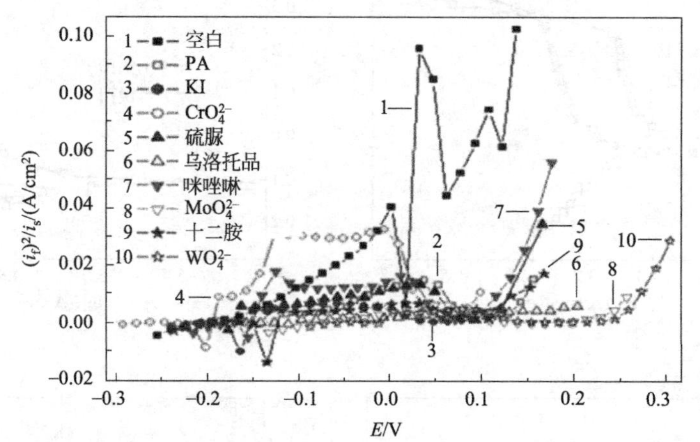

图 5-26　在添加和不添加 1%抑制剂的 39%$CaCl_2$ 溶液中，超级 13Cr 不锈钢的 P_i

5.4.2.3　SCC 电化学噪声

在溶液为 39%（质量分数，下同）$CaCl_2$ 卤水，N_2 鼓泡 12h、CO_2 鼓泡 6h，加入 0.2%乙酸和 1%抑制剂，最后，将溶液泵入高压釜。将 CO_2 吹入高压釜，CO_2 分压保持在 1.0MPa，温度控制在 125℃，对超级 13Cr 不锈钢施加的应力为 100%YS，以乌洛托品为抑制剂。图 5-27 为添加和不添加 1%（质量分数，下同）抑制剂后超级 13Cr 不锈钢在完井过程中的电化学噪声，表明加入乌洛托品后，电化学噪声得到了抑制。

5.4.2.4　乌洛托品

在溶液为加有抑制剂和不加抑制剂的 39% $CaCl_2$ 盐水时，试样置于聚四氟乙烯容器中。用 N_2 鼓泡使溶液脱气后用 CO_2 鼓泡 6h，然后将容器放入高压釜中，将 CO_2 吹入高压釜，

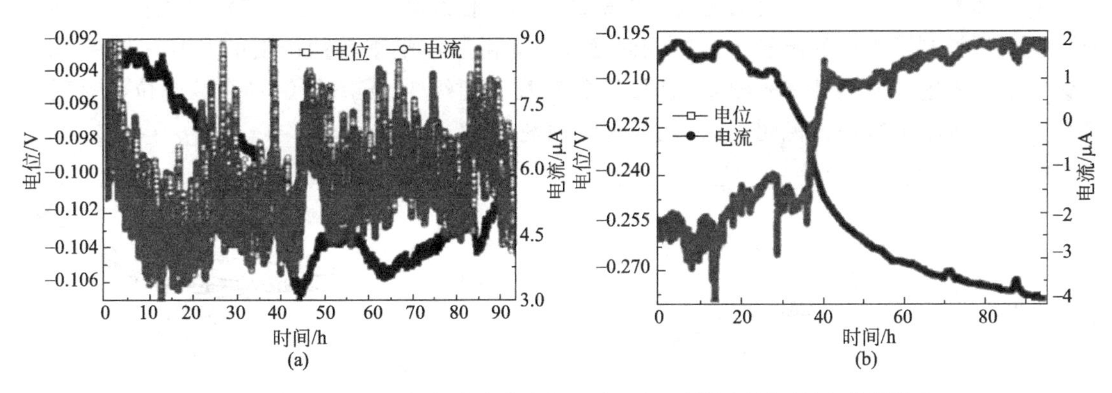

图 5-27　超级 13Cr 不锈钢在完井中加入或不加 1%抑制剂下的电化学噪声

(a) 空白；(b) 含 1%乌洛托品

CO_2 分压保持在 1.0MPa，温度控制在 125℃，测试时间为 14d。对四点弯曲实验的表面腐蚀裂纹进行了研究，结果如图 5-28 所示。

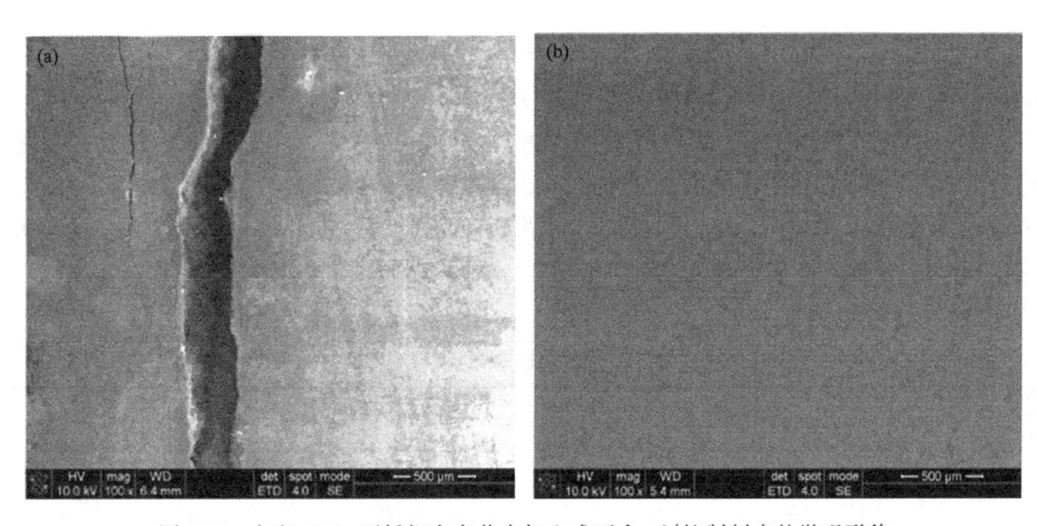

图 5-28　超级 13Cr 不锈钢在完井中加入或不含 1%抑制剂中的微观形貌

(a) 空白；(b) 含 1%乌洛托品

结果表明，在不添加抑制剂的情况下，超级 13Cr 不锈钢易发生应力腐蚀开裂（SCC），四点弯曲试样断裂，钢表面有一定的裂纹。加入乌洛托品后，超级 13Cr 不锈钢的 SCC 敏感性降低，钢表面无裂纹。在试验条件下，乌洛托品可预防超级 13Cr 不锈钢的 SCC。

在 1.0MPa、125°C 时，超级 13Cr 不锈钢的 SCC 在 0.2%乙酸存在的 CO_2 饱和完井液中迅速发生。乌洛托品对超级 13Cr 不锈钢在 $CaCl_2$ 盐水中的一般腐蚀具有良好的抑制作用。添加 1%抑制剂后，超级 13Cr 不锈钢的 SCC 敏感性降低。悬吊试验结果表明，1%乌洛托品的加入抑制了超级 13Cr 不锈钢的 SCC。

5.4.2.5　喹啉季铵盐和 KI

(1) 动电位扫描

图 5-29 为超级 13Cr 不锈钢在含不同浓度喹啉季铵盐和 KI 完井液中的极化曲线。从图

中可知，随着喹啉季铵盐浓度的增高，电极的开路电位逐渐升高，表明在测试条件下，喹啉季铵盐主要抑制了腐蚀的阳极反应。同时还发现，随着喹啉季铵盐浓度的升高，超级 13Cr 不锈钢的脱附电位明显升高；随着 KI 浓度的升高，超级 13Cr 不锈钢自腐蚀电位没有明显变化，但阴极电流减小，说明 KI 是阴极型缓蚀剂。

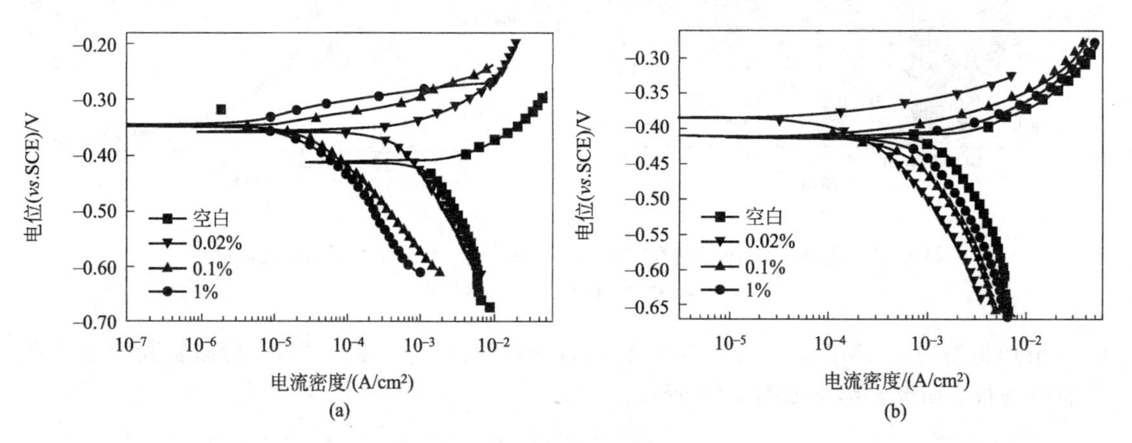

图 5-29　超级 13Cr 不锈钢在添加不同浓度喹啉季铵盐和 KI 试验介质中的极化曲线

(a) 喹啉季铵盐；(b) KI

极化曲线拟合结果（见表 5-16）表明，喹啉季铵盐是阳极型缓蚀剂，喹啉季铵盐能提高超级 13Cr 不锈钢在体系中的自腐蚀电位。随着喹啉季铵盐浓度的升高，超级 13Cr 不锈钢自腐蚀电位升高。KI 是混合型缓蚀剂，对超级 13Cr 不锈钢在体系中的自腐蚀电位没有明显影响，同时缓蚀效果也不理想。超级 13Cr 不锈钢在含醋酸的完井液中的缓蚀效率随喹啉季铵盐和 KI 浓度的增加而提高。

表 5-16　超级 13Cr 不锈钢在添加不同浓度喹啉季铵盐、KI 的试验介质中极化曲线拟合结果

缓蚀剂	浓度/%	E_{OCP}(*vs*. SCE)/mV	i_{corr}/(A/cm^2)	η/%
空白	0	−411.50	1.48×10^{-3}	—
喹啉季铵盐	0.02	−357.27	4.77×10^{-4}	67.77
	0.1	−348.15	3.47×10^{-5}	97.66
	1	−343.58	2.70×10^{-5}	98.18
KI	0.02	−413.30	9.32×10^{-4}	37.03
	0.1	−410.30	6.00×10^{-4}	59.46
	1	−385.30	2.35×10^{-4}	84.12

(2) 交流阻抗

图 5-30 为 110℃下在含有不同浓度缓蚀剂、0.2%醋酸的 CO_2 饱和 $CaCl_2$ 完井液中超级 13Cr 不锈钢四点弯曲试样（y 2.5mm）的电化学阻抗图谱。结果表明，在空白溶液和加入 0.02%、0.1%喹啉季铵盐和不同浓度 KI 的试验介质中，超级 13Cr 不锈钢的交流阻抗谱图出现一个容抗弧，低频区出现一个比较明显的感抗弧，结果采用等效电路图 5-31(a) 进行拟合，动电位扫描结果显示没有出现明显的钝化行为，说明感抗弧的产生是钢片表面钝化膜不断生成与破坏的结果。

当喹啉季铵盐浓度为 1%时，容抗弧最大，感抗弧消失，采用等效电路图 5-31(b) 进行拟合，动电位扫描结果显示超级 13Cr 不锈钢表面有一定的成膜能力，在此浓度时，喹啉季铵盐的缓蚀效果最好。电化学阻抗拟合结果见表 5-17。

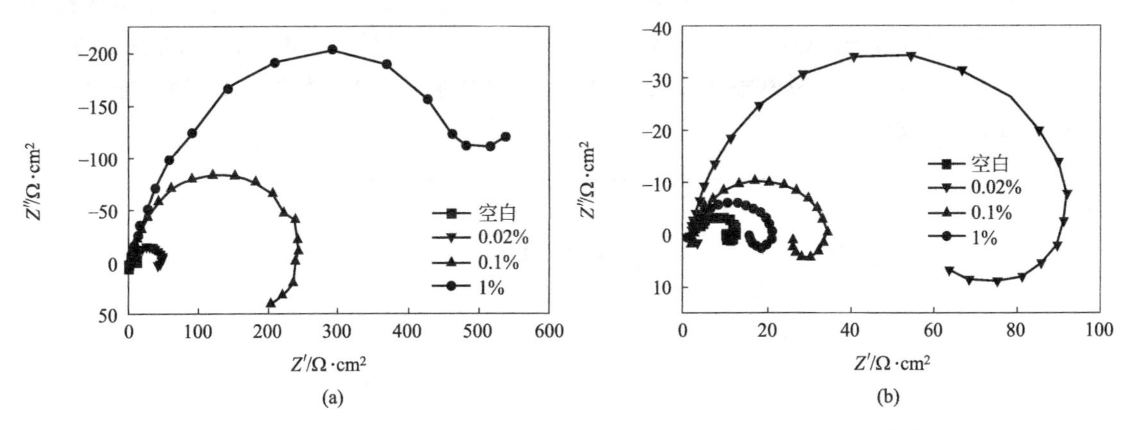

图 5-30 110℃下超级 13Cr 不锈钢在含不同缓蚀剂浓度的试验介质中电化学阻抗

（a）喹啉季铵盐；（b）KI

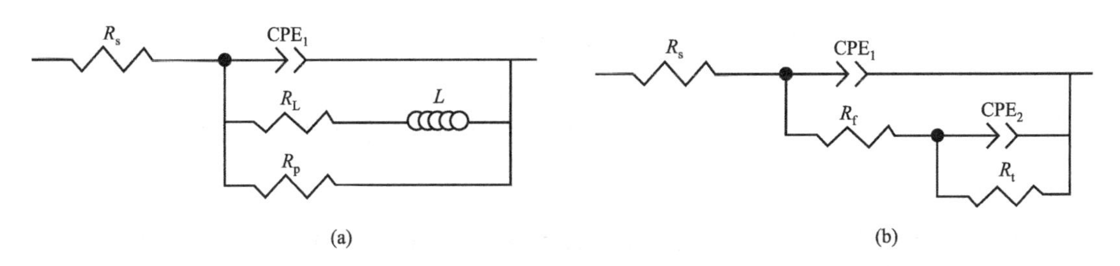

图 5-31 110℃下超级 13Cr 不锈钢在含不同缓蚀剂浓度的试验介质中电化学阻抗等效电路图

表 5-17 超级 13Cr 不锈钢在不同浓度缓蚀剂介质中的电化学阻抗拟合结果

试剂	浓度/%	$R_s/\Omega\cdot cm^2$	CPE1-T/F·cm^2	CPE1-P	$R_f/\Omega\cdot cm^2$	$R_p/\Omega\cdot cm^2$	$R_L/\Omega\cdot cm^2$	L/h
空白	0	2.0	3.9×10^{-3}	0.75		11.1	21.2	22.0
喹啉季铵盐	0.02	2.3	3.1×10^{-3}	0.72	48.72			
	0.1	2.8	6.7×10^{-4}	0.77	203.7			
	1	2.4	2.9×10^{-4}	0.77	567.8			
KI	0.02	2.0	2.4×10^{-3}	0.74		19.8	48.7	165.1
	0.1	2.1	1.8×10^{-3}	0.76		33.7	75.3	186.3
	1	2.1	6.9×10^{-4}	0.86		95.1	286.3	221.2

金属阳极溶解生成的 $[FeOHCl^-]_{ad}$ 是电化学阻抗测试产生电感的原因。从电化学阻抗结果可知，喹啉季铵盐对 Fe 阳极溶解的抑制作用使 $[FeOHCl^-]_{ad}$ 的生成得到有效抑制，从而使得电容 CPE1 电场强度变化和表面吸附覆盖度 θ 变化越来越小，因此，有效阻止了电位和表面吸附覆盖度 θ 造成的法拉第电流向同一方向改变的现象，即法拉第阻抗中的电感成分消失。由于 KI 是混合型缓蚀剂，KI 的加入，对超级 13Cr 不锈钢表面电容 CPE1 影响较小，CPE1 不稳定，造成 CPE1 电场强度变化，使得法拉第电流向某一方向变化，同时由于 KI 对 Fe 阳极溶解抑制作用小，中间产物 $[FeOHCl^-]_{ad}$ 生成并吸附在钢片表面引起表面吸附覆盖度 θ 的变化，使得法拉第电流向同一方向变化，产生了阻抗中的电感成分。

(3) 电化学噪声

图 5-32 为超级 13Cr 不锈钢四点弯曲试样放置在空白实验介质及含有不同浓度 KI 的实

验介质中记录到的电化学噪声。电化学噪声显示随着 KI 浓度的升高，超级 13Cr 不锈钢应力腐蚀开裂敏感性逐渐降低。当 KI 浓度为 0.02%时，应力腐蚀开裂推迟到 4.5h 附近发生；当 KI 浓度为 0.1%时，应力腐蚀开裂延迟到约 6h 时发生；当 KI 浓度为 1%时，应力腐蚀开裂在 11h 左右发生。

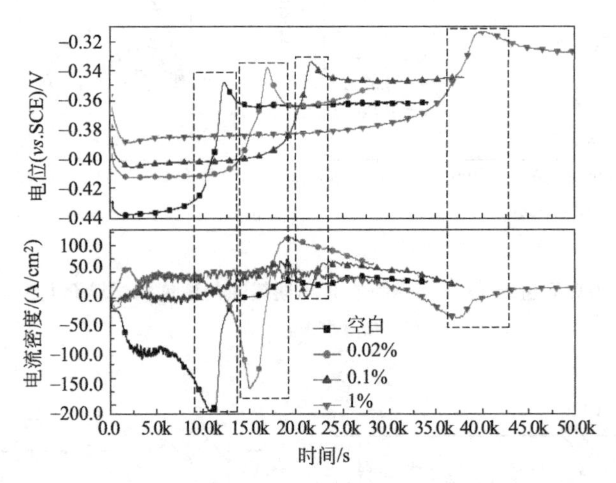

图 5-32　超级 13Cr 不锈钢四点弯曲试样放置在含不同浓度 KI 介质中的电化学噪声信号

(4) 四点弯曲

待四点弯曲试样挂片 24h 后，用金相显微镜观察工作电极试样表面，结果如图 5-33 和图 5-34 所示。结果表明，在未加入缓蚀剂的空白完井液中，超级 13Cr 不锈钢表面有很多点蚀及应力腐蚀开裂微裂纹，在含 0.02%喹啉季铵盐的饱和 CO_2 完井液中，超级 13Cr 不锈钢完全断裂；在含 0.1%喹啉季铵盐的饱和 CO_2 完井液中，超级 13Cr 不锈钢表面只有数量极少而且裂纹很小的微裂纹；在 1%喹啉季铵盐的饱和 CO_2 完井液中，超级 13Cr 不锈钢表面没有任何裂纹出现，说明应力腐蚀开裂被有效抑制。

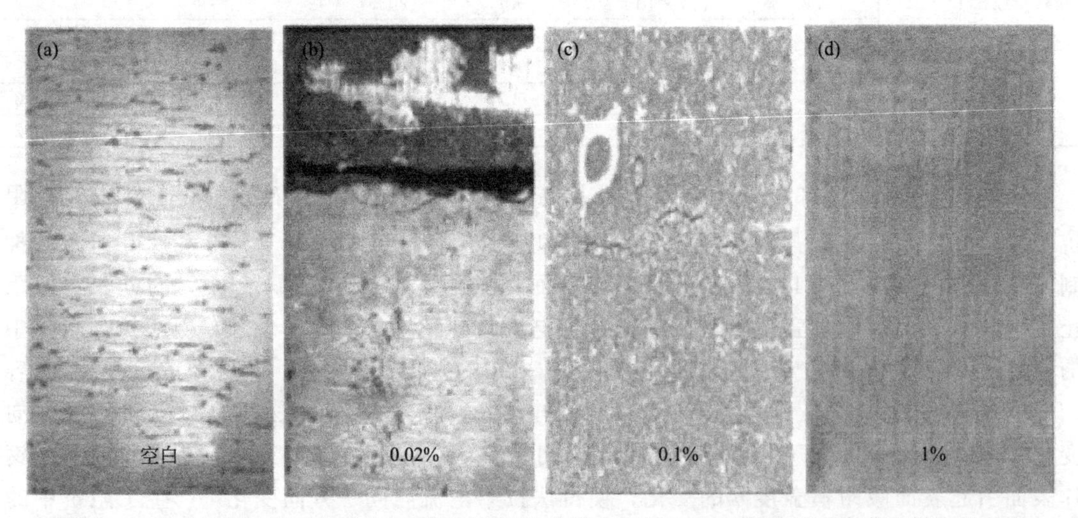

图 5-33　在含不同浓度喹啉季铵盐缓蚀剂的试验介质中超级 13Cr 不锈钢四点弯曲试样金相组织

随着 KI 浓度的升高，超级 13Cr 不锈钢应力腐蚀开裂敏感性逐渐降低，超级 13Cr 不锈钢试样表面开裂裂纹越来越少。高浓度的 KI 不能完全抑制超级 13Cr 不锈钢的应力腐蚀开

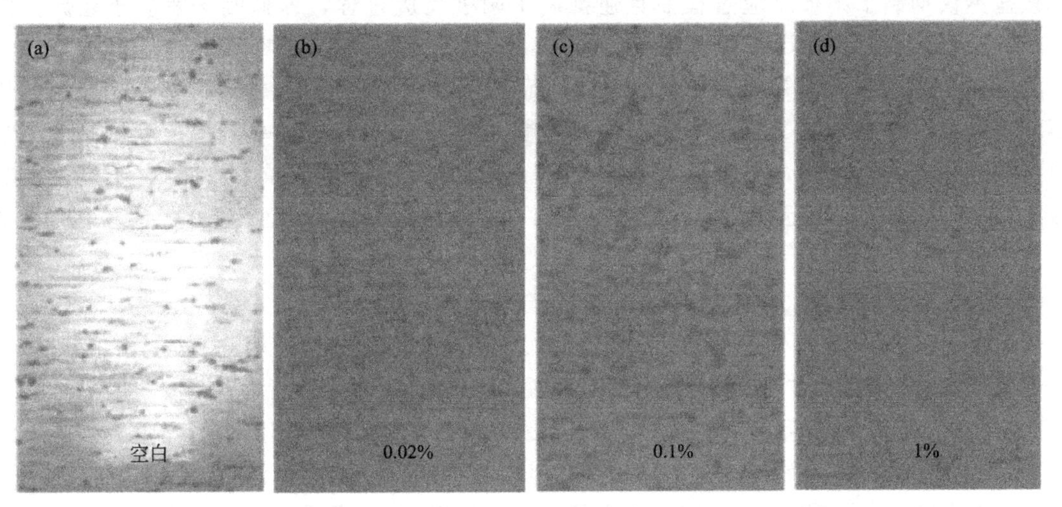

图 5-34　在含不同浓度 KI 缓蚀剂的试验介质中超级 13Cr 不锈钢四点弯曲试样金相组织

裂行为。

(5) 氢渗透

图 5-35 为超级 13Cr 不锈钢在空白介质及添加不同浓度喹啉季铵盐和 KI 的介质中氢渗透电流随时间变化图。从图 5-35(a) 中可以发现，低浓度喹啉季铵盐加入后，氢渗透量明显增加；随着喹啉季铵盐浓度的升高，氢渗透量逐渐减小；当喹啉季铵盐浓度达到足够高时，氢渗透被完全抑制。

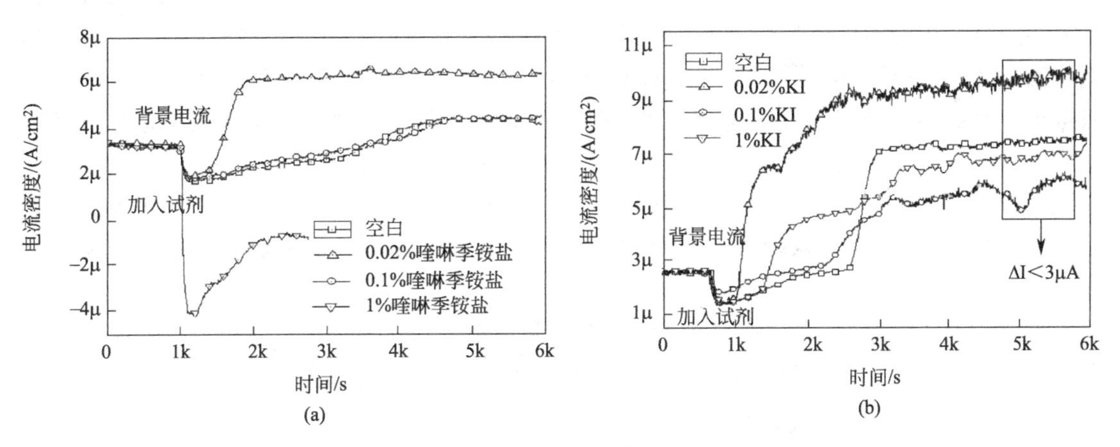

图 5-35　超级 13Cr 不锈钢在不同浓度缓蚀剂介质中的渗氢电流密度

(a) 喹啉季铵盐；(b) KI

从图 5-35(b) 中可以发现，不同浓度 KI 的加入，对氢渗透电流没有明显影响，氢渗透电流变化大小幅度小于 3μA。

超级 13Cr 不锈钢在溶液中阴极有氢还原过程发生，如反应式(5-12)、式(5-13) 所示。

$$H^{+}+e^{-} \longrightarrow H \tag{5-12}$$

$$H+H \longrightarrow H_{2} \tag{5-13}$$

渗氢结果说明，喹啉季铵盐的加入，能阻止反应式(5-12)、式(5-13) 的进行，喹啉季铵盐不仅抑制了阳极反应过程而且还抑制了阴极反应过程，即抑制了氢质子还原为氢原子的过程，同时抑制了氢原子相互结合转化为氢气的过程。当喹啉季铵盐添加量较少时，氢离子的还原过程并没有完全被抑制，而产生的氢原子由于喹啉季铵盐的抑制作用不能迅速结合成氢气进入金属基体，导致渗氢电流增加；当喹啉季铵盐浓度较高时，氢离子的还原基本被抑制，导致氢原子量大大降低，最终渗氢电流减小。而 KI 不能影响超级 13Cr 不锈钢阴极氢还原反应式(5-11)、式(5-12) 过程，且对超级 13Cr 不锈钢的氢渗透能力没有较大影响。

可见，在 110℃、CO_2 饱和、含 0.2%醋酸的 39%$CaCl_2$ 完井液中，喹啉季铵盐、KI 能有效地抑制超级 13Cr 不锈钢的均匀腐蚀与点蚀。当喹啉季铵盐浓度为 0.02%时，喹啉季铵盐促进了氢渗透过程，并加剧了超级 13Cr 不锈钢的应力腐蚀开裂行为；当喹啉季铵盐浓度为 0.1%时，超级 13Cr 不锈钢的应力腐蚀开裂在一定程度上得以抑制；当喹啉季铵盐浓度为 1%时，超级 13Cr 不锈钢的应力腐蚀开裂基本被抑制。低浓度 KI 降低了超级 13Cr 不锈钢的应力腐蚀开裂敏感性，随着 KI 浓度的升高，超级 13Cr 不锈钢的应力腐蚀开裂敏感性逐渐降低。

5.5 混合酸液中的电化学腐蚀特征

随着容易开采的油气资源逐渐枯竭，一些高温、高压、高腐蚀的资源也不得不进行开采。高腐蚀性工况环境对油井管材料提出了很高的要求。同时，油田为了提高单井的产能也常常采用酸化等作业工艺，酸化作业工艺采用的是 HCl+HF+HAc 等强酸介质。因此，作业和生产环境下的腐蚀成为油田用管材所面临的主要问题之一。越来越多的耐蚀合金产品作为油套管在井下使用，目前常用的有马氏体不锈钢、双相不锈钢和镍基合金（见 ISO 13680）。马氏体不锈钢作为用途较广的一种耐蚀合金材料，在油井管中的应用量也非常巨大。常用的马氏体不锈钢油套管品种主要有两类，一类是 API 5CT 标准中的 2Cr13，另一类是超低碳的高钢级的材料，称为超级马氏体不锈钢。2Cr13 在用作油套管中，通常通过调质热处理使其屈服强度达到 552～665MPa，超级马氏体不锈钢一般热处理性能即屈服强度达到 758～965MPa。

超级 13Cr 不锈钢具有超低 C 的特点，C 含量控制在 0.04%以下，因此在冶炼工艺中必须采用吹氧等精炼工序达到脱碳目的，而脱氧过程形成的氧化物类的非金属夹杂物往往比 2Cr13 中高。

对商用的 00Cr13Ni5Mo2（超级 13Cr 不锈钢）中的 D 类夹杂物进行能谱分析，并对不同尺寸的 D 类夹杂物在 10%HCl+3%HAc+1%HF+0.1%缓蚀剂中进行分析，试验温度为 80℃，试验周期为 3h，对强腐蚀性介质中的腐蚀行为进行了过程跟踪。研究结果表明，在超级 13Cr 不锈钢中出现的 D 类夹杂物属于复合型的钙铝氧化物类夹杂，大颗粒的夹杂物尺寸宽度达到 80μm，小颗粒的为 21μm，且大颗粒夹杂物的边缘有裂纹。D 类夹杂物出现的位置成为酸化腐蚀过程中形成点蚀的原位，且在腐蚀的过程中大型夹杂物点蚀坑向纵深和横向两个方向发展，对钢的抗腐蚀性能产生非常不利的影响。而尺寸较小的夹杂物在腐蚀过程中形成的点蚀坑的深度也较浅，深宽比较小，危害性较小，从而确定了 D 类夹杂物可接受的等级为 2 级。

5.5.1 形态与能谱

图 5-36 为在 3 个试片中观察到的夹杂物的基本形貌。从图中可以看出，钢中存在的夹杂物主要为 D 类夹杂物。由于颗粒较大，可以归类为 Ds。

夹杂物的尺寸最大的宽度达到 80μm，如图 5-37(a) 所示，按照 GB/T 10561 评级为 3 级。在试验钢中还发现有其他较小尺寸的 Ds 夹杂物，如图 5-36(b) 和 (c) 所示。图 5-36(b) 中的夹杂物宽度为 40μm，评级为 2 级；图 5-36(c) 中的夹杂物宽度为 21μm，评级为 1 级。另外，在图 5-36(a) 中还可以看到在圆形夹杂物的边缘有深灰色的三角形区域。

对图 5-36(a) 中的夹杂物进行能谱分析，分析结果如图 5-37 所示。能谱分析的结果表明，夹杂物主要由 Ca、Al、Si、Mg 和 O 组成，具有复合夹杂物的特征。在 SEM 中还观察到夹杂物边缘的三角形区域为微裂纹。

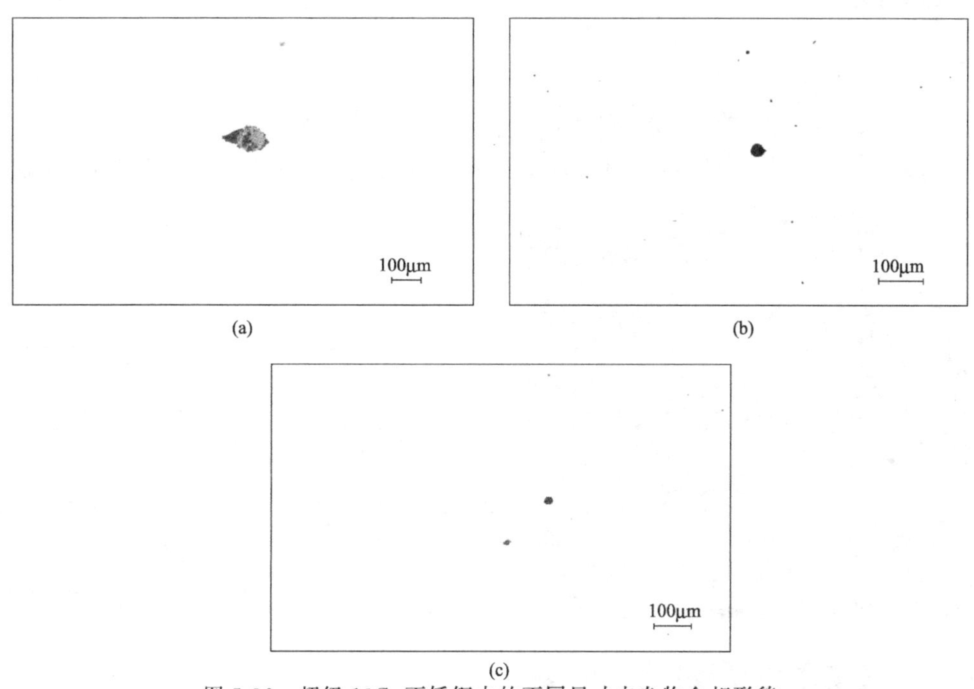

图 5-36　超级 13Cr 不锈钢中的不同尺寸夹杂物金相形貌

原始夹杂宽度 80μm (a)，40μm (b)，21μm (c)

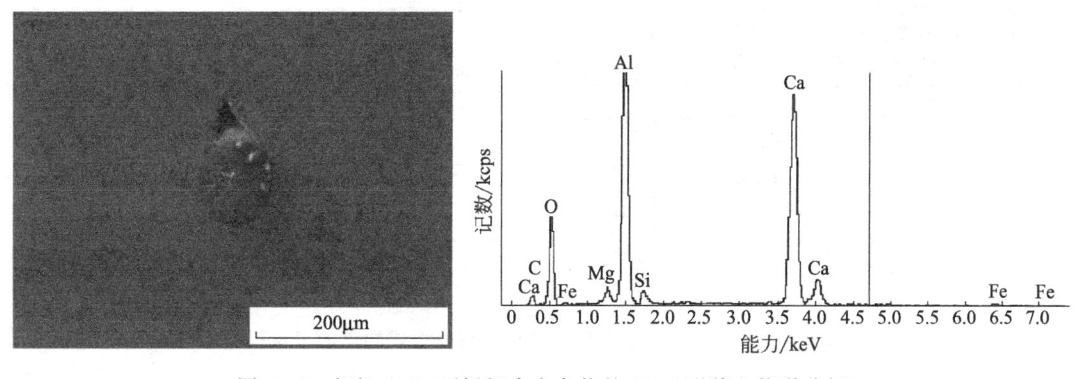

图 5-37　超级 13Cr 不锈钢中夹杂物的 SEM 形貌和能谱分析

5.5.2 点蚀特征

图5-38为图5-36中各试样经酸化溶液腐蚀后采用三维共聚焦显微镜拍摄到夹杂物位置形成点蚀孔的三维照片及宽深方向与纵深方向的投影。从图中可以看出，夹杂物在10% HCl+3%HAc+1%HF的酸性环境下都发生了剥落并形成点蚀坑。根据点蚀坑在纵深和宽

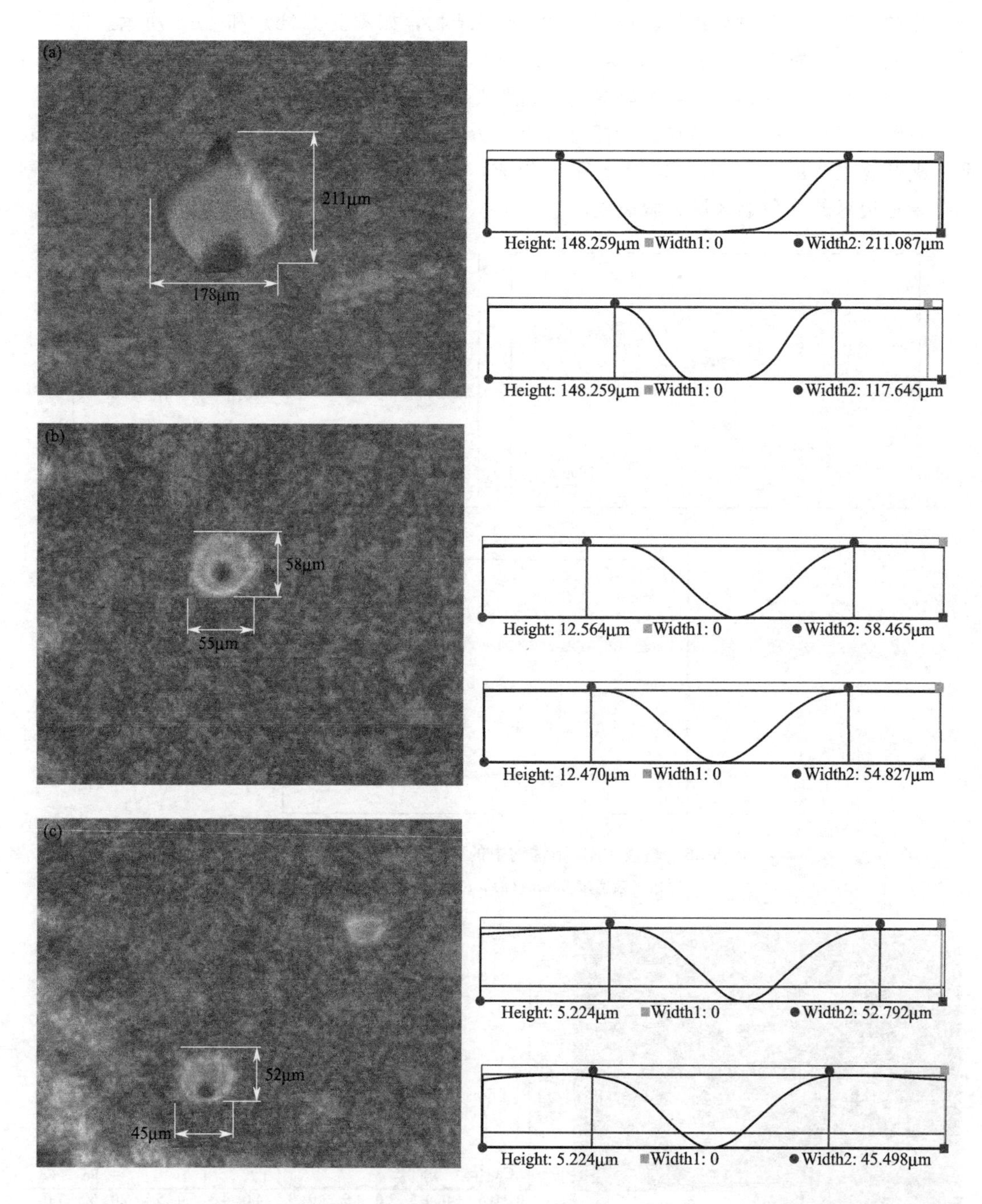

图5-38 超级13Cr不锈钢中不同尺寸的夹杂物处形成的点蚀三维照片和投影

原始夹杂宽度80μm (a)，40μm (b)，21μm (c)

深方向上的投影可以看出，图 5-38（a）中的点蚀坑长 211μm、宽 178μm、深 148μm，若不考虑微裂纹的影响，只考虑夹杂物宽度，则该点蚀由于夹杂物引起的深宽比为 148∶178=0.83；图 5-38(b) 中点蚀坑的尺寸分别为 58μm、55μm 和 12μm，深宽比为 12∶55=0.22；图 5-38(c) 中点蚀坑的尺寸分别为 52μm、45μm 和 5μm，深宽比为 5∶45=0.11。经过酸化腐蚀后，夹杂物的位置形成了点蚀坑，点蚀坑的基本形貌保持了夹杂物基本形貌，但在长、宽等几何尺寸上超过了夹杂物的原始尺寸。原夹杂物颗粒的宽度比例为 80∶40∶21≈4∶2∶1，经过酸化腐蚀试验后深宽比为 0.83∶0.22∶0.11≈8∶2∶1。

5.5.3　D 类夹杂物影响耐蚀机制

酸化是强化采油的一种措施，是油气井增产、注入井增注的一项有效的技术措施。其原理是通过酸液对岩石胶结物或地层孔隙、裂缝内堵塞物的溶解和溶蚀作用，恢复或提高地层孔隙和裂缝的渗透性。酸化一般分为酸洗、基质酸化和压裂酸化。10%HCl+3%HAc+1%HF 是一种强还原性酸体系，由于可以和地层或钻屑及垢等发生快速的化学反应，因此作为酸化作业的主要体系。但该体系由于具有强的腐蚀性，对油管管柱的腐蚀也十分严重。

一般情况而言，对于不锈钢，其耐蚀的基本原理是不锈钢的表面在空气或者腐蚀介质中形成的钝化膜对基体具有保护作用。超级 13Cr 不锈钢体系的钝化膜组成是 Cr、Ni、Mo 的氧化物。非金属夹杂物存在，如文中的 D 类夹杂物的组成主要是 Ca、Mg、Al、Si 的氧化物，破坏了钝化膜的完整性。将表面含有夹杂物的金属置于腐蚀溶液体系中，夹杂物与基体的界面处由于电位差异会快速发生电化学反应，导致金属基体的阳极反应。因此，夹杂物的界面位置优先发生腐蚀，导致夹杂物的剥落从而形成点蚀，且点蚀形核后内部的自催化效应导致点蚀快速生长。

从经过酸化腐蚀的夹杂物形成的点蚀结果看，体积较大的大型夹杂物所形成的点蚀坑的体积与原夹杂物尺寸相比明显增大。大型的夹杂物往往与基体难以形成紧密的结合，正如图 5-36(a) 中所示，夹杂物在基体结合的界面处形成了微裂纹，微裂纹的存在成为腐蚀性介质直接进入基体的通道，且微裂纹的存在导致微区腐蚀性环境更加恶劣，从而更易发生腐蚀，形成的腐蚀坑的深宽比也更大；而较小的夹杂物，由于酸化溶液的腐蚀作用较强，在形成点蚀的同时，也有减薄的均匀腐蚀发生，因此所观察到的颗粒较小的夹杂物所形成的点蚀的深度不大，同时体积与原夹杂物尺寸相比变化不大。从而，大型夹杂物的存在不仅使得点蚀容易发生，且点蚀造成的危害也更大。从腐蚀所造成的点蚀坑的深宽比来看，等级达到 3 级的原始尺寸宽度为 80μm 夹杂物形成的点蚀坑的深宽比达到了 0.83，而夹杂物等级为 2 级和 1 级的原始尺寸为 40μm 和 21μm 的夹杂物所形成点蚀坑的深宽比分别是 0.22 和 0.11。也就是说原始夹杂物的尺寸越大，则形成的点蚀坑的深度越大，相应的腐蚀造成的危害也越大。因此，在产品制造过程中控制夹杂物的尺寸是提高产品耐腐蚀性能的重要手段。根据研究结果，Ds 类夹杂物的等级应控制在 2 级以下。

点蚀的危害包括两种：一种是腐蚀穿孔，另一种则是造成应力腐蚀开裂（SCC）。对于油套管产品而言，管柱在井下受到管柱拉伸的轴向应力、管子内外压力引起的轴向应力以及管柱在作业和生产过程中所经历的振动、屈曲等各种复杂的应力状态。应力腐蚀开裂是材料、应力和腐蚀环境三者共同作用的情况下发生的极端腐蚀情况。对于油套管产品来说应力腐蚀开裂是灾难性事故，不仅对管柱和井口设备造成破坏，同时对人员的安全也是重大威胁。对于耐蚀合金钢来说，应力腐蚀开裂的形成机理一般认为是阳极溶解型，即首先发生阳极溶解造成局部腐蚀产生应力集中，同时在宏观应力的作用下发生腐蚀开裂。因此，夹杂物的存在造成局部腐蚀加剧，增大了超级马氏体不锈钢油套管管柱发生应力腐蚀开裂的风险。

可见，在强酸性的 10%HCl+3%HAc+1%HF 腐蚀环境中，D 类夹杂物的存在容易引起超级 13Cr 不锈钢的点蚀。夹杂物的原始尺寸对点蚀坑的体积有较大的影响，Ds 的等级超过 2 级所形成的点蚀坑的体积与原夹杂物体积相比明显增大，因此 Ds 夹杂物的尺寸应控制在小于 2 级。

参考文献

[1] 马元泰，雷冰，李瑛，等．模拟酸化压裂环境下超级 13Cr 油管的点蚀速率[J]．腐蚀科学与防护技术，2013，25(4)：347-349.

[2] 陈赓良，黄瑛．碳酸盐岩酸化反应机理分析[J]．天然气工业，2006，26(1)：104-108.

[3] 李月丽，宋毅，伊向艺，等．酸化压裂：历史、现状和对未来的展望[J]．国外油田工程，2008，24(8)：14-20.

[4] 王连成，李明朗，程万庆，等．酸化压裂方法在碳酸盐岩热储层中的应用[J]．水文地质工程地质，2010，37(5)：128-132.

[5] 肖国华．不动管柱分层酸化压裂工艺管柱研究[J]．石油机械，2004，32(2)：49-55.

[6] 郑清远．高温土酸酸化缓蚀剂用中、低温注水井的各种土酸酸化作业[J]．油田化学，1996，13(4)：371-372.

[7] 闫治涛，许新华，涂勇，等．国外酸化技术研究新进展[J]．油气地质与采收率，2002，9(2)：86-87.

[8] 刘克斌．13Cr 和超级 13Cr 不锈钢在 $CaCl_2$ 完井液中的腐蚀行为研究[D]．武汉：华中科技大学，2007.

[9] Lei X W, Feng Y R, Fu A Q, et al. Investigation of stress corrosion cracking behavior of super 13Cr tubing by full-scale tubular goods corrosion test system[J]. Engineering Failure Analysis, 2015, 50：62-70.

[10] Zhang J T, Bai Z Q, Zhao J, et al. The synthesis and evaluation of N-carbonyl piperazine as a hydrochloric acid corrosion inhibitor for high protective 13Cr steel in an oil field[J]. Petroleum Science and Technology, 2012, 30(17)：1851-1861.

[11] Zhu S D, Wei J F, Cai R, et al. Corrosion failure analysis of high strength grade super 13Cr-110tubing string[J]. Engineering Failure Analysis, 2011, 18(8)：2222-2231.

[12] 雷晓维，张娟涛，白真权，等．喹啉季铵盐酸化缓蚀剂对超级 13Cr 不锈钢电化学行为的影响[J]．腐蚀科学与防护技术，2015，27(4)：358-362.

[13] 吕祥鸿，谢俊峰，毛学强，等．超级 13Cr 马氏体不锈钢在鲜酸中的腐蚀行为[J]．材料科学与工程学报，2014，32(3)：318-323.

[14] 雷晓维，付安庆，冯耀荣，等．醋酸浓度和温度对超级 13Cr 不锈钢电化学腐蚀行为的影响[J]．腐蚀与防护，2017，38(9)：676-682.

[15] 谢俊峰，付安庆，秦宏德，等．表面缺欠对超级 13Cr 油管在气井酸化过程中的腐蚀行为影响研究[J]．表面技术，2018，47(6)：51-56.

[16] 赵密锋，付安庆，秦宏德，等．高温高压气井管柱腐蚀现状及未来研究展望[J]．表面技术，2018，47(6)：44-50.

[17] Li X P, Zhao Y, Qi W L, et al. Effect of extremely aggressive environment on the nature of corrosion scales of HP-13Cr stainless steel[J]. Applied Surface Science, 2019, 469：179-185.

[18] 王毅飞，谢发勤．超级 13Cr 油管钢在不同浓度 Cl^- 介质中的腐蚀行为[J]．材料导报，2018，32(16)：2847-2851.

[19] Lei X W, Feng Y R, Zhang J X, et al. Impact of reversed austenite on the pitting corrosion behavior of super 13Cr martensitic stainless steel[J]. Electrochimica acta, 2016, 191：640-650.

[20] 杜楠，田文明，赵晴，等．304 不锈钢在 3.5% NaCl 溶液中的点蚀动力学及机理[J]．金属学报，2012，48(7)：807-814.

[21] 石林，郑志军，高岩．不锈钢的点蚀机理及研究方法[J]．材料导报，2015，29(23)：79-85.

[22] Soltis J. Passivity breakdown, pit initiation and propagation of pits in metallic materials—review[J]. Corrosion science, 2015, 90: 5-22.
[23] 赵志博．超级 13Cr 不锈钢油管在土酸酸化液中的腐蚀行为研究[D]. 西安：西安石油大学，2014.
[24] 朱金阳，郑子易，许立宁，等．高温高压环境下不同浓度 KBr 溶液对 13Cr 不锈钢的腐蚀行为影响[J]. 工程科学学报，2019，4(5)：625-632.
[25] 张双双．酸化液对 13Cr 油管柱的腐蚀[D]. 西安：西安石油大学，2014.
[26] 王景茹，朱立群，张峥．静载荷对 30CrMnSiA 在中性及酸性溶液中腐蚀速度的影响[J]. 腐蚀科学与防护技术，2008，20(4)：253-256.
[27] 张普强，吴继勋，张文奇，等．用交流阻抗法研究钝化 304 不锈钢在强酸性含 Cl^- 介质中的孔蚀[J]. 中国腐蚀与防护学报，1991，11(4)：393-402.

第 6 章 开发过程中的电化学腐蚀

6.1 绪言

随着油田勘探开发的不断深入，井下管柱所面临的腐蚀环境日趋苛刻，井底 CO_2 含量不断升高，地层水矿化度、Cl^- 含量不断增大，普通碳钢类管材已无法满足严苛工况对其耐蚀性能的要求。超级 13Cr 马氏体不锈钢因其良好的力学性能、适中的价格、优良的耐 CO_2 腐蚀以及一定的耐点蚀能力而被广泛应用。

但在其服役过程中，依然存在不同程度的局部腐蚀，其中侵蚀性阴离子 Cl^- 是造成不锈钢发生点蚀的主要诱因。油田高矿化度地层水中除含有 Cl^- 之外，还含有大量的 CO_3^{2-}、HCO_3^-、OH^-、SO_4^{2-} 等阴离子。水溶液中多种阴离子共存时，不同阴离子之间会发生交互作用，对金属材料的点蚀行为以及钝化膜特性产生重要影响。唐娴等研究发现，在含 Cl^- 溶液中添加 SO_4^{2-} 可以提高 316L 不锈钢的耐点蚀能力，但在点蚀发生以后，随着 SO_4^{2-} 浓度的升高，点蚀坑内部和边缘形态更加复杂，腐蚀坑的周长、面积比明显增大。Niu 等采用电化学方法结合表面形貌分析研究了 Cl^-/SO_4^{2-} 共存条件下 90℃模拟锅炉水中 13Cr 和 3.5NiCrMoV 不锈钢的缝隙腐蚀行为，发现在含 1000mg/L Cl^- 的水溶液中，50mg/L SO_4^{2-} 的加入同时抑制了 13Cr 和 3.5NiCrMoV 不锈钢的缝隙腐蚀行为，但是加重了 3.5NiCrMoV 不锈钢缝隙内部均匀腐蚀程度。廖家兴等的研究结果表明，在含 0.5% Cl^- 的水溶液中，当 SO_4^{2-} 的质量分数小于 0.42%时，含有 SO_4^{2-} 时的 316 不锈钢临界点蚀温度比不含时的要高；但是当 SO_4^{2-} 的质量分数大于 0.42%时，试验结果相反。Zuo 等发现，在含 Cl^- 的水溶液中，PO_4^{3-}、CrO_4^{2-}、SO_4^{2-}、NO_3^- 四种阴离子均可以抑制 316L 不锈钢亚稳态点蚀的形核，且抑制能力顺序为：$PO_4^{3-} > CrO_4^{2-} > SO_4^{2-} > NO_3^-$。王长罡等研究表明，在不同浓度配比的 HCO_3^- 和 SO_4^{2-} 混合溶液中，SO_4^{2-} 提高了 Cu 点蚀的诱发能力，而 HCO_3^- 降低了 Cu 点蚀的诱发能力。

高温高压 CO_2 环境下，若以油套管钢的临界腐蚀速率 0.127mm/a 为基准，超级 13Cr 不锈钢的临界使用温度为 160℃，其主要腐蚀形式为均匀腐蚀，腐蚀速率随温度升高、CO_2 分压升高、流速增大、Cl^- 浓度增大而增大。腐蚀产物膜电化学分析表明，在 100℃和 130℃时形成的钝化膜具有双极性（n-p 型半导体特征），耐蚀性能较好；而 150℃和 170℃时形成的钝化膜为 p 型半导体特征，故耐蚀性能有所下降。在气液两相 CO_2 腐蚀环境下，气相的腐蚀速率大于液相的。腐蚀产物 XRD 分析表明，$FeCO_3$ 含量较少，主要是含有 Fe 和 Cr 的氢氧化物及其失水后的氧化物，其表面主要形成富 Cr 的钝化膜来抵抗 CO_2 腐蚀。

对腐蚀产物膜中 Cr 的存在形式，目前仍存在争议，有学者认为 Cr 在膜中主要以 CrOOH 的形式存在，也有学者认为 Cr 在膜中主要以 Cr_2O_3 的形式存在。

对 CO_2/H_2S 共存环境下超级 13Cr 不锈钢的腐蚀行为也有很多研究成果。研究表明，随温度升高，超级 13Cr 不锈钢的均匀腐蚀速率变化不大，但点蚀程度加重。超级 13Cr 不锈钢的点蚀电位随 H_2S 气体分压、温度升高和 Cl^- 浓度增大而降低，而 CO_2 气体对超级 13Cr 不锈钢的点蚀电位影响不大。在高 Cl^- 环境中，超级 13Cr 不锈钢的均匀腐蚀速率较低，缝隙腐蚀也较轻微，缝隙腐蚀与 Cl^- 浓度呈正相关关系。经腐蚀后的超级 13Cr 不锈钢的表面膜层中，Mo、Ni 以硫化物的形式富集在材料表面，而 Cr 以氧化物的形式富集，因此超级 13Cr 不锈钢比不含 Mo、Ni 的 13Cr 不锈钢有更好的抗 H_2S 腐蚀能力。

另外，油井管在服役过程中，除各种苛刻的腐蚀介质作用外，还有一定的应力载荷存在，使得油井管腐蚀问题日趋严重。井下油管承受油管串重力引起的拉伸应力及内部油气压力引起的轴向张应力，且接头部位由于接箍密封性要求与上扣扭矩形成附加应力，使油管接头部位处于复杂的应力及应变状态，且油管丝扣处应力集中区存在独特的电化学特征，局部腐蚀往往优先在该区域发生，造成严重的管材失效。对于管材在受力变形状态下的腐蚀已存在一定研究。在弹性变形内，古特曼发现碳钢的受拉面和受压面发生电位负移。而 Despic 等研究发现，弹性应力使铁在 H_2SO_4 溶液中开路电位变得更正。在塑性变形区，孙建波等的研究结果证明，塑性应变产生的应变能会导致腐蚀电位变负，活性增加，腐蚀速率增大。同样，Kim 等发现塑性变形使 316 不锈钢的钝化区稳定性降低，且点蚀电位负移。而 Jafari 发现塑性变形后 304 不锈钢钝化区增加，腐蚀电流增加，腐蚀电位负移。

6.2 不同材质

6.2.1 含 CO_2 的 NaCl 介质环境

2Cr13 和 00Cr13Ni5Mo2 不锈钢在 30℃、3.5%NaCl 溶液中的循环伏安图如图 6-1 所示。可以看出，当 2Cr13 不锈钢电位大于 −0.45V 时以及 00Cr13Ni5Mo2 不锈钢电位大于 −0.35V 时，其电流随着电位的增大而缓慢增大。这表明，由于钝化膜的形成，阳极溶解减缓。当电极超过钝化点后（2Cr13 不锈钢的钝化区范围 ΔE_p 要高于 0.4V，00Cr13Ni5Mo2 不锈钢的 ΔE_p 高于 0.5V），电流密度明显增大，表明 2Cr13 不锈钢和 00Cr13Ni5Mo2 不锈钢的点蚀电位 E_{pit} 分别为 −0.05V 和 0.15V。很明显，00Cr13Ni5Mo2 不锈钢的点状腐蚀 E_{pit} 和 ΔE_p 高于 2Cr13 不锈钢，表明 00Cr13Ni5Mo2 不锈钢的耐腐蚀性能优于 2Cr13 不锈钢。在钝化区等电位下极化时，00Cr13Ni5Mo2 不锈钢的钝化电流密度低于 2Cr13 不锈钢的，这是由于形成了更稳定、更致密的钝化膜。

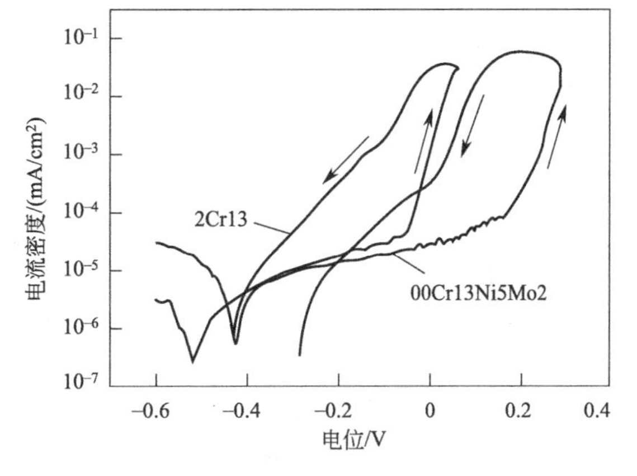

图 6-1　两种钢在 NaCl 溶液中的循环伏安曲线

当电位达到最大值后（2Cr13 不锈钢的为 0.05V，00Cr13Ni5Mo2 不锈钢的为 0.3V），电流密度随着电位的下降而增大。电流的增加可以解释如下：当极化电位达到 E_{pit} 时，钝化膜开始溶解，电流密度迅速增大。随后在阴极方向扫描，由于钝化膜的不完全修复，产生了电流密度峰值，2Cr13 不锈钢在 －0.4～0.35V、00Cr13Ni5Mo2 不锈钢在 －0.35～－0.2V 间，其反向扫描的电流密度低于正向扫描的电流密度，表明该钢具有良好的再钝化性能。00Cr13Ni5Mo2 不锈钢的保护电位也更高，如图 6-1 所示。

2Cr13 和 00Cr13Ni5Mo2 不锈钢的阻抗谱如图 6-2 所示，显示有两个时间常数。分析阻抗数据使用的等效电路如图 6-3 所示，它由 CPE-R 元件和溶液电阻 R_s 组成。在电路中，CPE1 和 R_1 反映了膜/溶液界面处亥姆霍兹双电层电容和电阻，CPE2 和 R_2 表示钝化膜中空间电荷层的电容和电阻。$R(Y_R)$ 和 $CPE(Y_{CPE})$ 的导纳可由以下方程定义：

$$Y_R = 1/R \tag{6-1}$$

$$Y_{CPE} = Y_0 (j\omega)^n \tag{6-2}$$

式中，Y_0 是 CPE 的常数代表；j 是虚部，$j^2 = -1$；ω 是角频率；n 是指数，取值 0～1。基于上述两等式，等效电路中的阻抗表述如下：

$$Z = R_s + 1/(Y_{R_1} + Y_{CPE_1}) + 1/(Y_{R_2} + Y_{CPE_2})$$
$$= R_s + 1/\{1/R_1 + Y_{01}[(j\omega)^{n_1}]\} + 1/\{1/R_2 + Y_{02}[(j\omega)^{n_2}]\}$$

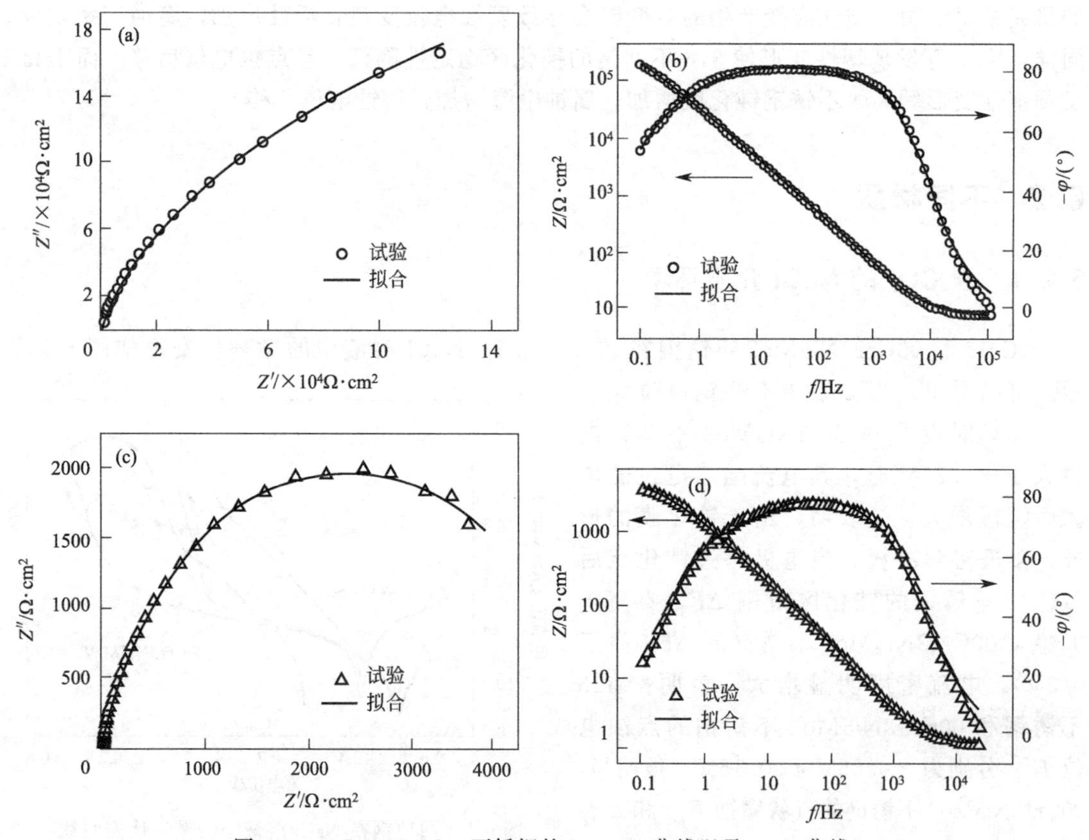

图 6-2　00Cr13Ni5Mo2 不锈钢的 Nyquist 曲线以及 Bode 曲线

2Cr13 和 00Cr13Ni5Mo2 不锈钢的计算元件参数如表 6-1 所示。与 2Cr13 不锈钢相比，00Cr13Ni5Mo2 不锈钢的电阻 R_1 值更高。R_1 的增加可以归因于金属与溶液间电荷转移率的降低，因此可以得出 2Cr13 不锈钢膜/溶液界面的电荷转移更活跃。同时，00Cr13Ni5Mo2 不锈钢的膜电阻 R_2 值远远高于 2Cr13 不锈钢的，这与循环伏安图判断 00Cr13Ni5Mo2 不锈钢的钝化膜更加稳定是一致的。

表 6-1 2Cr13 和 00cr13Ni5Mo2 不锈钢的阻抗拟合参数

钢种	R_s /Ω·cm²	Y_{01} /Ω^{-1}·cm^{-2}·sn	n_1	R_1 /Ω·cm²	Y_{02} /Ω^{-1}·cm^{-2}·sn	n_2	R_2 /Ω·cm²
2Cr13	1.53±0.30	(4.59±0.33)×10^{-4}	0.90±0.03	(1.22±0.42)×10^2	(1.50±0.48)×10^{-4}	0.91±0.02	(4.52±0.55)×10^3
00Cr13Ni5Mo2	1.69±0.22	(1.26±0.21)×10^{-4}	0.91±0.09	(3.37±0.67)×10^4	(5.92±0.85)×10^{-5}	0.92±0.06	(4.81±1.23)×10^5

利用莫特-肖特基（Mott-Schottky）分析可以研究钝化膜的半导体特性。对于 n 型半导体，根据莫特-肖特基关系确定电极电容 C 作为电极电位的函数：

$$1/C^2=2(E-E_{FB}-kT/e)/(\varepsilon\varepsilon_0 eN_D) \tag{6-3}$$

式中，e 是电子电荷，-1.602×10^{-19}C；ε 是钝化膜的介电常数，通常取 12F/cm；ε_0 是真空介电常数，8.854×10^{-14}F/cm；k 是波尔兹曼常数，1.38×10^{-23}J/K；T 是热力学温度；E_{FB} 是平带电位。N_D 可通过 Mott-Schottky 曲线的斜率计算获得。

图 6-4 是 2Cr13 和 00Cr13Ni5Mo2 不锈钢钝化膜的莫特-肖特基图。两种钝化膜表现出类似的反应，2Cr13 不锈钢在－0.2～0.1V 和 00Cr13Ni5Mo2 不锈钢在－0.2～0.3V 的电位范围内，正的斜率（S_1 和 S_2）表示钝化膜为 n 型半导体。

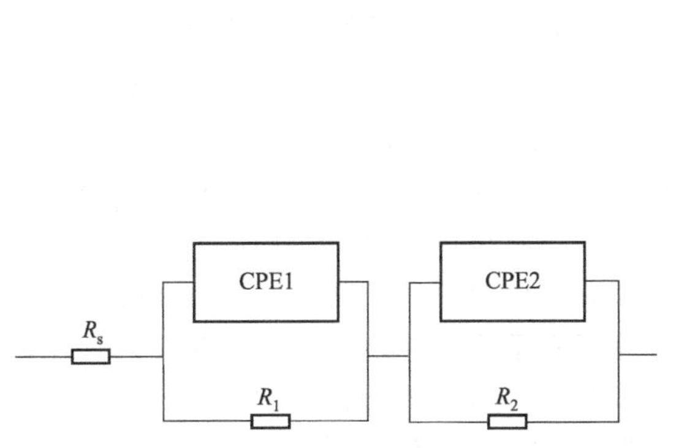

图 6-3 Nyquist 曲线拟合电路图

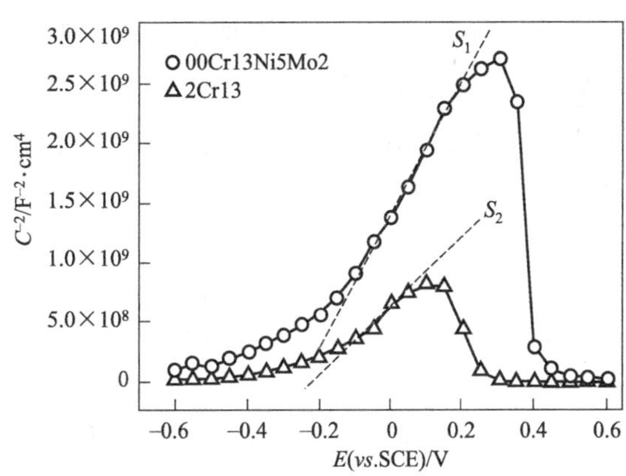

图 6-4 2Cr13 和 00Cr13Ni5Mo2 不锈钢在 NaCl 溶液中所形成的钝化膜的 Mott-Schottky 曲线

表 6-2 为 2Cr1300Cr13Ni5Mo2 和 2Cr13 不锈钢上所形成钝化膜的计算掺杂密度。计算得到的掺杂密度数量级约为 10^{20}～$10^{21}$$cm^{-3}$，与文献报道结果基本一致。高掺杂密度表明了高无序钝化膜的特性。根据 Macdonald 等提出的点缺陷模型（PDM），钝化膜的无序是由于掺杂在钝化膜中的点缺陷所致，如氧空位和金属阳离子空位。因此，掺杂密度越低，钝化膜越稳定致密；相反，掺杂密度越高，钝化膜的结构越无序。由表 6-2 可知 00Cr13Ni5Mo2 不锈钢的掺杂密度较低，说明其钝化膜的耐蚀性较好。

表 6-2　两种钢的掺杂密度的计算值

钢	电位区间/V	掺杂密度/cm^{-3}
2Cr13	−0.2～0.1	$(4.05\pm0.33)\times10^{21}$
00Cr13Ni5Mo2	−0.2～0.3	$(2.15\pm0.27)\times10^{21}$

此外，对于 n 型半导体，其空间电荷层 W 的厚度也可以通过如下计算：

$$W=[2\varepsilon\varepsilon_0(E-E_{FB}-kT/e)/(eN_D)]^{1/2} \tag{6-4}$$

图 6-5 为将空间电荷层的厚度变化描述为钝化膜的外加电势的函数。较厚的空间电荷层是一层较厚的钝化膜，该钝化膜具有较高的抗点蚀能力。此外，空间电荷层也是减慢载流子（电子和空穴）从半导体流向电解质的有效屏障。如图 6-5 所示，在 n 型半导体区域，00Cr13Ni5Mo2 不锈钢的空间电荷层较 2Cr13 不锈钢的厚，说明膜层的保护性较好。

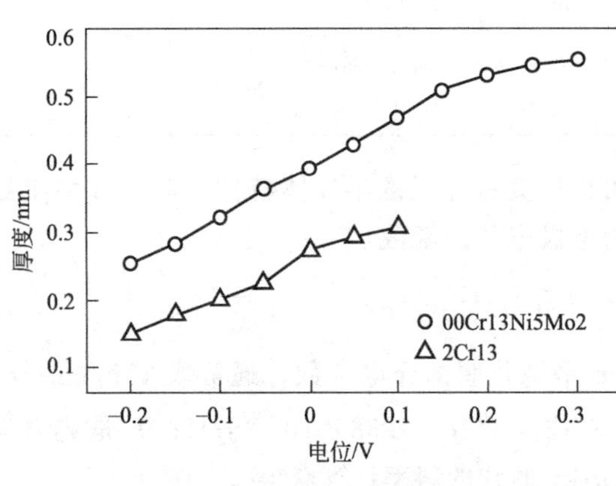

图 6-5　空间电荷层的厚度

如上所述，较低的掺杂密度是 00Cr13Ni5Mo2 不锈钢具有较好耐蚀性的主要原因。因此，有必要进一步研究超级马氏体不锈钢钝化膜的化学成分。为了确定钝化膜的组成，对形成钝化膜的 00Cr13Ni5Mo2 不锈钢表面进行 XPS 分析。XPS 谱图显示，00Cr13Ni5Mo2 不锈钢的钝化膜主要由含 Mo、Cr 和 Fe 的氧化物组成。图 6-6 显示了 Mo、Cr、Fe 和 O 的高分辨率 XPS 光谱。Mo 的 3d 峰显示出四个组分：Mo^{6+} $3d_{3/2}$（结合能为 235.0eV）、Mo^{4+} $3d_{3/2}$（结合能 232.7eV）、Mo^{6+} $3d_{5/2}$（结合能 231.5eV）和 Mo^{4+} $3d_{5/2}$（结合能 229.1eV），表示在钝化膜中分别存在 MoO_3 和 MoO_2。Cr $2p_{3/2}$ 峰由三个峰组成：Cr^{6+} 氧化物（578.2eV）、Cr^{3+} 氢氧根（577.0eV）和 Cr^{3+} 氧化物（575.3eV）。Fe$2p_{3/2}$ 显示存在三种成分：Fe^{3+} 氧化物（710.7eV）、Fe^{2+} 氧化物（709.2eV）和金属 Fe（706.6eV）。O 1s 的光谱有三种成分：水、氢氧根和氧化物。Ni 的含量是 4.92%。然而，通过 XPS 光谱可以发现，Ni 在钝化膜中几乎找不到。

00Cr13Ni5Mo2 不锈钢中 Ni 和 Mo 的浓度明显高于 2Cr13 不锈钢的。因此，研究 Ni 和 Mo 的作用以及在不锈钢表面形成氧化膜的半导体行为是非常有益的。结果表明，Fe、Ni 和 Cr 的氧化物存在于 Fe-Cr-Ni 合金的钝化膜中（与镍基合金 600 型合金一样，Ni 的含量较高），并且 Ni 的氧化物在另外两种氧化物仅为导体的电位区具有阻挡作用。不锈钢中 Ni 的浓度较低，其作用较弱。因为 Ni 的浓度过低，无法从 XPS 谱图中识别出来，所以对钝化膜的影响很小。Montemor 等报道了 Mo 的存在对氧化膜半导体行为的影响，即使在浓度极低的情况下，氧化铁外层富铁层中存在的 Mo^{6+} 也会与施主中和，降低电导率。钝化膜中的氧化钼（MoO_3 和 MoO_2）会影响缺陷结构，降低氧化层的掺杂密度。同时，Mo 的存在使 Cr 在膜的内部区域富集，使 Fe-Cr 合金具有更好的耐腐蚀性能。

可见，00Cr13Ni5Mo2 不锈钢在 NaCl 溶液中的耐腐蚀性优于常规 2Cr13Ni5Mo2 不锈钢。与 2Cr13 不锈钢相比，00Cr13Ni5Mo2 不锈钢的 n 型半导体掺杂密度较低和空间电荷层较厚，因此 00Cr13Ni5Mo2 不锈钢的钝化膜比 2Cr13 不锈钢具有好的阻抗性能。

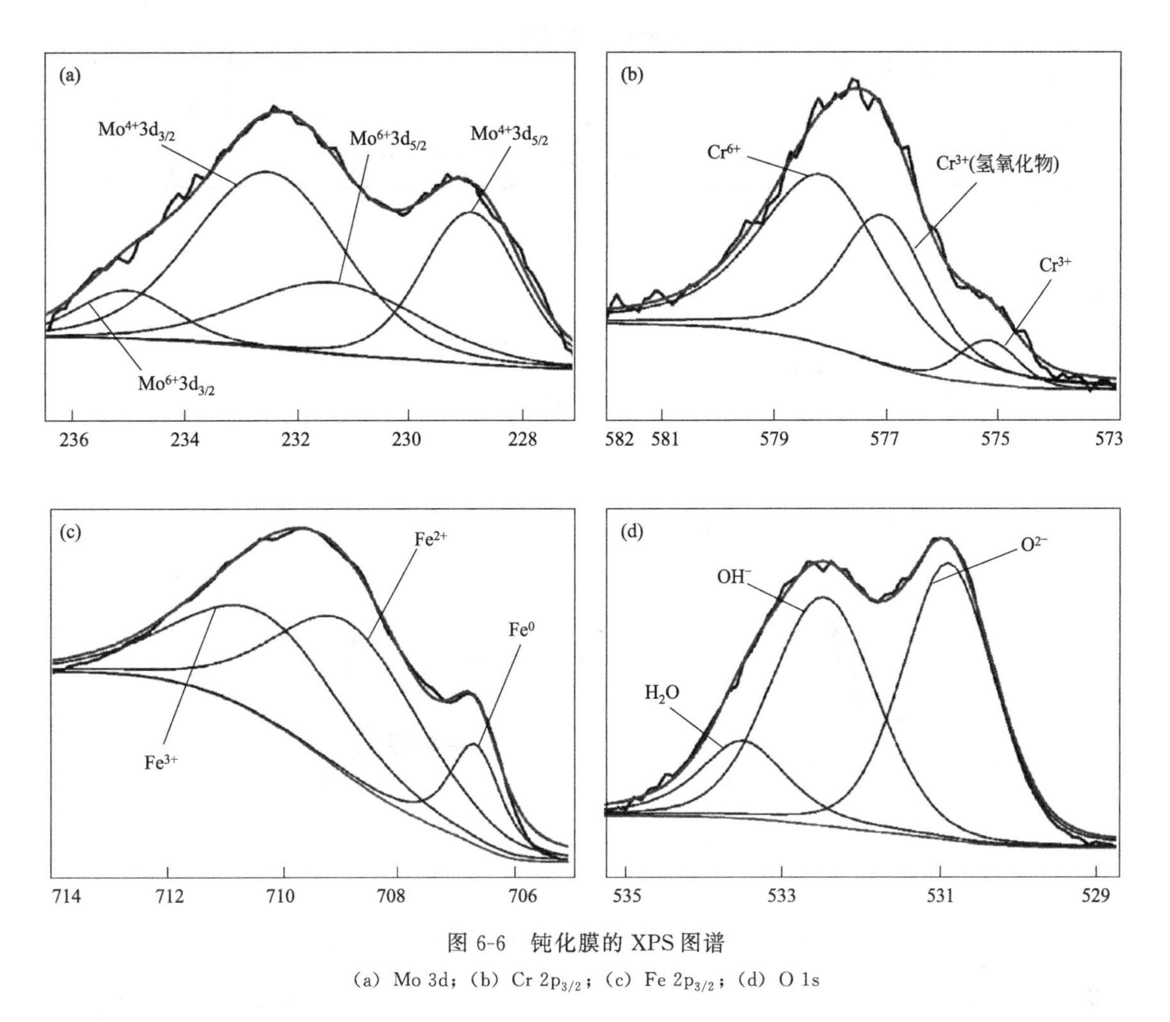

图 6-6 钝化膜的 XPS 图谱

(a) Mo 3d；(b) Cr $2p_{3/2}$；(c) Fe $2p_{3/2}$；(d) O 1s

00Cr13Ni5Mo2 不锈钢的钝化膜中存在 Mo 和 Cr 的氧化物，Mo 显著降低了钝化膜的掺杂密度，因此 00Cr13Ni5Mo2 不锈钢的耐蚀性能较好。

6.2.2 模拟地层水 HCO_3^- 环境

超级马氏体不锈钢（Super Martensitic Stainless Steel）是在传统马氏体不锈钢基础上通过降低含碳量、调整合金元素的组成和配比、改进加工和热处理工艺而获得的新型不锈钢，是一种性能介于 API 13Cr 和双相不锈钢之间的经济型不锈钢材料。随着石油工业的发展，超级马氏体不锈钢的应用范围越来越广泛，但对石油管线用材而言，复杂苛刻的工况环境对材料造成的腐蚀是实际应用中必须面对的问题。石油套管在使用过程中长期浸泡在地层水中，伴生气体 CO_2 会对套管材料造成严重腐蚀，形成安全隐患。以往的研究大多局限于 CO_2 水溶液，对管线实际工作的地层水环境涉及较少，加之地层水环境含有多种影响腐蚀的离子，使腐蚀过程更加复杂。因此，对地层水环境中管线材料腐蚀行为进行研究十分必要。本工作利用电化学方法研究了超级 13Cr 不锈钢在两种模拟地层水（如表 6-3）环境中的腐蚀行为，通过比较极化曲线、循环伏安极化曲线和电化学阻抗谱等，掌握超级 13Cr 不锈钢的腐蚀行为，为其进一步应用奠定理论基础。

表 6-3 地层水组分

模拟地层水	$Na^+ + K^+$ /(mg/L)	Ca^{2+} /(mg/L)	Mg^{2+} /(mg/L)	Cl^- /(mg/L)	SO_4^{2-} /(mg/L)	HCO_3^- /(mg/L)	总矿化度 /(mg/L)	pH
1#	9358	505	202	11823	3034	1017	25939	6.6
2#	8592	649	253	9787	3034	3050	25365	6.4

注：模拟地层水温度为 30℃。

6.2.2.1 动电位极化

图 6-7 是超级 13Cr 不锈钢（SUP）和 2Cr13 不锈钢在两种地层水中的动电位极化曲线，可见，两种材料的点蚀电位未随溶液的不同表现出明显差异。超级 13Cr 不锈钢约为 105mV，2Cr13 不锈钢约为 －27mV。溶液中阴离子按其活化能力排列为：Cr^- ＞Br^- ＞I^- ＞F^- ＞ClO_4^-＞ OH^- ＞SO_4^{2-}

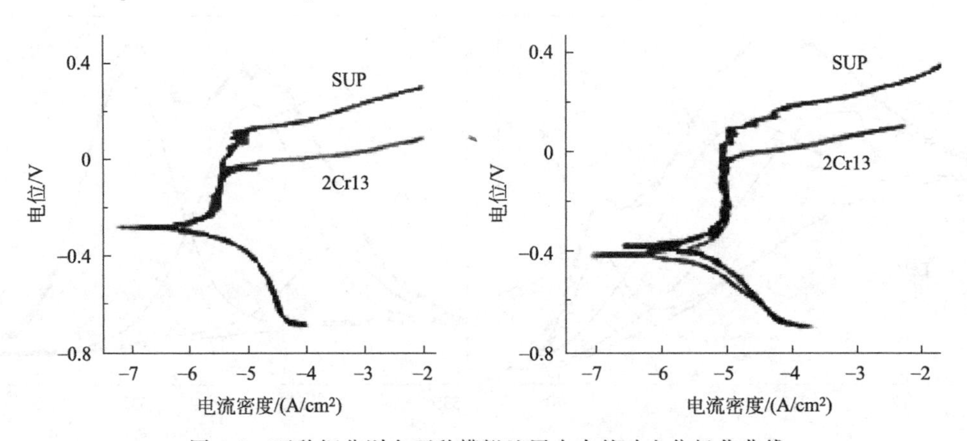

图 6-7 两种钢分别在两种模拟地层水中的动电位极化曲线

Cl^- 对钝化膜的破坏作用最强，比其他阴离子更易引起点蚀。对比两种成分的模拟地层水，Cl^- 含量的差异较小，因此试样的点蚀电位未表现出明显差异。极化曲线的主要差异表现在自腐蚀电位和自腐蚀电流密度的不同。在 2# 模拟地层水中两种不锈钢的自腐蚀电位较低，自腐蚀电流密度更高，说明材料更易腐蚀。由表 6-3 可知 2# 模拟地层水中 HCO_3^- 的含量较高，根据前期研究可知 HCO_3^- 是参与 CO_2 腐蚀阴极过程的主要离子，而对于马氏体不锈钢，CO_2 引起的腐蚀则以均匀腐蚀为主。因此，虽然 2# 模拟地层水含有较多 HCO_3^-，但其对试验材料的点蚀电位影响不大。HCO_3^- 对超级 13Cr 不锈钢和 2Cr13 不锈钢腐蚀行为的影响主要表现在降低钢的自腐蚀电位，提高腐蚀倾向。

在模拟地层水中超级 13Cr 不锈钢相对于 2Cr13 不锈钢具有更高的点蚀电位和更宽的钝化区间，并且 HCO_3^- 浓度对其自腐蚀电位的影响相对较小。因此，超级 13Cr 不锈钢在模拟地层水中具有更优异的耐腐蚀能力和钝化特性。

6.2.2.2 电化学阻抗

图 6-8 为超级 13Cr 不锈和 2Cr13 不锈钢在两种成分地层水溶液中的电化学阻抗谱。由图 6-8 可见，钢的电化学阻抗谱形状相似，均表现为单一的容抗弧，而且超级 13Cr 不锈钢在低频区具有一定的扩散特征（即 Warburg 阻抗特征）。在 1# 模拟地层水中容抗弧的半径

较大，说明该钢在此种成分的地层水中具有更好的耐蚀性能。对于有钝化膜覆盖金属表面的电化学阻抗谱可用多种等效电路来模拟钝化膜的表面过程。

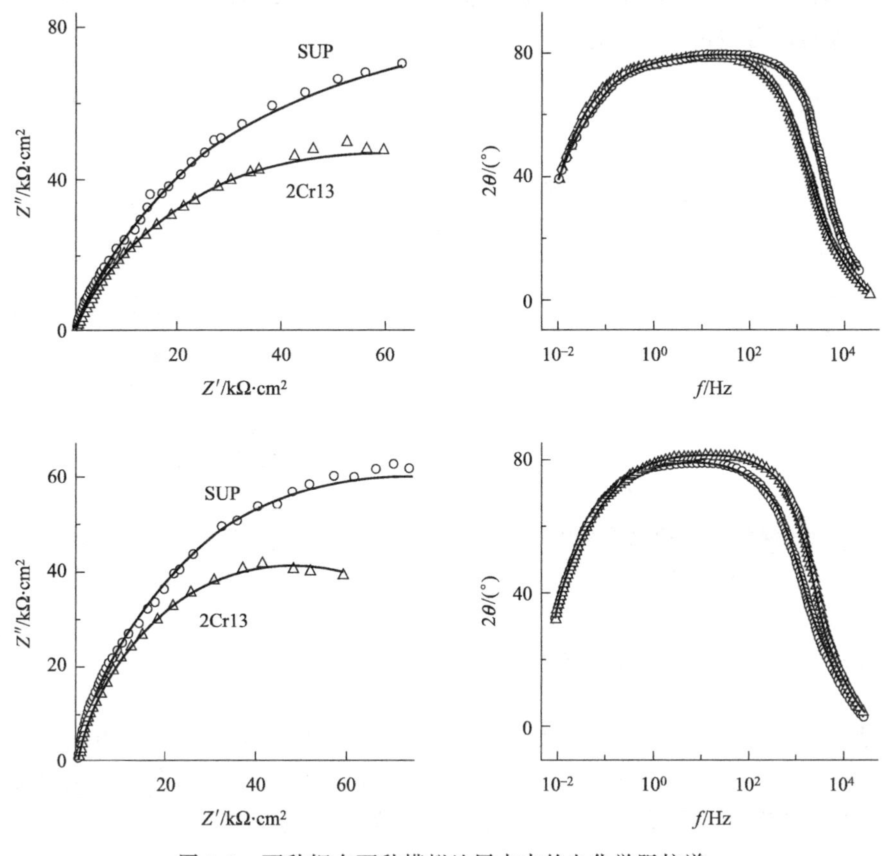

图 6-8 两种钢在两种模拟地层水中的电化学阻抗谱

2# 模拟地层水中 HCO_3^- 浓度的增加，一方面使传递电阻 R_1、钝化膜电阻 R_2 减小，使离子交换过程的阻力减小，加速了金属溶解；另一方面 Warburg 阻抗的模值 $1/Y_{ow}$ 伴随 HCO_3^- 浓度增加而减小，钝化膜的致密性下降，提高了钢的腐蚀速率。虽然模拟地层水中 HCO_3^- 浓度的增加减弱了钝化膜的保护能力，但超级 13Cr 不锈钢的钝化效果相对于 2Cr13 不锈钢来说有了很大提高，降低了腐蚀速率，从而使基体得到更好的保护。

6.2.2.3 循环极化曲线

图 6-9 为两种钢材在 1# 模拟地层水中的循环极化曲线，箭头所示为扫描方向。图 6-10 为在该试验条件下两种钢的自腐蚀电位 E_{corr}、点蚀电位 E_b 以及保护电位 E_p。由图 6-10 可见，超级 13Cr 不锈钢的自腐蚀电位、点蚀电位和保护电位都大于 2Cr13 不锈钢。保护电位越正，表明超级 13Cr 不锈钢在发生点蚀后的再钝化能力越强，钝化膜的修复能力越强，从而表现出的耐腐蚀性能越好。

可见，模拟地层水中 HCO_3^- 含量越高，钢的自腐蚀电位越低，自腐蚀电流密度越大，对点蚀电位影响不大。电化学阻抗谱测试表明，HCO_3^- 含量增大导致传递电阻和钝化膜电阻降低，Warburg 阻抗的模值下降，钝化膜保护性下降，进而加速了腐蚀过程；2Cr13 不锈钢的结果与超级 13Cr 不锈钢相似，但在模拟地层水中的点蚀电位相比于超级 13Cr 不锈钢更低，腐蚀电流密度更大，传递电阻和钝化膜电阻更小，耐蚀性能要差。循环极化曲线显示超级 13Cr 不锈钢和 2Cr13 不锈钢在模拟地层水中均表现出良好的再钝化性能，超级 13Cr 不锈钢的保护电位高，再钝化性能好。

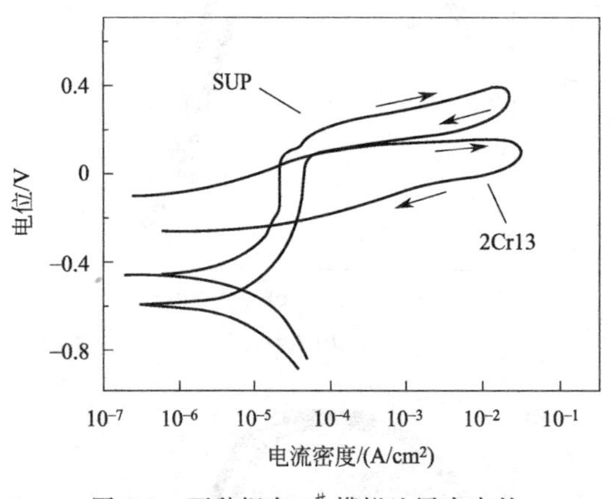

图 6-9 两种钢在 1# 模拟地层水中的循环极化曲线

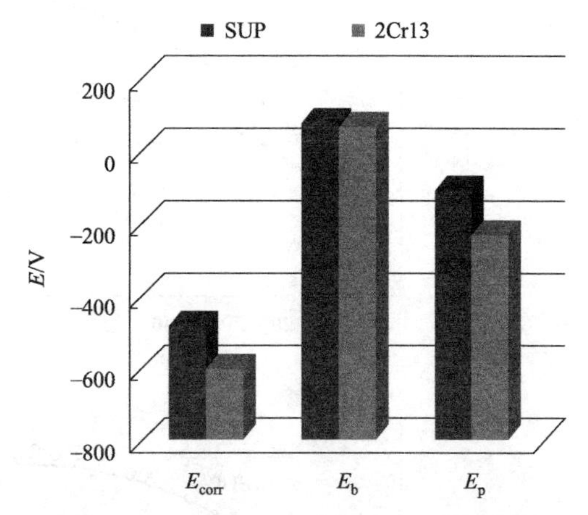

图 6-10 两种钢在 1# 模拟地层水中的循环极化曲线数据

6.2.3 陕北地区某区块气井环境

结合陕北地区某区块气井产水量大、产出水 Cl^- 含量高（超过 100000mg/L）等特点，见表 6-4，特别是其 H_2S 分压达到 0.15MPa、CO_2 分压为 1.8MPa，利用电化学技术对比研究了 API 13Cr 不锈钢与超级 13Cr 不锈钢的电化学腐蚀行为。

表 6-4 含 H_2S 区块气井产出水水质组成表

组成	K^++Na^+	Ca^{2+}	Mg^{2+}	Cl^-	SO_4^{2-}	HCO_3^-	矿化度	水型
含量/(mg/L)	26919	25840	4684	105982	3340	474	167239	$CaCl_2$

极化曲线测试结果如图 6-11、表 6-5 所示。可以看出，超级 13Cr 不锈钢的腐蚀电位较传统的 L80-13Cr 不锈钢显著正移，其腐蚀速率更是远小于 L80-13Cr 不锈钢的腐蚀速率，仅为 0.01mm/a。

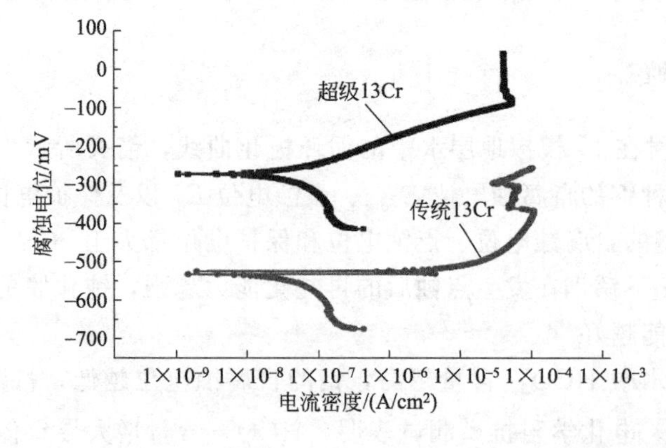

图 6-11 模拟腐蚀环境下超级 13Cr 不锈钢与传统 13Cr 不锈钢的极化曲线对比图

表 6-5　极化参数

材质	腐蚀电位/mV	腐蚀电流密度/($\mu A/cm^2$)	腐蚀速率/(mm/a)
L80-13Cr	−518.4	18.27	0.26
超级 13Cr	−233.4	0.73	0.01

传统 13Cr 不锈钢油套管中的 Cr 含量高，在单一的 CO_2 腐蚀环境中具有很好的耐腐蚀性能。但是在 H_2S、CO_2、Cl^- 共存环境下，不能形成稳定的 Cr_2O_3 膜。而超级 13Cr 不锈钢油套管中添加有 Mo、Ni 等合金元素，提高了其耐蚀能力。加入 1%～3%的 Mo，能有效稳定 CO_2 环境下形成的钝态膜，而在 H_2S 和 CO_2 共存环境中会形成硫化物，并富集在钢材表层，H_2S 很难通过该层到达下层的 Cr_2O_3 膜，增强了超级 13Cr 不锈钢的抗点蚀能力和在 H_2S 环境中的抗 SCC 能力。

但是添加 Mo 后，超级 13Cr 不锈钢中更容易形成 δ-铁素体相。δ-铁素体相增大管材硬度，使管材对腐蚀更为敏感。通过添加 Ni（4%～5%，Ni 含量过低对耐蚀能力的提高不利），形成完全马氏体组织，可有效控制有害 δ-铁素体的形成。有文献认为 δ-铁素体相含量应小于 1.5%，远低于 ISO 13680 标准的规定。个别公司的超级 13Cr 不锈钢中还添加了 Cu，形成 Cu、Ni 无定形产物膜，此产物膜比 Ni 的多晶态膜有更强的抗腐蚀能力。

超级 13Cr 不锈钢是在传统 13Cr 不锈钢（API 5CT L80-13Cr）基础上大幅降低碳含量，添加 Ni、Mo 和 Cu 等合金元素形成的具有超级马氏体组织的不锈钢。其耐电化学腐蚀、耐高温能力明显强于传统 13Cr 不锈钢的。在模拟含 H_2S 腐蚀气井环境中，传统 13Cr 不锈钢的腐蚀速率为 0.26mm/a，而超级 13Cr 不锈钢的腐蚀速率仅为 0.01mm/a。

6.3　温度

6.3.1　无应力

在电化学测试中，从极化曲线可以看出，随着温度与 Cl^- 浓度的升高，超级 13Cr 不锈钢的自腐蚀电位与点蚀电位都有所降低，耐蚀性能降低，腐蚀产物膜的稳定性降低。在酸性条件下比在碱性条件下更容易发生腐蚀，金属表面的钝化膜更容易被局部破坏而使基体发生点蚀。从阻抗谱可以看出，随着温度的升高，扩散系数增大，容抗弧减小，双电层电阻与腐蚀产物膜电阻都有所降低，耐蚀性能下降。极化电阻（R_2+R_3）随着 Cl^- 浓度增加而减小，钝化膜变疏松，耐蚀性能降低。当 pH 发生变化时，因钝化膜电容大于双电层电容而发生吸附现象，在 pH 值为 2 时表面最为粗糙，pH 值的升高有利于超级 13Cr 不锈钢表面的腐蚀产物膜均匀致密，钢的耐蚀性增强。

图 6-12 为超级 13Cr 不锈钢在 Cl^- 浓度为 128000mg/L、pH 值为 6、不同温度下开路电位随着时间的变化曲线。由图可见，30℃时开路电位下降，可能是由于试样长时间放置空气中，在试样表面形成了一层较薄的钝化膜，当试验开始时，钝化膜缺陷处被溶解，随后保持稳定；而在 90℃时，自腐蚀电位上升，是因为在金属表面形成了致密的钝化膜，随后也达到稳定状态。

图 6-13 为超级 13Cr 不锈钢在不同温度下模拟介质中的极化曲线，从图中可知，随着温度的升高，超级 13Cr 不锈钢的腐蚀速率不断增加，这是因为温度升高后，活跃的分子数增多，运动加快，从而加速了腐蚀反应。自腐蚀电位都有所负移，腐蚀电流向正向移动，说明随着温

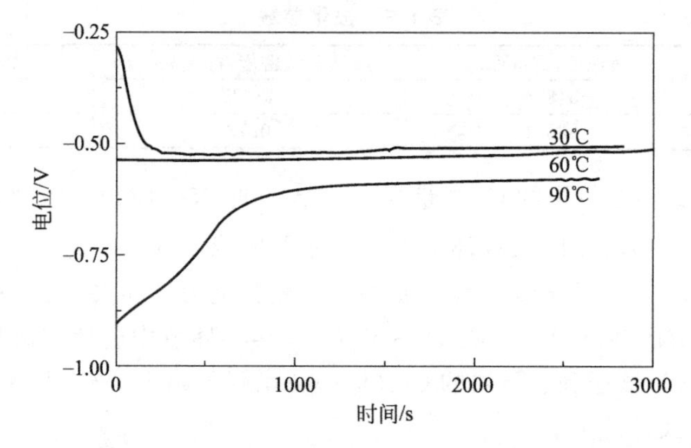

图 6-12　超级 13Cr 不锈钢在不同温度下的开路电位随时间的变化曲线

度的变化，腐蚀具有加速趋势。三个不同温度下维钝电位宽度相近，大概为－0.5V～－0.25V 范围内，而维钝电流密度却相差较多，而在 90℃时，维钝电流密度有所波动，这可能是因为当温度升高，试样表面钝化膜变得疏松导致电流通过。从击穿电位来看，在 30℃时未出现击穿现象，说明相较于其他温度，该温度下具有良好的耐点蚀能力；而在 60℃和 90℃时均发生点蚀，击穿电位相差不多，说明温度较低时维钝区间较宽，所得到的组织生成物钝化膜的稳定性较好，当温度较高时维钝区间变窄，腐蚀产物膜随着温度的升高变得不太致密且与基体结合较差，钝化膜的溶解加速，保护性较差，容易发生点蚀。

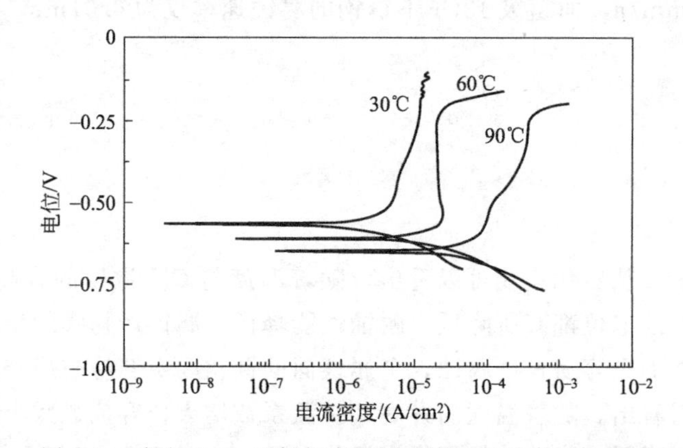

图 6-13　超级 13Cr 不锈钢在不同温度下的动态极化曲线

超级 13Cr 不锈钢的电极腐蚀过程是在表面与介质界面上进行的，主要以扩散为主，随着电极反应的进行，材料表面处的介质中反应物浓度下降，而生成物的浓度不断上升，从而产生浓度差。

表 6-6　超级 13Cr 不锈钢在不同温度下极化测量分析数据

温度/℃	E_{corr}/mV	i_{corr}/(A/cm^2)	b_c/(mV/dec)	b_a/(mV/dec)	C_R/(mm/a)
30	－566.52	5.6341×10^{-6}	91.19	124.01	0.066017
60	－608.2	2.3503×10^{-5}	88.661	156.21	0.27573
90	－648.4	7.7217×10^{-5}	94.485	187.5	0.90824

从表 6-6 可以看出自腐蚀电流急剧增大但自腐蚀电位变化却不是很明显，这是由于阳极溶解导致反应加速。从腐蚀动力学来看，自腐蚀电流密度增大，腐蚀速率增大，塔菲尔斜率

阳极均大于阴极，反应主要受到阳极扩散控制，且随着温度的升高腐蚀速率逐渐增大。温度升高可以改变离子的扩散、活性和 CO_2 的溶解度。总体来说，随着温度的升高，腐蚀速率增大。

如图 6-14 可知，随着温度的升高，超级 13Cr 不锈钢的电化学阻抗不断减少。CPE1（Constant Phase Element，常相位角元件，CPE-P 为弥散指数，无量纲指数）和 R_2 为金属基体与腐蚀产物膜之间的双电层电容和电荷转移电阻，CPE2 和 R_3 为腐蚀产物膜的电容和电阻。

从表 6-7 可以看出，随着温度的升高，R_2 和 R_3 降低，这是由于温度升高，扩散系数增加，使得离子运动加剧，电荷移动加快，离子的传递速率加大，超级 13Cr 不锈钢表面的腐蚀加速，点蚀形成的概率增加，这也与极化中点蚀电位随温度的升高而降低相吻合。

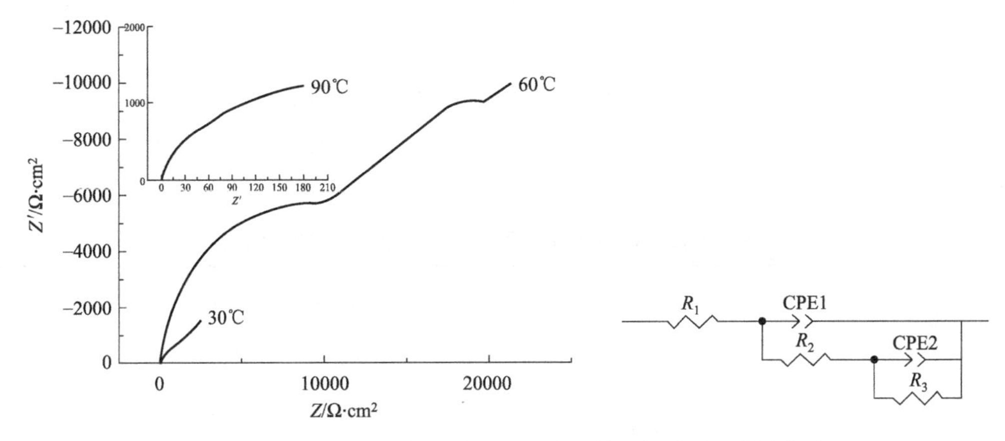

图 6-14　超级 13Cr 不锈钢在不同温度下的阻抗谱图和等效电路

表 6-7　超级 13Cr 不锈钢在不同温度下阻抗测量分析数据

T /℃	R_1 /Ω·cm²	CPE1		R_2 /Ω·cm²	CPE2		R_3 /Ω·cm²
		CPE1-T /S·cm⁻²·s⁻ᴾ	CPE1-P		CPE2-T /S·cm⁻²·s⁻ᴾ	CPE2-P	
30	1.171	1.4712	0.8604	12169	2.3855	0.565	20633
60	2.175	2.779	0.81274	942.2	15.666	0.57271	6786
90	0.747	126.82	0.7953	649.1	126.31	0.78496	665.1

6.3.2　应力

图 6-15 为超级 13Cr 不锈钢在不同温度下加载 80% 应力时的极化曲线，可见，超级 13Cr 不锈钢的阴极过程为活化控制，阳极区存在活化-钝化转变过程，随温度升高，点蚀电位分别约为：−0.24V、−0.27V、−0.36V，可以看出，随温度升高，超级 13Cr 不锈钢的点蚀电位下降，这是因为随温度的升高，Cl^- 活性增强，更易与钝化膜中的阳离子结合成可溶性氯化物，导致钝化膜的破坏。

从表 6-8 可看出，60℃时阳极斜率 b_a 远大于阴极斜率 b_c，说明 60℃时超级 13Cr 不锈钢的腐蚀过程由阳极控制，而在 80℃、100℃时，b_a 比 b_c 小，说明腐蚀过程由阴极控制。同时阴阳极塔菲尔斜率 80℃、100℃相比 60℃时变化非常大，说明从 60℃到 80℃和 100℃时阴阳极反应机理发生改变。对比 3 种温度下开路电位，80℃和 100℃时接近，而 60℃时最大，

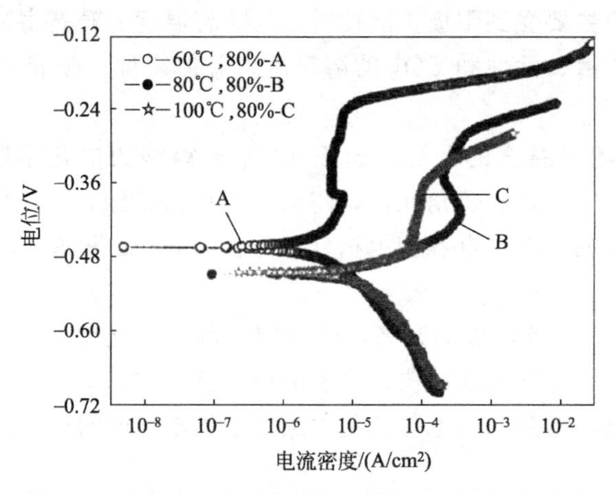

图 6-15　超级 13Cr 不锈钢在不同温度下的极化曲线

说明 80℃、100℃时腐蚀倾向相当且大于 60℃时的腐蚀倾向。由法拉第第二定律可知，自腐蚀电流密度与腐蚀速率之间存在正比例关系，i_{corr} 越大，腐蚀速率越大，由表 6-8 可知，随温度升高，腐蚀速率逐渐增大。

表 6-8　超级 13Cr 不锈钢在不同温度下极化曲线拟合结果

参数	60℃	80℃	100℃
$i_{corr}/(\mu A/cm^2)$	7.497	69.221	120.18
E_{corr}/mV	−466.15	−509.52	−507.36
b_a/(mV/dec)	2.2711×10^7	186.4	537.15
b_c/(mV/dec)	150.13	2030.5	1147.8
腐蚀速率/(mm/a)	0.088176	0.81419	1.4136

图 6-16 为超级 13Cr 不锈钢在不同温度和应力下的电化学阻抗图谱。可看出，容抗弧的半径随温度的升高而减小，且相位角也有不同程度的降低，表明钝化膜对基体的保护作用随温度升高而降低。60℃时的阻抗谱表现为一个高频的容抗弧特征，在低频区存在一个具有扩散特征的 Warburg 阻抗；80℃时表现为双容抗弧特征，在低频区存在 Warburg 阻抗；100℃时表现为中频的容抗和低频的 Warburg 阻抗。

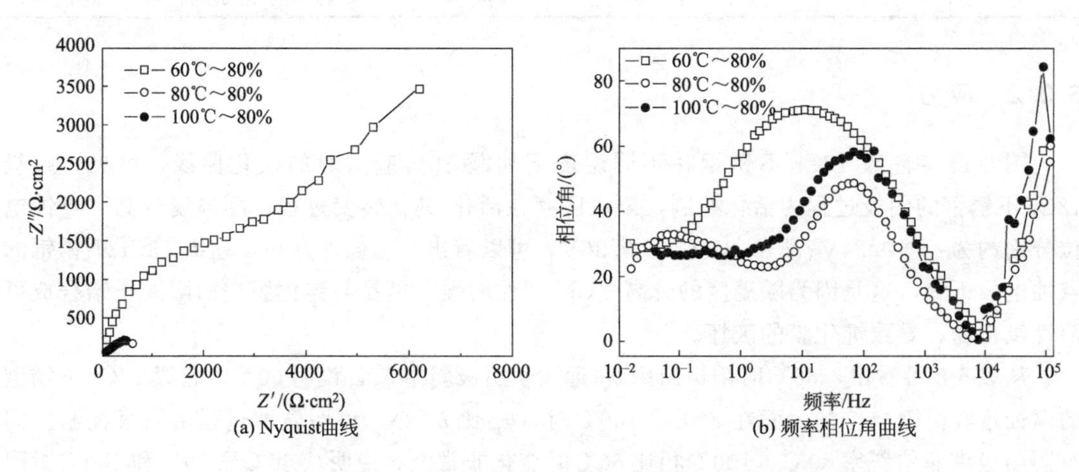

图 6-16　超级 13Cr 不锈钢在不同温度和应力下的阻抗谱图

6.4　Cl⁻浓度

（1）60℃

图6-17是超级13Cr不锈钢在温度为60℃，pH值为6，Cl^-浓度分别为128000mg/L、50000mg/L、25000mg/L、10000mg/L时的开路电位随时间的变化曲线，可以看出，当Cl^-浓度为128000mg/L时，自腐蚀电位较负，说明在Cl^-浓度较高时，超级13Cr不锈钢的腐蚀倾向较大，腐蚀速率较其他条件下的大。在其他条件下，自腐蚀电位相差无几，说明较低Cl^-浓度对电化学腐蚀的影响不是很大。而在Cl^-浓度为10000mg/L时，自腐蚀电位呈先上升后下降然后趋于平稳趋势，这可能是由于浸润不够充分或者试样放置时产生较薄的腐蚀产物膜导致活性不够。

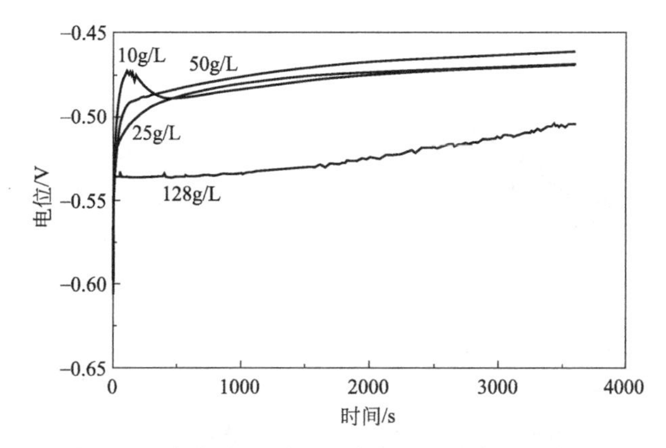

图6-17　超级13Cr不锈钢在不同Cl^-浓度下的开路电位随时间的变化曲线

图6-18为不同Cl^-浓度下动态极化曲线，从图中可以看出在不同Cl^-浓度的溶液中，维钝电流密度没有明显变化，说明腐蚀速率基本相同，且其与Cl^-浓度关系不大；致钝电流密度在Cl^-浓度小于50000mg/L时较小，说明在Cl^-浓度较低时容易发生钝化。随着Cl^-浓度的升高，点蚀电位逐渐降低，说明在较高Cl^-浓度的腐蚀介质中，超级13Cr不锈钢的耐点蚀性能较差，分析结果如表6-9。

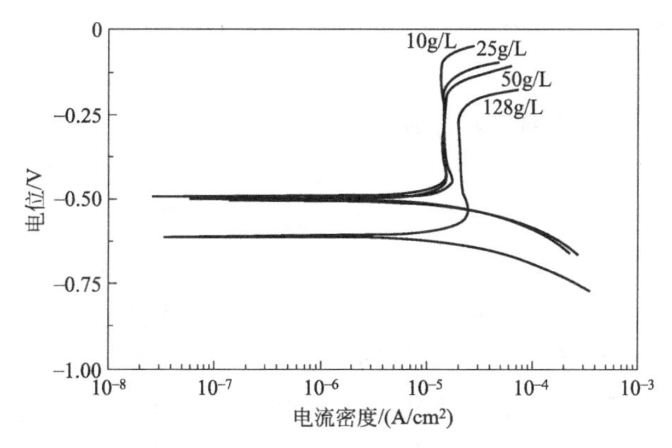

图6-18　超级13Cr不锈钢在不同Cl^-浓度下的动态极化曲线

表6-9 超级13Cr不锈钢在不同Cl^-浓度下极化测量分析数据

Cl^-/(mg/L)	E_{corr}/mV	i_{corr}/(A/cm^2)	b_c/(mV/dec)	b_a/(mV/dec)	C_R/(mm/a)
10000	−0.50368	2.144×10^{-5}	92.092	110.96	0.2522
25000	−0.49897	2.022×10^{-5}	96.885	117.45	0.23783
50000	−0.49046	2.0264×10^{-5}	96.767	141.41	0.23835
128000	−608.2	3.1353×10^{-5}	95.084	175.98	0.36878

图6-19为超级13Cr不锈钢在不同Cl^-浓度下的电化学阻抗谱和等效电路。从图中可以看出随着Cl^-浓度的升高，阻抗谱并未有明显区别。对阻抗谱进行等效电路模拟，数据如表6-10所示，溶液的电阻基本相同且对体系的影响不大，而钝化膜电阻R_3随着Cl^-浓度的增加而减少。综上，极化电阻（R_2+R_3）也随着Cl^-增加而减少，也就是超级13Cr不锈钢的耐蚀性能随Cl^-浓度的增加而降低。

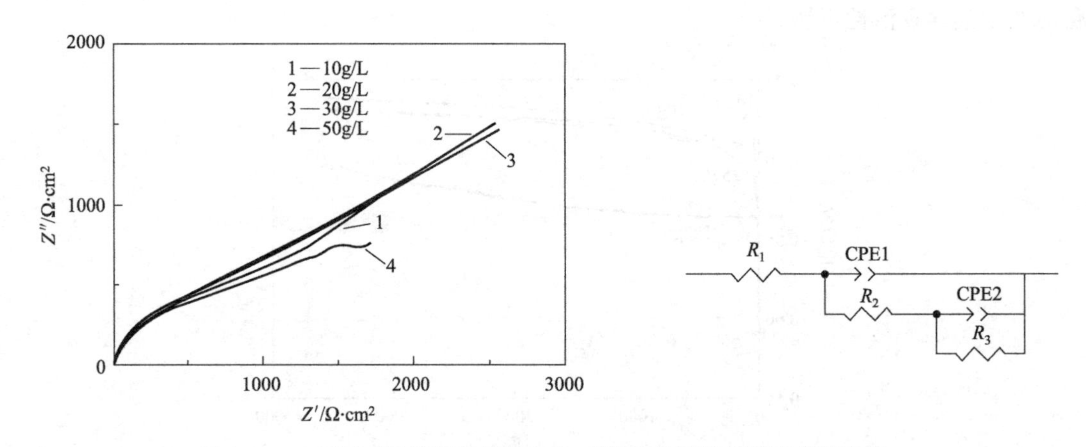

图6-19 在不同Cl^-浓度下超级13Cr不锈钢的阻抗谱图和等效电路

表6-10 在不同Cl^-浓度下的交流阻抗谱拟合结果

Cl^- /(g/L)	R_1 /Ω·cm^2	CPE1		R_2 /Ω·cm^2	CPE2		R_3 /Ω·cm^2
		CPE1-T /S·cm^{-2}·s^{-P}	CPE1-P		CPE2-T /S·cm^{-2}·s^{-P}	CPE2-P	
10	4.468	2.4628	0.83435	812.5	15.857	0.53351	8181
25	2.175	2.779	0.81274	942.2	15.666	0.57271	6786
50	1.499	2.7228	0.821	904.4	14.684	0.5546	6664
128	1.291	3.0335	0.8626	755.9	10.206	0.25235	651

（2）35℃

图6-20为超级13Cr不锈钢试样分别在35℃时浓度为5％、15％、25％、35％的NaCl溶液中的极化曲线，可以看出，随着NaCl浓度的升高，超级13Cr不锈钢的点蚀电位下降，且钝化区间变窄，说明随Cl^-浓度的升高，钢表面形成的钝化膜更容易被破坏而形成点蚀。从表6-11可以看出，随Cl^-浓度的升高，超级13Cr不锈钢的腐蚀电位负移，腐蚀电流密度升高，腐蚀速率增大。这说明随NaCl溶液浓度的升高，其钝化能力降低，所形成的钝化膜对基体的保护作用降低，使超级13Cr不锈钢的耐腐蚀性能降低，基体被腐蚀的倾向性增大。这是因为腐蚀介质中存在Cl^-等阴离子时，一方面阴离子会在金属表面上吸附，使钝化膜的离子电阻降低，保护性能降低；另一方面阴离子与金属离子形成配合物或易溶盐而加速钝化膜的溶解。Cl^-吸附与渗入改变了钝化膜的结构，破坏了钝化膜，这是由于氯化物的溶解度

特别大且 Cl^- 半径很小。Cl^- 在竞争吸附过程中能优先被吸附，使组成膜的氧化物变成可溶性的盐，同时，Cl^- 进入晶格中代替膜中水分子、OH^- 或 O_2^-，并占据了它们的位置，加速了钝化膜的溶解。因此随着 Cl^- 浓度增加，钝化膜的溶解速率加快，超级 13Cr 不锈钢的腐蚀电流增大，腐蚀电位和点蚀电位降低。

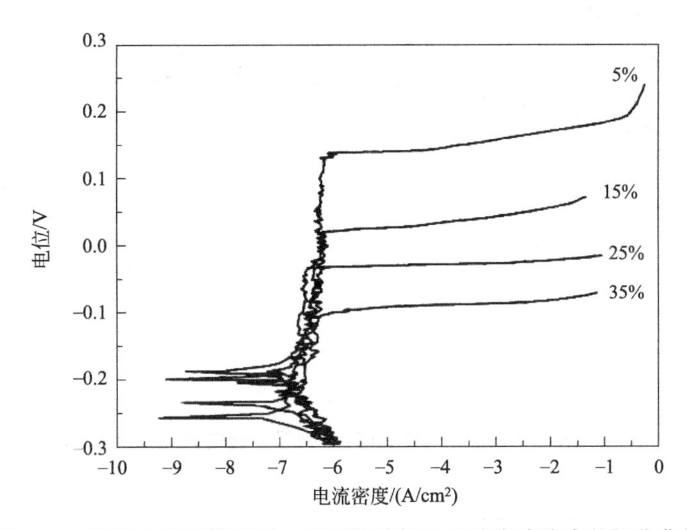

图 6-20　超级 13Cr 不锈钢在 35℃的不同 NaCl 浓度溶液中的极化曲线

表 6-11　超级 13Cr 不锈钢的极化曲线测试结果

NaCl 浓度/%	点蚀电位/mV	腐蚀电位/mV	腐蚀电流密度/($\mu A/cm^2$)	腐蚀速率/[g/($m^2 \cdot h$)]
5	140	−190.2	0.1492	0.0016
15	20.7	−205.7	0.2246	0.0024
25	−32.9	−232.9	0.3566	0.0037
35	−104	−254.1	0.3725	0.0039

（3）室温

图 6-21 为超级 13Cr 不锈钢在不同氯离子浓度时的开路电位，可见，其整体有负向极移动的趋势。在蒸馏水溶液中，超级 13Cr 不锈钢的稳定自腐蚀电位为−0.02V；浓度为 1%（质量分数，下同）NaCl 时，超级 13Cr 不锈钢的稳定自腐蚀电位为−0.05V；浓度为 0.5%（质量分数）NaCl 时，超级 13Cr 不锈钢的稳定自腐蚀电位为−0.11V；在浓度为 3.5%（质量分数）NaCl 时，其稳定自腐蚀电位达到最负，为−0.24V，说明此时超级 13Cr 不锈钢容易发生腐蚀；在浓度为 4%（质量分数）NaCl 时，自腐蚀电位为−0.19V，开路电位有向正向移动的趋势，腐蚀电位变小。

图 6-22 为超级 13Cr 不锈钢在室温下不同氯离子浓度时极化电位与极化电流变化的关系。相比之下，在蒸馏水中，超级 13Cr 不锈钢的腐蚀电流密度是最小的。从图中可以看出，腐蚀溶液中离子的浓度对钢的腐蚀电流密度也有很大的影响，随着 Cl^- 浓度的增加，超级 13Cr 不锈钢阳极变化趋势逐渐表现为完全活化现象；在 3.5%NaCl 溶液中，超级 13Cr 不锈钢的腐蚀电流密度是最大的，说明了此时腐蚀最为严重；在 4%、4.5%NaCl 溶液中，超级 13Cr 不锈钢的腐蚀电流密度在变小，此时阳极极化曲线表现出的钝化现象较为严重，说明此浓度下超级 13Cr 不锈钢的腐蚀被抑制了。

表 6-12 和表 6-13 为采用线性极化法和弱极化三参数法所计算出不同 Cl^- 浓度下超级

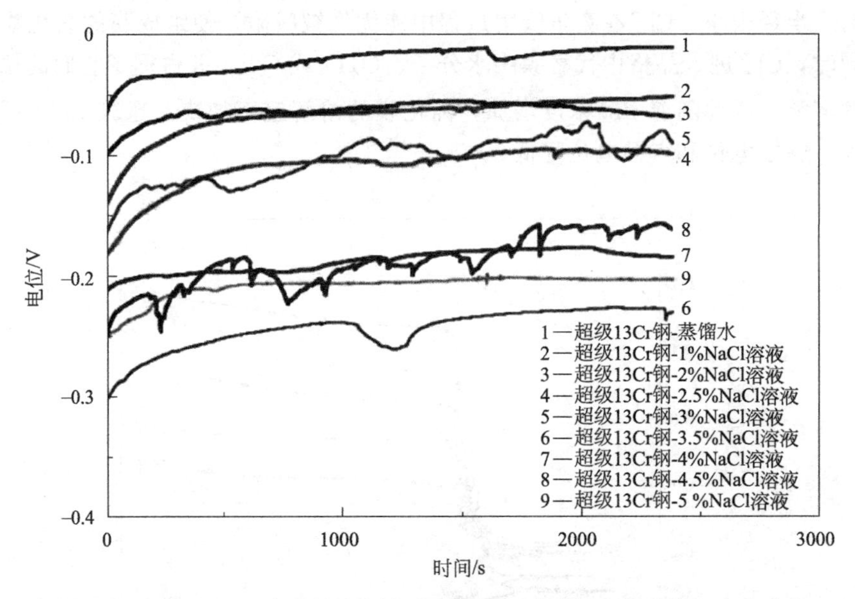

图 6-21　超级 13Cr 不锈钢在不同氯离子浓度下自腐蚀电位随时间变化曲线

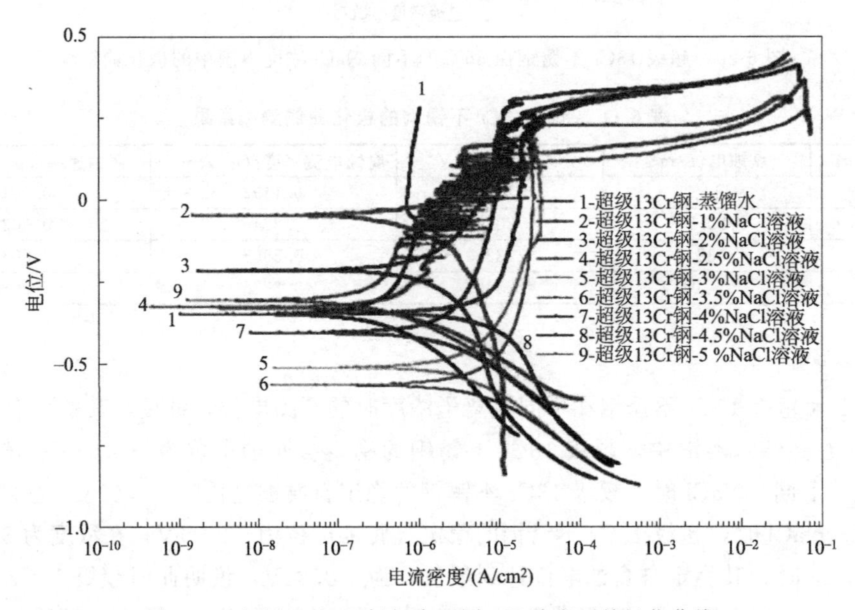

图 6-22　超级 13Cr 不锈钢在不同 Cl^- 浓度下的极化曲线

13Cr 不锈钢的腐蚀速率。观察和比较图 6-23 得出，两者的腐蚀速率基本重合，但是，用弱极化三参数法计算出的腐蚀速率比线性极化法算出的腐蚀速率部分偏小。

表 6-12　超级 13Cr 不锈钢线性极化法计算腐蚀速率

Cl^- 浓度/%	阴极 R_P/(Ω/cm²)	阳极 R_P/(Ω/cm²)	C_R/(mm/a)	拟合精度
0	122014	103466	0.0014	1.0
1	43179	63910	0.0035	1.0
2	36307	53812	0.0041	1.0
2.5	31974	33194	0.0058	1.0
3	18180	19349	0.101	0.95

续表

Cl^-浓度/%	阴极 R_P/(Ω/cm^2)	阳极 R_P/(Ω/cm^2)	C_R/(mm/a)	拟合精度
3.5	9091	11157	0.0187	1.0
4	10247	14269	0.0155	1.0
4.5	37642	38763	0.0082	1.0
5	44031	44368	0.043	1.0

表 6-13 超级 13Cr 不锈钢弱极化三参数法计算腐蚀速率

Cl^-浓度/%	b_a/(mV/dec)	b_c/(mV/dec)	i_0/(mA/cm^2)	C_R/(mm/a)	拟合精度
0	91.10	67.40	0.000136	0.0014	0.99
1	105.78	61.12	0.000294	0.0031	1.0
2	50.76	70.85	0.000443	0.0046	0.96
2.5	88.76	70.85	0.00058	0.0061	1.0
3	92.43	87.64	0.00094	0.0097	1.0
3.5	101.96	64.21	0.00178	0.0188	1.0
4	97.20	78.63	0.00146	0.0152	1.0
4.5	91.70	69.08	0.000754	0.0079	1.0
5	54.27	143.81	0.000388	0.0041	1.0

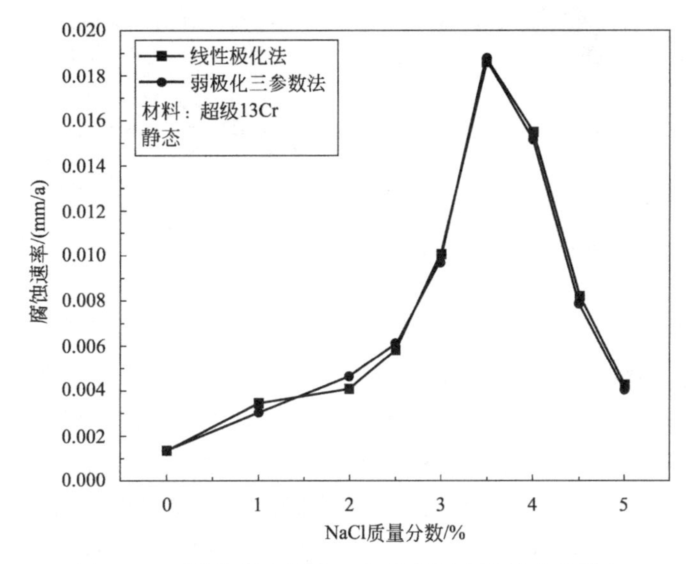

图 6-23 Cl^-浓度对超级 13Cr 不锈钢腐蚀速率的影响

在静态下，Cl^-浓度对超级 13Cr 不锈钢的腐蚀速率影响很大。从图 6-23 中数据的变化可以得到，腐蚀速率随着 Cl^-浓度的增加呈现一种先升后降的趋势。当流体浓度在 1%～3.5%范围时，超级 13Cr 不锈钢的腐蚀速率急剧增大。当 NaCl 浓度是 1%时，超级 13Cr 不锈钢腐蚀速率为 3.1×10^{-3}mm/a；随着 Cl^-浓度的增加，超级 13Cr 不锈钢在 3%NaCl 中的腐蚀速率增加到 9.7×10^{-3}mm/a。这是因为 Cl^-具有很强的吸附能力，随着其浓度的不断增加，超级 13Cr 不锈钢表面的钝化膜局部区域发生 Cl^-溶解穿透，造成局部腐蚀。在 3.5%NaCl 中时，测量出的腐蚀速率达到临界值，此时的腐蚀速率是蒸馏水中腐蚀速率的 13.42 倍，达到最大值，为 1.88×10^{-2}mm/a；在 4.5%浓度 NaCl 中时，腐蚀速率降低，是蒸馏水中的 5.64 倍。在较高的 Cl^-浓度下，超级 13Cr 不锈钢表面有再钝化的能力，使得金属表面生成新的钝化膜保护基体，对超级13Cr不锈钢的腐蚀有一定的抑制作用，使其腐蚀速率减小。

图6-24为超级13Cr不锈钢在不同浓度NaCl溶液中的交流阻抗图谱，可以看出，与蒸馏水中超级13Cr不锈钢电极的容抗弧半径相比较，在腐蚀介质中测出的容抗弧半径是非常大的，说明在没有腐蚀离子的溶液中，钢的腐蚀速率是很小的。从图6-24中容抗弧半径的变化可以得出，容抗弧半径的大小随着溶液中腐蚀离子浓度的变化而变化。

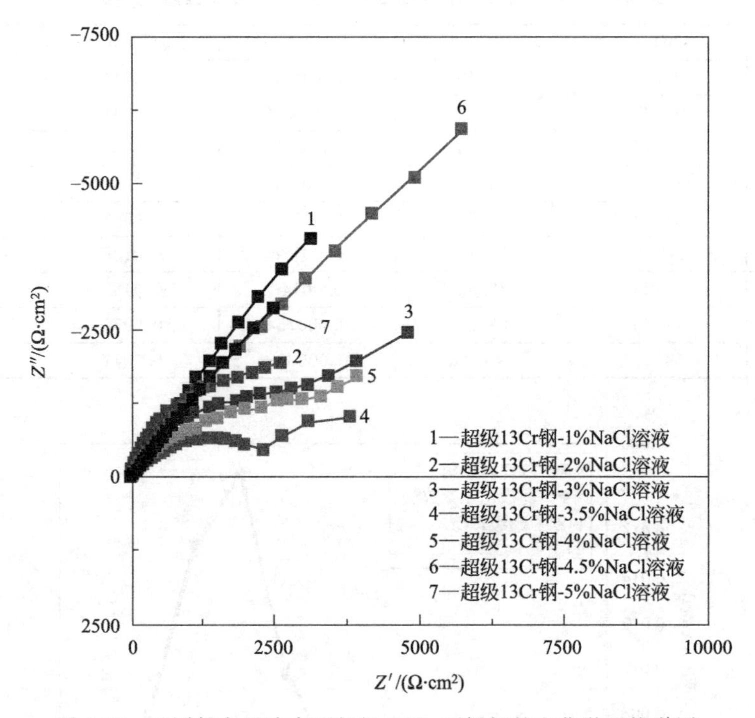

图6-24　不同氯离子浓度下超级13Cr不锈钢的电化学阻抗谱图

在较低浓度时，容抗弧半径是相对较大的，随着腐蚀离子浓度的变大，容抗弧半径变小。在3.5%NaCl中时，容抗弧的半径达到最小，而且明显有两个低频弧出现，表明不锈钢电极不但随着流体浓度的增大腐蚀加剧，而且金属表面的腐蚀状况随着流体浓度的升高发生着较大的变化。在4%NaCl中、4.5%NaCl中时，阻抗谱中容抗弧有明显的变化趋势，中低频容抗弧半径变大，阻抗模值变大，反应阻力变大，腐蚀速率也随之变小。这个结论与极化曲线测出的结果相同，即低浓度的Cl^-促进了腐蚀的发生；在3.5%NaCl溶液中，超级13Cr不锈钢的腐蚀达到最大临界值。

表6-14中显示超级13Cr不锈钢电化学阻抗谱拟合电阻R_p，从拟合数据的变化可以看出，在NaCl浓度为1%时，R_p为1968Ω；NaCl浓度为2%时，R_p为968.7Ω；3.5%NaCl浓度时，其R_p达到最小，为80.61Ω，说明此时对应的腐蚀最为严重；在NaCl浓度为4.5%时，R_p为687.6Ω。超级13Cr不锈钢电化学阻抗R_p比TP140不锈钢的R_p大，这是因为超级13Cr不锈钢表面的保护膜是较为致密的，故发生腐蚀的反应速率较小。在静态腐蚀介质中，腐蚀离子主要以扩散为主，Cl^-扩散到金属表面，参与化学反应，由于扩散效应的影响，离子传递速度较慢，后续的离子供给不足，致使化学反应不能连续进行，此时金属表面会形成一层较为致密的保护膜，阻止腐蚀的发生。

表 6-14 超级 13Cr 不锈钢电化学阻抗谱拟合结果

NaCl 质量分数/%	1	2	3	3.5	4	4.5	5
R_p/Ω	1968	968.7	369.3	80.61	367.7	687.6	1976

6.5 HCO_3^- 浓度

6.5.1 动电位极化

超级 13Cr 不锈钢在不同 HCO_3^- 浓度、0.1mol/L NaCl、硼酸缓冲溶液中的动电位极化测试结果如图 6-25 所示。在不同试验溶液中，超级 13Cr 不锈钢的阳极极化区都显示出了钝化特征。当 HCO_3^- 浓度小于 0.2mol/L 时，试样阴极极化区几乎重合在一起，且自腐蚀电位变化不大，说明此浓度范围内，HCO_3^- 浓度对超级 13Cr 不锈钢的阴极反应影响较小；当 HCO_3^- 浓度增加至 0.5mol/L 时，溶液中氧的溶解量减小，使得自腐蚀电位由－221mV 负移至－315mV，这与添加其他阴离子对不锈钢阴极反应的影响类似。随着 HCO_3^- 浓度的增加，超级 13Cr 不锈钢的钝化区间变宽，点蚀电位向正向移动，稳态点蚀发生的敏感性降低，特别是当 HCO_3^- 浓度增加至 0.5mol/L 时，动电位极化曲线进入全面腐蚀的过钝化状态，试样表面未发生点蚀。因此，HCO_3^- 的加入抑制了超级 13Cr 不锈钢的稳态点蚀。另外，动电位极化曲线上电位大约为 625mV（*vs*. Ag/AgCl）的位置处，电流出现了一个峰 a，这可能对应着 Cr_2O_3 氧化成 CrO_4^{2-} 的电化学反应。

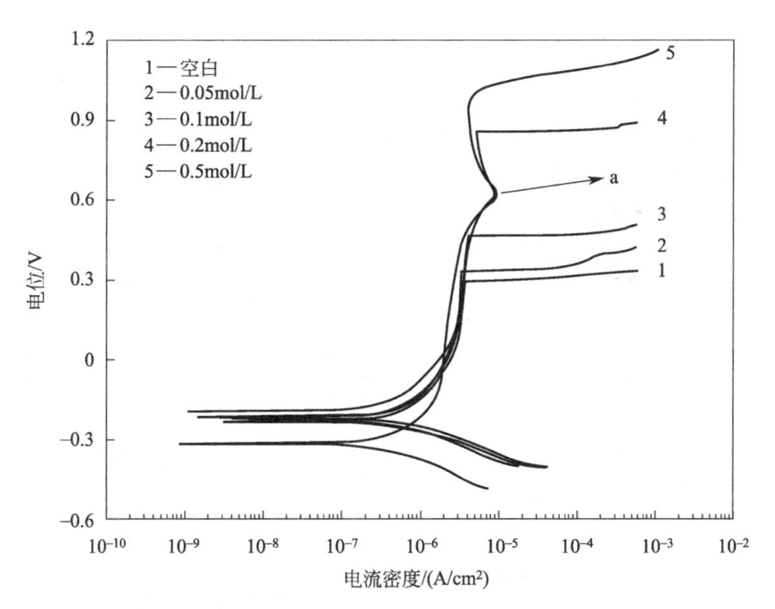

图 6-25 超级 13Cr 不锈钢在不同 HCO_3^- 浓度、0.1mol/L NaCl、硼酸缓冲溶液中的动电位极化曲线

对不同 HCO_3^- 浓度体系下极化到 $1\times10^{-3}A/cm^2$ 的试样表面进行微观形貌观察，结果如图 6-26 所示。相对于不添加 HCO_3^- 时的试样表面，添加 0.1mol/L HCO_3^- 的超级 13Cr 不锈钢表面点蚀坑的数量减少，说明点蚀被抑制。这与图 6-25 所得试验结果相一致。

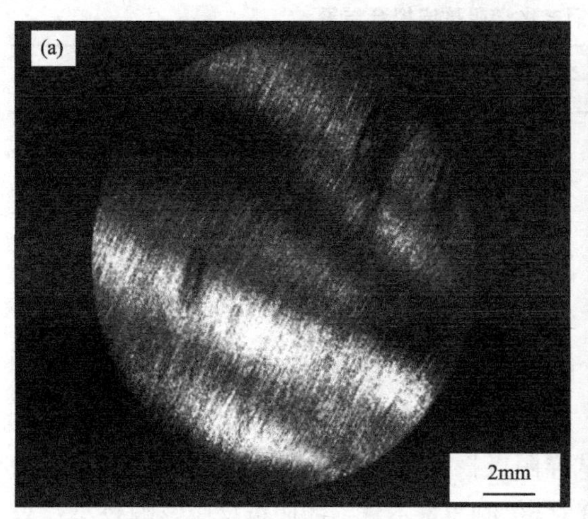

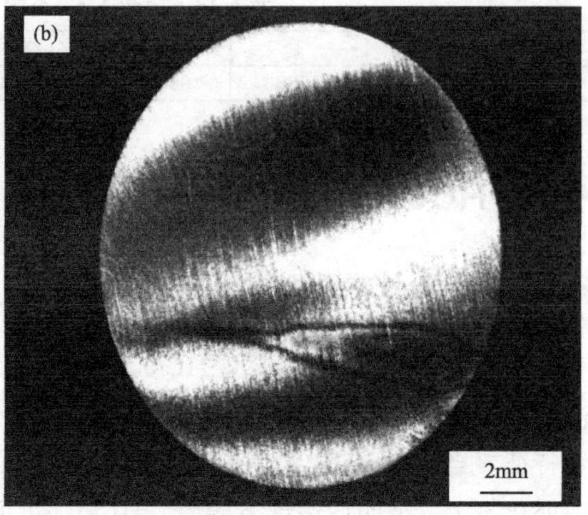

图 6-26 超级 13Cr 不锈钢在不同 HCO_3^- 浓度、0.1mol/L NaCl、硼酸缓冲溶液中动电位极化后的点蚀形态

(a) 无 HCO_3^-；(b) 0.1mol/L HCO_3^-

当加入非侵蚀性阴离子 HCO_3^- 后，HCO_3^- 与 Cl^- 在钝化膜表面的活性点处发生竞争性吸附，原先可能发生亚稳态点蚀的形核点被 HCO_3^- 吸附占据，减少了萌生亚稳态点蚀活性点的数量。当 HCO_3^- 含量足够大时，钝化膜表面的活性点完全被 HCO_3^- 吸附聚集，则亚稳态点蚀被完全抑制。

6.5.2 恒电位极化

选取 200mV（*vs*. Ag/AgCl，该电位下所有 HCO_3^- 浓度试验溶液中的超级 13Cr 不锈钢均处于钝化区间）和 300mV（*vs*. Ag/AgCl，该电位处于超级 13Cr 不锈钢在一些 HCO_3^- 试验溶液中的点蚀电位附近）对超级 13Cr 不锈钢进行恒电位极化。极化时间分别为 7200s 以及 2100s，结果如图 6-27 所示。

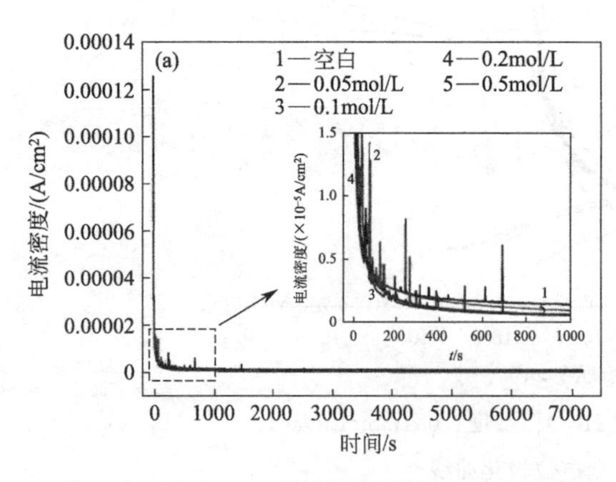

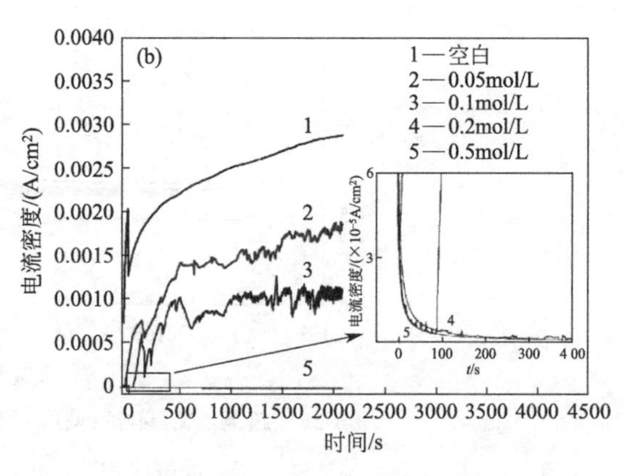

图 6-27 超级 13Cr 不锈钢在不同 HCO_3^- 浓度、0.1mol/L NaCl、硼酸缓冲溶液中的恒电位极化曲线

(a) 200mV；(b) 300mV

施加电位为 200mV（*vs*. Ag/AgCl）时，超级 13Cr 不锈钢在不同浓度 HCO_3^-、0.1mol/L NaCl、硼酸缓冲溶液中的恒电位极化结果如图 6-27(a) 所示。可以看出，经过

7200s 恒电位极化，所有曲线的电流密度都逐渐趋于稳定状态。在 0.1mol/L NaCl、硼酸缓冲溶液中添加 HCO_3^- 后，超级 13Cr 不锈钢的稳态电流密度降低了一个数量级，说明添加 HCO_3^- 后，钝化膜的保护性升高。

施加电位 300mV（*vs*. Ag/AgCl）时，超级 13Cr 不锈钢在不同浓度 HCO_3^-、0.1mol/L NaCl、硼酸缓冲溶液中的恒电位极化结果如图 6-27(b) 所示。可以看出，经过 2100s 恒电位极化，不同 HCO_3^- 浓度下超级 13Cr 不锈钢的电流密度变化趋势不同。当 HCO_3^- 浓度大于 0.1mol/L 时，电流密度随极化时间的延长而减小，并达到稳态。该趋势与在同种浓度下施加电位为 200mV（*vs*. Ag/AgCl）时的变化趋势相类似，说明该试验条件下亚稳态点蚀被抑制。一般而言，当电流密度大于 $1\times10^{-5}A/cm^2$ 时，即可认为发生稳态点蚀。当 HCO_3^- 浓度小于 0.1mol/L 时，电流密度呈增大的趋势，且电流密度超过了上述阈值，故试样表面已经发生了稳态点蚀。随着 HCO_3^- 浓度的增加，发生稳态点蚀的点蚀诱导时间延长，电流密度的增长速率减小，且趋于稳态时的电流密度降低，稳态点蚀的生长速率变缓。说明 HCO_3^- 的加入抑制了稳态点蚀的生长。

为进一步研究 HCO_3^- 对超级 13Cr 不锈钢亚稳态点蚀的影响，对施加电位为 200mV（*vs*. Ag/AgCl）时的恒电位极化结果进行统计分析。一般认为，恒电位极化曲线中的每一个电流波动（电流峰）代表一个腐蚀活性点的形核、生长以及再钝化的亚稳态点蚀过程。每 200s 统计一次电流峰的出现次数，即亚稳态点蚀数量，亚稳态点蚀的累积数量用 N_t 表示，统计结果如图 6-28(a) 所示。当溶液中 HCO_3^- 浓度为 0.05mol/L 时，N_t 降低，亚稳态点蚀总数降为 45 个/cm^2。虽然在 7200s 后仍未达到稳定，但是与不含 HCO_3^- 试验溶液相比，电流峰出现的频率在极化曲线的后半段明显减少，说明 HCO_3^- 浓度为 0.05mol/L 时，在 0.1mol/L NaCl、硼酸缓冲溶液中，HCO_3^- 对超级 13Cr 不锈钢亚稳态点蚀的形核已经起到了抑制作用。随着 HCO_3^- 浓度的增大，亚稳态点蚀总数减少，且达到稳定的时间缩短，HCO_3^- 对超级 13Cr 不锈钢亚稳态点蚀形核的抑制作用增强。当溶液中 HCO_3^- 浓度为 0.5mol/L 时，亚稳态点蚀总数为 0。此时阳极电流主要供给试样表面的均匀氧化以及钝化膜的均匀生长，不存在与亚稳态点蚀形核以及再钝化有关的电流瞬态波动，即试样表面未形成易诱发亚稳态点蚀的腐蚀活性点，超级 13Cr 不锈钢的亚稳态点蚀形核被完全抑制。

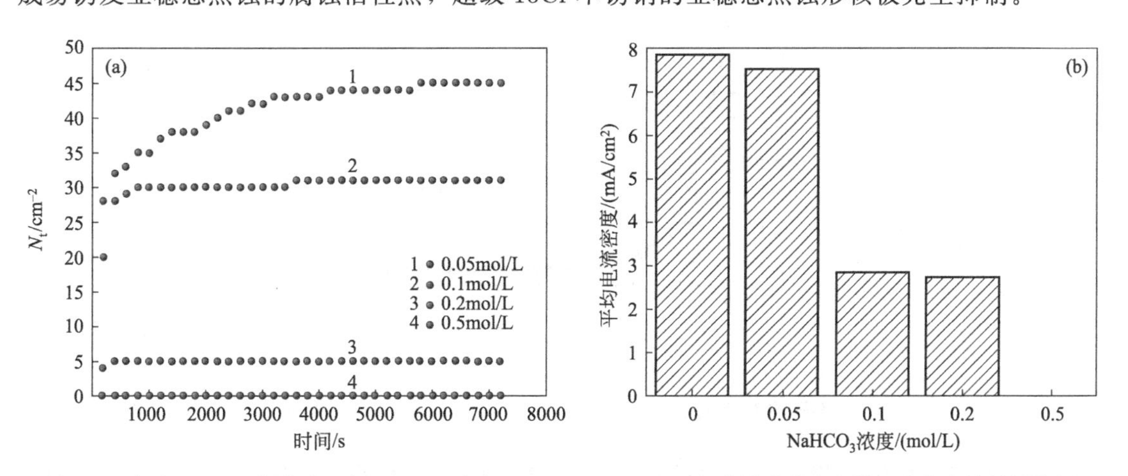

图 6-28　超级 13Cr 不锈钢在不同 HCO_3^- 浓度、0.1mol/L NaCl、硼酸缓冲溶液中的亚稳态点蚀结果分析

(a) 亚稳态点蚀的累积数量；(b) 峰值电流密度的平均值

6.5.3 EIS 曲线

在 0.1mol/L NaCl 的硼酸缓冲溶液中加入不同浓度 HCO_3^- 后，超级 13Cr 不锈钢的电化学阻抗谱（EIS）如图 6-29 所示。随着 HCO_3^- 浓度的增大，图 6-29(a) 中的容抗弧半径以及图 6-29(c) 中阻抗模值$|Z|$均增大，说明超级 13Cr 不锈钢表面钝化膜对金属基体的保护性升高。采用图 6-30 的等效电路对阻抗谱进行解析，该电路图也被其他研究者使用过，拟合结果见表 6-15。其中，R_s 是溶液电阻，R_{ct} 是电荷转移电阻，R_f 是钝化膜电阻，CPE_f 是双电层常相位角元件，CPE_{dl} 是钝化膜常相位角元件，C_f 是钝化膜电容，C_{dl} 是双电层电容。随着 HCO_3^- 浓度的增大，钝化膜电阻 R_f 升高，电荷转移电阻 R_{ct} 升高，而钝化膜电容 C_f 逐渐减小，说明 HCO_3^- 浓度的增大使得钝化膜对基体的保护作用增强。钝化膜厚度 L_{ss} 与钝化膜电容 C_f 之间存在以下关系：

$$L_{ss}=\varepsilon_0\varepsilon/C_f \tag{6-5}$$

式中，ε_0 为真空电容率；ε 为膜介电常数。

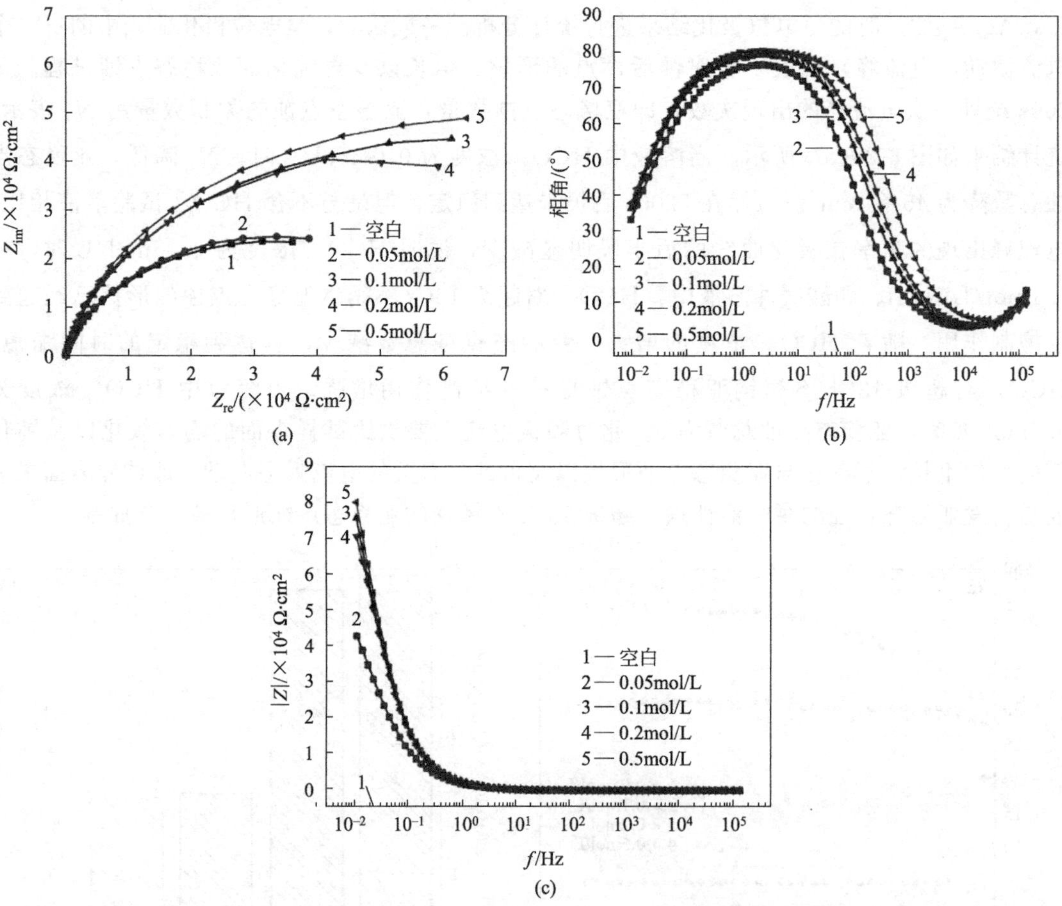

图 6-29　超级 13Cr 不锈钢在不同 HCO_3^- 浓度的 0.1mol/L NaCl 硼酸缓冲溶液中的 EIS 曲线

由式(6-5) 可知，膜电容 C_f 与钝化膜厚度 L_{ss} 成反比关系，即随着 HCO_3^- 浓度增大，钝化膜增厚。这可能是由于加入的 HCO_3^- 在不锈钢表面形成了一层溶解度相对较低的

$FeCO_3$ 或者 $CrCO_3$ 保护性膜层。

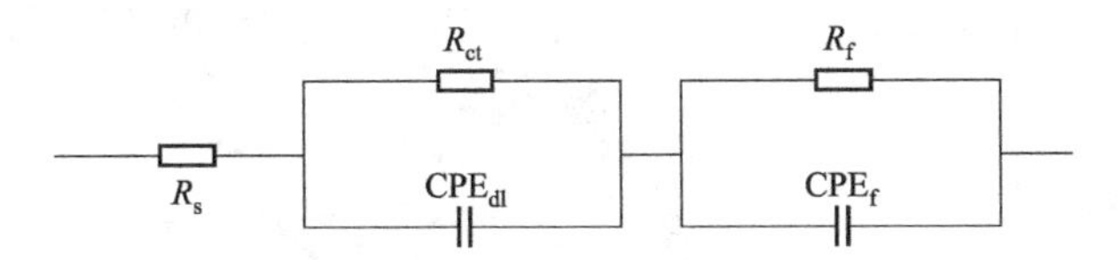

图 6-30　EIS 曲线拟合所用的等效电路

表 6-15　电化学阻抗谱的拟合结果

参数	空白	0.1mol/L HCO_3^-	0.5mol/L HCO_3^-
$R_s/\Omega \cdot cm^2$	25.9	21.3	9.5
$C_{dl}/(\times 10^{-5} F/cm^2)$	32.3	22.5	15.1
$R_{ct}/\times 10^4 \Omega \cdot cm^2$	4.0	7.9	8.8
$C_f/(\times 10^{-5} F/cm^2)$	18.6	13.1	17.9
$R_f/\times 10^4 \Omega \cdot cm^2$	1.5	1.7	1.9

6.5.4　Mott-Schottky 曲线

根据点缺陷理论，不锈钢表面的钝化膜是一层具有高密度点缺陷掺杂以及半导体特性的氧化膜。不锈钢的钝化膜破裂、点蚀萌生以及耐点蚀性能与钝化膜的半导体性质有关。对于 n 型和 p 型半导体膜，空间电荷电容（C）和电位（E）具有如下关系：

$$C^{-2}=\frac{2}{\varepsilon\varepsilon_0 eN_D}\left(E-E_{fb}-\frac{kT}{e}\right) \quad \text{(n 型半导体膜)} \tag{6-6}$$

$$C^{-2}=\frac{2}{\varepsilon\varepsilon_0 eN_A}\left(-E+E_{fb}-\frac{kT}{e}\right) \quad \text{(p 型半导体膜)} \tag{6-7}$$

式中，ε_0 为真空介电常数，$\varepsilon_0=8.85\times10^{-14}F/cm$；$\varepsilon$ 为钝化膜的介电常数，$\varepsilon=15.6$；e 为电子电量，$e=1.6\times10^{-19}C$；N_D 为施主密度；N_A 为受主密度；E_{fb} 为平带电位；k 为波尔兹曼常数；T 为热力学温度。

超级 13Cr 不锈钢在不同 HCO_3^- 浓度、硼酸缓冲溶液中的 Mott-Schottky（M-S）曲线如图 6-31 所示。当溶液中不含 HCO_3^- 时，超级 13Cr 不锈钢表面的钝化膜具有 n 型半导体膜特征。当溶液中加入 HCO_3^- 后，钝化膜具有 n+p 型双极性半导体膜特性。n 型半导体具有阴离子选择性，可以阻止基体金属离子扩散出钝化膜；p 型半导体具有阳离子选择性，可以阻挡溶液中的侵蚀性阴离子（如 Cl^-）扩散进入钝化膜内层。因此，当 0.1mol/L NaCl 的硼酸缓冲溶液中加入 HCO_3^- 后，超级 13Cr 不锈钢具有的 n+p 型双极性钝化膜，既可以阻碍基体金属离子向外迁移，也能够阻碍 Cl^- 向内侵入，提升了对金属基体的保护。

根据 Mott-Schottky 曲线得到的施主密度和受主密度见表 6-16。施主和受主密度为 $10^{21}cm^{-3}$，与其他研究的计算结果处于相同数量级。随着溶液中 HCO_3^- 浓度的增大，钝化膜中的施主浓度 N_D 和受主密度 N_A 减小，载流子数量减少，反应过程中的电子传输过程减缓，阻碍了钝化膜内腐蚀电化学反应的发生，提升了钝化膜的稳定性，使钝化膜的保护作用增强，这与阻抗的结果相吻合。当温度不变时，钝化膜外表面所形成的保护性盐膜 $FeCO_3$

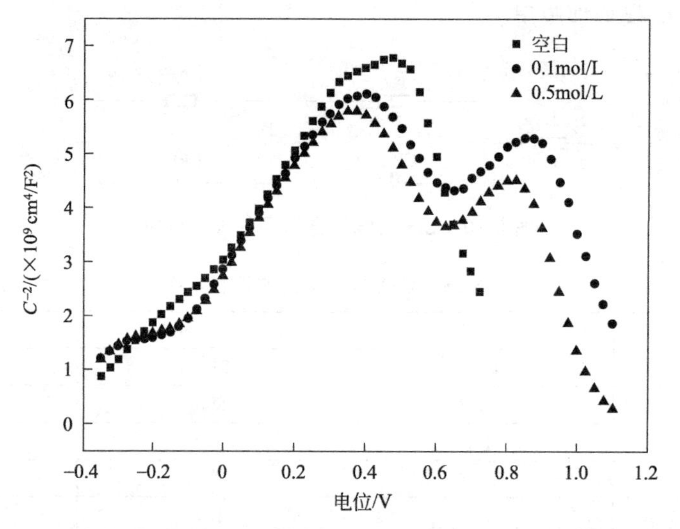

图 6-31 超级 13Cr 不锈钢在不同 HCO_3^- 浓度、0.1mol/L NaCl、硼酸缓冲溶液中的 M-S 曲线

的溶度积恒定。当溶液中的 HCO_3^- 浓度增大时，达到饱和并析出 $FeCO_3$ 所需的铁离子含量减少，故而减缓了钝化膜中 Fe 离子的溶解，减少了金属空位的形成数量，因此受主密度（N_A）减小。

表 6-16 超级 13Cr 不锈钢在不同 HCO_3^- 浓度的硼酸缓冲溶液中的施主密度和受主密度

参数	空白	0.1mol/L HCO_3^-	0.5mol/L HCO_3^-
$N_D/\times10^{21}cm^{-3}$	1.00	0.91	0.87
$N_A/\times10^{21}cm^{-3}$	—	1.03	0.90

可见，随着 HCO_3^- 浓度的增加，超级 13Cr 不锈钢的钝化区间变宽，点蚀电位向正向移动，稳态点蚀发生的敏感性降低。HCO_3^- 减少了超级 13Cr 不锈钢在 Cl^- 溶液中的腐蚀活性点的数量，抑制了亚稳态点蚀的形核，降低了亚稳态点蚀电流密度峰值的平均值，抑制了亚稳态点蚀的生长。随着 HCO_3^- 浓度的增大，钝化膜电阻 R_f 升高，电荷转移电阻 R_{ct} 升高，厚度 L_{ss} 增大，对超级 13Cr 不锈钢基体的保护性增强。Mott-Schottky 曲线测试结果表明，HCO_3^- 的加入使得超级 13Cr 不锈钢钝化膜半导体特性由 n 型转变为 n+p 型双极性，且随着溶液中 HCO_3^- 浓度的增大，钝化膜中的施主密度 N_D 和受主密度 N_A 减小，钝化膜的稳定性提升，保护作用增强。

6.6 外加电位

图 6-32 为超级 13Cr 不锈钢的腐蚀速率随电位变化图，相对电位分别为－0.1V、－0.2V、－0.3V、－0.36V、－0.425V、－1.1V 等。根据极化曲线得到腐蚀速率随电位的变化规律，腐蚀速率随着电位的增加先降低后升高，当相对电位在－0.4～－0.3V 之间时，腐蚀速率最低。图 6-33 为超级 13Cr 不锈钢的相对电位分别为－0.1V、－0.35V、－0.8V 和－1.1V 时的极化曲线，两端电位下的极化曲线几乎重合，当相对电位－0.35V（在－0.4～－0.3V 之间）时，极化曲线的阴极极化曲线稍微偏下一点，相对其他极化曲线

略微下降，而阳极极化曲线明显左移。

当阳极和阴极之间连接有外部电流时，将在其之间产生电流，加速阳极腐蚀，同时抑制阴极的腐蚀，实现阴极保护。施加阴极电位进行阴极极化，会使电极的自腐蚀电位 E_{corr} 负移，当电极电位负移至局部阳极反应的平衡电位 $E_{e,a}$ 时，外加极化电流等于局部阴极电流，从而产生阴极保护。图 6-33 中，阴极极化曲线几乎重合，当外加的阴极相对电位为 −0.35V 时，阳极极化曲线明显整体左移，这样用极化曲线外延法求得的自腐蚀电流较小，腐蚀速率较低。由试验数据可得，静态下超级 13Cr 不锈钢的最佳保护电位在 −0.4～−0.3V 之间。

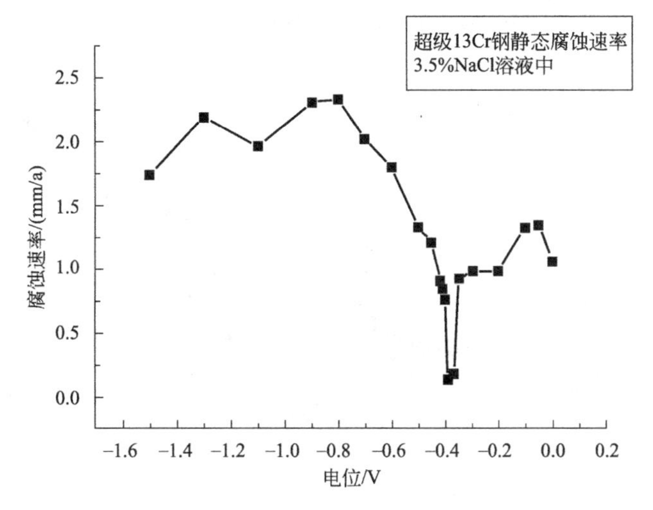

图 6-32　腐蚀速率随电位变化图

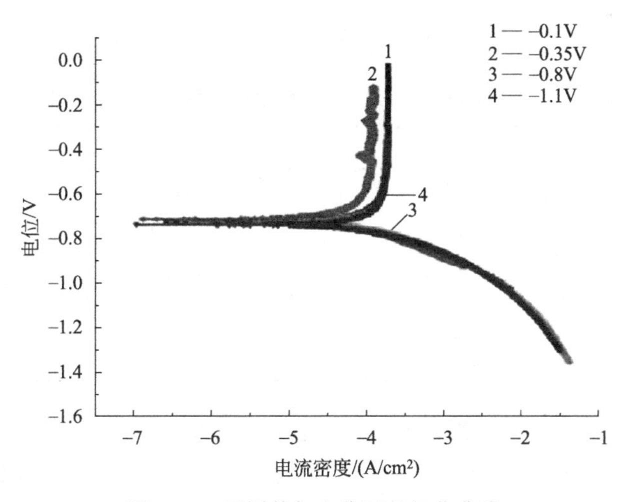

图 6-33　不同外加电位下的极化曲线

可见，采用最佳保护电位的概念，得到超级 13Cr 不锈钢的最佳保护电位为 −0.4～−0.3V，对提高阴极保护工程的综合效益十分有益，施加合适的阴极保护电位可以起到一定的防腐效果。静态条件下，阴极保护电位产生的保护作用较为明显，可在静态腐蚀环境中采用阴极保护来防腐。

6.7 应力

6.7.1 极化特征

图 6-34、表 6-17 分别为超级 13Cr 不锈钢在不同温度、80%加载应力下的极化曲线和拟合结果。从图可以看出，超级 13Cr 不锈钢的阴极过程为活化控制，阳极区存在活化-钝化转变过程，随温度升高，点蚀电位分别约为−0.24V、−0.27V、−0.36V，可以看出，随着温度的升高，超级 13Cr 不锈钢的点蚀电位是下降的，这是因为随着温度的升高，Cl^- 的活性增强，更易与钝化膜中的阳离子结合而形成可溶性的氯化物，从而导致了钝化膜的破坏。

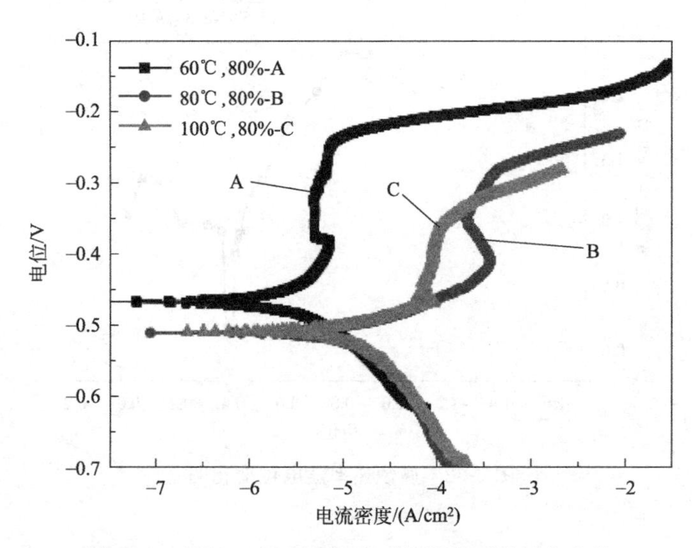

图 6-34 超级 13Cr 不锈钢在不同温度下的极化曲线

表 6-17 超级 13Cr 不锈钢在不同温度下极化曲线拟合结果

参数	60℃	80℃	100℃
i_{corr}/(μA/cm²)	7.497	69.221	120.18
E_{corr}/mV	−466.15	−509.52	−507.36
b_a/(mV/dec)	2.2711×10^7	186.4	537.15
b_c/(mV/dec)	150.13	2030.5	1147.8
腐蚀速率/(mm/a)	0.088176	0.81419	1.4136

从表 6-17 可以看出，60℃时阳极斜率 b_a 远大于阴极斜率 b_c，说明 60℃时超级 13Cr 不锈钢的腐蚀过程由阳极控制，而在 80℃、100℃时，b_a 比 b_c 小，说明腐蚀过程由阴极控制。同时阴阳极塔菲尔斜率 80℃、100℃相比 60℃时变化非常大，说明从 60℃到 80℃和 100℃时阴阳极反应机理发生改变。对比三种温度下开路电位 E_{corr}，80℃、100℃时接近，而 60℃时最大，说明 80℃、100℃时腐蚀倾向相当且大于 60℃时的腐蚀倾向。这主要是因为温度对超级 13Cr 不锈钢的点蚀敏感性有一定的影响，钢的点蚀电位与温度成反比例增长，而材料的点蚀敏感性随电位的降低而增强，温度直接影响着钢钝化膜的生成情况。钢的点蚀电位与温度成反比例增长，其原因是温度升高的同时促进了钝化膜的生成和溶解，造成决定上述反应

的区域电流起伏过大，温度升高还会促进 Fe^{2+} 的水解，溶液的 pH 值在上述过程循环往复的进行中不断降低，增强了钢的点蚀倾向性；另外，随着温度升高，钢本身的活性和介质中离子的活度成正比例增加，这也导致了钢发生点蚀的倾向增加。同时，由法拉第第二定律可

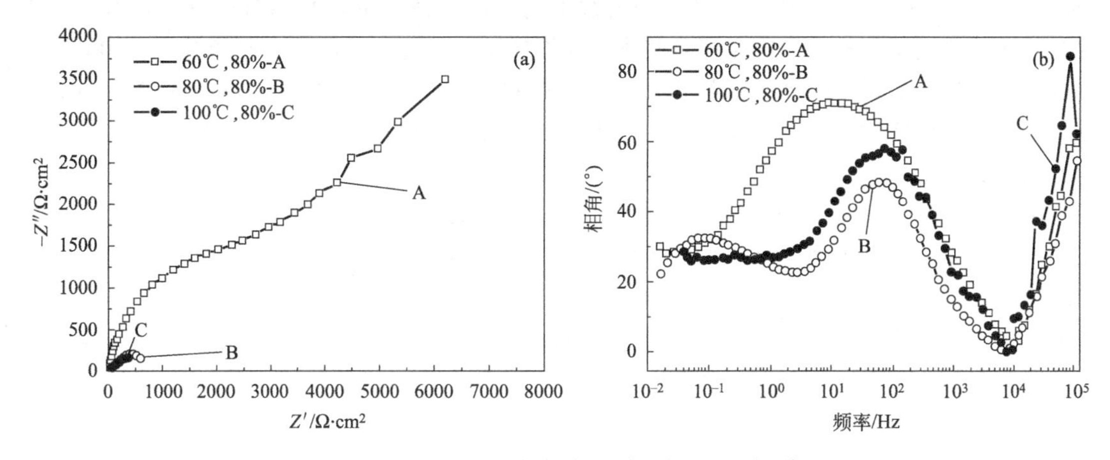

图 6-35 超级 13Cr 不锈钢在不同温度下的阻抗谱图

(a) Nyquist 曲线；(b) 频率相位角曲线

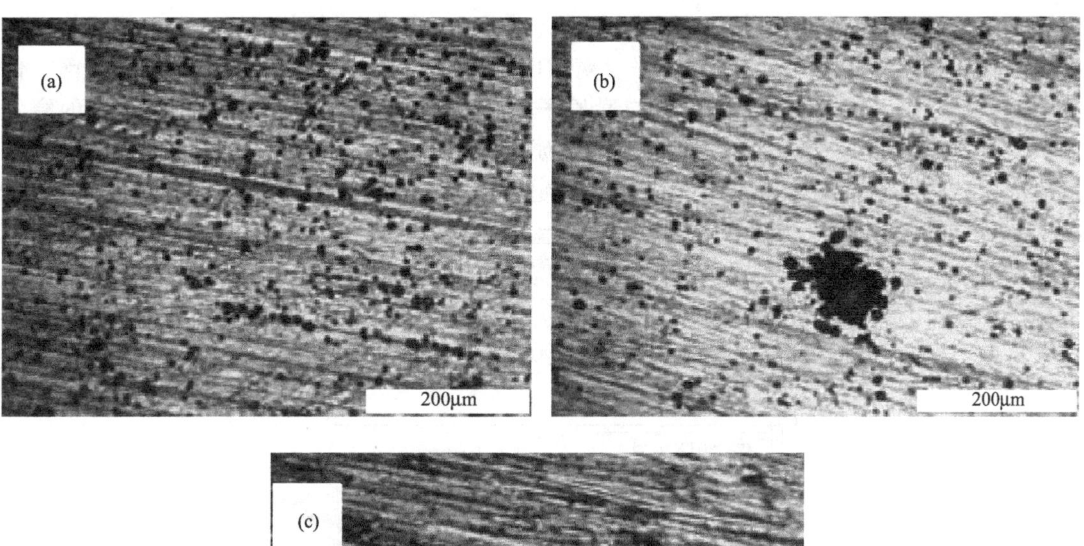

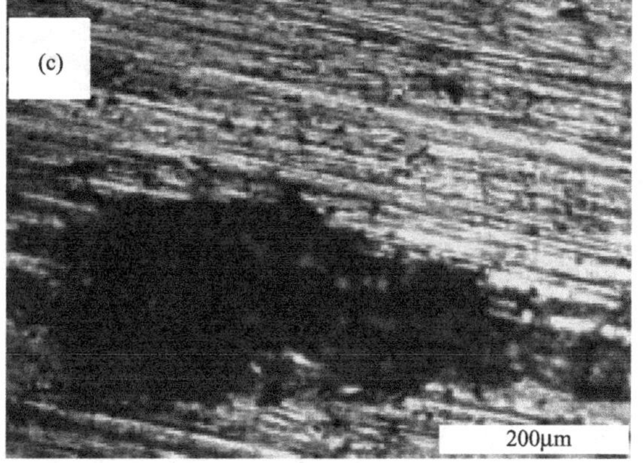

图 6-36 超级 13Cr 不锈钢点蚀的金相分析

(a) 60℃；(b) 80℃；(c) 100℃

知，自腐蚀电流密度与腐蚀速率之间存在正比例关系，即 I_{corr} 越大，腐蚀速率越大，由表 6-18 可知随温度升高，腐蚀速率逐渐增大。

图 6-35 为超级 13Cr 不锈钢在不同温度、80%加载应力下的电化学阻抗图谱。从图 6-35 (a)、(b) 可以看出，容抗弧的半径是随着温度的升高而减小的，且同时相位角也有不同程度的降低，这些现象表明：钝化膜对基体的保护作用是随着温度的升高而降低的。60℃时的阻抗谱表现为一个高频的容抗弧特征，同时在低频区存在一个具有扩散特征的 Warburg 阻抗；80℃时的阻抗谱呈双容抗弧特征，在低频区存在 Warburg 阻抗；100℃时的表现为中频的容抗和低频的 Warburg 阻抗。

图 6-36 为超级 13Cr 不锈钢的点蚀形貌的金相显微分析。可以看出，随着温度的升高，点蚀的尺寸逐渐增大，到 100℃时，点蚀发展为长度约 400μm 的点蚀坑，由点蚀引发了局部腐蚀，且腐蚀的程度加重。这说明温度对超级 13Cr 不锈钢在 NaCl 溶液中发生腐蚀有一定的影响，随着溶液温度的升高，其抗腐蚀性能降低，发生腐蚀的倾向性增大。这可能是因为随着温度的升高，Cl^- 的活性增强，更易与钝化膜中的阳离子结合而形成可溶性的氯化物，导致钝化膜的破坏。

6.7.2 耐点蚀性能

图 6-37、表 6-18 分别为超级 13Cr 不锈钢在 80℃、不同加载应力下的极化曲线和拟合结果。从图可以看出，随加载应力增大，自腐蚀电位出现负移的趋势，超级 13Cr 不锈钢电化学腐蚀受应力作用时由于应变而引起自身原子的电化学位增加（$+V\Delta p$，V 为金属的摩尔体积，Δp 为金属因变形产生的内部压力，金属材料可压缩性低，热力势与压力之间的线性可保持到超高压范围），且电化学位的改变与变形的符号（拉伸或压缩）无关，从而造成超级 13Cr 不锈钢电位发生负移。所以，不管金属中内应力是如何形成的，其都能在金属局部区域产生拉伸或压缩的效果。力学作用对金属腐蚀速率的影响，应归因于对金属热力势（或电化学位）的影响，从而导致对金属平衡电位、电极电位的影响。

从表 6-18 可以看出，不加载应力时阳极斜率 b_a 远大于阴极斜率 b_c，说明此时腐蚀过程

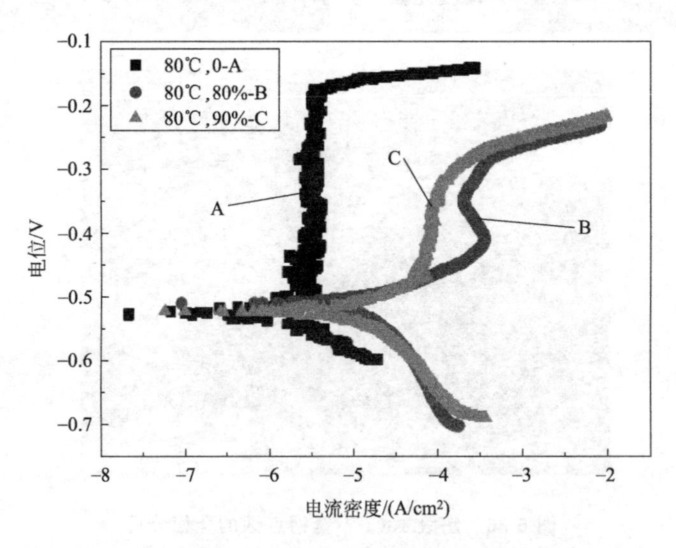

图 6-37　超级 13Cr 不锈钢在不同应力下的极化曲线

由阳极控制，而加载应力为80%和90%时阳极斜率 b_a 小于阴极斜率 b_c，说明在这种条件下超级13Cr不锈钢的腐蚀过程由阴极控制。对比两种应力下开路电位 E_{corr}，加载80%时大于加载90%时，说明90%时的腐蚀倾向大于80%时的腐蚀倾向。由表6-19可知随加载应力增大，腐蚀速率增大。

表6-18　超级13Cr不锈钢在不同应力下极化曲线拟合结果

参数	0	80%	90%
$i_{corr}/(\mu A/cm^2)$	7.124	69.221	65.877
E_{corr}/mV	−530	−509.52	−522.62
$b_a/(mV/dec)$	2.3568×10^2	186.4	462.17
$b_c/(mV/dec)$	185.25	2030.5	755.45
腐蚀速率/(mm/a)	0.0742	0.81419	1.0124

如图6-38所示，加载0%、80%、90%应力时超级13Cr不锈钢的阻抗谱均为高频容抗弧和低频容抗弧，在低频区存在一个具有扩散特征的Warburg阻抗。随着加载应力的增大，高频容抗弧的半径减小，低频容抗弧的半径大幅减小。容抗弧半径的大小与其电化学腐蚀速率是直接相关的，加载应力的提高，容抗弧半径的减小，腐蚀速率的增加，这与极化曲线的测试结果是一致的。

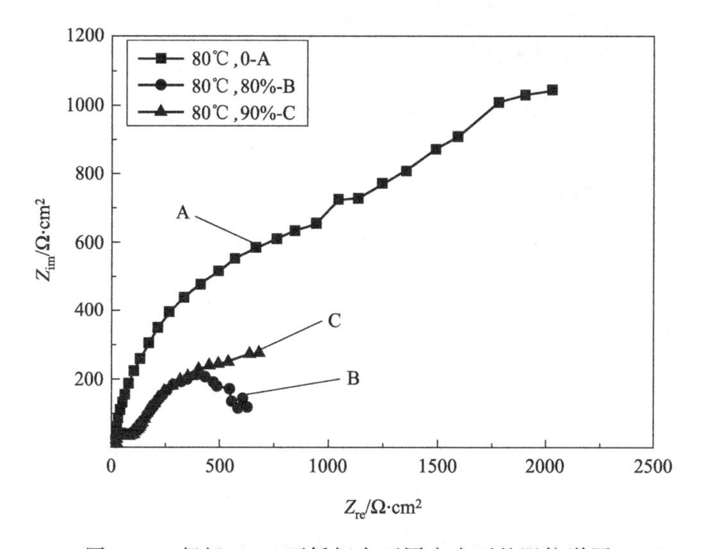

图6-38　超级13Cr不锈钢在不同应力下的阻抗谱图

如图6-39为超级13Cr不锈钢的点蚀形貌的金相显微分析。可以看出，随着应力的增大，点蚀的尺寸是逐渐增大的，由点蚀引发的局部腐蚀程度加重。这说明应力对超级13Cr不锈钢在NaCl溶液中发生腐蚀有一定的影响，随加载应力增大，其抗腐蚀性能降低，发生腐蚀的倾向增大。这是因为应力的增大促进了原子的移动，增大了金属的化学活性，同时应力的增大阻碍产物膜的形成，促进了腐蚀的发生；另一方面，高的应力集中导致局部应变增大，局部应变的增大，会加速阳极溶解。同时，应力集中使表面膜破裂，从而使合金暴露在腐蚀溶液中，溶液中离子的吸附能阻碍合金表面的再钝化，使金属发生进一步的腐蚀。

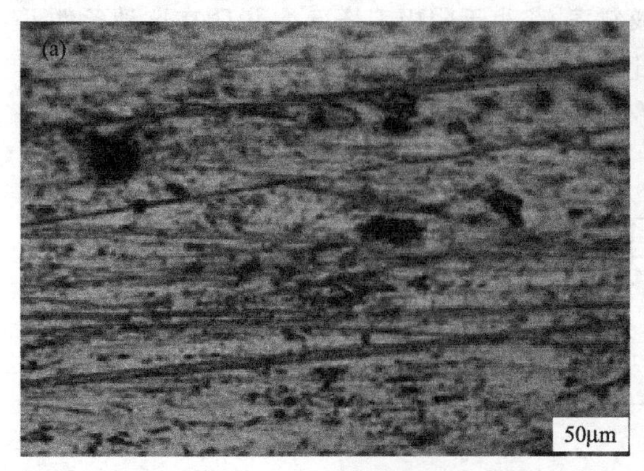

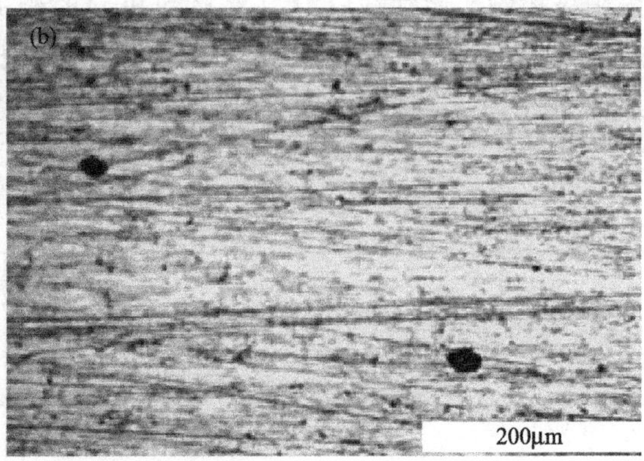

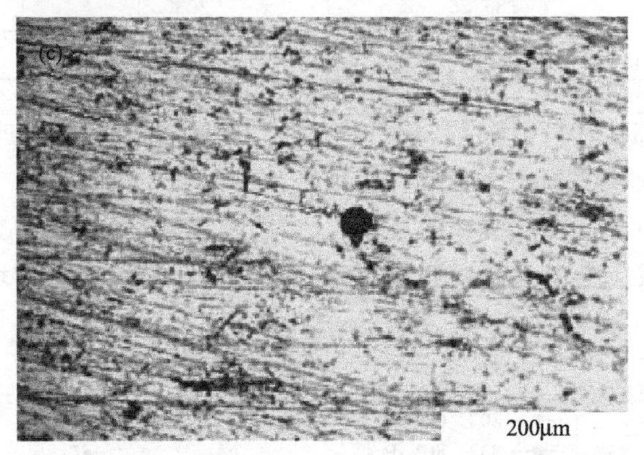

图 6-39 超级 13Cr 不锈钢点蚀的金相

(a) 0；(b) 80%；(c) 90%

6.8 流速

6.8.1 数值模拟

6.8.1.1 速度场

模拟流体速度为 6m/s、10m/s、14m/s、16m/s、18m/s 和 22m/s，浓度为 2%（质量分数，下同）Cl^- 的溶液，90°冲击试样表面，其速度场变化云图如图 6-40 所示。从图 6-40（a）和（b）中可看出，低流速下，试样周围的流动扰动不是很明显；从图 6-40(c)～(f) 的变化来看，钢表面周围的流动扰动有明显的变化，在钢表面周围相同位置速度分布的不断变化对于流动边界层起到了破坏作用。

6.8.1.2 介质流动引起的场变化

（1）介质流速场的变化

在相同条件下，2%的 Cl^- 溶液中，介质速度为 10m/s，距离试样表面不同的位置测量其速度的变化如图 6-41 所示。从图中可以清楚地看出在距离试样 10mm 内不同位置的速度变化规律。在距离试样表面 3mm、4mm 和 5mm 位置时，其速度梯度分布变化趋势基本相似，呈现由小到大的变化趋势，速度随着距离的增大逐渐增大；距离试样中心位置越来越

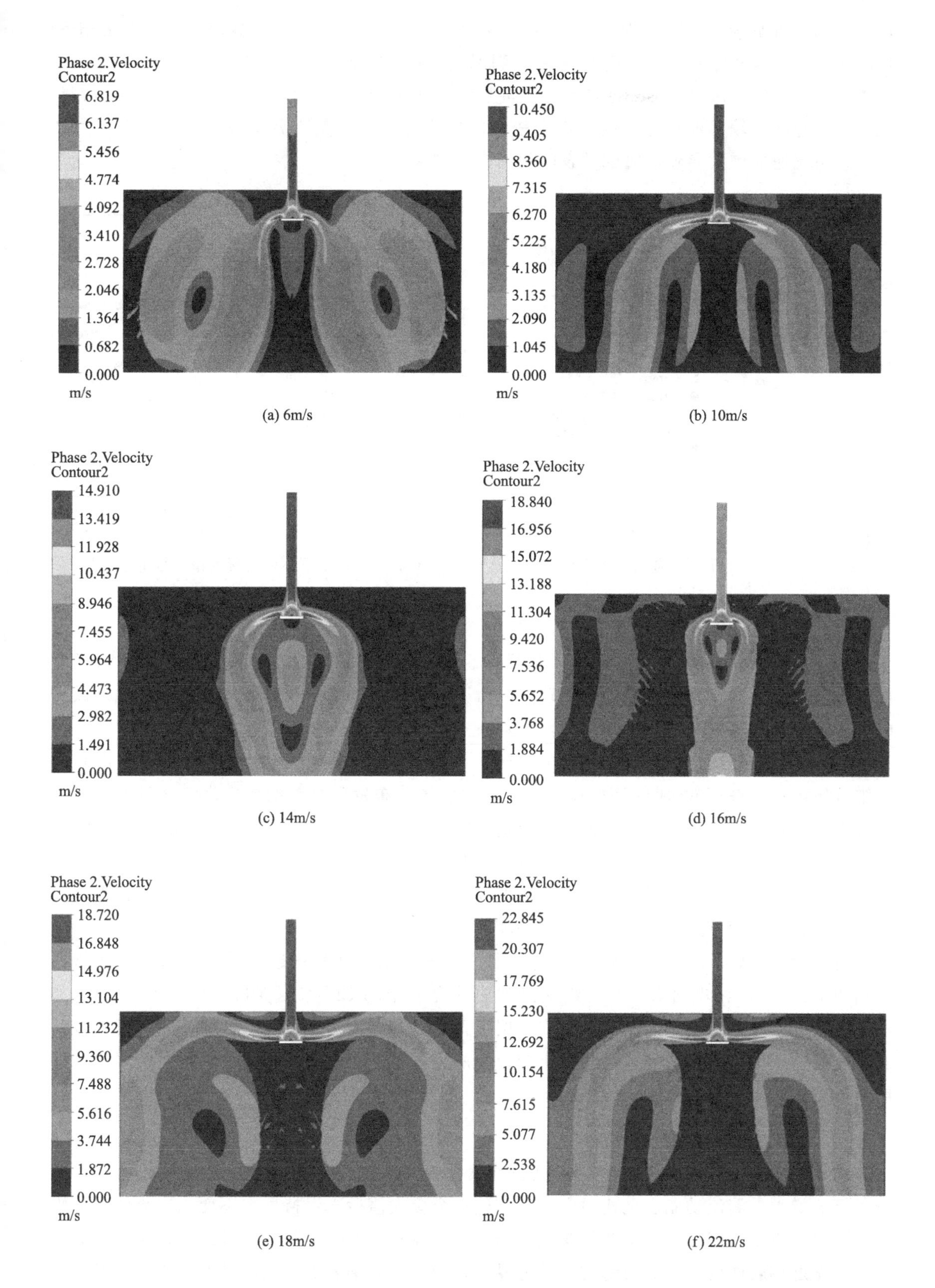

(a) 6m/s　(b) 10m/s

(c) 14m/s　(d) 16m/s

(e) 18m/s　(f) 22m/s

图 6-40　2%Cl^-溶液中不同速度下的速度场云图

远，特别是在距离为 6mm 时，能看见其速度梯度有明显的变化；距离 8mm、9mm 和 10mm 时，其速度梯度分布变化趋势基本相同，呈现由大到小的变化趋势。说明由于介质本身的黏性，导致在试样表面形成了流体边界层，在边界层附近其速度梯度的变化不明显，在距离流体边界层较远的地方，就会产生较大的速度梯度，使其边界层周围有表面切应力产生，说明流速的增大导致金属试样表面的切应力增大。

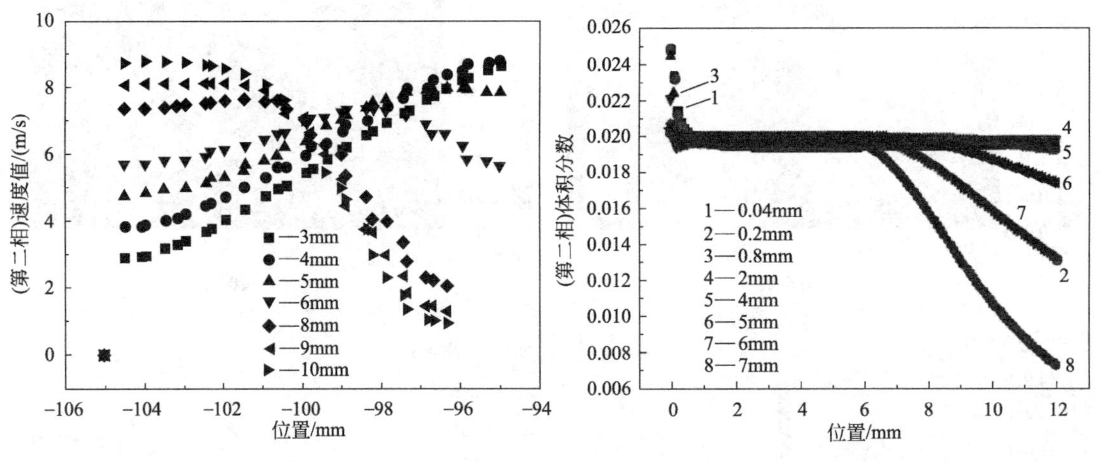

图 6-41　10m/s 下不同位置的速度场的变化图

图 6-42　10m/s 下不同位置的浓度场的变化图

(2) 介质中离子浓度场的变化

从图 6-42 中可以看出，距离试样表面的不同位置，其浓度分布也不相同，距离试样表面越远，其浓度梯度分布的波动变化越大。由图中浓度场的变化趋势可以看出，在靠近试样的中间位置其浓度分布基本达到最大，并且在一定距离范围内浓度是保持不变的。

垂直方向距离试样表面 0.4mm、0.2mm、0.8mm、2mm 和 4mm 处，其 Cl^- 浓度是几乎维持稳定；而垂直方向距离为 5mm 时，其浓度场分布发生显著的变化，但这只是在平行试样方向，且远离试样中心的位置；随着垂直方向距离的增大，在 6mm、7mm 处，其浓度场分布又发生了明显变化。这是由介质本身的黏性所导致的，在湍流状态时金属表面形成了一层湍流边界层，在此边界层范围内其浓度场变化基本相同，不会发生太大的变化；而远离湍流边界层，就会产生较大变化的浓度梯度。

流体介质中离子的浓度场如图 6-43 所示。由图中浓度变化的趋势可知，随着距离管壁距离的增大，Cl^- 浓度增大，并且迅速到达主体介质中的 Cl^- 浓度保持不变。图 6-43 中显示，随着流体流速的增大，Cl^- 浓度扩散层变薄，浓度梯度增大，Cl^- 迅速到达金属表面，腐蚀反应速率增大。和湍流边界层相比较，传质边界层的厚度显然小得多，传质边界层的厚度只有流体边界层厚度的 1/10 左右。

(3) 介质流动的能量场变化

在管流体系中，介质湍流动能 K 的分布变化如图 6-44 显示。由图中数据变化可知，随着距离的增大，湍流动能也迅速增大，当到达一个极大值后，保持恒定不变。当流体流速增大时，流体流动状态也会发生紊乱变化，湍流动能也随之发生变化。这是因为介质本身的黏性，在靠近钢表面处会形成很薄的流动边界层。随着距离钢表面距离的增大，流动边界层中流速也迅速增大，一旦越过这个边界层，流速保持不变，因此，湍流动能不变化。所以，流

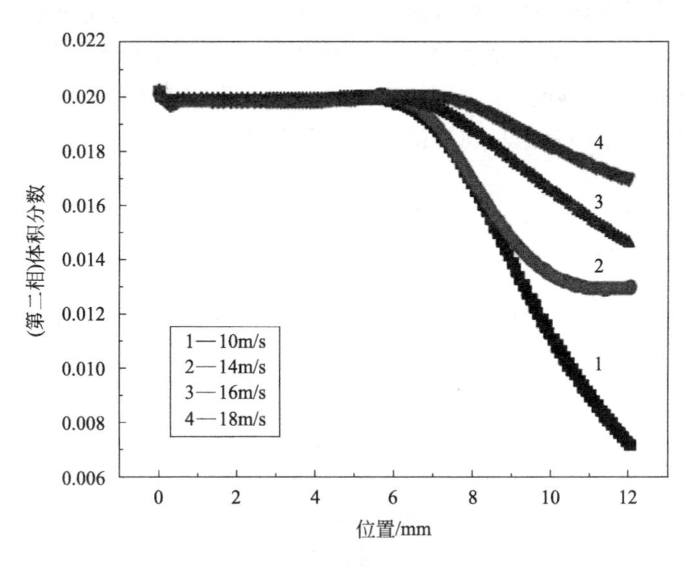

图 6-43　7mm 处不同流速下浓度场的变化图

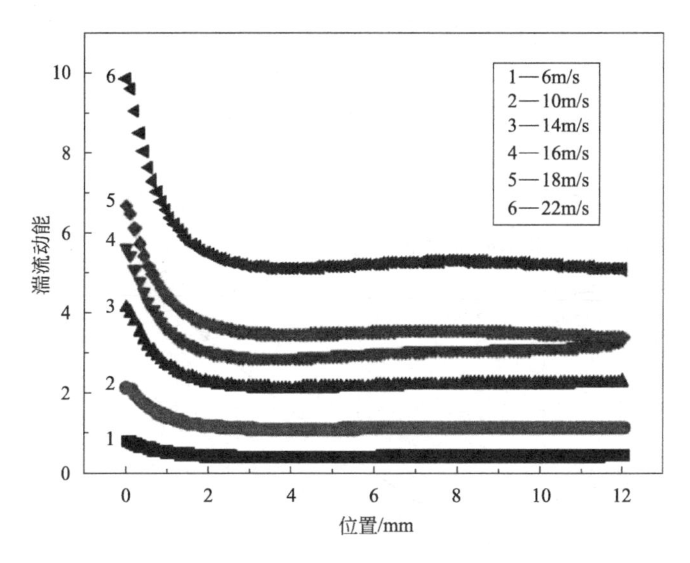

图 6-44　不同流速下 0.5mm 处湍流动能的变化图

体边界层厚度对湍流动能在垂直钢表面方向上的大小有明显的影响。需要特别注意的是，与流速分布不同的是，湍流动能尽管在试样表面上值很小，但是不为 0。

6.8.1.3　速度场的改变对近壁面表面切应力和传质系数的影响

（1）流速与表面切应力之间的关系

由图 6-45 中的数据变化可知，试样表面的切应力随着介质平均流速的增大而迅速递增。从图 6-46 中曲线的趋势和函数图像拟合可以得知，流速与表面切应力两者之间呈现幂函数的关系，拟合得出函数关系式：$\tau=4.15U^{1.58}$，幂指数是大于正整数 1 的数据。一方面，出现这个变化的原因是随着介质流速的增大，流体雷诺数增大，流体的湍流流动变强了，而致使湍流的黏度迅速变大；另外一方面，流速的增大使流体的流动状态发生了紊乱变化，使原有的流动边界层发生了破坏，边界层减薄，而在金属表面近壁面处的速度梯度也变大，从而使得试样表面的剪切应力随流体流速的增大而升高。雍兴跃基于流体力学基本理论和质量、流量和能量三大守恒定律，建立了方形管流动体系的流体力学和传质模型，研究表面切应力与流体流速的变化，得出两者是呈现幂函数的变化关系。

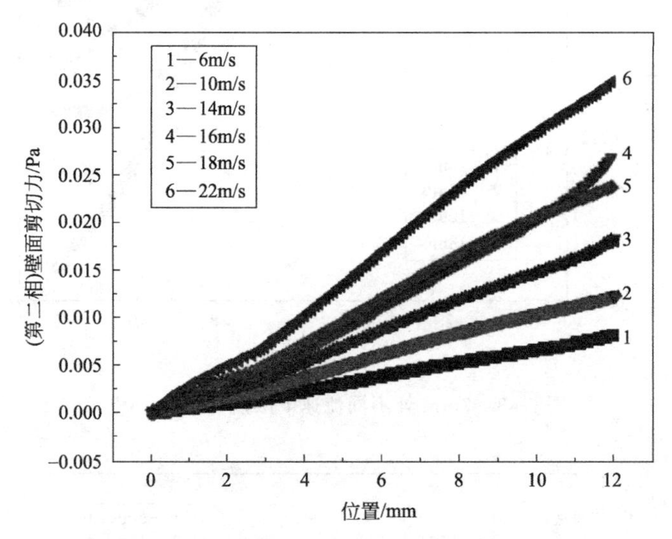

图 6-45　不同流速下 0.04mm 处的切应力变化图

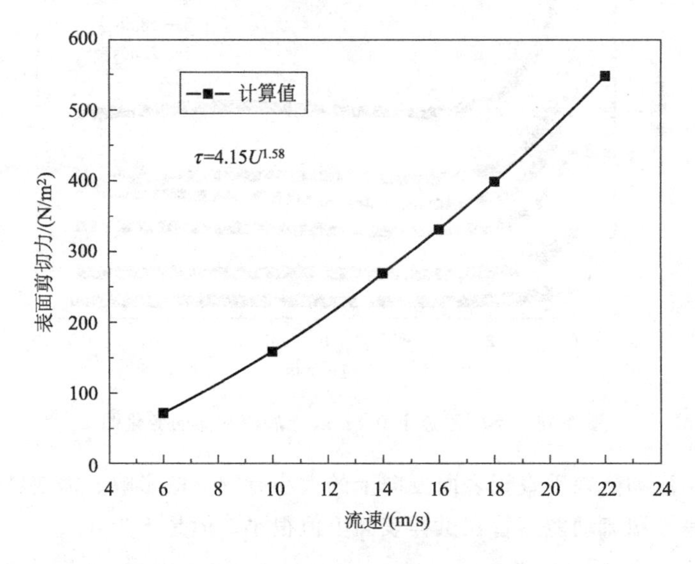

图 6-46　不同流速对表面剪切应力的影响

(2) 流速与溶液传质系数之间的关系

由图 6-47 中数据点的变化趋势可知，溶液中 Cl^- 的传质系数随着速度的增大呈现近似线性关系升高，并且导致在试样表面的腐蚀离子量愈来愈多，使金属与腐蚀介质之间的腐蚀反应加剧。出现此结果是因为流体速度的变大，流体介质的湍流状态变得更加强烈，湍流边界层厚度变薄，致使传质边界层也减薄，腐蚀离子在边界层的传质阻力变小的缘故。雍兴跃用数值计算方法模拟管流体系中流体力学参数对流动腐蚀的影响时，也得出了相似的结论。

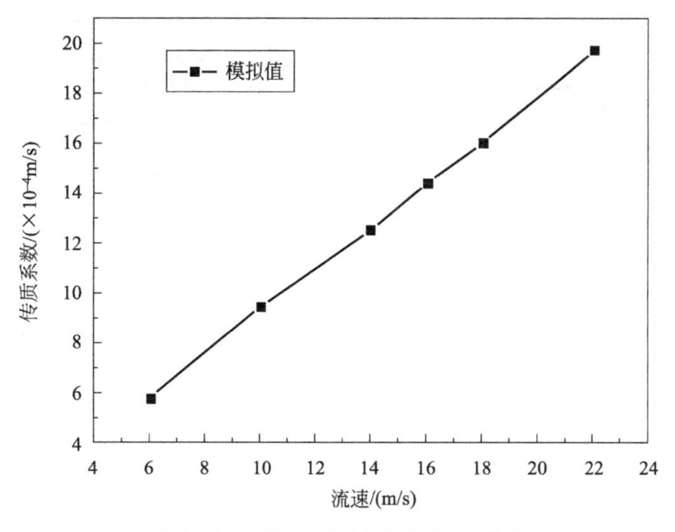

图 6-47 不同流速对传质系数的影响

6.8.2 试验研究

(1) 腐蚀速率

线性极化方法得出流速对超级 13Cr 不锈钢腐蚀速率的影响，结果如表 6-19 和图 6-48 所示。

表 6-19 超级 13Cr 不锈钢线性极化法计算腐蚀速率

流速/(m/s)	R_P/(Ω/cm^2)	I_o/×10^{-5}A	E_o/V	C_R/(mm/a)
0	1237	21089	−0.47529	0.2481
3.5	190.43	13.699	−0.16223	1.6113
5.6	150	17.391	−0.07454	1.7662
7.8	173.28	15.054	−0.20169	1.7707
9.6	160.43	16.26	−0.20804	1.9126
10.0	138.07	18.895	0.06974	2.2224
14.8	187.75	13.895	0.23325	1.6343
21.4	195.4	13.351	0.32427	1.5703

从图 6-48 可以看出，流速对超级 13Cr 不锈钢的腐蚀速率影响很大，腐蚀速率随着流速的增加呈现先升后降的趋势。当流体流速在 0～3.5m/s 范围时，超级 13Cr 不锈钢的腐蚀速率急剧增大，说明动态下的腐蚀比静态下的腐蚀严重，不仅有电化学因素对超级 13Cr 不锈钢的影响，还有流体力学因素的影响；流体流速在 5.6～9.6m/s 时，超级 13Cr 不锈钢的腐蚀速率缓慢增加；当流速达到 10.0m/s 时，超级 13Cr 不锈钢的腐蚀速率达到最大；随着流速的继续增大，达到 21.4m/s 时，超级 13Cr 不锈钢的腐蚀速率明显降低，几乎和 3.5m/s 流速的腐蚀速率一致。与超级 13Cr 不锈钢失重法的腐蚀规律相比，可进一步地确定 10.0m/s 流速是超级 13Cr 不锈钢的临界流速值。

根据斯特恩公式知 R_p 与腐蚀电流密度成反比，可间接地反映出钢的腐蚀速率变化，因此在 0m/s 流速时，超级 13Cr 不锈钢的 R_p 最大，腐蚀速率最小；随着流速的增加，超级 13Cr 不锈钢的 R_p 逐渐减小，在 10.0m/s 流速时达到最小值，腐蚀速率达到最大值。说明

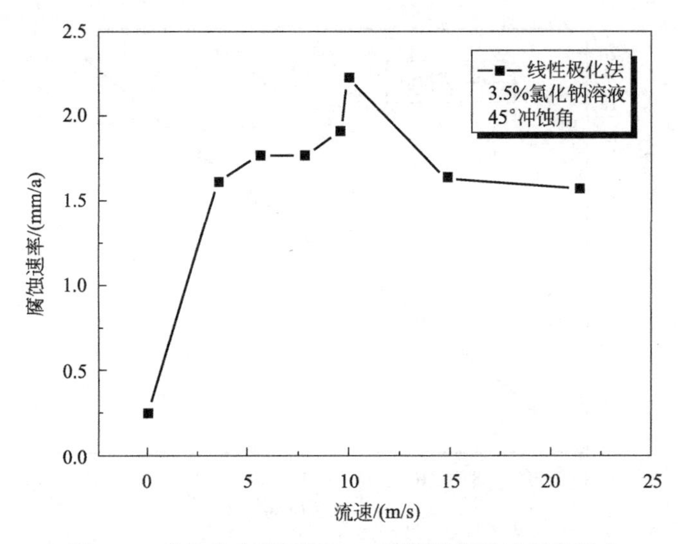

图 6-48 流体流速对超级 13Cr 不锈钢腐蚀速率的影响

在开始时超级 13Cr 不锈钢表面形成一层钝化膜，所以腐蚀速率在开始时很小，但随着流体流速的增加，超级 13Cr 不锈钢钝化膜开始脱落，腐蚀速率逐渐增加。在 10.0m/s 流速时的 R_p 最小，这主要是由于 Cl^- 对钝化膜产生破坏，导致钝化膜稳定性变差，在机械冲刷作用下则失去保护作用。当流速超过 10.0m/s 达到 14.8m/s 时，R_p 又开始增加，是因为超级 13Cr 不锈钢具有再钝化能力，新生成的钝化膜又开始保护基体材料，导致腐蚀速率开始降低。

(2) 自腐蚀电位和极化曲线

自腐蚀电位在所有腐蚀速率评价标准中是一种最简便易得的数据。它反映金属在溶液中溶解倾向的大小。在相同腐蚀介质和环境条件情况下，自腐蚀电位愈低说明这个金属的还原能力愈强，而对应的金属离子的氧化能力则愈弱，金属易于氧化溶解。反之，金属自腐蚀电位值愈高还原能力愈弱，其离子有较强的氧化能力，不容易腐蚀。虽然自腐蚀电位只是一种热力学性质，用来判别一个反应能否自发进行，而不能作为腐蚀反应速率的度量，但仍能作为一种定性的辅助判据。

自腐蚀电位与电极电位有着十分相似的地方，如果外加一电压，方向与某一原电池的电动势方向相反，当外加电压增大到一定数值时，原来的氧化还原反应就停止，这时导线中没有电流通过，对于可逆电极（如铜在铜盐溶液中），这时的电位就是其平衡电位；对于不可逆电极（如铁置在海水中），这时的电位就是其稳定电位，即自腐蚀电位。从图 6-49 可以看出，随着流速的增加，自腐蚀电位的变化经历了一个先降后升的过程。在 0m/s 流速时，超级 13Cr 不锈钢的自腐蚀电位为－0.16097V，当流速增加到 3.5m/s 时，超级 13Cr 不锈钢的自腐蚀电位为－0.26529V。当流速逐渐增大到 10.0m/s 时，超级 13Cr 不锈钢的自腐蚀电位达到最低，整体变化方向都是向负方向变化。说明随着流速的增加，超级 13Cr 不锈钢越来越容易发生腐蚀，并且在 10.0m/s 流速时的腐蚀最严重。继续增加流速到 14.8m/s 时，发现超级 13Cr 不锈钢的自腐蚀电位向正方向变化，并增大至－0.22492V。在 21.4m/s 流速时的自腐蚀电位更大，说明此时超级 13Cr 不锈钢的腐蚀趋势又降低，不易发生腐蚀。

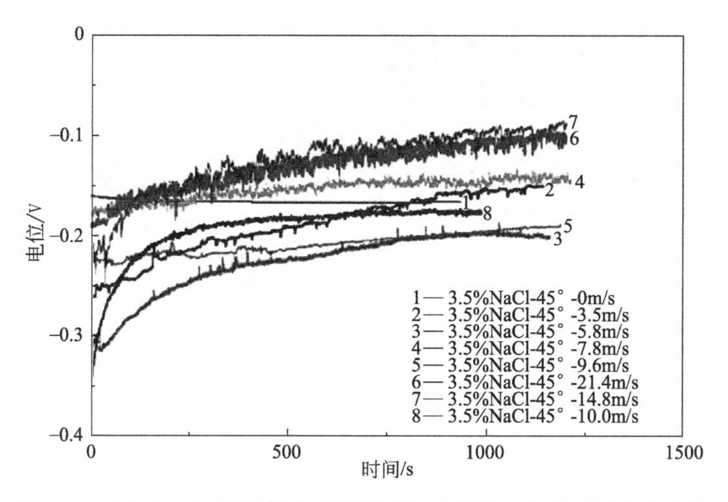

图 6-49　超级 13Cr 不锈钢在不同流速时自腐蚀电位随时间变化曲线

从图 6-50 和图 6-51 可以看出，随着流速的增加，超级 13Cr 不锈钢基体表面发生钝化—钝化膜破裂—活化—再钝化过程。当流速为 0m/s 时，产生明显的钝化趋势和点蚀，说明在静止条件下超级 13Cr 不锈钢在腐蚀介质中会生成很好的钝化膜。但由于 Cl^- 的存在，超级 13Cr 不锈钢会发生点蚀。当流速增加到 3.5m/s 时，钝化趋势就不是很明显。此时，由于流体力学因素的影响，超级 13Cr 不锈钢表面钝化膜发生局部破裂现象，导致 Cl^- 溶解穿透腐蚀。继续增加流速到 5.6m/s 时，几乎没有钝化趋势。进一步增加流速到 7.8m/s 时，超级 13Cr 不锈钢的阳极趋势表现为完全活化，说明此时超级 13Cr 不锈钢表面的钝化膜完全破裂，发生轻微腐蚀，因为从图 6-50 看到此时的电流密度很小。当流速达到 10.0m/s 时，超级 13Cr 不锈钢的电流密度达到最大，腐蚀最严重。当流速达到 14.8m/s 时，阳极极化曲线又出现钝化趋势，腐蚀电流密度也减小。直到流速为 21.4m/s 时，阳极极化曲线出现明显钝化趋势，说明超级 13Cr 不锈钢发生了再钝化作用，导致腐蚀速率减小。

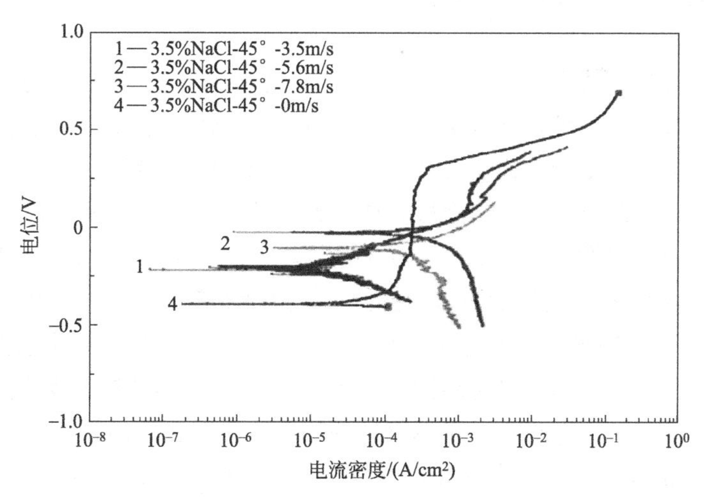

图 6-50　超级 13Cr 不锈钢在不同流速时极化曲线（一）

曹楚南认为可钝化的腐蚀金属电极体系的阳极极化曲线会发生四个阶段：Ⅰ阶段是金属电极处于活化状态下的阳极极化曲线；Ⅱ阶段是从活化状态进入钝化状态，这一阶段的曲线

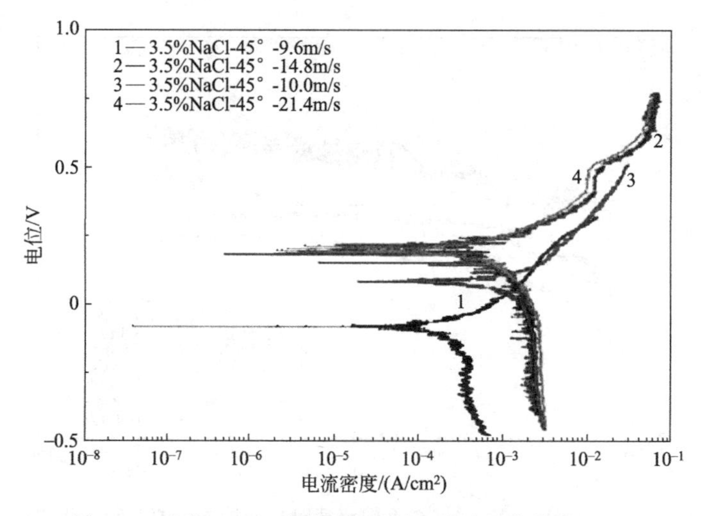

图 6-51 超级 13Cr 不锈钢在不同流速时极化曲线（二）

特征是电流密度随着电位的升高而降低；Ⅲ阶段是钝化状态；Ⅳ阶段是过钝化状态，主要特征是电流密度随着电位升高而快速上升。从图 6-50 和图 6-51 可以看到，超级 13Cr 不锈钢在 3.5%（质量分数，下同）NaCl 溶液中就会发生明显的钝化过程。对于一个腐蚀体系的钝化行为，应从两个方面考察：一是这一体系是否容易钝化，二是钝化状态的稳定性。是否容易钝化有两个参数与这一过程关系密切：一个因素是钝化电流密度的大小，另一个参数是进入钝化区电位的高低。电流密度越小，腐蚀体系越容易发生钝化。Ⅱ阶段的电位越低（即从活化状态进入钝化状态的曲线段越短），越容易钝化。从图 6-50 可以看出，超级 13Cr 不锈钢在 0m/s 流速和 3.5m/s 流速时从活化状态进入钝化状态的曲线段就很短，所以容易发生钝化。

考察的另一个方面是钝化状态的稳定性，稳定性遭受破坏有两种情况：一种是钝化膜局部破坏，引起金属表面局部腐蚀。特别是有 Cl^- 存在的情况下，很容易发生局部穿孔腐蚀，所以从图 6-50 可以看出，超级 13Cr 不锈钢在 3.5%NaCl 溶液中 0m/s 流速时发生明显点蚀。钝化金属表面点蚀的特点是蚀孔处钝化膜破坏，腐蚀向深处发展，而点蚀以外的金属表面上仍保持有钝化膜。另一种情况是金属表面全面活化。张宏等采用高温高压模拟环境装置并结合电化学方法，对石油测井仪器用超级 13Cr 不锈钢在 Cl^- 环境中的腐蚀失重和电化学行为进行了研究。试验结果表明，当地层水或者钻井液中 Cl^- 浓度较高时，超级 13Cr 不锈钢表面的点蚀损伤难以避免；局部氯离子以 $FeCl_2$ 和 $FeCl_3$ 形式吸附是造成钝化膜损伤的主要原因。Cr 是不锈钢获得耐蚀性的最基本元素，在腐蚀介质中，Cr 能够使钢的表面很快生成 Cr_2O_3 钝化膜，当这种膜一旦被彻底破坏，能够很快修复。为了证明超级 13Cr 不锈钢具有一定的再钝化能力，采用循环极化测试方法得出超级 13Cr 不锈钢的极化曲线。

从图 6-52 可以看出，超级 13Cr 不锈钢的回复电位在钝化区间，说明超级 13Cr 不锈钢具有一定的再钝化能力，不锈钢等金属在电位继续升高时，阳极电流密度还会出现一个峰值，然后阳极电流密度再次随电位的升高而降低，经过一个电流密度的低谷后再随电位的升高而上升。这个电流密度的低谷相应于金属的“再钝化”，即金属表面上再次被一种具有保护性能的薄膜所覆盖。

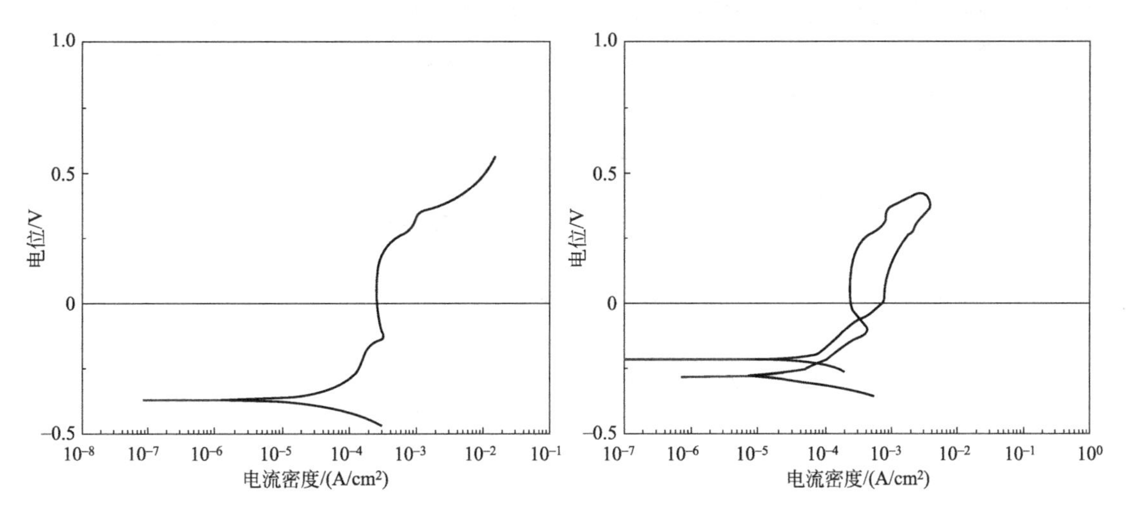

图 6-52　超级 13Cr 不锈钢在 14.8m/s 流速时的极化曲线和循环极化曲线

6.9　pH 值

腐蚀介质 pH 值的高低对不锈钢的耐蚀性能有着很重要的影响。图 6-53 为超级 13Cr 不锈钢在 Cl^- 浓度为 128000mg/L、60℃不同 pH 值下的开路电位，从图中可以看到，在酸性条件下，随着 pH 值的升高，超级 13Cr 不锈钢的自腐蚀电位降低，说明在酸性环境下超级 13Cr 不锈钢的耐蚀性能较差，此时溶液中 H^+ 较多，可以加速表面膜的溶解，使点蚀的发生和发展速率大大提高。

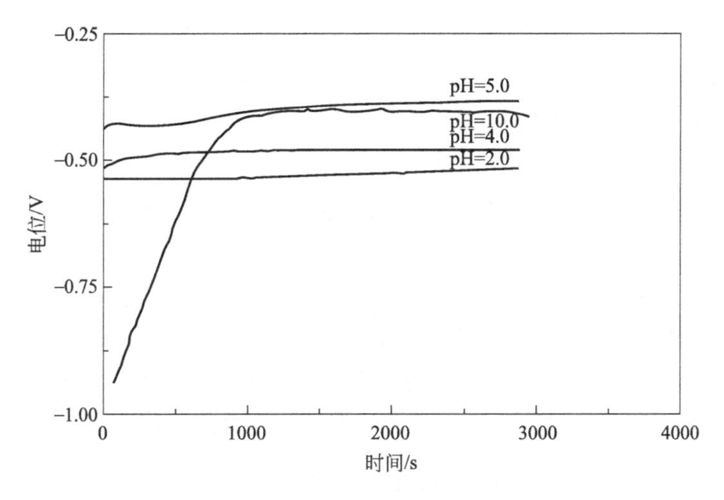

图 6-53　超级 13Cr 不锈钢在不同 pH 值下的开路电位

图 6-54 为超级 13Cr 不锈钢在不同 pH 值下模拟介质中的极化曲线，从图中可知，随着 pH 值的升高，超级 13Cr 不锈钢的钝化区电位宽度增大，说明在酸性环境下超级 13Cr 不锈钢的表面处于活化状态；而在碱性环境下，金属表面会形成较难溶解的氢氧化物，对金属起到保护作用，减缓腐蚀。而从点蚀的电位可以看出，超级 13Cr 不锈钢在腐蚀介质偏酸性时比偏碱性时的电位低，也就是说，在酸性环境下超级 13Cr 不锈钢易发生点蚀，由于酸性条

件下 H^+ 较多，钝化膜的溶解加速使得 Cl^- 更易穿过钝化膜，从而造成金属表面发生击穿。其极化参数如表 6-20 所示，随着 pH 值的升高，自腐蚀电位逐渐降低，但是腐蚀电流密度和腐蚀速率逐渐减小。

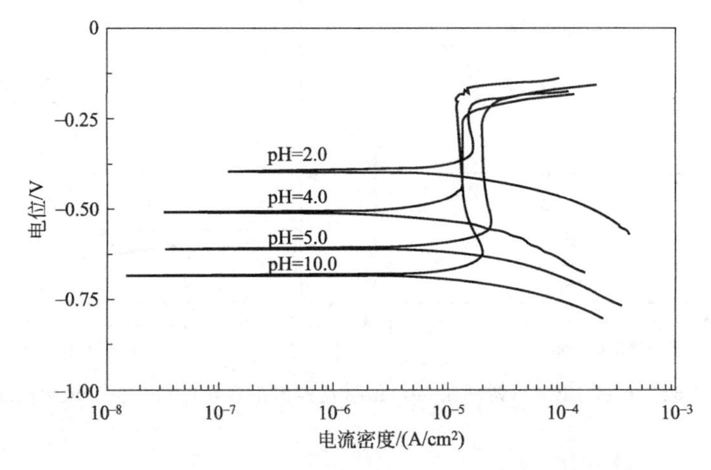

图 6-54 超级 13Cr 不锈钢在不同 pH 值下的动态极化曲线

表 6-20 超级 13Cr 不锈钢在不同 pH 值下的极化测量分析数据

pH	E_{corr}/mV	I_{corr}/(A/cm²)	b_c/(mV/dec)	b_a/(mV/dec)	C_R/(mm/a)
2.0	−0.39384	2.100×10^{-5}	71.659	113.77	0.36878
4.0	−0.50942	1.8588×10^{-5}	76.966	161.75	0.25667
6.0	−0.6082	3.1353×10^{-5}	84.574	156.21	0.24706
10	−0.68413	2.1822×10^{-5}	74.45	152.54	0.21863

图 6-55 为超级 13Cr 不锈钢在不同 pH 值下的阻抗谱图和等效电路图，可以看出试样在这种条件下有相同的规律，随着 pH 值的升高，阻抗弧半径增加，意味着腐蚀减轻、耐蚀性能增强。等效电路图中，R_2 为电荷传递电阻，CPE1 是多层腐蚀产物的缺陷，CPE2 为钝化膜电容，R_3 为钝化膜电阻。从表 6-21 可以看出，当腐蚀介质为酸性时，电荷传递电阻基本相同且比碱性介质的小，这是由于在酸性介质中腐蚀产物膜处于活化状态。从表中还可以看出 R_3 随着 pH 值的增大而增大，可以说明在 pH 值较低时未形成腐蚀产物膜或者形成的腐蚀产物膜处于活化状态，而在碱性环境下形成了较难溶解的氢氧化物的腐蚀产物膜，且吸附在表面形成较大电阻。并且 CPE2-T 比试样双电层电容高出许多，表明吸附现象发生从而影响到全电阻。CPE1-P 表现腐蚀产物的均匀程度，在 pH 值为 2 时，其值最小，表面最为粗糙，因此 pH 值的升高可以使超级 13Cr 不锈钢表面的腐蚀产物膜更加均匀。

表 6-21 在不同 pH 下的交流阻抗谱拟合结果

pH	R_1 /Ω·cm²	CPE1		R_2 /Ω·cm²	CPE2		R_3 /Ω·cm²
		CPE1-T /S·cm⁻²·s⁻ᴾ	CPE1-P		CPE2-T /S·cm⁻²·s⁻ᴾ	CPE2-P	
2	1.015	2.4209	0.79006	1472	38.012	0.73222	3224
4	1.001	2.5927	0.8164	950.2	15.545	0.63456	6761
6	2.175	2.779	0.81274	942.2	15.666	0.5727	6786
10	0.95946	2.8433	0.83497	2922	11.82	0.57044	93927

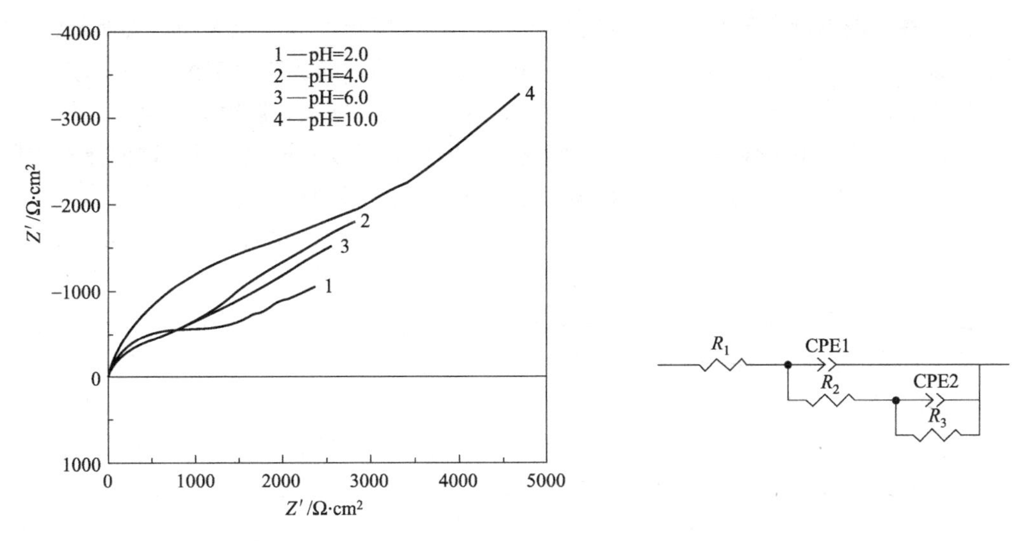

图 6-55　在不同 pH 值下超级 13Cr 不锈钢的阻抗谱图和等效电路

6.10　腐蚀产物膜

6.10.1　低温成膜

(1) 温度的影响

超级 13Cr 不锈钢电化学试样表面在不同温度的 5%NaCl 溶液中分别进行成膜，对其膜层在 3.5%NaCl 溶液中进行极化曲线测试，结果如图 6-56 所示，对极化曲线进行塔菲尔拟合的结果见表 6-22。

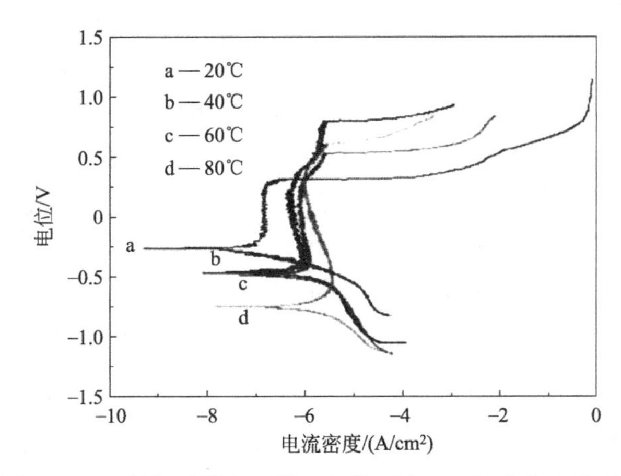

图 6-56　超级 13Cr 不锈钢试样在不同温度的 5%NaCl 溶液中成膜后的极化曲线

表 6-22　超级 13Cr 不锈钢在不同温度 5%NaCl 溶液中钝化膜层的极化曲线塔菲尔拟合结果

温度/℃	腐蚀电位(*vs.* SCE)/mV	腐蚀电流密度/($\mu A/cm^2$)	腐蚀速率/[$g/(m^2 \cdot h)$]
20	−245	0.148	0.0015
40	−428	0.786	0.0082
60	−454	1.222	0.0128
80	−724	3.089	0.0323

可知，在溶液温度低于80℃时，极化曲线均存在不同程度的钝化区间，表明超级13Cr不锈钢在该温度范围内所成的膜层均具有一定的钝化特性，随成膜温度的升高，超级13Cr不锈钢试样表面成膜后的自腐蚀电位负向移动，自腐蚀电流增大，腐蚀速率增大，但是维钝电流增大，这说明随溶液温度的升高，其钝化能力降低，所成的钝化膜对基体的保护作用降低，使超级13Cr不锈钢的耐腐蚀性能降低，基体被腐蚀的倾向性增大。

温度变化可以影响钝化膜的组成和结构，进而影响钝化膜的电性能，对超级13Cr不锈钢电化学试样表面在不同温度的5% NaCl溶液中分别进行成膜，对其膜层在3.5% NaCl溶液中测试其交流阻抗性能，结果如图6-57所示。从Nyquist曲线［图6-57(a)］中可以看出，容抗弧的半径随成膜温度的升高而减小，表明膜对基体的保护作用随温度升高而降低；从Bode曲线［图6-57(b)］可以看出，相位角在0.01～1000Hz的范围内处于常相位角状态(即相位角几乎不随频率的变化而改变)，这表明钢表面处于钝化状态，随着成膜温度的升高，相位角有不同程度的降低，说明钝化膜的钝化能力有不同程度的降低，这也反映了该钝化膜对基体的保护作用降低。相应地阻抗模-频率曲线也由一段直线段组成，说明钝化膜的阻抗由一个时间常数确定，对图6-57的交流阻抗图谱采用等效电路进行分析，如图6-58所示，对该等效电路进行拟合，结果见表6-23。可知，随着成膜温度的升高，溶液电阻 R_s 和钝化膜电阻 R_1 均减小，而钝化膜电容 C_1 增大，说明随着成膜温度的升高，钝化膜的致密性降低，离子穿越钝化膜的阻力降低，膜层对基体的保护作用降低。超级13Cr不锈钢表面钝化膜主要由Fe和Cr的氧化物组成，这些氧化物可能包含不同的价态，当成膜温度升高，膜内低价态的氧化物会被氧化成高价态，考虑到膜内的电中性条件，该过程必然要产生负价的氧空位来平衡电荷。这样一来，会产生更多的氧空位，温度越高，低价态金属离子氧化成高价态金属离子的趋势越大，所生成的氧空位就越多，导致膜内的缺陷数增加，离子穿越钝化膜的阻力降低，造成了膜对基体保护作用的下降。

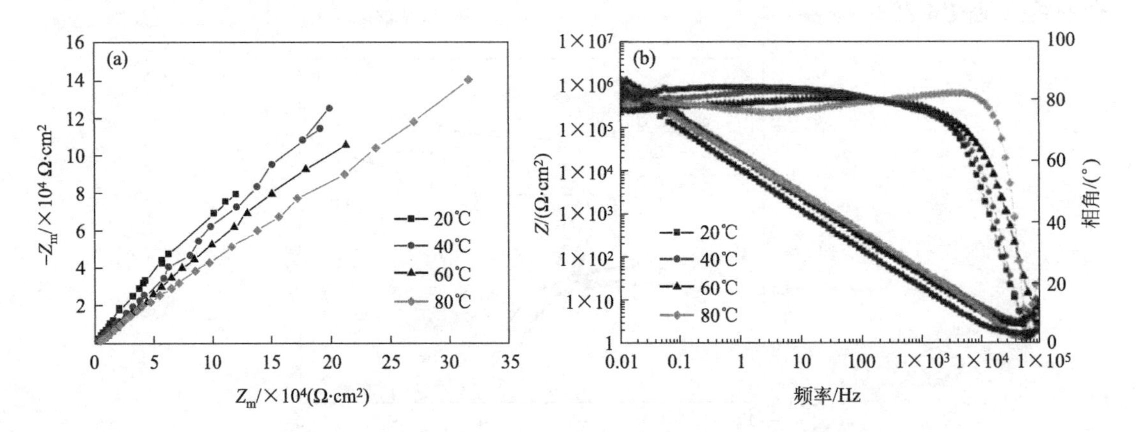

图6-57　超级13Cr不锈钢试样在不同温度的5%NaCl溶液中成膜后的交流阻抗

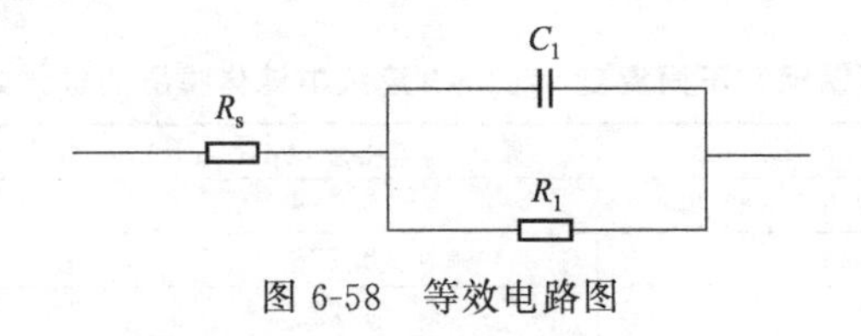

图6-58　等效电路图

表 6-23　阻抗谱的拟合结果

参数	20℃	40℃	60℃	80℃
$R_s/\Omega \cdot cm^2$	4.852	3.892	1.858	1.821
$C_1/(\times 10^{-6} F/cm^2)$	3.7777	4.007	5.523	10.9
$R_1/(\times 10^6 \Omega/cm^2)$	4.677	3.56	3.488	3.063

(2) Cl^- 浓度的影响

图 6-59 为超级 13Cr 不锈钢在不同质量分数 NaCl 溶液中浸泡成膜后试样的极化曲线，其拟合结果如表 6-24 所示。在不同质量分数 NaCl 溶液中腐蚀成膜试样的极化曲线均存在不同程度的钝化区间，表明试样表面的腐蚀膜均具有一定的钝化特性。随 NaCl 质量分数的增加，试样表面腐蚀膜的自腐蚀电位发生负向移动、自腐蚀电流密度增大、维钝电流增大、腐蚀速率增大，表明腐蚀膜的钝化能力降低，对基体的保护作用减弱，基体腐蚀倾向增强。当 NaCl 质量分数由 15% 增至 25% 时，自腐蚀电位、自腐蚀电流密度、维钝电流等变化最显著。

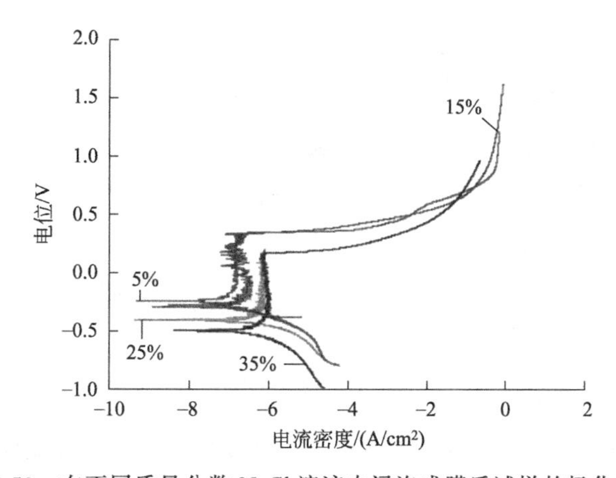

图 6-59　在不同质量分数 NaCl 溶液中浸泡成膜后试样的极化曲线

表 6-24　在不同质量分数 NaCl 溶液中浸泡成膜后试样极化曲线的塔菲尔拟合结果及腐蚀速率

NaCl 质量分数/%	自腐蚀电位/mV	腐蚀电流密度/($\mu A/cm^2$)	腐蚀速率/[$g/(m^2 \cdot h)$]
5	−245	0.1478	0.001544
15	−290	0.2197	0.002295
25	−408	0.7864	0.008213
35	−496	1.0810	0.011290

由图 6-60(a) 可以看出，在不同质量分数 NaCl 溶液中浸泡成膜试样在低频区的实分量和虚分量呈线性相关，表明此电极过程为扩散控制，说明试样表面腐蚀膜具有较好的耐电化学腐蚀性能；在高频区出现压扁的容抗弧，表明此电极过程为电荷传递控制，容抗弧半径随 NaCl 质量分数的增加而减小，表明腐蚀膜对基体的保护作用降低，且当 NaCl 质量分数由 15% 增至 25% 时，降低效果尤为显著。由图 6-60(b) 可以看出，在频率 0.01～1000Hz 范围内，超级 13Cr 不锈钢的相位角几乎不随频率而变化，处于常相位角状态，表明试样表面处于钝化状态；随着腐蚀溶液中 NaCl 含量的增加，相位角不同程度地降低，说明腐蚀膜的钝化能力出现不同程度的降低，其对基体的保护作用降低。由图 6-60(c) 可知，浸泡成膜试样的阻抗模-频率曲线也相应地出现了直线段，说明腐蚀膜的

阻抗由一个时间常数确定。

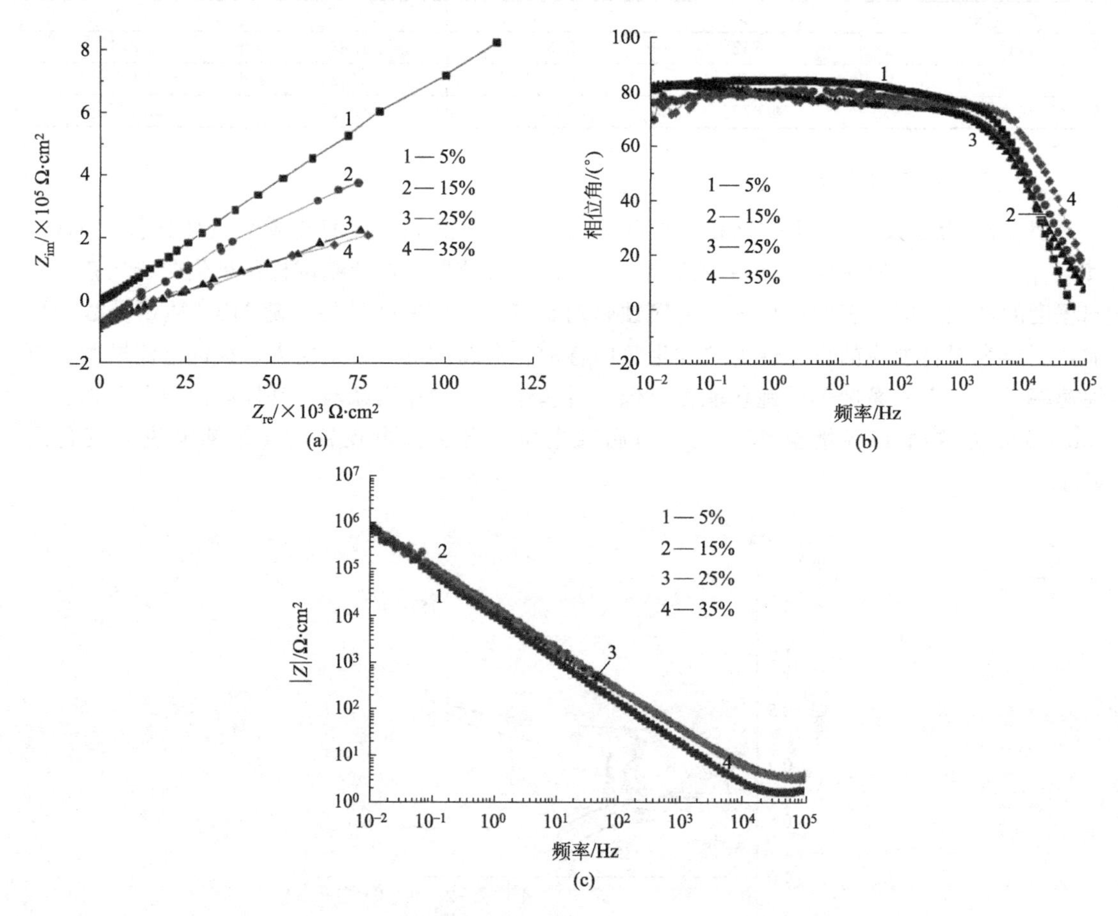

图 6-60 在含不同质量分数 NaCl 溶液中浸泡成膜试样的交流阻抗谱

(a) Nyquist 图；(b) Bode 相位角-频率曲线；(c) Bode 模-频率曲线

采用等效电路对交流阻抗谱进行分析，等效电路如图 6-61 所示，其中，R_s 为溶液电阻元件；C 为双电层电容元件；CPE 为常相位角元件，代替电容元件；R_1 为膜层电阻元件；R_2 为传递电阻元件。对该等效电路进行拟合，结果见表 6-25，其中，Y 为 CPE 导纳；n 为表征 CPE 偏离理想电容元件程度的参数，n 趋近于 1，则表明 CPE 接近于理想电容元件。由表可知，随着腐蚀溶液中 NaCl 含量的增加，溶液电阻 R_s、膜层电阻 R_1 和传递电阻 R_2 均减小，而 n 与双电层电容 C 均增大，这说明膜层的致密性降低，对基体的保护作用减弱。在质量分数 5%～35% NaCl 溶液中浸泡腐蚀后，试验钢表面腐蚀膜主要由 Fe 和 Cr 的氧化物组成。这些氧化物包含不同的价态，膜内低价态的氧化物会被氧化成高价态，而考虑到膜内的电中性条件，该过程必然会产生负价的氧空位来平衡电荷，这就导致膜内出现更多氧空位缺陷，离子穿越膜层的阻力降低，膜层对基体的保护作用下降。

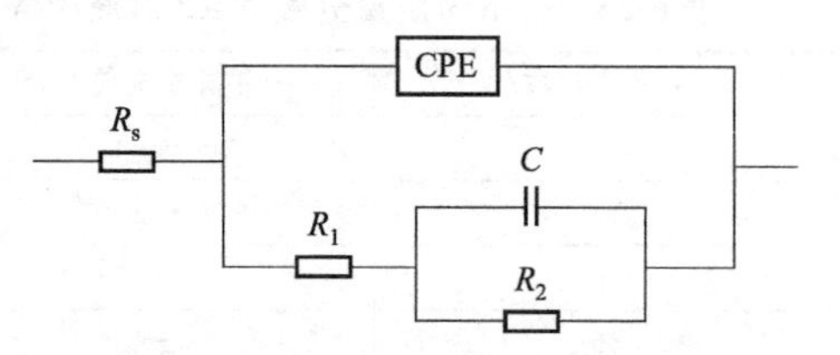

图 6-61 交流阻抗谱拟合等效电路

表 6-25　交流阻抗谱拟合结果

NaCl 质量分数 /%	R_s /(Ω/cm²)	Y /(×10⁻⁵S⁻ⁿ/cm²)	n	R_1 /(Ω/cm²)	C (×10⁻⁷F/cm²)	R_2 (×10⁶Ω/cm²)
5	3.555	1.071	0.834	27.14	1.667	34.95
15	2.945	1.299	0.873	17.26	6.067	24.10
25	2.538	1.371	0.897	6.554	14.67	10.19
35	1.666	1.388	0.924	6.083	18.87	9.171

(3) pH 值影响

在室温、3.5%NaCl、酸性条件下的所成膜后的极化曲线如图 6-62 所示，可见不同 pH 值下成膜后的极化曲线均存在不同程度的钝化区间，表明超级 13Cr 不锈钢在不同 pH 值的 3.5%NaCl 溶液中所成的膜层均具有一定的钝化特性，随溶液 pH 值的减小，超级 13Cr 不锈钢表面腐蚀膜层的自腐蚀电位负移，自腐蚀电流增大，维钝电流增大，钝化区间增宽，说明溶液 pH 值的减小使其膜层的钝化性增强，其拟合结果如表 6-26。

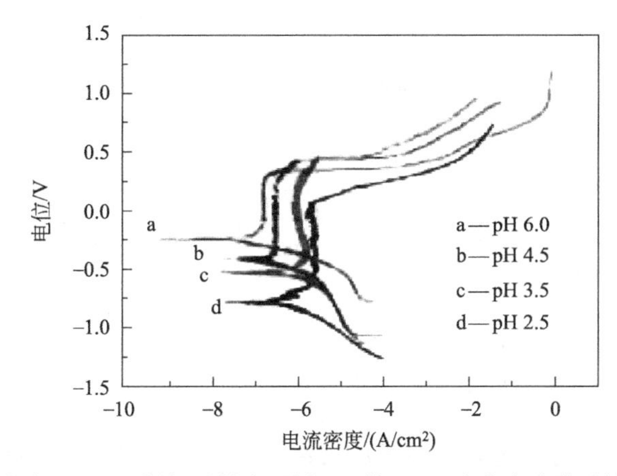

图 6-62　超级 13Cr 不锈钢试样在不同 pH 值 NaCl 溶液中成膜后的极化曲线

表 6-26　超级 13Cr 不锈钢试样在不同 pH 值 NaCl 溶液中钝化膜层的极化曲线的塔菲尔拟合结果

pH 值	E_{corr}/V	i_{corr}/(μA/cm²)	C_R/[g/(m·h)]	钝化电位/mV
6.0	−245	0.1478	0.001544	468
4.5	−408	0.4958	0.005178	745
3.5	−520	0.7510	0.007843	763
2.5	−787	1.248	0.013034	879

溶液特性的变化可以影响基体表面腐蚀膜层的组成与结构，进而影响其腐蚀膜层的电性能，对超级 13Cr 不锈钢电化学试样表面在不同 pH 值的 NaCl 溶液中分别进行成膜，对其膜层在 3.5%NaCl 溶液中进行交流阻抗性能测试，结果如图 6-63 所示。从 Nyquist 曲线中可以看出，在低频区实分量和虚分量呈现线性相关性，表明此电极过程为扩散控制，说明超级 13Cr 不锈钢电化学试样表面在不同 pH 值的 NaCl 溶液中的膜层具有较好的抗电化学腐蚀性能，而在高频区出现压扁的容抗弧，表明此电极过程为电荷传递控制，且容抗弧的半径随成膜 NaCl 溶液 pH 值的减小而增大，表明其腐蚀膜层对基体的保护作用随 NaCl 溶液 pH 值的减小而增强。

从 Bode 曲线可以看出，相位角在 0.01～10000Hz 的范围内处于常相位角状态（即相位角几乎不随频率的变化而改变），这表明该合金表面处于钝化状态，随着成膜溶液 pH 值的

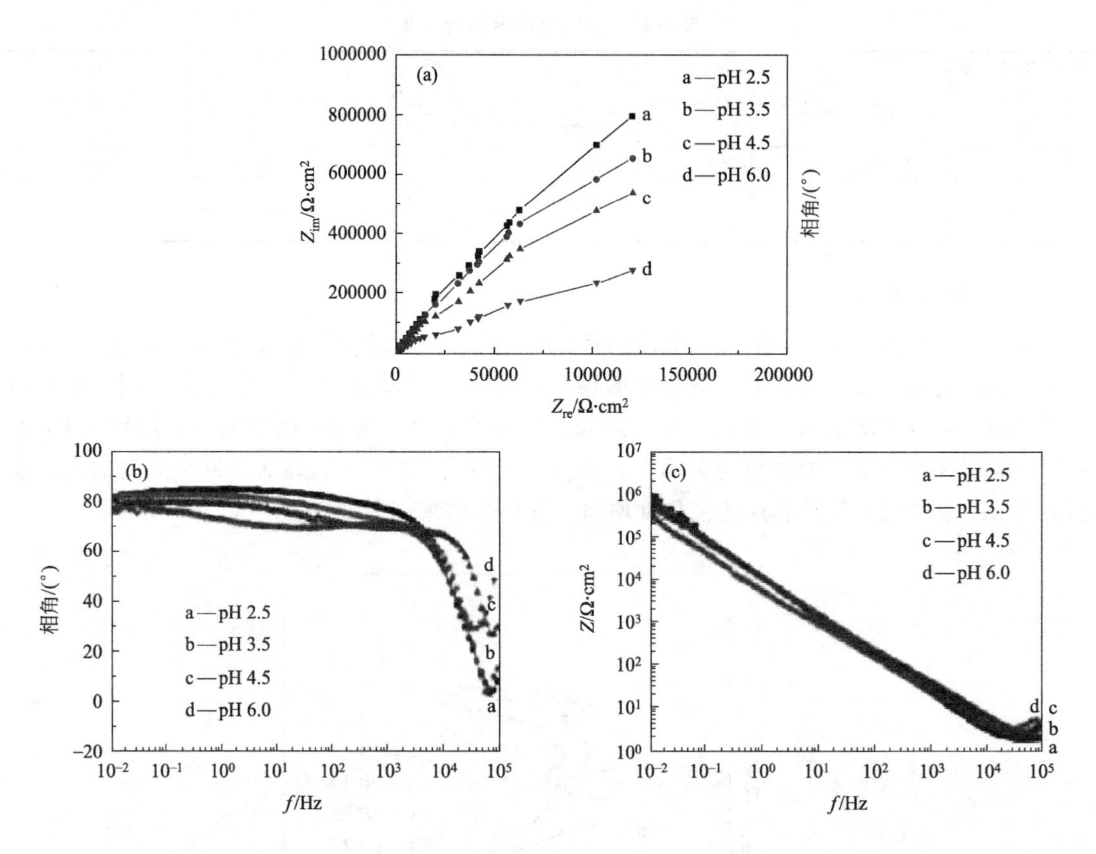

图 6-63 超级 13Cr 不锈钢在不同 pH 值 NaCl 溶液中成膜后的交流阻抗图谱

(a) Nyquist 曲线；(b) Bode 图（相位角-频率曲线）；(c) Bode 图（模-频率曲线）

降低，相位角有不同程度的增大，说明膜层的钝化能力有不同程度的增强，这也反映了该膜层对基体的保护作用增强，但是在 pH 2.5 和 pH 3.5 的溶液中，相位角出现了两个峰，高频相位峰对应于钝化膜的形成，低频相位峰对应于钝化膜表面的沉积膜，钝化膜层和沉积膜层均呈现钝化特性，因此在 pH 2.5 和 pH 3.5 的溶液中试样表面腐蚀膜层能更有效地保护基体；阻抗模-频率曲线也相应地由一段直线段组成，说明膜层的阻抗由一个时间常数确定。对图 6-63 的交流阻抗图谱采用等效电路进行分析，如图 6-64 所示，其中，R_s 为溶液电阻；C 为双电层电容；Q 为常相位角原件，用来表达电容 C 的参数发生偏离时的物理量；R_1 和 R_2 分别为膜层电阻和传递电阻，对该等效电路进行拟合，结果见表 6-27。可知，随成膜 NaCl 溶液 pH 值的减小，溶液电阻 R_s 减小、钝化膜电阻 R_1 和传递电阻 R_2 均增大，而双电层电容 C 减小，说明随成膜 NaCl 溶液 pH 值的减小，腐蚀膜层的致密性增大，离子穿越膜层的阻力增大，膜层对基体的保护作用增强。

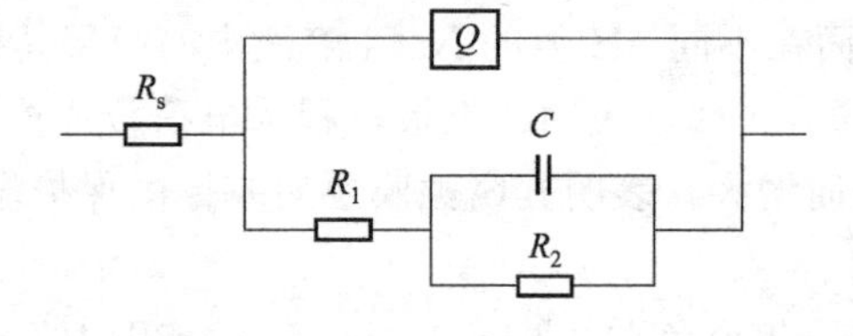

图 6-64 阻抗图谱所采用的拟合等效电路图

表 6-27　阻抗谱的拟合结果

pH	$R_s/(\Omega/cm^2)$	$CPE/(S^{-n}/cm^2)$	n	$R_1/(\Omega/cm^2)$	$C/(F/cm^2)$	$R_2/(\Omega/cm^2)$
6.0	2.921	3.132×10^{-5}	0.9434	590.6	2.593×10^{-6}	9.171×10^{6}
4.5	2.446	1.717×10^{-5}	0.8904	613	1.887×10^{-6}	3.404×10^{13}
3.5	2.401	1.59×10^{-5}	0.8481	2.891×10^{10}	9.068×10^{-9}	1×10^{21}
2.5	1.666	1.38×10^{-5}	0.805	11×10^{22}	1.108×10^{-11}	1.005×10^{22}

6.10.2　高温成膜

（1）成膜温度

选用三种成膜条件，分别为：①温度110℃，CO_2分压2.5MPa；②温度130℃，CO_2分压2.5MPa；③温度150℃，CO_2分压2.5MPa，然后在25℃下研究膜层的电化学特性。图6-65为三种成膜条件下的动极化曲线，表6-28为动极化曲线的分析结果。由图和表可知，随着成膜温度的升高，超级13Cr不锈钢表面钝化膜的腐蚀电位逐渐降低，腐蚀电流随之变大，表明腐蚀加剧，钝化膜对基体材料的保护性减弱，材料的耐蚀性下降。且超级13Cr不锈钢在110℃条件下所形成的表面钝化膜要比130℃和150℃下的耐蚀性能好。点蚀电位也随成膜温度的升高而逐渐降低，钝化区随成膜温度的升高变得越来越窄，这说明材料的耐点蚀性能下降，点蚀敏感性增强。图6-66是超级13Cr不锈钢在未成膜时室温下测得的动极化曲线，由图可知，超级13Cr不锈钢的自腐蚀电位为−0.47V，腐蚀电流为46.9μA，点蚀电位为−0.0898V。这与图中成膜后测得的数据相比有很大差异；在不同温度下成膜后的超级13Cr不锈钢相对于未成膜前具有较高的自腐蚀电位，较低的腐蚀电流，但钝化区间较不明显，这表明超级13Cr不锈钢表面钝化膜较易发生溶解，处于一种活化钝化的状态。而且点蚀电位提高了很多，这说明成膜后的超级13Cr不锈钢的耐蚀性比未成膜前的好。而成膜前和成膜后的点蚀电位对比表明超级13Cr不锈钢表面钝化膜显著改善了其耐点蚀性能。

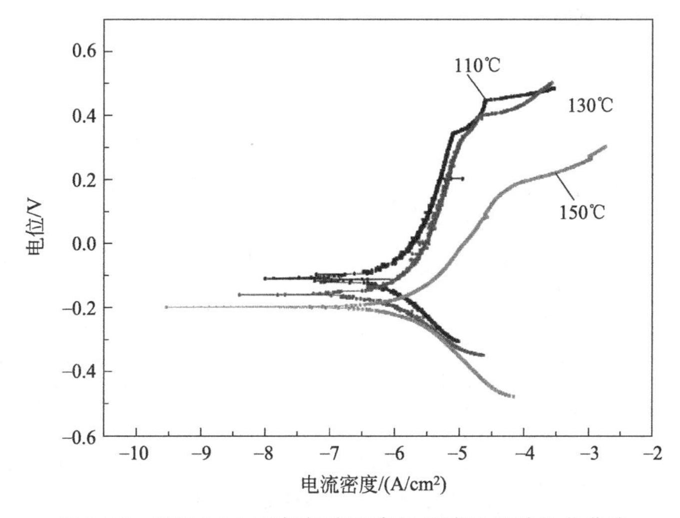

图6-65　超级13Cr不锈钢表面高温成膜后的动极化曲线

表 6-28 超级 13Cr 不锈钢表面钝化膜的动极化曲线分析结果

成膜温度/℃	腐蚀电位/V	腐蚀电流密度/($\mu A/cm^2$)	钝化区/V	点蚀电位/V
110	−0.103	4.26	0.54	0.467
130	−0.125	5.39	0.52	0.439
150	−0.156	6.19	0.47	0.204

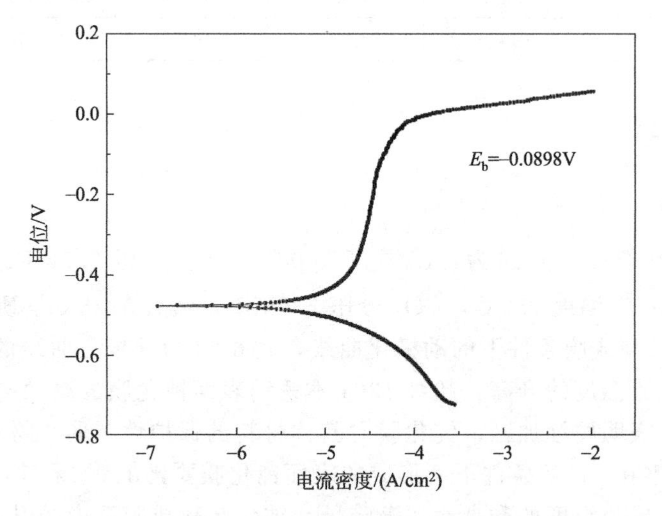

图 6-66 超级 13Cr 不锈钢在未成膜时的动极化曲线

(2) 成膜时间

图 6-67 为超级 13Cr 不锈钢在 150℃、CO_2 分压为 1MPa 环境中腐蚀 96h 后测得的极化曲线和循环极化曲线。从极化曲线上可以看出，在 150℃时，超级 13Cr 不锈钢的自腐蚀电位很低，并且自腐蚀电流密度很高；钝化区间已经不太明显，阳极电流密度增加很快，没有明显的维钝电流。这是因为，在高温高压 CO_2 腐蚀环境下，介质中 Cl^- 的存在，促进了点蚀的发生和发展，使钝化膜的保护性大大降低，整个金属电极的自腐蚀电位也随之降低，从而使电极反应驱动力大大提高。同时腐蚀孔一旦形成，随之而来的自催化效应也有可能大大提高阳极电流密度。

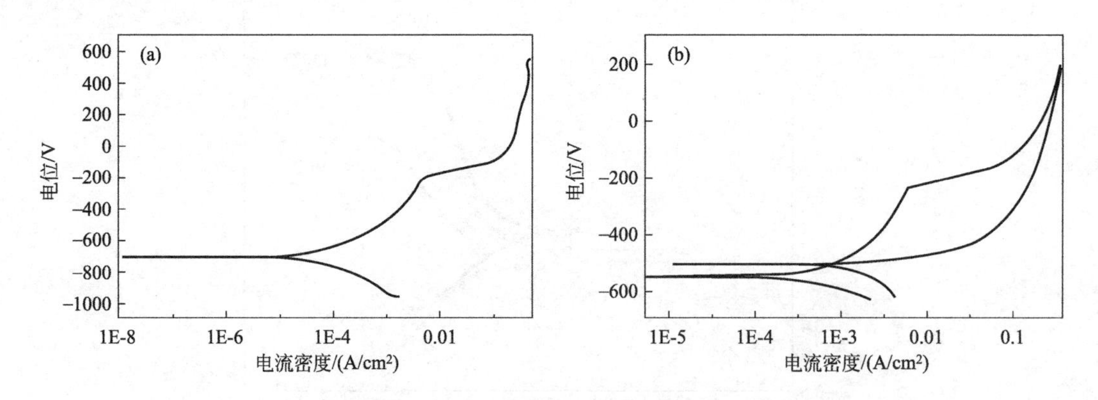

图 6-67 150℃时超级 13Cr 不锈钢腐蚀 96h 后的极化曲线和循环极化曲线

(a) 极化曲线；(b) 循环极化曲线

从循环极化曲线上可以看出，超级 13Cr 不锈钢的回复电位在钝化区间，说明在此模拟条件下，超级 13Cr 不锈钢具有一定的再钝化能力。

图 6-68 为超级 13Cr 不锈钢在 150℃下不同试验时间所成膜的交流阻抗图谱，可见，150℃时 24h、48h、72h、96h 时的交流阻抗图谱均具有三个时间常数，即高频端的容抗弧、低频端的容抗弧和 Warburg 阻抗。其中，高频区的容抗弧对应的状态变量为电极电位 E，低频区的容抗弧是由钝化膜局部破损区域对交流正弦波的扰动形成的，而低频区的 Warburg 阻抗是由腐蚀孔内的扩散传质过程受阻而形成的。

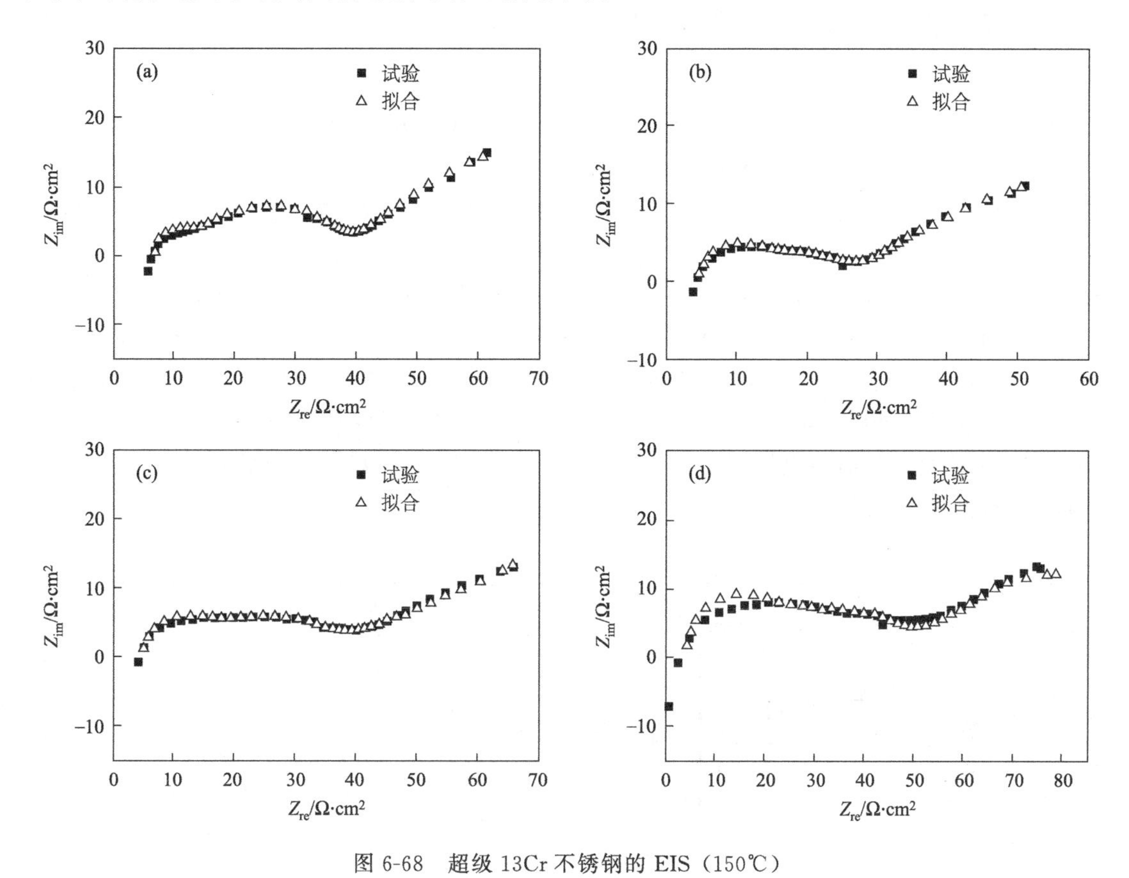

图 6-68　超级 13Cr 不锈钢的 EIS（150℃）

(a) 24h；(b) 48h；(c) 72h；(d) 96h

150℃时超级 13Cr 不锈钢自腐蚀电位下的 EIS 均具有三个时间常数，并且在低频端没有出现感抗弧，这说明钝化膜已经穿孔，局部区域的金属基体处于活化状态。24h 已经出现麻点状的点腐蚀，48h、72h、96h 的试样表面出现较大的腐蚀孔，其自催化效应很明显。决定钝化膜厚度变化的过程有两个：一是形成新的膜层过程，另一个则为在膜的外表面上进行着的膜溶解过程。如果溶液中含有 Cl^- 等能够吸附在钝化膜表面促使钝化膜溶解的阴离子存在，在有这种阴离子吸附的表面区域，R_s 远小于 R_f，$1/R_s$ 远大于 $1/R_f$，而这些表面区域的极化电阻和法拉第阻抗远小于没有被这种阴离子吸附的钝化膜表面区域，此时整个电极的法拉第阻抗由有这种阴离子吸附的表面区域的法拉第阻抗和没有这种阴离子吸附的表面区域的法拉第阻抗并联组成。由于后者远大于前者，整个金属电极的法拉第阻抗谱反映前者的阻抗谱特征。因此在钝化金属的孔蚀诱导期阶段，金属电极的阻抗谱有两个时间常数，且在低频区呈现感抗弧。

当钝化膜局部溶解穿透后，进入腐蚀孔的发展阶段，此时金属电极表面也由两部分组成：大部分表面被钝化膜覆盖，另外在面积很小的局部区域，钝化膜已经穿孔。在这部分表面区域金属直接与溶液接触，处于活化状态，进行阳极溶解反应。这种处于活化状态下的金属基体相比于被钝化膜覆盖的区域，自腐蚀电位很低，同时大阴极、小阳极的作用非常明显，蚀孔内的金属基体具有很高的腐蚀驱动力，阳极溶解速度很大，形成相对“闭塞”的区域。在这部分区域 Cl^-、H^+ 和金属离子的浓度都非常高，而黏度很大，传质过程进行得比较困难，反映到 EIS 上是低频端出现 Warburg 阻抗，并且在低频端没有出现感抗弧，这说明钝化膜已经穿孔，局部区域的金属基体处于活化状态。

（3）温度和 CO_2 分压

图 6-69 为超级 13Cr 不锈钢在条件 1（0.9MPa CO_2 分压、50500mg/L Cl^-、100℃、7d）和条件 3（1.0MPa CO_2 分压、50500mg/L Cl^-、150℃、7d）下表面 XPS 扫描谱图，图中主要出现了 O 1s 峰、C 1s 峰、Cr 2p 峰、Fe 2p 峰、Si 2s 峰和 Si 2p 峰。此外，在两个条件下形成的钝化膜表面还出现了 Ni 2p3 峰，Ni 2p3 峰所处电位均为 853.08eV 左右，可知在该钝化膜表面 Ni 以 NiS 的形式存在。在条件 1 下形成的钝化膜表面出现了 Mo3p 峰，该峰所处电位为 231.08eV；在条件 3 下形成的钝化膜表面出现了 Mo3d 峰，该峰所处电位为 229.60eV。可知在该钝化膜表面 Mo 以 MoS 的形式存在。在此两个条件下形成的钝化膜表层的 Cr 2p 峰所处电位都约为 578eV，故 Cr 是以 Cr 的氧化物的形式存在。因此，超级 13Cr 不锈钢经腐蚀过后形成的钝化膜表层中 Mo 和 Ni 在外层以各自硫化物的形式富集，而 Cr 以 Cr 的氧化物的形式富集。

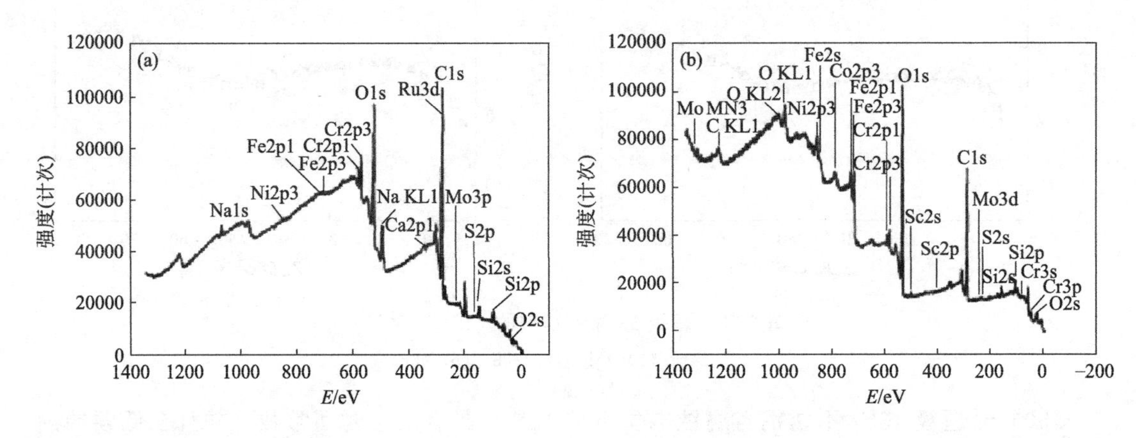

图 6-69　超级 13Cr 不锈钢在两种条件下形成的钝化膜表面的 XPS 扫描谱图

(a) 条件 1；(b) 条件 3

图 6-70 为超级 13Cr 不锈钢在 4 种条件［条件 1（0.9MPa CO_2 分压、50500mg/L Cl^-、100℃、7d)、条件 2（0.9MPa CO_2 分压、50500mg/L Cl^-、130℃、7d)、条件 3（1.0MPa CO_2 分压、50500mg/L Cl^-、150℃、7d)、条件 4（1.6MPa CO_2 分压、50500mg/L Cl^-、170℃、7d)］下形成的钝化膜的极化曲线，其分析结果如表 6-29 所示。可见，条件 1 试样形成的钝化膜的自腐蚀电位为－0.182V，比起其他 3 个条件试样的自腐蚀电位相对正移，且腐蚀电流密度相对较小，表明在条件 1 下形成的钝化膜对基体的保护性相对较好。条件 2 试样的自腐蚀电位（－0.268V）比条件 3 和条件 4 试样的自腐蚀电位略高，这说明条件 2 试样相对于条件 3 和条件 4 试样具有较好的耐蚀能力。

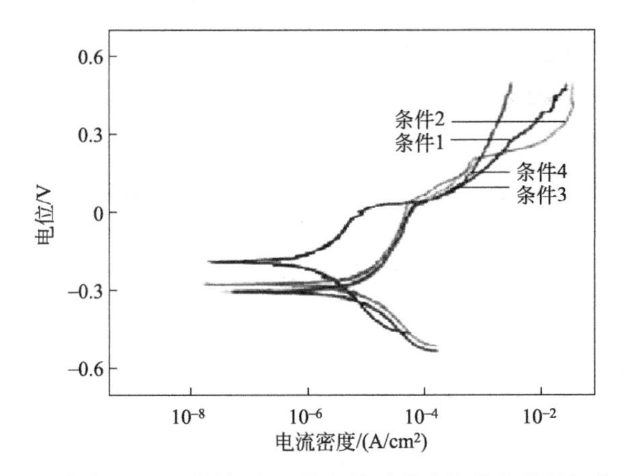

图 6-70　超级 13Cr 不锈钢在 4 种条件下形成的钝化膜的极化曲线

表 6-29　极化曲线分析结果

实验条件	E/V	I/(A/cm^2)	阳极塔菲尔斜率	阴极塔菲尔斜率
条件 1	−0.182	4.47×10^{-7}	0.1060	−0.1317
条件 2	−0.268	1.80×10^{-6}	0.1578	−0.1098
条件 3	−0.294	1.20×10^{-6}	0.1957	−0.0992
条件 4	−0.293	1.66×10^{-6}	0.1791	−0.1056

图 6-71 为超级 13Cr 不锈钢在 4 种成膜条件下覆盖有腐蚀产物膜试样的阻抗谱，图 6-72 是相应的等效电路图。图 6-72(a) 为超级 13Cr 不锈钢在 100℃、0.9MPa CO_2 下形成的腐蚀产物膜的阻抗谱所对应的等效电路。由图可见，其等效电路图是由两个电极反应组成的。其中，R_s 是溶液电阻，C_{dl} 是双电层电容，R_t 是金属表面的电荷传递电阻，R_c 和 C 是离子穿越腐蚀产物膜而导致的电阻和容抗。图 6-72(b) 为超级 13Cr 不锈钢在 130℃、0.9MPa 和 150℃、1.0MPa 和 170℃、1.6MPa 时形成的腐蚀产物膜的阻抗谱所对应的等效电路。由图可见，其等效电路图是由 3 个电极反应组成的，呈现双膜结构，并出现 Warburg 阻抗。其中，R_s 是溶液电阻，C_{dl} 是双电层电容，R_t 是金属表面的电荷传递电阻，R_{c1} 和 C_1 是离子穿越内层膜而导致的电阻和容抗，R_{c2} 和 C_2 是离子穿越外层膜而导致的电阻和容抗，Z_w 为离子通过腐蚀产物膜的有限扩散元件。

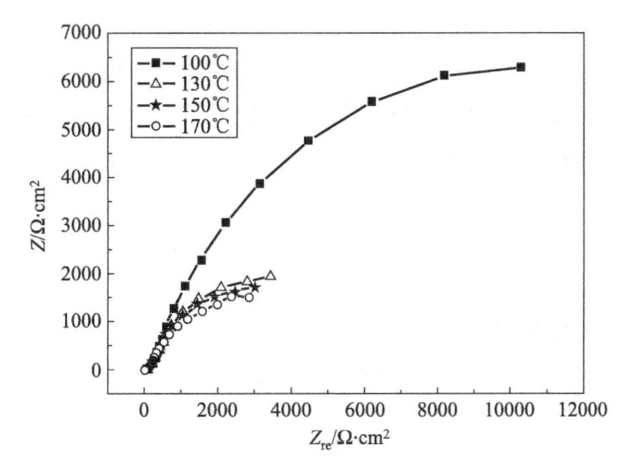

图 6-71　超级 13Cr 不锈钢表面腐蚀产物膜的阻抗谱

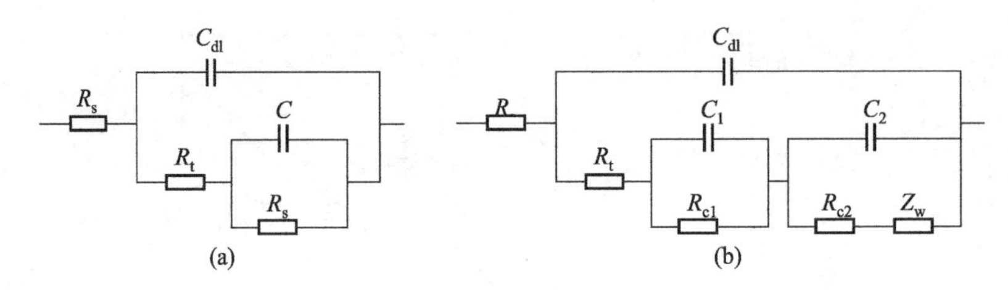

图 6-72　等效电路图

(a) 条件 1；(b) 条件 2、3、4

曲线中出现感抗弧还是容抗弧与试样表面状态密切相关，可以认为感抗弧与试样表面无腐蚀产物膜覆盖区的活化溶解有关，而容抗弧则与试样表面有腐蚀产物膜覆盖区的溶解有关。由图 6-71 可知，交流阻抗谱中均未出现感抗弧，这是因为当阳极反应速率较大时，可以形成足够的 $Cr(OH)_3$ 将钢表面覆盖完全，形成完整的腐蚀产物膜。高频容抗弧直径的大小反映转移电阻的大小，低频容抗弧与双电层的放电过程有关，它被认为是由中间腐蚀产物的吸附或腐蚀产物的沉积引起的。随着温度的升高，超级 13Cr 不锈钢表面腐蚀产物膜的容抗弧半径逐渐减小，尤其以 100℃、0.9MPa CO_2 时的容抗弧半径最大，这说明腐蚀速率随着温度的升高而增大。这也与极化曲线所测结果相一致。

由图 6-72(b) 可见，超级 13Cr 不锈钢在 130℃、0.9MPa CO_2，150℃、1.0MPa CO_2 和 170℃、1.6MPa CO_2 的成膜条件下形成的腐蚀产物膜呈现双层膜结构。根据曹楚南电化学阻抗理论，当金属表面被 $Cr(OH)_3$ 腐蚀产物膜覆盖以后，阳极电流依靠带负电荷的阴离子从膜的外侧向膜的内侧迁移流过膜层，即介质中的阴离子通过扩散穿过腐蚀产物膜到达膜与金属界面处，在界面处与金属反应生成 $Cr(OH)_3$，故会在膜的内侧生成新的内层膜，并逐渐向内扩展。这种初生腐蚀产物膜比较紧密，与基体黏附力较强，对基体有一定的保护作用。而界面处阳极反应生成的 Cr^{3+} 通过扩散穿过腐蚀产物膜到达介质中，在已经形成的腐蚀产物膜表面可以形成外层膜，这种腐蚀次生过程所形成的腐蚀产物膜比较疏松，孔隙较大。随着温度和 CO_2 分压的升高，试样表面形成的外层膜的覆盖率越来越大，当其对正弦波的扰动与内层膜具有近似的时间弛豫常数时，在低频端叠加成第一个容抗弧。此外，拟合结果表明超级 13Cr 不锈钢在 100℃、0.9MPa CO_2 腐蚀环境中形成的腐蚀产物膜的 EIS 仅由高频容抗弧和低频容抗弧组成，而随着温度和 CO_2 分压的升高，低频区阻抗特征转变为一容抗与 Warburg 阻抗叠加的结果。以往的研究表明，这种阻抗特征是由扩散控制的氢离子还原与活化控制的 H_2CO_3 和 HCO_3^- 的还原同时存在的结果。曾潮流认为材料表面的腐蚀产物膜疏松多孔时，腐蚀速率将受到扩散控制，此时高频区为容抗弧，低频区为 Warburg 阻抗；当腐蚀产物膜存在缺陷时，低频区还会附加容抗弧。曹楚南认为当金属电极表面附近的反应物浓度与溶液本体中的浓度有明显差别时，在溶液中就有一个反应物从溶液本体向电极表面扩散的过程。因此浓度的不同，导致交流阻抗谱中出现了具有扩散特征的 Warburg 阻抗。

对 4 种条件下形成的腐蚀产物膜的交流阻抗谱进行拟合，从其结果可以看出，随着温度的升高，Z_w 逐渐下降。这可能是由于温度升高以后，$Cr(OH)_3$ 容易在试样表面沉积，对阴离子的抑制作用增大，氢原子可以更多地参与阴极还原反应，同时氢原子的扩散能力也增强，使得反应速率加快，Z_w 降低。

根据曹楚南电化学阻抗理论在腐蚀金属电极表面存在钝化膜时，这相当于在金属与溶液之间插入一个新相，即钝化膜相。钝化膜中有“空间电荷层”，两种符号相反的电荷相对地集中在空间电荷层的两侧。这个空间电荷层的阻抗行为也相当于几个电容，但是它的电容要比溶液一侧的双电层的电容小得多，一般约为几微法每立方厘米。在这种情况下，从金属到溶液之间的界面电容由钝化膜中的空间电荷层的电容和溶液一侧的双电层的电容串联组成。空间电荷层的电容比双电层电容小得多，所以由它们串联组成总的界面电容要比通常的界面电容小得多。超级13Cr不锈钢在不同成膜条件下形成的腐蚀产物膜的界面电容均较小，且均属有半导体性质的钝化膜。

另外，Warburg阻抗的表达式可由下式表示

$$Z_W=(j\omega)^{-n}/Y_\omega \tag{6-8}$$

$1/Y_\omega$ 为Warburg阻抗的模值，与扩散系数成反比，因此可以通过比较Warburg阻抗模值的大小来判断离子在腐蚀产物膜中扩散的难易程度。离子在腐蚀产物膜中的扩散主要是借助于膜中大量的微观通道，所以 $1/Y_\omega$ 也反映了腐蚀产物膜的孔隙度，即模值越大，腐蚀产物膜的孔隙度越小，离子在膜中越难扩散。

图6-73为超级13Cr不锈钢在130℃、0.9MPa CO_2；150℃、1.0MPa CO_2 和170℃、1.6MPa CO_2 的成膜条件下Warburg阻抗的模值比较。由图可见，Warburg阻抗的模值随着温度和 CO_2 分压的升高而降低，说明超级13Cr不锈钢在高温高分压、高 Cl^- 环境中形成的腐蚀产物膜的孔隙度随着温度和 CO_2 分压的升高而增大，对基体的保护性减弱。

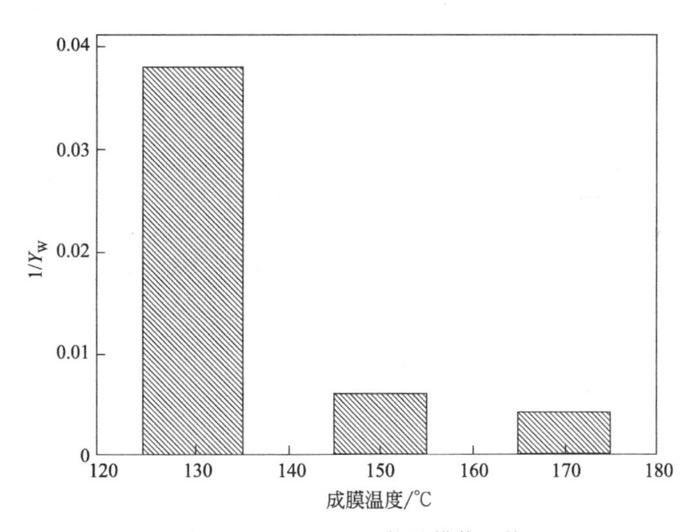

图6-73 Warburg阻抗的模值比较

图6-74为超级13Cr不锈钢在4个成膜条件下形成的腐蚀产物膜的极化电阻的比较。由图可见，超级13Cr不锈钢表面腐蚀产物膜的极化电阻随着温度和 CO_2 分压升高而降低，阳极电流密度增大，说明阳极反应速率增大，这是因为温度和 CO_2 分压升高以后，离子穿过双电层的能力增大，即阳极反应速率加快，导致反应电阻降低，最终使得极化电阻降低。

图6-75为超级13Cr不锈钢在频率为1kHz下测得的4种不同条件下所形成钝化膜的M-S曲线，半导体膜能带参数计算结果如表6-31所示。可见，条件1和条件2形成的钝化膜的M-S曲线出现了正负斜率的2个线性区。R_1 区间M-S曲线斜率为负值，说明在此电位区间钝化膜的半导体性质为p型；R_3 区间M-S曲线斜率为正值，说明在此电位区间钝化膜的半导体性质为n型。即条件1和条件2形成的钝化膜均呈现双极性的n-p型半导体特征；而条

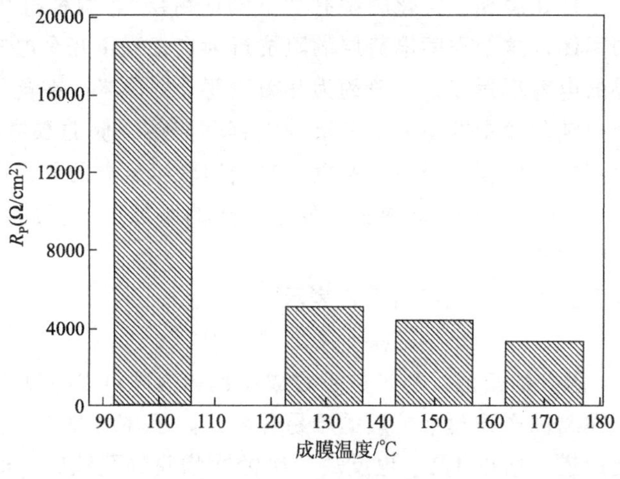

图 6-74 极化电阻比较

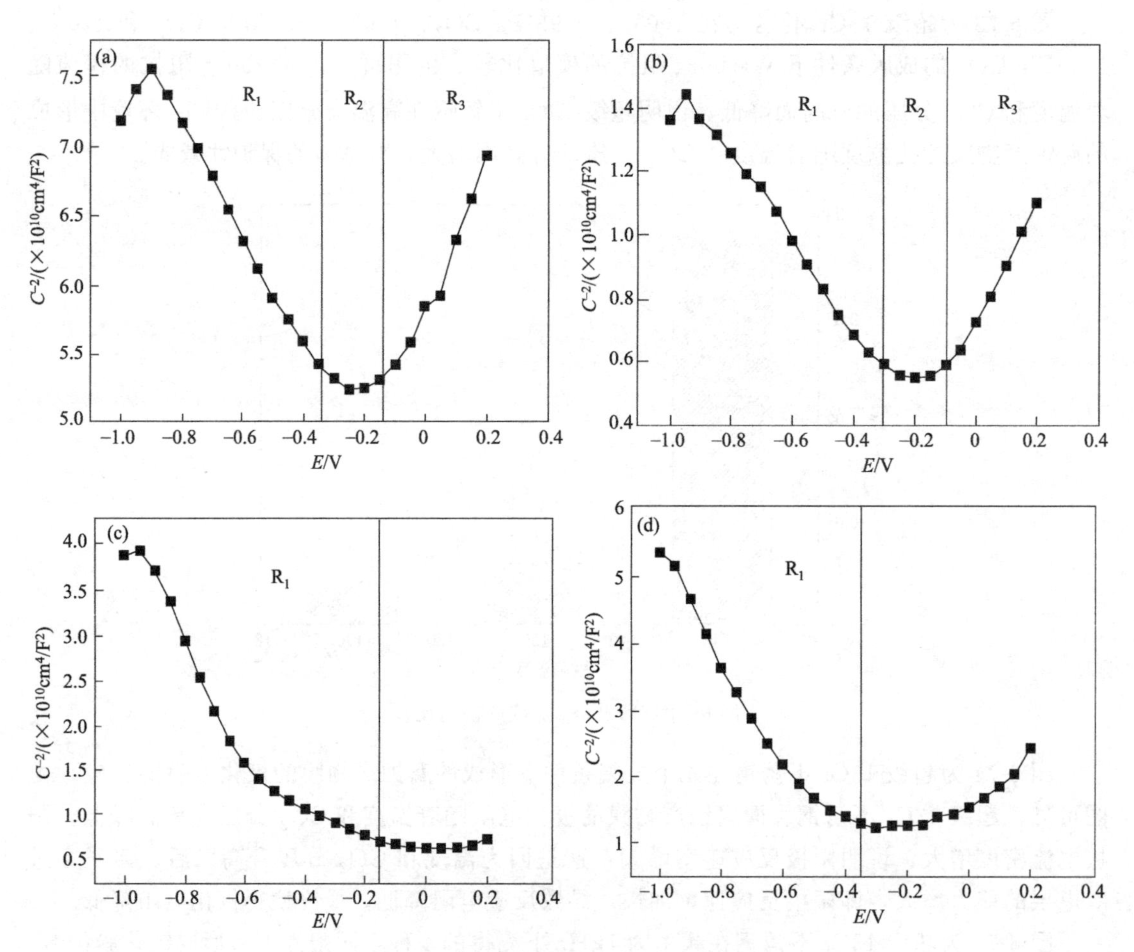

图 6-75 超级 13Cr 不锈钢在不同条件下钝化膜的 M-S 曲线

(a) 条件 1；(b) 条件 2；(c) 条件 3；(d) 条件 4

件 3 和条件 4 形成的钝化膜的 M-S 曲线只存在斜率为负的区间，即 R_1 区间，这说明该条件下生成的钝化膜呈现 p 型半导体特征。

钝化膜之所以会存在2种不同的半导体类型，这主要与组成钝化膜的Ni、Cr和Fe的氧化物和氢氧化物的半导体类型有关。Fe的氧化物以及硫化物和Cr、Ni的硫化物由于存在高质量浓度的可作为施主的阴离子空缺而具有n型半导体特征，呈现阴离子选择性；Cr、Ni的氧化物和氢氧化物由于存在高质量浓度的可作为受主的阳离子空缺而具有p型半导体特征，呈现阳离子选择性。超级13Cr不锈钢在条件1和条件2下形成的钝化膜都具有这种双极性n-p型半导体膜的结构，因此既能阻止阳离子从基体中迁移，也能防止溶液中的阴离子如Cl^-侵蚀基体。此外，这种钝化膜结构还可以降低阳极腐蚀电流，从而具有优良的耐蚀性能。随着温度的继续升高，CO_2分压的增大，超级13Cr不锈钢在条件3和条件4下形成的钝化膜结构由双极性n-p型转变成了单极性p型，故耐蚀性能降低。说明除温度外，CO_2分压对超级13Cr不锈钢表面钝化膜的耐蚀性影响也较为显著，这与极化曲线所测的结果相一致。

条件1和条件2相比较而言，在R_1区间，M-S曲线斜率均为负值，表明钝化膜呈p型半导体特征；在R_3区间，M-S曲线斜率均为正值，表明钝化膜呈n型半导体特征。两个区间的M-S曲线斜率都随温度的升高而降低。由Mott-Schottky方程可知，斜率增加，说明施主物质的数量和受主物质的数量减少。根据钝化膜“点缺陷”模型，钝化膜中的施主数量和受主数量越多，钝化膜越容易受到破坏。由表6-30可知，条件2下在R_1和R_3区间上的掺杂浓度都比条件1下的大一个数量级。因此在这两个区间，随着温度的升高，钝化膜的掺杂数量增多，钝化膜对基体的保护性变差。在R_1区间，随着温度的升高，受主物质的数量增多。受主数量增多能诱发双电层的钝化膜表面的阴离子质量浓度增大，即钝化膜表面的氯离子质量浓度增大，从而加快了氯离子向钝化膜内的侵入，点蚀电位下降，腐蚀更易发生。在R_3区间，部分低价态氧化物或氢氧化物发生氧化反应，生成相应的高价态氧化物，如$Fe(OH)_2$、$Cr(OH)_3$、Cr_2O_3被氧化为Fe_2O_3和CrO_3（CrO_4^{2-}），使构成钝化膜的成分发生了改变，从而改变了钝化膜的半导体特性。随着温度的升高，施主物质的数量增多，导致钝化膜表面的阳离子质量浓度增大，吸附阴离子能力增强，加速了腐蚀发生的可能性。

条件3和条件4相比较而言，二者均呈现P型半导体特征，且随着温度和CO_2分压的升高斜率基本不变。可见，在该条件下钝化膜的电子受主的数量受温度和CO_2分压的影响较小，即在条件3和条件4下形成的钝化膜的耐蚀性差别不大。这是因为此时材料的溶解速度远大于溶解产物在溶液中的扩散速度，当材料表面溶解产物的质量浓度大于其溶解度时就会析出，从而在钢表面形成完整的氧化膜，抑制了钝化膜的进一步溶解，而钝化膜则最终形成Cr_2O_3、FeO等稳定结构。这也与极化曲线所测结果相符。

表6-30 4种条件下形成的钝化膜的掺杂浓度和平带电位

实验条件	N_D/cm^{-3}	E_{fb1}/V	N_A/cm^{-3}	E_{fb2}/V
条件1	2.114×10^{18}	−0.724	2.417×10^{18}	−0.904
条件2	5.551×10^{19}	−2.170	6.577×10^{19}	−8.436
条件3	—	—	1.075×10^{19}	−1.220
条件4	—	—	1.152×10^{19}	3.156

可见，超级13Cr不锈钢经腐蚀过后形成的钝化膜表层中Mo和Ni以各自硫化物的形式富集，而Cr以Cr的氧化物的形式富集。超级13Cr不锈钢在4种条件下形成的钝化膜的阳极极化曲线均具有明显的阳极钝化区；但条件1和条件2下形成的钝化膜的自腐蚀电位相对正移，腐蚀电流密度相对较小，故耐蚀性能较好。超级13Cr不锈钢在条件1和条件2下形

成的钝化膜具有双极性的 n-p 型半导体特征，但在条件 2 下形成钝化膜的受主密度相对于条件 1 增大，而在条件 3 和条件 4 下形成的钝化膜为 P 型半导体，这表明随着温度的升高，CO_2 分压的增大，钝化膜的耐蚀性有所降低。超级 13Cr 不锈钢在条件 3 和条件 4 下形成的钝化膜的自腐蚀电位没有明显变化，受主密度差异不大，表明在较高的温度和 CO_2 分压下，钝化膜的耐蚀性能不再降低，而是趋于稳定。

6.11 其他影响因素

6.11.1 点蚀电位

相对于传统 13Cr 不锈钢，超级 13Cr 不锈钢点蚀电位要高 0.25V [图 6-76(a)]，这主要是由于超级 13Cr 不锈钢有较高的 Mo、Ni 含量。Mo、Ni 的加入能够阻滞电化学腐蚀的阳极过程，促进超级 13Cr 不锈钢的钝化，在钢的表面形成了富钼的氧化膜，这种含有 Cr、Mo 元素的氧化膜具有高的稳定性，能有效地抑制因 Cl^- 侵入而产生的点蚀，提高超级 13Cr 不锈钢的钝化和再钝化能力。随着温度的升高，超级 13Cr 不锈钢的点蚀电位下降。这是因为随着温度升高，Cl^- 活性增强，更容易与钝化膜中的阳离子结合形成可溶性氯化物，导致钝化膜的破坏。

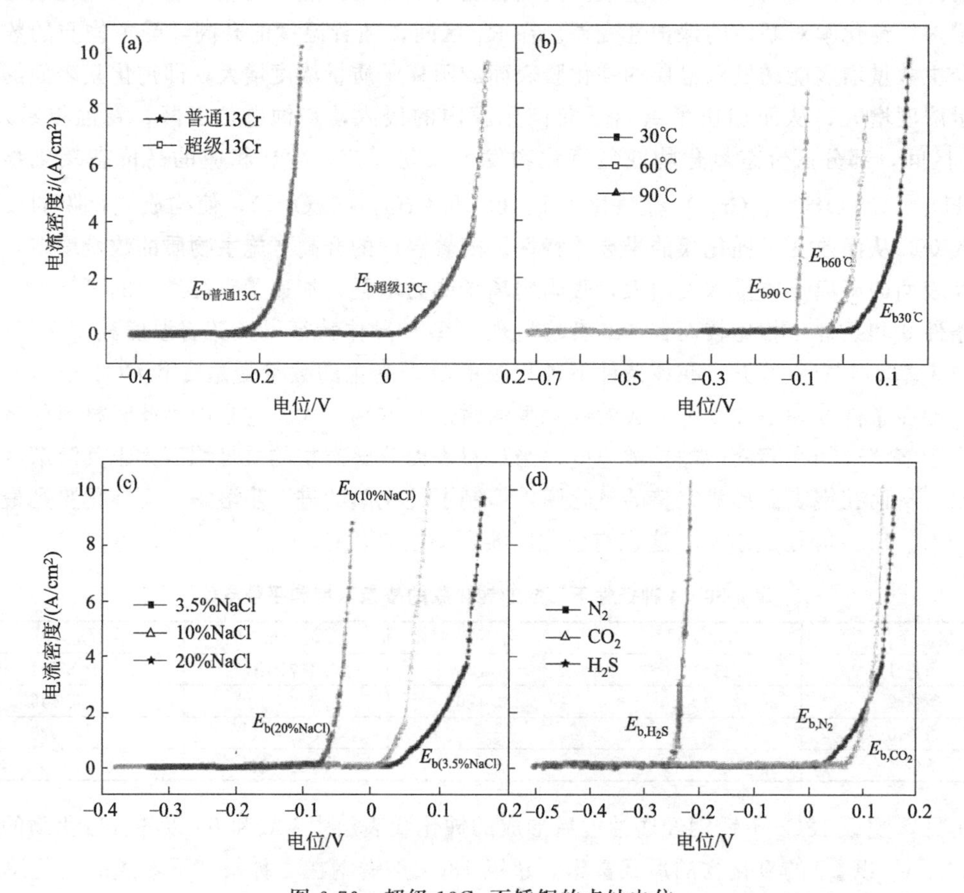

图 6-76　超级 13Cr 不锈钢的点蚀电位

(a) 不同材料；(b) 不同温度；(c) 不同 Cl^- 含量；(d) 不同 N_2、CO_2 和 H_2S 腐蚀

在3.5%NaCl、10%NaCl和20%NaCl溶液中，超级13Cr不锈钢的点蚀电位分别为0.076V（SCE）、0.04V（SCE）、−0.058V（SCE）［图6-76(c)］，随着Cl^-质量浓度的增加，点蚀电位下降。这主要是因为当介质中含有活性Cl^-时，Cl^-优先选择性地吸附在钝化膜上，与钝化膜中的阳离子结合形成可溶性氯化物，使超级13Cr不锈钢的点蚀敏感性增强，从而促进点蚀的发生。

在N_2、CO_2和H_2S中，超级13Cr不锈钢的点蚀电位分别为0.076V（SCE）、0.1V（SCE）、−0.236V（SCE），H_2S的存在显著降低了超级13Cr不锈钢的点蚀电位。H_2S溶于水电离生成H^+、HS^-和S^{2-}，而H_2S、HS^-和S^{2-}在电极表面具有极强的吸附性，同样可与钝化膜中的金属元素生成可溶性的腐蚀产物，促使钝化膜溶解，导致点蚀的发生和发展；而CO_2对超级13Cr不锈钢点蚀电位的影响不大。这也是13Cr不锈钢在CO_2腐蚀控制方面得到广泛应用，而在H_2S腐蚀控制方面的应用受到一定限制的主要原因。

6.11.2 循环极化

图6-77为超级13Cr不锈钢在3.5% NaCl溶液中所测得的循环极化曲线。从图中可以看出，在N_2、CO_2腐蚀条件下，超级13Cr不锈钢回复电位在钝化区间，且回复电位较高，具有良好的再钝化能力，而H_2S气体的存在使超级13Cr不锈钢的回复电位和点蚀电位显著降低。

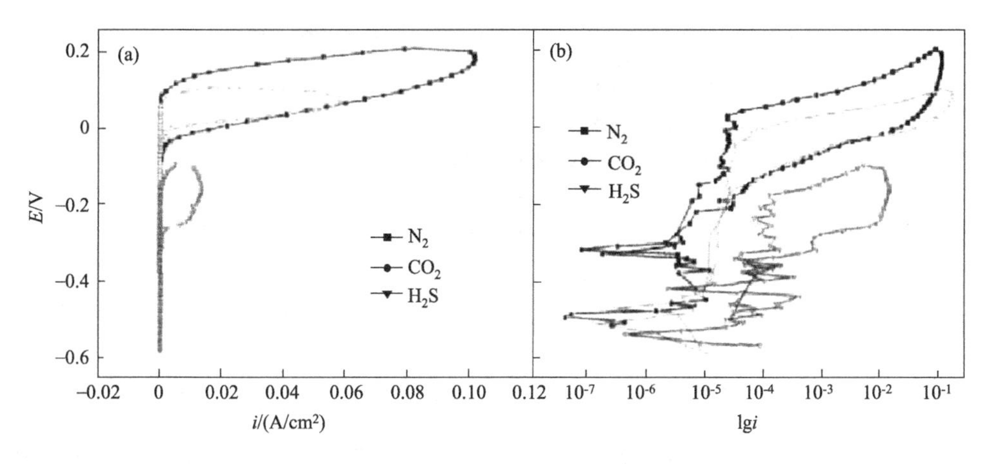

图6-77 超级13Cr不锈钢的循环极化曲线

（a）E-i曲线；（b）E-lg$i$曲线

6.12 金属表面电化学反应过程

6.12.1 动电位极化

图6-78为超级13Cr不锈钢在不同流速下自腐蚀电位随时间变化的关系，可见，超级13Cr不锈钢的开路电位整体有向负极移动的趋势。在流速为6m/s时，超级13Cr不锈钢的自腐蚀电位为−0.25V；流速为10m/s时，其自腐蚀电位为−0.28V，相比较而言，此时13Cr不锈钢表面的电化学反应进程是较快的；在流速为14m/s时，其自腐蚀电位达到最负，为−0.41V，说明此时钢表面最容易发生腐蚀，电化学反应是最强烈的；在流速为16m/s

时，开路电位有向阳极移动的趋势，腐蚀电位变大；在流速为 18m/s 时，此时的自腐蚀电位变得更大为－0.29V，说明超级 13Cr 不锈钢的腐蚀速率又减小，越来越不容易发生腐蚀。

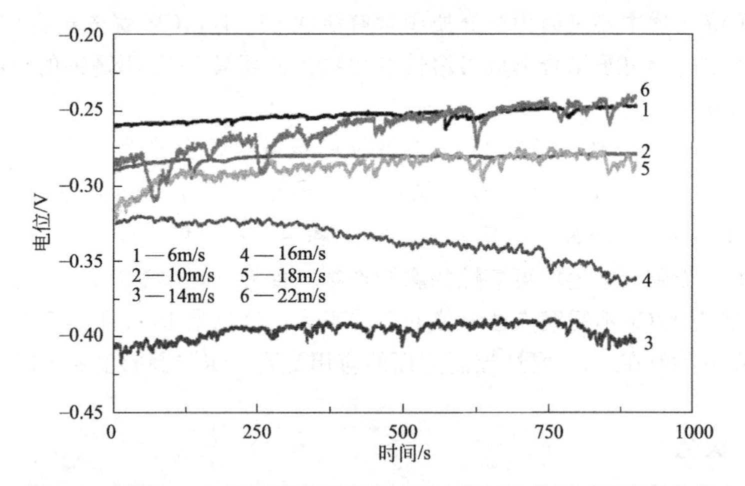

图 6-78 超级 13Cr 不锈钢在不同流速下自腐蚀电位随时间变化曲线

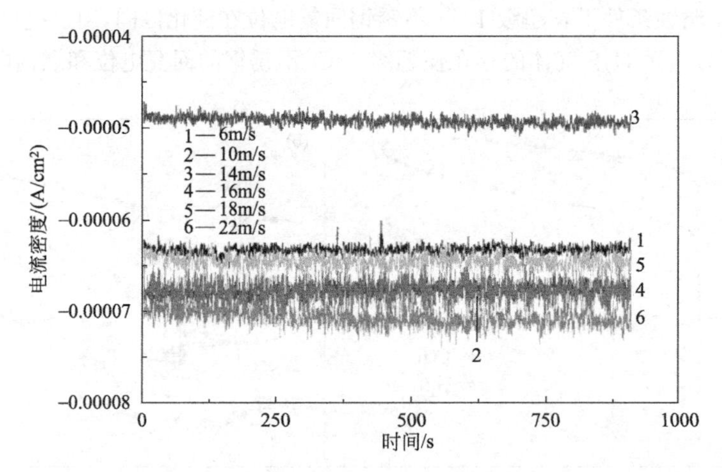

图 6-79 超级 13Cr 不锈钢在不同流速时腐蚀电流随时间变化曲线

图 6-79 为超级 13Cr 不锈钢在不同流速下腐蚀电流随时间变化的关系，和自腐蚀电位与时间变化相比，两者的变化趋势是不一样的。由图中腐蚀电流变化趋势可知，溶液流速为 14m/s，腐蚀电位最负时，腐蚀电流靠近阳极方向最大。图 6-80 为超级 13Cr 不锈钢在不同速度时的极化电位与极化电流变化的关系，由图可以清楚地看出，随着溶液流速的增大，超级 13Cr 不锈钢的腐蚀电流密度也在逐渐增大，腐蚀反应速率也随着变大。

在低流速下，超级 13Cr 不锈钢表面的钝化趋势不明显，但是由于溶液是流动的，此时超级 13Cr 不锈钢表面受到溶液的流体力学性质的影响，钢表面钝化膜与基体局部脱离，使新鲜基体暴露在腐蚀介质溶液中，在金属表面会发生局部点蚀。在图 6-80 中，随着 NaCl 溶液流速的增加，超级 13Cr 不锈钢阳极趋势逐渐表现为完全活化现象。在流速为 14m/s 时，超级 13Cr 不锈钢的腐蚀电流密度是最大的，说明了腐蚀反应速率在加快，此时的腐蚀由流体力学性质（流速、剪切应力、浓度）和电化学因素共同促进，使腐蚀最为严重。

在高流速下，流速的增加使金属表面的剪切应力变大，对钢的切削力变大，流体不断地冲击基体表面，使刚生成的腐蚀产物膜被冲刷掉，让新鲜的基体暴露在腐蚀介质中，溶液中的氧传递到金属表面并与其充分接触，促进化学反应的发生，加剧腐蚀。在流速为16m/s时，超级13Cr不锈钢的腐蚀电流密度在变小，此时阳极极化曲线表现出的钝化现象较为严重，说明此速度下超级13Cr不锈钢的腐蚀被抑制了。

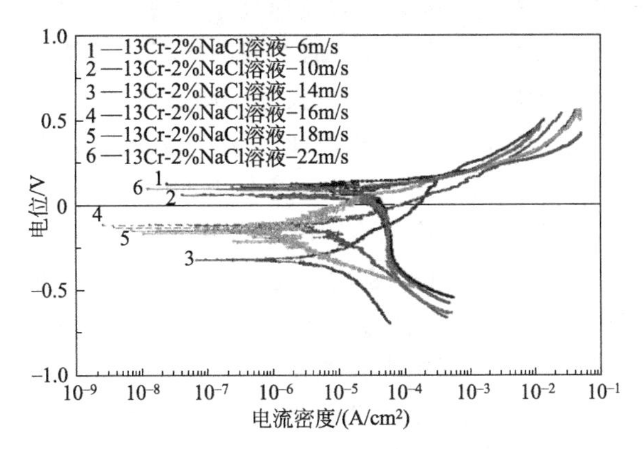

图6-80　超级13Cr不锈钢在不同流速下极化曲线的变化图

采用弱极化三参数法来计算不同流速下的腐蚀速率，如表6-31所示。

表6-31　超级13Cr不锈钢弱极化三参数法计算腐蚀速率

速度/(m/s)	b_a/(mV/dec)	b_c/(mV/dec)	i_0/(mA/cm^2)	C_R/(mm/a)	拟合精度
6	49.89	173.36	0.092	0.0859	0.97
10	60.12	108.92	0.108	0.0928	0.99
14	52.96	144.24	0.185	0.1752	0.95
16	130.70	29.88	0.163	0.1545	0.98
18	73.42	82.00	0.134	0.1251	0.96
22	62.46	102.00	0.113	0.1065	0.96

在介质高速流动下，流速对超级13Cr不锈钢的腐蚀速率影响很大。从图6-81数据变化的趋势可以看出，腐蚀速率随着流体速度的增加呈现一种先升后降的趋势。当流体速度在

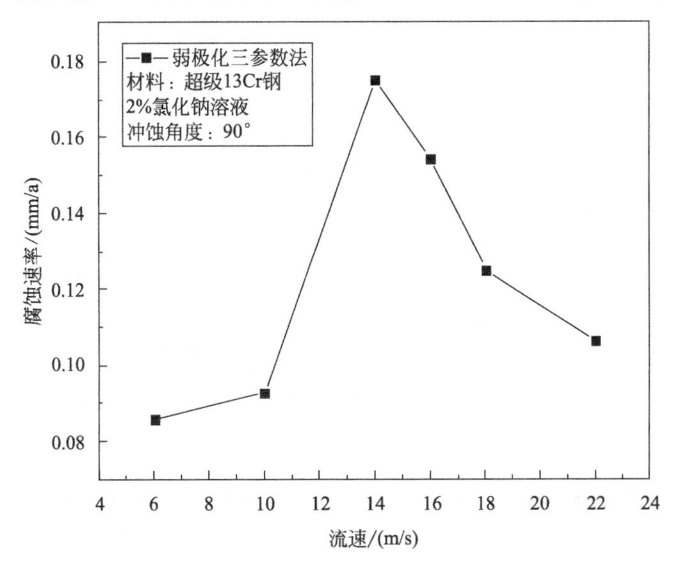

图6-81　流体速度对超级13Cr不锈钢腐蚀速率的影响

10～14m/s 区域内变化时，超级 13Cr 不锈钢的腐蚀速率变化很大，说明流速对材料表面的电化学反应有着一定的影响，高流速下，腐蚀溶液中的离子加速了电化学反应的进程。超级 13Cr 不锈钢在高流速 14m/s 下腐蚀速率是其在低流速 6m/s 下的 2.04 倍，超级 13Cr 不锈钢的腐蚀速率达到最大，为 0.1752mm/a。在流速为 14m/s 时，腐蚀系统内金属表面的电化学反应最剧烈，促进腐蚀的发生。随着介质流速高于此时的临界流速，超级 13Cr 不锈钢的腐蚀速率随之减小，钢表面上的化学反应没有之前的剧烈，有慢慢减弱的趋势。在流速为 22m/s 时，超级 13Cr 不锈钢的腐蚀速率是最低流速下腐蚀速率的 1.24 倍。

综上分析可知，当浓度为 2%（质量分数）时，高速流动状态下，超级 13Cr 不锈钢的腐蚀速率在 14m/s 流速下是最大的，此流速为该条件下的临界流速。

结合表 6-31 用电化学极化法计算出的腐蚀电流密度，和图 6-80 中试验测得腐蚀电流密度的变化可知，两种方法得到的腐蚀电流密度随着流速的增加具有相同的变化趋势。在低流速下，测出的腐蚀电流密度较小，当流速为 6m/s 时，电化学极化法计算出的电流密度为 $0.092mA/cm^2$。随着流速的增加，腐蚀电流密度也在增加，当流速为 4m/s 时，电流密度达到最大约为 $0.185mA/cm^2$，说明在开始时超级 13Cr 不锈钢表面形成一层钝化膜，所以腐蚀速率在开始时很小。但随着流速的增加，超级 13Cr 不锈钢钝化膜开始脱落，其基体容易发生腐蚀。在流速为 14m/s 时，腐蚀电流密度最大，这主要是由于 Cl^- 对钝化膜产生破坏，导致钝化膜稳定性变差，在机械冲刷作用下则失去保护作用。流速超过 14m/s 达到 16m/s、18m/s 时，腐蚀电流密度开始减小，这是因为超级 13Cr 不锈钢具有再钝化能力，新生成的钝化膜又开始保护基体，导致腐蚀速率开始降低。

6.12.2 电化学交流阻抗

在图 6-82 中可以看出，在不同流速下超级 13Cr 不锈钢的电化学阻抗谱中容抗弧呈现一种由大到小、再由小变大的趋势。在腐蚀介质流速较低时，超级 13Cr 不锈钢的阻抗谱中低频容抗弧半径是非常大的，高频感抗弧半径很小，几乎可以忽略，但是其容抗弧半径有明显的收缩现象，表明此时钢发生了腐蚀。

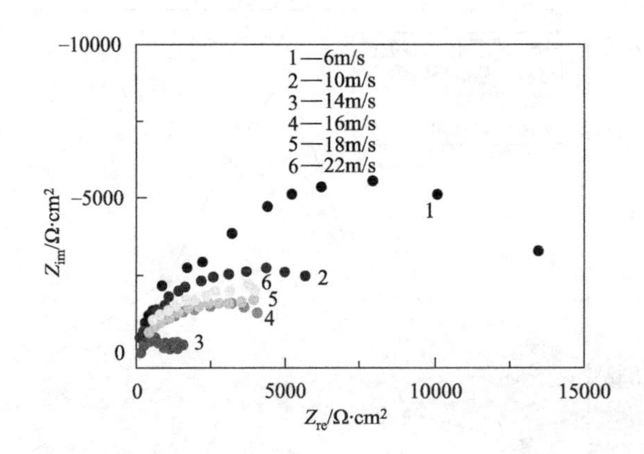

图 6-82 不同速度下超级 13Cr 不锈钢的电化学阻抗谱图

表 6-32 超级 13Cr 不锈钢电化学阻抗谱阻抗值拟合结果

速度/(m/s)	6	10	14	16	18	22
$R_p/(\Omega/cm^2)$	3538	2835	883.6	2095	2333	2542

表6-32中显示超级13Cr不锈钢电化学阻抗谱拟合电阻R_p，从拟合数据的变化可以看出，在流速为6m/s时，R_p为3538Ω；流速为10m/s时，R_p为2835Ω；流速为14m/s时，其R_p达到最小，为883.6Ω，说明此时钢表面最容易发生腐蚀；在流速为8m/s时，R_p为2333Ω。

在流动状态下，流速的变化引起溶液中分子的剧烈运动，此时溶液中离子的运动对流和扩散共同发生。一方面，流动状态的改变，使溶液发生了布朗运动，离子与金属表面碰撞次数加快，传质边界层膜减薄，离子可迅速穿过边界层，使得金属表面的反应进行得比较均匀，消耗的离子会快速地得到补充；另一方面，由于超级13Cr不锈钢中含有Cr、Ni元素，腐蚀介质先和Cr、Ni发生反应生成Cr_2O_3，形成较为致密的氧化膜，故与静态相比，动态R_p比静态R_p大。腐蚀介质流速的增大使得超级13Cr不锈钢阻抗谱图中的容抗弧半径变小，致使在电化学过程中材料表面的反应阻抗降低，促进电化学反应的进行，最终使得其腐蚀速率逐渐增大。

在腐蚀介质流速为14m/s时，容抗弧半径是最小的，并且在低频区域出现2个弧，即超级13Cr不锈钢的阻抗谱中有三个时间常数出现，此时，其反应的阻抗阻力是最小的，相应的其腐蚀反应速率是最快的。在流速为16m/s时，阻抗谱中阻抗弧有明显的变化趋势，中低频容抗弧半径变大，阻抗模值变大，反应阻力变大，腐蚀速率变小，这个结论与极化曲线测出的结果基本相同。可见，低流速可促进超级13Cr不锈钢表面电化学的反应进程；在临界流速为14m/s时，超级13Cr不锈钢的电化学反应最快，腐蚀最严重；而超过此临界流速时，较高流速对超级13Cr不锈钢的电化学反应有抑制作用，使其反应速率降低。

参考文献

[1] Taji I,Moayed M H,Mirjalili M. Correlation between sensitisation and pitting corrosion of AISI 403 martensitic stainless steel[J]. Corrosion Science,2015,92:301-308.

[2] Sidorin D,Pletcher D,Hedges B. The electrochemistry of 13% chromium stainless steel in oilfield brines[J]. Electrochimica Acta,2005,50(20):4109-4116.

[3] Lei X W,Feng Y R,Fu A Q,et al. Investigation of stress corrosion cracking behavior of super 13Cr tubing by full-scale tubular goods corrosion test system[J]. Engineering Failure Analysis,2015,50:62-70.

[4] Zhang J T,Bai Z Q,Zhao J,et al. The synthesis and evaluation of N-carbonyl piperazine as a hydrochloric acid corrosion inhibitor for high protective 13Cr steel in an oil field[J]. Petroleum Science and Technology,2012,30(17):1851-1861.

[5] Zhu S D,Wei J F,Cai R,et al. Corrosion failure analysis of high strength grade super 13Cr-110 tubing string[J]. Engineering Failure Analysis,2011,18(8):2222-2231.

[6] 赵密锋,付安庆,秦宏德,等．高温高压气井管柱腐蚀现状及未来研究展望[J]. 表面技术,2018,47(6):44-50.

[7] Li X P,Zhao Y,Qi W L,et al. Effect of extremely aggressive environment on the nature of corrosion scales of HP-13Cr stainless steel[J]. Applied Surface Science,2019,469:179-185.

[8] 王毅飞,谢发勤．超级13Cr油管钢在不同浓度Cl^-介质中的腐蚀行为[J]. 材料导报,2018,32(16):2847-2851.

[9] Lei X W,Feng Y R,Zhang J X,et al. Impact of reversed austenite on the pitting corrosion behavior of super 13Cr martensitic stainless steel[J]. Electrochimica Acta,2016,191:640-650.

[10] 杜楠,田文明,赵晴,等．304不锈钢在3.5%NaCl溶液中的点蚀动力学及机理[J]. 金属学报,2012,48(7):807-814.

[11] 石林,郑志军,高岩．不锈钢的点蚀机理及研究方法[J]. 材料导报,2015,29(23):79-85.

[12] Soltis J. Passivity breakdown,pit initiation and propagation of pits in metallic materials——review[J]. Corrosion Science,2015,90:5-22.

[13] 唐娴，张雷，王竹，等．SO_4^{2-} 对含 Cl^- 溶液中 316L 奥氏体不锈钢钝化行为及点蚀行为的影响[J]. 工程科学学报，2018，40(3)：366-372.

[14] 廖家兴，蒋益明，吴玮巍，等．含 Cl^- 溶液中 SO_4^{2-} 对 316 不锈钢临界点蚀温度的影响[J]. 金属学报，2006(11)：1187-1190.

[15] Zuo Y，Wang H T，Zhao J M，et al. The effects of some anions on metastable pitting of 316L stainless steel[J]. Corrosion Science，2002，44(1)：13-24.

[16] 王长罡，董俊华，柯伟，等．HCO_3^- 和 SO_4^{2-} 对 Cu 点蚀行为的影响[J]. 金属学报，2012，48(1)：85-93.

[17] 吕乃欣，刘开平，尹成先，等．HCO_3^- 对超级 13Cr 马氏体不锈钢钝化行为及点蚀行为的影响[J]. 表面技术，2018，48(5)：36-42.

[18] Kimura M，Tamari t，Shumamoto K. High Cr stainless steel OCTG with high strength and superior corrosion resistance[J]. JFE Technical Report，2006，7：7-13.

[19] 林冠发，宋文磊，王咏梅，等．两种 HP13Cr110 钢腐蚀性能对比研究[J]. 装备环境工程，2010，6(7)：183-189.

[20] 朱志平，左羡第，银朝晖．锌在模拟工业大气环境下的腐蚀行为研究[J]. 装备环境工程，2015，12(4)：1-5.

[21] 孙志华，高健，王强，等．Al-Cu-Mg 系铝合金耐环境腐蚀性能研究[J]. 装备环境工程，2015，12(4)：27-31.

[22] 侯健，张彭辉，程文华，等．热带海域不同海区环境因素差异及腐蚀性对比研究[J]. 装备环境工程，2015，12(4)：44-48.

[23] 董晓焕，赵国仙，冯耀荣，等．13Cr 不锈钢的 CO_2 腐蚀行为研究[J]. 石油矿场机械，2003，32(6)：2-3.

[24] 蔡文婷，赵国仙，赵大伟，等．超级 13Cr 不锈钢的钝化膜耐蚀性与半导体特性[J]. 北京科技大学学报，2011，33(10)：1226-1230.

[25] 刘艳朝，赵国仙，薛艳，等．超级 13Cr 钢在高温高压下的抗 CO_2 腐蚀性能[J]. 全面腐蚀控制，2011，25(11)：29-34.

[26] 韩燕，赵雪会，白真权，等．不同温度下超级 13Cr 在 Cl^-/CO_2 环境中的腐蚀行为[J]. 腐蚀与防护，2011，32(5)：366-369.

[27] Videm K，Dugstad A. Effect of flow velocity、pH、Fe^{2+} concentration and steel quality on the CO_2 corrosion of carbon steels[J]. Corrosion，1999，55：6745-6765.

[28] Asami K，Hashimoto K，Masumoto T，et al. ESCA study of the passive film on an extremely corrosion-resistant amorphous iron alloy[J]. Corrosion Science，1976，16(12)：909-914.

[29] 林玉华，杜荣归，胡融刚，等．不锈钢钝化膜耐蚀性与半导体特性的关联研究[J]. 物理化学学报，2005(7)：53-57.

[30] Olefjord I，Brox B. Passivity of Metals and Semiconductors[M]. Amsterdam：Elsevier Science Publishers，1983.

[31] 吕详鸿，赵国仙，张建兵，等．超级 13Cr 马氏体不锈钢在 CO_2 及 H_2S/CO_2 环境中的腐蚀行为[J]. 北京科技大学学报，2010，32(2)：207-212.

[32] Ardjan K，Lucrezia S. Selecting materials for an offshore development characterized by sour and high salinity environment[C]//Corrosion. Houston：NACE，2003.

[33] Asahi H，Hara T，Kawakami A，et al. Development of sour resistant modified 13Cr OCTG[C]// Corrosion. Houston：NACE，1995.

[34] De Waard C，Lotz U，Dugstad A. Influence of liquid flow velocity on CO_2 corrosion：A Semi-empirical Model[C]//Corrosion. Houston：NACE，1995.

[35] 李琼玮，奚运涛，董晓焕，等．超级 13Cr 油套管在含 H_2S 气井环境下的腐蚀试验[J]. 天然气工业，2012，32(12)：106-109.

[36] 冯桓榰，邢希金，谢仁军，等．高 CO_2 分压环境超级 13Cr 的腐蚀行为[J]. 表面技术，2016，45(5)：72-78.

[37] 王峰，韦春艳，黄天杰，等．H_2S 分压对 13Cr 不锈钢在 CO_2 注气井环空环境中应力腐蚀行为的影响[J]. 中国腐蚀与防护学报，2014，34：46-52.

[38] 李自力，程远鹏，毕海胜，等．油气田 CO_2/H_2S 共存腐蚀与缓蚀技术研究进展[J]. 化工学报，2014，65(2)：406-414.

[39] 赵永峰，王吉连，左禹，等．在含 CO_2/H_2S 介质中油气田用钢的腐蚀研究进展[J]. 石油化工腐蚀与防护，2010，27(1)：1-7.

[40] 胥聪敏．典型石化设备局部腐蚀特征及腐蚀机理研究[D]. 西安：西安交通大学，2007.

[41] 李雪莹，范春华，吴钱林，等．酸性溶液中 Cl^- 含量和温度对 PH13-8Mo 腐蚀行为的影响[J]. 材料科学与工艺，2017，25(6)：89-96.

[42] 李洋,李承媛,陈旭,等．超级13Cr不锈钢在海洋油气田环境中腐蚀行为灰关联分析[J]. 中国腐蚀与防护学报,2018,38(5):471-477.

[43] Peng S P,Fu J T,Zhang J C. Borehole casing failure analysis in unconsolidated formations:A case study [J]. Journal of Petroleum Science and Engineering,2007,59(3-4):226-238.

[44] 王峰．油套管特殊螺纹接头的研制与应用[J]. 石油矿场机械,2004,33(2):85-87.

[45] 石晓兵,陈平,聂荣国,等．高压对气井套管接头螺纹接触应力的影响研究[J]. 石油机械,2006,34(6):32-34.

[46] Gutaman E M. 金属力学化学与腐蚀防护[M]. 北京:科学出版社,1989:44.

[47] 邵荣宽．弹性变形金属的力学化学效应与腐蚀过程相关性的研究[J]. 中国民航学院学报,1997,15(1):67-73.

[48] 尹成先,王新虎,赵雪会,等．压应力对HP13Cr油管钢的电化学腐蚀性能的影响[J]. 材料保护,2014,47(9):29-32.

[49] 姜雯,赵昆渝,业冬,等．热处理工艺对超级马氏体钢逆变奥氏体的影响[J]. 钢铁,2015,50(2):70-77.

[50] 秦丽雁,宋诗哲,张寿禄．光亮退火处理304不锈钢在NaCl溶液中的耐蚀性[J]. 材料热处理学报,2006,27(2):98-102.

[51] 杨世伟,夏德贵,杨晓,等．调整处理对17-4PH不锈钢耐海水腐蚀性能的影响[J]. 材料热处理学报,2007,28(S):184-187.

[52] 徐军,李俊,姜雯,等．热处理对超级马氏体不锈钢腐蚀性能的影响[J]. 材料热处理学报,2012,33(3):73-77.

[53] Abelev E,Sellberg J,Ramanarayanan T A,et al. Effect of H_2S on Fe corrosion in CO_2-saturated brine[J]. Journal of Materials Science,2009,44(22):6167-6181.

[54] Li W F,Zhou Y J,Xue Y. Corrosion behavior of 110S tube steel in environments of high H_2S and CO_2 content[J]. Journal of Iron and Steel Research,2012,19(12):59-65.

[55] Ma H Y,Cheng X L,Li G Q,et al. The influence of hydrogen sulfide on corrosion of iron under different conditions [J]. Corrosion Science,2000,42(10):1669-1683.

[56] Kimura M,Miyata Y,Sakata K,et al. Corrosion resistance of martensitic stainless steel OCTG in high temperature and high CO_2[C]// Corrosion 2004,NACE,Tx,Paper No. 04118.

[57] 古特曼 3 M. 金属力学化学与腐蚀防护[M]. 北京:科学出版社,1989.

[58] Despic A R,Raicheff R G,Bockris J O M. Mechanism of the acceleration of the electronic dissolution of metals during yielding under stress[J]. Journal Of Physical Chemistry,1968,49(2):926-938.

[59] 孙建波,柳伟,路民旭．塑性变形条件下16MnR钢的CO_2腐蚀电化学行为[J]. 材料工程,2009(01):59-63.

[60] Kim K M,Park J H,Kim H S,et al. Effect of plastic deformation on the corrosion resistance of ferritic stainless steel as a bipolar plate for polymer electrolyte membrane fuel cells[J]. International Journal of Hydrogen Energy,2012,37(10):8459-8464.

[61] Jafari E. Corrosion behaviors of two types of commercial stainless steel after plastic deformation[J]. Journal of Materials Science & Technology,2010,26(9):833-838.

[62] 张慧娟,赵密峰,张雷,等．外加拉应力对13Cr马氏体不锈钢的腐蚀行为影响[J]. 工程科学学报,2019,41(5):618-624.

[63] Rogne T M,Drugli J,Knudsen O O,et al. Corrosion performance of 13Cr stainless steels[C]// Corrosion`2000, Paper No. 00152.

[64] 曹楚南．腐蚀电化学原理[M]. 北京:化学工业出版社,2003:276-305.

[65] 王佳,曹楚南,林海潮．孔蚀发展期的电极阻抗频谱特征[J]. 中国腐蚀与防护学报,1989,9(4):271-278.

[66] Macdonald D D. Passivity-the key to our metalsbased civilization[J]. Pure and Applied Chemistry,1999,71(6):951-978.

[67] Macdonald D D. Theoretical investigation of the evolution of the passive state on alloy 22in acidified,saturated brine under open circuit conditions[J]. Electrochimica Acta,2011,56(21):7411-7420.

[68] Zhu S D,Fu A Q,Miao J,et al. Corrosion of N80 carbon steel in oil field formation water containing CO_2 in the absence and presence of acetic acid[J]. Corrosion Science,2011,53(10):3156-3165.

[69] Li D G,Wang J D,Chen D R,et al. Influences of pH value,temperature,chloride ions and sulfide ions on the corrosion behaviors of 316L stainless steel in the simulated cathodic environment of proton exchange membrane fuel cell[J]. Journal of Power Sources,2014,272:448-456.

[70] Cheng Y F,Yang C,Luo J L. Determination of the diffusivity of point defects in passive films on carbon steel[J]. Thin Solid Films,2002,416(1):169-173.

[71] 李党国,陈大融,冯耀荣,等.22Cr双相不锈钢钝化膜组成及其半导体性能研究[J].化学学报,2008,66(21):2329-2335.

[72] Xia D H,Fan H Q,Yang L X,et al. Semiconductivity conversion of passive films on alloy 800in chloride solutions containing various concentrations of thiosulfate [J]. Journal of the Electrochemical Society,2015,162(9):C482-C486.

[73] Sharifi-Asl S,Mao F,Lu P,et al. Exploration of the effect of chloride ion concentration and temperature on pitting corrosion of carbon steel in saturated $Ca(OH)_2$ solution[J]. Corrosion Science,2015,98:708-715.

[74] Lyon S. Materials science:A natural solution to corrosion[J]. Nature,2004,427:406-407.

[75] Sun Y. Corrosion behaviour of low temperature plasma carburised 316L stainless steel in chloride containing solutions [J]. Corrosion Science,2010,52(8):2661-2670.

[76] Zou D N, Liu R, Li J, et al. Corrosion resistance and semiconducting properties of passive films formed on 00Cr13Ni5Mo2 supermartensitic stainless steel in Cl^- environment[J]. Journal of Iron and Steel Research, International,2014,21(6):630-636.

[77] Marconnet C,Wouters Y,Miserque F,et al. Chemical composition and electronic structure of the passive layer formed on stainless steels in a glucose-oxidase solution[J]. Electrochimica Acta,2008,54(1):123-132.

[78] Fattah-alhosseini A,Golozar M A,Saatchi A,et al. Effect of solution concentration on semiconducting properties of passive films formed on austenitic stainless steels[J]. Corrosion Science,2010,52(1):205-209.

[79] Jang H J,Kwon H S. In situ study on the effects of Ni and Mo on the passive film formed on Fe-20Cr alloys by photoelectrochemical and Mott-Schottky techniques[J]. Journal of Electroanalytical Chemistry,2006,590(2):120-125.

[80] Taveira L V,Montemor M F,Da Cunha Belo M,et al. Influence of incorporated Mo and Nb on the Mott-Schottky behaviour of anodic films formed on AISI 304L[J]. Corrosion Science,2010,52(9):2813-2818.

[81] Macdonald D D,Urquidi-Macdonald M. Theory of steady-state passive films[J]. Journal of Electrochemical Society, 1990,137(8):2395-2402.

[82] Macdonald D D,Heaney D F. Effect of variable intensity ultraviolet radiation on passivity breakdown of AISI Type 304 stainless steel[J]. Corrosion Science,2000,42(10):1779-1799.

[83] Macdonald D D,Sikora E,Balmas M W,et al. The photo-inhibition of localized corrosion on stainless steel in neutral chloride solution[J]. Corrosion Science,1995,38(1):97-103.

[84] Amri J,Souier T,Malki B,et al. Effect of the final annealing of cold rolled stainless steels sheets on the electronic properties and pit nucleation resistance of passive films[J]. Corrosion Science,2008,50(2):431-435.

[85] da Cunha Belo M,Rondot B,Compere C. Chemical composition and semiconducting behaviour of stainless steel passive films in contact with artificial seawater[J]. Corrosion Science,1998,40(2-3):481-494.

[86] Montemor M F,Simes A M P,Ferreira M G S,et al. The role of Mo in the chemical composition and semiconductive behaviour of oxide films formed on stainless steels[J]. Corrosion Science 1999,41(1):17-34.

[87] 葛红花,周国定,吴文权.316不锈钢在模拟冷却水中的钝化模型[J].中国腐蚀与防护学报,2004,24(2):65-70.

[88] 曹楚南,王佳,林海潮.氯离子对钝态金属电极阻抗频谱的影响[J].中国腐蚀与防护学报,1989,9(4):261-270.

[89] 张威,王铎.超级马氏体不锈钢Super 13Cr在模拟地层水环境中的腐蚀行为[J].腐蚀与防护,2013,34(8):702-705.

[90] 刘玉荣,业冬,徐军,等.13Cr超级马氏体不锈钢的组织[J].材料热处理学报,2011,32(12):66-71.

[91] Asahi H,Hara T,Kawakami A,et al. Development of sour resistant modified 13Cr OCTG[C]//Corrosion/95,paper No. 179. Houston:NACE,1995.

[92] Toshiyuki S,Hiroshi H,Yasuyoushi T,et al. Corrosion experience of 13% Cr steel tubing and laboratory evaluation of Super 13% steel in sweet environments containing acetic acid and trace amounts of H_2S[C]// Corrosion/2009,Paper No. 09568. Atlanta:NACE,2009.

[93] Ernst P, Newman R C. The mechanism of lacy cover formation in pitting[J]. Corrosion Science, 1997, 39(6): 1133-1136.

[94] 张汉茹,郝远.AZ91D镁合金在含Cl^-溶液中腐蚀机理的研究[J].铸造设备研究,2007(3):19-24.

[95] 马燕.超级13Cr不锈钢在CO_2环境下的腐蚀机理研究[D].西安:西安石油大学,2014.

[96] 张吉鼎．流体流动特性对金属表面电化学反应过程的影响[D]. 西安:西安石油大学,2018.

[97] 郑伟,白真权,赵雪会,等．温度对超级 13Cr 油套管钢在 NaCl 溶液中腐蚀行为的影响[J]. 热加工工艺,2015,44(6):38-40.

[98] 郑伟．油田复杂环境超级 13Cr 油套管钢 CO_2 腐蚀行为研究[D]. 西安:西安石油大学,2015.

[99] 李谋成,曾潮流,林海潮,等．不锈钢在含 SO_4^{2-} 稀 HCl 中的电化学腐蚀行为[J]. 腐蚀科学与防护技术,2002,14(3):132-135.

[100] LEE J,KIM S. Semiconducting properties of passive films formed on Fe-Cr alloys using capacitiance measurements and cyclic voltammetry techniques[J]. Materials Chemistry and physics,2007,104(1):98-104.

[101] Niu L B,Nakada K. Effect of chloride and sulfate ions in simulated boiler water on pitting corrosion behavior of 13Cr steel[J]. Corrosion Science,2015,96:171-177.

[102] Ahn S J,Kwon H S,Macdonald D D. Role of chloride ion in passivity breakdown on iron and nickel[J]. Journal of the Electrochemical Society,2005,152(11):B482-B490.

[103] Burstein G T,Liu C,Souto R M,et al. Origins of pitting corrosion[J]. British Corrosion Journal,2004,39(1):25-30.

[104] Mohammadi F,Nickchi T,Attar M M,et al. EIS study of potentiostatically formed passive film on 304 stainless steel [J]. Electrochimica Acta,2011,56(24):8727-8733.

[105] Yue Y Y,Liu C J,Shi P Y,et al. Passivity of stainless steel in sulphuric acid under chemical oxidation[J]. Corrosion Engineering Science and Technology,2017,53(3):173-182.

[106] KIM Y J,OH S,AHN S J,et al. Electrochemical analysis on the potential decay behavior of Fe-20Cr stainless steels in sulfuric acid solution[J]. Electrochimica Acta,2018,266:1-6.

[107] Qiao Y X,Zheng Y G,Ke W,et al. Electrochemical behaviour of high nitrogen stainless steel in acidic solutions[J]. Corrosion science,2009,51(5):979-986.

[108] Sikora E,Macdonald D D. Nature of the passive film on nickel[J]. Electrochimica Acta,2002,48(1):69-77.

[109] Antunes R A,De Oliveira M C L,Costa I. Study of the correlation between corrosion resistance and semi-conducting properties of the passive film of AISI 316L stainless steel in physiological solution[J]. Materials and Corrosion,2015,63(7):586-592.

[110] 闫康平,陈匡民．过程装备腐蚀与防护[M]. 二版．北京:化学工业出版社,2010:18-35.

[111] 王建才．外加电位对金属材料腐蚀速率的影响[J]. 轻工科技,2015,(3):24-25.

[112] 刘小燕．油井管材料流体诱导腐蚀研究[D]. 西安:西安石油大学,2013.

[113] 张忠烨,郭金宝．CO_2 对油气管材的腐蚀规律及国内外研究进展[J]. 宝钢技术,2000(4):54-58.

[114] 张宏,赵玉龙,蒋庄德．氯离子对石油测井仪器用超级 13Cr 不锈钢点损伤行为的影响[J]. 西安石油大学学报(自然科学版),2006,20(2):62-65.

[115] 田伟．G3 镍基合金 H_2S/CO_2 腐蚀及表面膜电化学行为研究[D]. 西安:西北工业大学,2012.

[116] Hakiki N B,Boudin S,Rondot B,et al. The electronic structure of passive films formed on stainless steels[J]. Corrosion Science,1995,37(11):1809-1816.

[117] Valeria A A,Brett M A. Characterization of passive film formed on mild carbon steel in bicarbonate solution by EIS [J]. Electrochi Acta,2002,47:2081-2087.

[118] 姚小飞,谢发勤,王毅飞．pH 值对超级 13Cr 钢在 NaCl 溶液中腐蚀行为与腐蚀膜特性的影响[J]. 材料工程,2014,42(3):83-89.

[119] 蔡文婷,赵国仙,魏爱玲．超级 13Cr 与镍基合金 UNS N08028 钝化膜耐蚀性研究[J]. 石油化工应用,2012,30(2):9-23.

[120] 张春霞,张忠桦．G3 镍基合金钝化膜的耐蚀性研究[J]. 宝钢技术,2008,5:35-35.

[121] Macdonald D D,Urquidi M M. Theory of steady-state passive films [J]. Journal of Electrochemical Society,1990,137(8):2395-2401.

[122] 姚小飞,田伟,谢发勤．超级 13Cr 油管钢在含 Cl^- 溶液中的腐蚀行为及其表面腐蚀膜的电化学特性[J]. 机械工程材料,2019,43(5):12-16.

[123] 姚小飞,谢发勤,吴向清,等．超级 13Cr 钢在不同温度 NaCl 溶液中的膜层电特性与腐蚀行为[J]. 中国表面工程,2012,25(5):73-78.

[124] 刘道新．材料的腐蚀与防护[M]. 西安：西北工业大学出版社，2006：15-18.

[125] 姚小飞，田伟，谢发勤，等．超级13Cr和P110油管钢在NaCl溶液中电偶腐蚀行为的研究[J]. 材料导报，2017，31(6)：166-169.

[126] TSAI W T，CHEN M S. Stress corrosion cracking behavior of 2205 duplex stainless steel in concentrated NaCl solution[J]. Corrosion Science，2000，42(3)：545-559.

[127] 牛坤．超级13Cr不锈钢在油气田环境中的耐蚀性研究[D]. 西安：西安石油大学，2012.

[128] 吕祥鸿，赵国仙，杨延清，等．13Cr钢高温高压 CO_2 腐蚀电化学特性研究[J]. 材料工程，2004(10)：16-20.

[129] 曹楚南，张鉴清．电化学阻抗谱导论[M]. 北京：科学出版社，2002：166-190.

[130] 陈长风，路民旭，赵国仙，等．腐蚀产物膜覆盖条件下油套管钢 CO_2 腐蚀电化学特征[[J]. 中国腐蚀与防护学报，2003，23(3)：139-141.

[131] 曾潮流，王文，吴维．熔融盐热腐蚀的电化学阻抗模型[J]. 金属学报，1999，35(7)：751-754.

[132] Bard A J，Faulker L R. 电化学方法原理及应用[M]. 古林英，吕祥洪，宋诗哲，等译．北京：化学工业出版社，1986：377.

[133] 蔡文婷．HP13Cr不锈钢油管材料在高含氯离子环境中的抗腐蚀性能[D]. 西安：西安石油大学，2011.

[134] 赵朴．钼在不锈钢中的应用[J]. 中国钼业，2004，28(5)：5-7.

[135] 寇杰，梁法春，陈婧．油气管道腐蚀与防护[M]. 北京：中国石化出版社，2008：12.

[136] 张艳飞，陈旭，何川，等．原油性质对16Mn钢腐蚀行为影响灰关联分析[J]. 中国腐蚀与防护学报，2015，35(1)：43-48.

[137] 朱明，余勇，张慧慧．L245钢在不同温度下的油气田模拟水中的腐蚀行为研究[J]. 中国腐蚀与防护学报，2017，37(3)：300-304.

[138] Liu R K，Li J K，Liu Z Y，et al. Effect of pH and H_2S concentration on sulfide stress corrosion cracking(SSCC) of API 2205 duplex stainless steel [J]. International Journal of Materials Research，2015，106(6)：608-613.

[139] 施宜君，邵春宇，李莹莹，等．温度对钢材在高硫高酸值原油中腐蚀行为的影响[J]. 热加工工艺，2014，43(2)：16-20.

[140] 李亚峰，陶翠翠，林长宇，等．改进层次分析法在给水管道腐蚀速率预测中的应用[J]. 沈阳建筑大学学报(自然科学版)，2010，26：729-733.

第7章 其他条件下的电化学腐蚀

7.1 绪言

随着能源需求增大，油气生产厂家开始转向开发腐蚀环境较为恶劣的石油和天然气，传统的油气管材已经无法达到油气田对其耐蚀性能的要求，导致管材服役时间短，造成巨大的经济损失，因此需开发经济型耐蚀材料。在13Cr马氏体不锈钢中添加Ni和Mo，可使其在CO_2环境中拥有优良的抗点蚀和抗均匀腐蚀性能，被称为超级马氏体不锈钢（Super 13Cr）。但是，由于对钢综合性能提出了更高的要求（强度、韧性、耐蚀性能等），在钢的热处理过程中经常出现强度不达标、质量不稳定等现象。

相对于陆地油气田而言，在海洋油气田环境下服役的金属材料因所处环境中存在大量的Cl^-、CO_2以及硫化物，形成高压、低pH值、高矿化度环境，更容易引起金属材料的腐蚀失效。此外，石油天然气在采、输过程中，流动会导致侵蚀性介质在管道腐蚀缺陷处聚集，因而诱发严重的局部腐蚀，加速应力腐蚀开裂（SCC）、硫化物应力腐蚀开裂（SSCC）、均匀腐蚀、点蚀、垢下腐蚀以及CO_2/H_2S环境诱发的冲刷腐蚀的形成。鉴于如此苛刻的服役环境，传统马氏体不锈钢的劣势逐渐凸显出来，以超级13Cr不锈钢为代表的新型马氏体不锈钢被广泛应用于海洋油气田中。这种不锈钢采取超低碳设计并加入Ni、Mo、Cu等合金元素，使得该种材料具有良好的耐点蚀和抗应力腐蚀性能，同时兼具一定的耐SSCC的能力。

同时，为减缓超级13Cr不锈钢在多种环境或条件下的腐蚀，通常在其服役介质中添加一定量的缓蚀剂，防止或减缓介质对超级13Cr不锈钢的侵蚀，延长其使用寿命。缓蚀剂技术因其具有良好的效果和较高的经济效益，已成为防腐蚀技术中应用最广泛的方法之一。

7.2 热处理后的电化学腐蚀特征

7.2.1 正火

00Cr13Ni5Mo2Nb和00Cr13Ni5Mo2两钢正火状态的点蚀电位最高，耐点蚀性能最佳，对其1050℃正火后进行动电位循环阳极极化扫描，如图7-1所示。可见，随正火温度的升高，两钢都呈现出点蚀电位逐渐降低的趋势。00Cr13Ni5Mo2Nb钢表现出较00Cr13Ni5Mo2钢更优良的耐点蚀性能，逆变奥氏体的析出促使点蚀抗力退化。

在正火状态下，00Cr13Ni5Mo2Nb钢的点蚀电位（272.3mV）比00Cr13Ni5Mo2钢的

点蚀电位（284.9mV）略低。正火状态下两钢均为板条马氏体组织，合金元素固溶在基体中，仅有极少量沉淀物析出，由于 00Cr13Ni5Mo2Nb 钢中的 Cr 当量较 00Cr13Ni5Mo2 高，从金相及电镜形貌中观察到小于 1%的 δ-铁素体在板条马氏体晶界处析出，这少量的 δ-铁素体也许正是 00Cr13Ni5Mo2Nb 钢的点蚀电位比 00Cr13Ni5Mo2 钢的点蚀电位略低的原因。

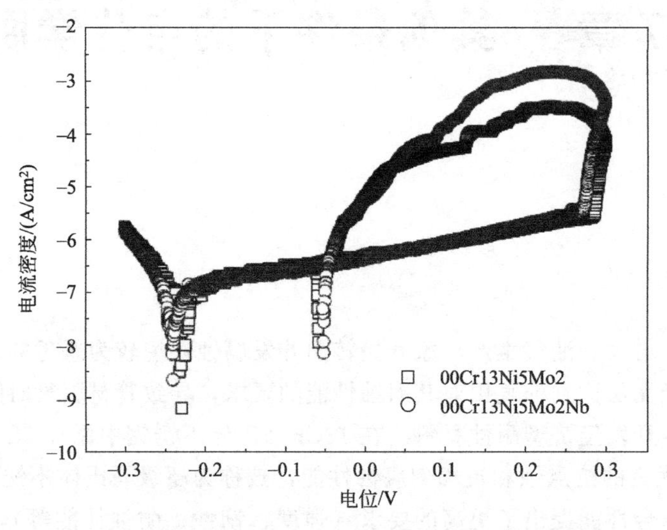

图 7-1　两钢 1050℃正火后的动电位循环阳极极化曲线

图 7-2 为 5 种不锈钢经 873K（600℃）正火后在 3.5%（质量分数，下同）NaCl 溶液中所测得的阳极极化曲线，表 7-1 为相对应的点蚀电位。可见，点蚀电位较高的钢具有较好的耐蚀性。与工业用 1MoNbVN 钢相比，将 N 含量降低到 0.01%显著提高了 1Mo 钢的抗点蚀能力，而加入 0.1%Nb 则使 1MoNb 钢的抗点蚀能力更大。根据 Gestel 和 Nakmichi 等对超级马氏体不锈钢的研究，提出在富铬析出物附近，铬碳化物沿原始奥氏体晶界析出导致了晶界应力腐蚀开裂。因此，抗点蚀能力差的工业用 1MoNbVN 钢应该与其富 Cr 沉积物附近贫 Cr 有关，特别是那些发生在沿原始奥氏体晶界和马氏体板条边界处的析出，这是由于过量 N 所致，这一假设需要未来的原子探针测试验证。将 N 含量降低至 0.01%并添加 0.01%Nb 会减少富 Cr 沉淀物的析出，随着 Nb 优先与残余 C 和 N 结合形成碳氮化物，避免造成 Cr 形成 Cr_2N、$Cr_{23}C_6$ 而损耗，从而改善了点蚀阻抗能力。众所周知，Mo 能有效地提高不锈钢的耐局部腐蚀性能。这也在目前的研究中得到证实，添加 2%Mo 可以显著提高超级马氏体不锈钢的耐点蚀性。在含 2%Mo 钢中加入 0.1%Nb，其抗点蚀性能明显优于在 1%Mo 钢中加入 0.1%Nb 所获得的抗点蚀性能。所涉及的机理仍被认为是 Nb 抑制富铬、富钼析出物形成的作用。

表 7-1　两钢在室温下 3.5%NaCl 溶液中的点蚀电位

参数	2Mo 钢	2MoNb 钢
点蚀电位/mV	180	264

7.2.2　回火

图 7-3 为 00Cr13Ni5Mo2Nb 和 00Cr13Ni5Mo2 两钢经过不同温度回火后的动电位循环阳极极化曲线，可见，00Cr13Ni5Mo2Nb 钢表现出比 00Cr13Ni5Mo2 钢更高的点蚀电位、更高

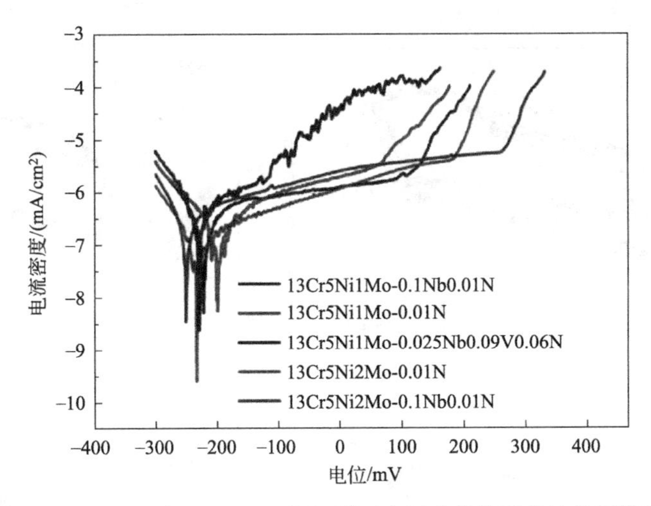

图 7-2 N、Nb 对 873K（600℃）下正火回火钢的耐点蚀性能影响

的点蚀抗力。与正火后的点蚀电位比较，550℃回火后两钢点蚀电位均出现不同程度的下降，不同之处在于 00Cr13Ni5Mo2 钢点蚀电位下降大约 40mV，00Cr13Ni5Mo2Nb 钢几乎没有下降。透射电镜观察 00Cr13Ni5Mo2 钢在板条边界或原始奥氏体晶界处析出颗粒状沉淀物，在 00Cr13Ni5Mo2Nb 钢中沉淀物发现较少。碳膜复型萃取 00Cr13Ni5Mo2 钢后经 EDS 分析，沉淀物颗粒成分中出现 Cr 和 Mo，由于在晶界处析出富含 Cr、Mo 的沉淀，在晶界附近区域必然造成 Cr、Mo 的贫乏，降低了钢的抗点蚀性能。

当回火温度从 550℃升高到 575℃，两钢的点蚀电位都有微小的下降，下降量不超过 20mV，00Cr13Ni5Mo2Nb 钢的点蚀电位仍然比 00Cr13Ni5Mo2 钢的高。575℃回火与 550℃回火相比，两钢抗点蚀性能表现出很温和的下降。在 600℃回火时，两钢的点蚀电位都出现大幅度的下降，下降量大约为 50mV。相比之前的回火温度，在 600℃回火下降幅度是比较大的。从曲线看，尽管 00Cr13Ni5Mo2Nb 钢点蚀电位出现了下降，但是 00Cr13Ni5Mo2Nb 钢的点蚀电位仍然比 00Cr13Ni5Mo2 钢的高。当回火温度从 600℃升高到 625℃，两钢的点蚀电位都有小幅度的下降，两钢点蚀电位从高到低的次序依然没有发生变化。其中，只有 00Cr13Ni5Mo2 钢的点蚀电位降幅比较明显（约 30mV），00Cr13Ni5Mo2Nb 钢的点蚀电位下降不明显。00Cr13Ni5Mo2 钢经 650℃回火后的点蚀电位较 625℃回火的基本保持不变，而 00Cr13Ni5Mo2Nb 钢的点蚀电位却出现大幅度的降低（下降约 80mV），00Cr13Ni5Mo2Nb 钢 650℃回火后点蚀抗性出现较大降幅的原因，必然与在 650℃回火过程中析出的逆变奥氏体相关。700℃回火后 00Cr13Ni5Mo2 钢的点蚀电位达到所有回火热处理工艺的最低值，00Cr13Ni5Mo2Nb 钢点蚀电位较 650℃的有小幅度的上升。

两钢的点蚀电位随着热处理条件变化的曲线如图 7-4 所示。可以看出两钢的点蚀电位存在明显的差异，虽然两钢的点蚀电位随热处理条件变化的情况有所不同，但是在相同的处理制度下除 650℃回火 00Crl3Ni5Mo2Nb 钢的点蚀电位低于 00Cr13Ni5Mo2 钢的，其余回火温度下 00Cr13Ni5Mo2Nb 钢的点蚀电位都要高于 00Cr13Ni5Mo2 钢的。随回火温度的升高，两钢都呈现出点蚀电位随温度逐渐降低的趋势。两钢正火状态的点蚀电位最高，耐点蚀性能最佳，这说明组织中相种类少、成分均匀，可降低相邻晶粒及晶粒内部之间的电位差，对耐蚀性能有利。00Cr13Ni5Mo2Nb 钢析出少量的 δ-铁素体也许能解释点蚀电位出现降低这一现象。当正火态试样回火以后，两钢的点蚀电位总体上都出现降低，说明回火转变破坏了耐

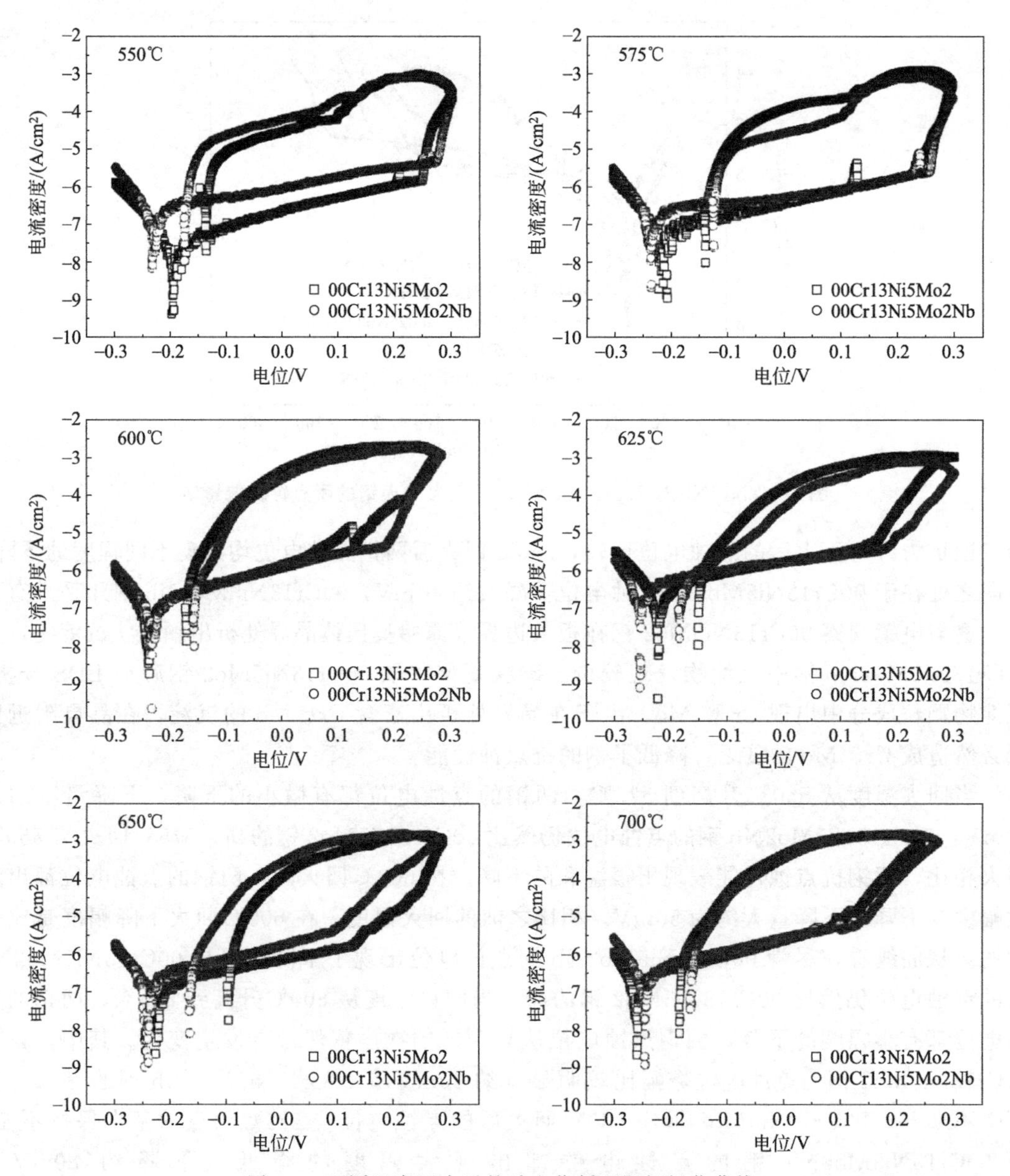

图 7-3　不同温度回火后的动电位循环阳极极化曲线

点蚀性能。从图中可以看出两钢的点蚀电位的下降程度是有区别的：00Cr13Ni5Mo2 钢经 550℃回火后的点蚀电位降低接近 40mV，00Cr13Ni5Mo2Nb 钢经回火后的点蚀电位几乎没有下降，与正火态基本持平；在 575～625℃ 温度范围内回火，很清晰地显示了 00Cr13Ni5Mo2 钢较 00Cr13Ni5Mo2Nb 钢的点蚀电位更为急剧的降低；650℃回火，两钢变化情况出现截然不同的变化，00Cr13Ni5Mo2Nb 钢的点蚀电位出现较大幅度的降低，降低约 80mV，而 00Cr13Ni5Mo2 钢的点蚀电位出现小幅度升高；700℃回火 00Cr13Ni5Mo2Nb 钢的点蚀电位较 650℃的点蚀电位最低值高 30mV，而 00Cr13Ni5Mo2 钢经 700℃回火后的点蚀电位进一步降低。

雷晓维等研究发现，随着回火温度的升高，腐蚀电流密度升高，自腐蚀电位降低，试样的耐蚀性能降低。但是，650℃试样不符合这一规律，其腐蚀电流密度明显低于其他试样，且自腐蚀电位最正。这说明，组织中存在逆变奥氏体，使其耐腐蚀性能有了明显的提高。逆变奥氏体之所以能提高超级13Cr不锈钢的耐蚀性能，可能与马氏体板条界处的奥氏体改变了界面附近碳化物析出及元素的分布有关。

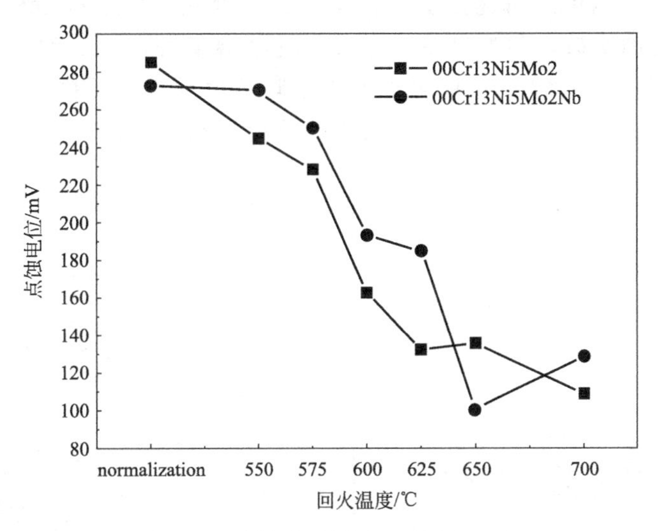

图7-4　不同热处理条件下的点蚀电位

7.3　海洋油气田环境中的电化学腐蚀特征

7.3.1　腐蚀因素灰关联

7.3.1.1　海洋环境腐蚀行为

海洋油气田环境中容易诱发点蚀和均匀腐蚀的环境因素主要有4种：Cl^-浓度、S^{2-}浓度、pH值以及温度。图7-5为不同环境因素下超级13Cr不锈钢的动电位极化曲线。其中，图7-5（a）为超级13Cr不锈钢在不同浓度Cl^-溶液中的动电位极化曲线。由图可知，超级13Cr不锈钢随着Cl^-浓度增加，极化曲线右移，腐蚀电流密度增加，钝化区间明显缩短。当Cl^-浓度达到1.4mol/L时，钝化区间消失。这说明Cl^-浓度的增加能降低钝化膜对超级13Cr不锈钢的保护性。

图7-5（b）为超级13Cr不锈钢在不同浓度S^{2-}条件下的动电位极化曲线。由图可知，S^{2-}浓度为0.05mol/L时，超级13Cr不锈钢的腐蚀速率出现极大值。当溶液中S^{2-}浓度小于0.05mol/L时，超级13Cr不锈钢有明显的钝化区间，且随着S^{2-}浓度的升高，腐蚀电流密度i_{corr}逐渐增加，表明此时S^{2-}浓度与腐蚀速率呈正相关关系。当S^{2-}浓度大于0.05mol/L时，极化曲线左移，i_{corr}逐渐变小，其值均小于0.05mol/L S^{2-}情况下的。这说明此时超级13Cr不锈钢表面生成的腐蚀产物膜对金属基体的保护性较好，腐蚀速率在该条件下与S^{2-}浓度呈负相关。

图7-5（c）为超级13Cr不锈钢在0.6mol/L Cl^-溶液中不同pH值条件下的极化曲线。由图可知，各pH值条件下极化曲线均出现明显的钝化区间，说明超级13Cr不锈钢在近中性、酸性和碱性环境中耐蚀性能较好。在碱性（pH值为13、11和9）条件下，极化曲线几乎重合。在酸性（pH值为3和5）和中性介质（pH值为7）条件下，i_{corr}增大，随pH值

增加，钝化区间缩短，腐蚀电位正移，阴极电流密度显著增加。

图 7-5（d）为超级 13Cr 不锈钢在 0.6mol/L Cl^- 溶液中不同温度条件下的极化曲线。由图可知，在 25～80℃条件下，超级 13Cr 不锈钢均具有钝化区间。随着温度的升高，极化曲线右移，钝化区间逐渐变短，腐蚀速率变大。由 Fick 第一定律可知，扩散系数是温度与压力的函数，与温度呈正相关变化。温度升高，导致 Cl^- 扩散速率加快，扩散到金属基体表面速率增加，并加速了钝化膜溶解反应。同样，温度升高，系统能量升高，电化学反应所需活化能的能垒减小，反应驱动力增加，利于阳极反应的进行，造成腐蚀加剧。

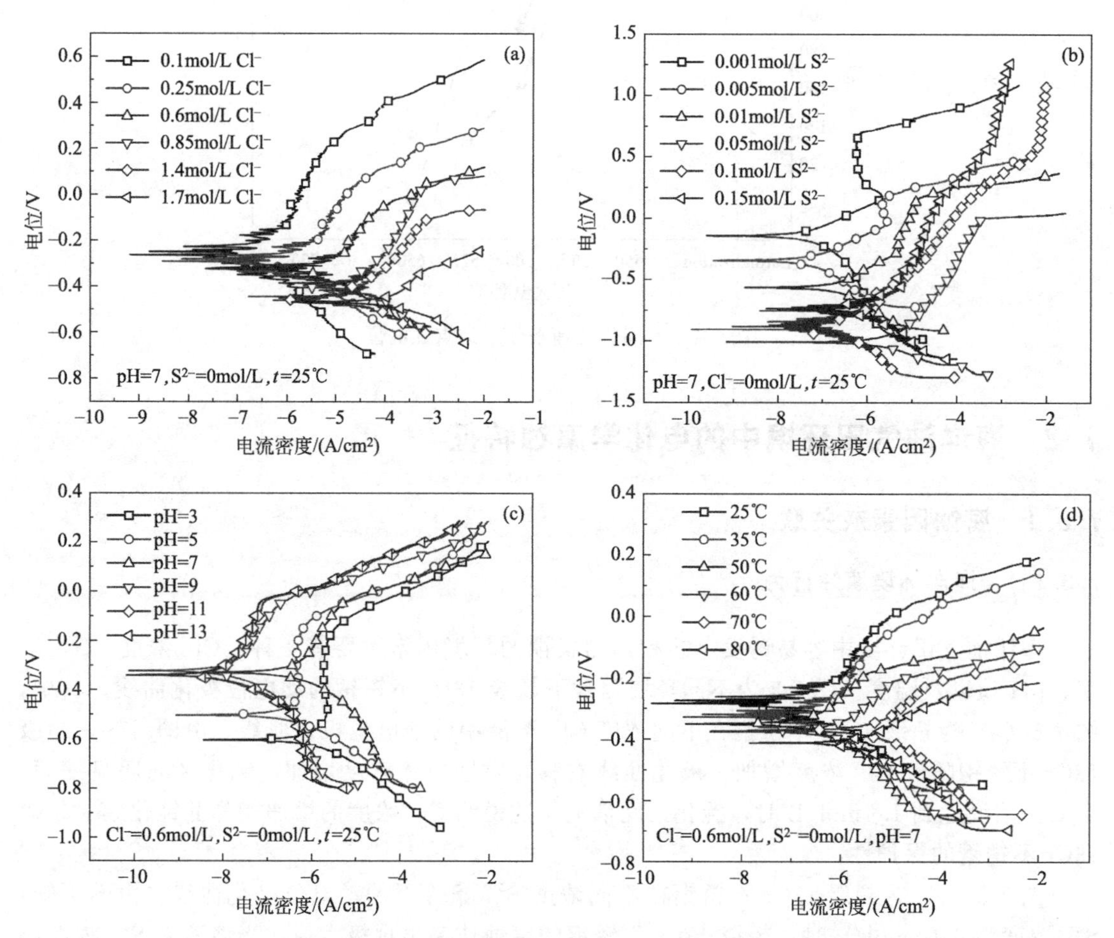

图 7-5 在各种条件的溶液中超级 13Cr 不锈钢的动电位极化曲线

(a) Cl^- 浓度；(b) S^{2-} 浓度；(c) pH 值；(d) 温度

根据动电位极化曲线实验结果，利用 Tafel 外推法得到 i_{corr}，并计算出超级 13Cr 不锈钢在不同海洋环境下的腐蚀速率 V_L。V_L 与 i_{corr} 满足如下关系式：

$$V_L = 3.27An\rho i_{corr} \times 10^{-1} \tag{7-1}$$

式中，A 为金属的原子量，不锈钢取 56；n 为价电子数，即参与阳极反应的转移电子数，这里取 2；ρ 为金属密度，取 7.70g/cm^2。

不同环境下超级 13Cr 不锈钢的腐蚀速率计算结果见表 7-2。

表 7-2　在各种条件的溶液中超级 13Cr 极化曲线拟合结果

Cl^- 浓度/(mol/L)	S^{2-} 浓度/(mol/L)	温度/℃	pH 值	i_{corr}/(μA/cm²)	V_L/(mm/a)
0.1	0	25	7	0.019	0.021
0.25	0	25	7	0.117	0.142
0.6	0	25	7	0.475	0.561
0.85	0	25	7	4.624	5.456
1.4	0	25	7	5.875	6.932
1.7	0	25	7	14.453	17.06
0	0.001	25	7	0.0018	0.002
0	0.005	25	7	0.0061	0.007
0	0.01	25	7	0.0316	0.037
0	0.05	25	7	0.3752	0.443
0	0.1	25	7	0.0296	0.035
0	0.15	25	7	0.0154	0.018
0.6	0	25	3	0.584	0.694
0.6	0	25	5	0.481	0.568
0.6	0	25	7	0.475	0.560
0.6	0	25	9	0.015	0.017
0.6	0	25	11	0.012	0.014
0.6	0	25	13	0.010	0.013
0.6	0	25	7	0.475	0.561
0.6	0	35	7	0.496	0.589
0.6	0	50	7	0.512	0.604
0.6	0	60	7	0.534	0.630
0.6	0	70	7	1.633	1.927
0.6	0	80	7	2.875	3.392

7.3.1.2　环境因素腐蚀性分析

根据表 7-2 的结果，将不同的环境因素与腐蚀速率之间进行关联性分析。因各环境因素的量纲不同，各环境因素的数值波动会对灰关联的准确性产生影响，故需要无量纲化的方法处理各环境因素的原始数据。因此，采用均值化方法对数据进行无量纲化处理。各环境因素绝对差值的最大值 $\Delta max=11.381$。均值化处理结果如表 7-3 所示。

由此得到的环境因素与腐蚀速率之间关联系数为：Cl^- 浓度 0.8224，温度 0.7705，pH 值 0.7674，S^{2-} 浓度 0.7596。根据关联系数由高至低，获得影响超级 13Cr 不锈钢在海洋环境中腐蚀行为的因素依次为：Cl^- 浓度＞温度＞pH 值＞S^{2-} 浓度。

由灰关联分析结果可知，海洋环境中 Cl^- 浓度是影响超级 13Cr 不锈钢腐蚀速率的主要因素，其次是温度，pH 值和 S^{2-} 浓度对腐蚀影响较小。海洋环境中存在着较高含量的 Cl^-，超级 13Cr 不锈钢一旦发生点蚀或者防腐涂层破损，就会形成 Cl^- 富集现象，形成局部高 Cl^- 环境，加速不锈钢的腐蚀。在富含 Cl^- 环境中，钝化区间缩短，腐蚀速率随之升高。超级 13Cr 不锈钢在海洋环境中钝化膜保护性因温度的升高而减弱，进而腐蚀速率加快，在温度高于 60℃时，钝化膜的保护性降低尤为剧烈。在酸性介质中，超级 13Cr 不锈钢的 I_{corr} 较中性及碱性介质中的大，即腐蚀速率更快。研究表明，当温度高于 280℃时，S^{2-} 或者活性 S 会导致不锈钢的腐蚀加剧，但在本文所涉及的温度范围内，S^{2-} 对超级 13Cr 不锈钢的腐蚀贡献较小。

表 7-3 均值化处理结果

腐蚀因子 Y_i				Y_0
Cl^- 浓度	S^{2-} 浓度	温度	pH 值	腐蚀速率
0.1983	0	0.7792	0.9655	0.0125
0.4959	0	0.7792	0.9655	0.0846
1.1901	0	0.7792	0.9655	0.3342
1.686	0	0.7792	0.9655	3.2506
2.7769	0	0.7792	0.9655	4.13
3.3719	0	0.7792	0.9655	10.1641
0	0.0759	0.7792	0.9655	0.0012
0	0.3797	0.7792	0.9655	0.0042
0	0.7595	0.7792	0.9655	0.022
0	3.7975	0.7792	0.9655	0.2639
0	7.5949	0.7792	0.9655	0.0209
0	11.3924	0.7792	0.9655	0.0107
1.1901	0	0.7792	0.4138	0.4135
1.1901	0	0.7792	0.6879	0.3384
1.1901	0	0.7792	0.9655	0.3336
1.1901	0	0.7792	1.2414	0.0101
1.1901	0	0.7792	1.5172	0.0083
1.1901	0	0.7792	1.7931	0.0077
1.1901	0	0.7792	0.9655	0.3342
1.1901	0	1.0909	0.9655	0.3509
1.1901	0	1.5584	0.9655	0.3599
1.1901	0	1.8701	0.9655	0.3753
1.1901	0	2.1818	0.9655	1.1481
1.1901	0	2.4935	0.9655	2.0209

7.3.1.3 权重分析

为了研究海洋环境因素对超级 13Cr 不锈钢腐蚀速率的权重，采用改进层次分析法对各种环境因素进行计算、分析。改进层次分析法的优势是对相互关联、相互制约且缺少定量数据的系统提供普适性的建模方法。

(1) 建立比较矩阵和判断矩阵

在上述灰关联分析中已经确定 4 个影响因素的关联度序列，由该序列的关联度可以得到比较矩阵 D_{ij}。建立比较矩阵时，应按照关联度大小对各影响因素组成的方阵中每个元素的重要性指数进行赋值，之后进行重要性排序指数计算。重要性指数的赋值规则须遵从以下 3 个规则：①在构建的比较矩阵中，若前列子因素的关联系数较后列大，则重要性指数赋值为 2；②若关联度相同则赋值为 1；③若前列子因素与后列子因素的重要性指数赋值为 a_{ij}，则后列子因素与前列子因素的重要性指数赋值为 $1/a_{ij}$。重要性排序指数计算方法为：

$$r_{ij}=\sum_{i=1}^{n}D_{ij} \tag{7-2}$$

式中，r_{ij} 为重要性排序指数，D_{ij} 为矩阵中各行重要性指数。由分析可知，海洋环境因素与超级 13Cr 不锈钢腐蚀速率之间的层次为一层次系统，即环境因素直接导致腐蚀速率的变化，中间再无其他因素共同作用。其中，B (1) 代表 Cl^- 浓度子序列，B (2) 代表温度子序列，B (3) 代表 pH 值子序列，B (4) 代表 S^{2-} 浓度子序列。

则构造的判断矩阵：

$$D-B_{ij}=\begin{Bmatrix} & B(1) & B(2) & B(3) & B(4) \\ B(1) & 1 & 2 & 2 & 2 \\ B(2) & 0.5 & 1 & 2 & 2 \\ B(3) & 0.5 & 0.5 & 1 & 2 \\ B(4) & 0.5 & 0.5 & 0.5 & 1 \end{Bmatrix}$$

(2) 计算权重及一致性指标

将矩阵进行一致性检验得到 D-B_i 判断矩阵后，由一致性检验方法求得单排性一致性指标（CI）。一般认为 CI<0.1 时，具有较满意一致性并接受该分析结果。得到的权重向量 W 如下所示：

$$B_{ij}=\begin{Bmatrix} & B(1) & B(2) & B(3) & B(4) & W \\ B(1) & 1 & 2 & 2 & 2 & 0.3905 \\ B(2) & 0.5 & 1 & 2 & 2 & 0.2761 \\ B(3) & 0.5 & 0.5 & 1 & 2 & 0.1953 \\ B(4) & 0.5 & 0.5 & 0.5 & 1 & 0.1381 \end{Bmatrix}$$

得到的 CI 值为 0.0404，其一致性在可接受范围内，故分析结果有效。各种海洋环境因素对超级 13Cr 不锈钢腐蚀速率的影响权重为：Cl^- 浓度（0.3905）>温度（0.2761）>pH 值（0.1953）>S^{2-} 浓度（0.1381）。可见，海洋油气田环境中高浓度 Cl^- 和高温环境是造成超级 13Cr 不锈钢腐蚀失效的主要原因。

7.3.2　腐蚀实例

传统 13Cr 和超级 13Cr 不锈钢在 141℃、CO_2 分压 27.9MPa 模拟东方气田海洋腐蚀环境中测得的极化曲线如图 7-6 所示。当极化电位达到不锈钢的自腐蚀电位时，不锈钢首先进入活性溶解区，即随着极化电压的增大，极化电流密度迅速增加；当极化电位继续增加到不锈钢的致钝电位时，极化电流密度在很宽的电位范围内保持基本稳定，该区的极化电流密度为维钝电流密度，此时，不锈钢进入稳定钝化区；之后，随着极化电位的继续增大，达到某一值时，极化电流密度又迅速增大，此时钢表面发生了点蚀，不锈钢钝态最终被破坏。

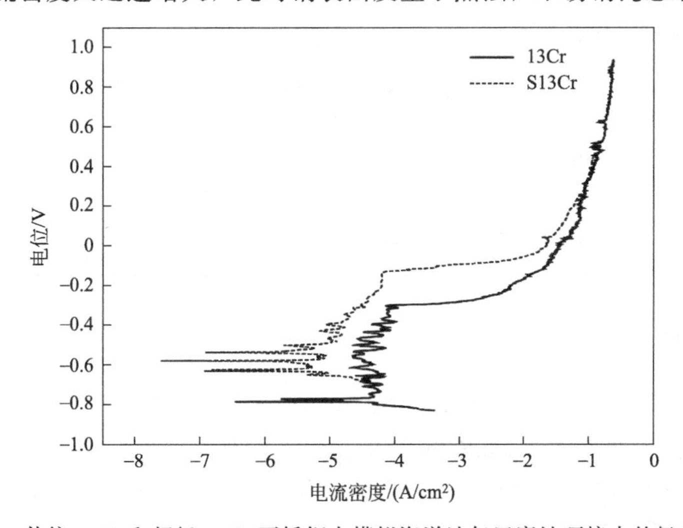

图 7-6　传统 13Cr 和超级 13Cr 不锈钢在模拟海洋油气田腐蚀环境中的极化曲线

传统13Cr不锈钢的自腐蚀电位（−0.785V）和点蚀电位（−0.301V）较超级13Cr不锈钢的（−0.580V、−0.139V）明显负移，而自腐蚀电流密度和维钝电流密度明显更大。维钝电流密度越大，钝化膜的溶解速度越快，则不锈钢的耐蚀能力越弱。这表明传统13Cr不锈钢的耐蚀性能和抗点蚀敏感性均弱于超级13Cr不锈钢，这也从前面的腐蚀试验中得到了印证。

7.4 含缓蚀剂的电化学腐蚀特征

不锈钢在$CaCl_2$完井液中的应力腐蚀开裂目前已有一些报道，$CaCl_2$溶液由于其为清洁无固相态，而且易于操作，被广泛应用于油气田完井过程中。但完井液中Cl^-的引入，同时含有多种添加剂以及溶解氧、CO_2、H_2S等腐蚀性介质，在高温、高压、应力等外部因素的影响下，会对管材造成严重腐蚀，发生均匀腐蚀、点蚀、应力腐蚀开裂等腐蚀行为，造成生产停止，甚至可能会造成重大人员伤亡和环境破坏。因此，解决石油开采过程中不锈钢在$CaCl_2$完井液中的腐蚀失效问题，解析腐蚀发生的机理，对管材进行有效防护有十分重要的意义。

缓蚀剂技术作为抑制金属腐蚀行为的一种有效方法，已经受到人们的广泛关注。在发生应力腐蚀开裂体系中，正确添加合理缓蚀剂是控制不锈钢应力腐蚀开裂的一种有效办法，选择合理的缓蚀剂是控制应力腐蚀开裂的前提。另外，缓蚀剂被广泛使用以抑制均匀腐蚀和点蚀的发生，但使用的缓蚀剂对SCC会带来怎样的影响，却鲜有人关注与重视。

7.4.1 季铵盐

7.4.1.1 极化曲线

对超级13Cr不锈钢在四点弯曲试样（y 2.5mm）110℃下含有不同浓度季铵盐、2000mg/L醋酸的CO_2饱和$CaCl_2$完井液中进行动电位扫描，并对动电位扫描曲线（图7-7）进行拟合，拟合结果见表7-4，其中E_{corr}为电极的自腐蚀电位，i_{corr}为腐蚀电流密度，η为缓蚀效率。极化曲线拟合结果表明，不同浓度季铵盐缓蚀剂的加入，使超级13Cr不锈钢自腐蚀电位升高，阳极电流减小，抑制了超级13Cr不锈钢阳极过程的发生，季铵盐是阳极型缓蚀剂。季铵盐对超级13Cr不锈钢在含醋酸的完井液中的缓蚀效率随季铵盐浓度的增加而降低。

表7-4 极化曲线拟合结果

季铵盐浓度/%	E_{corr}/mV	i_{corr}/(A/cm^2)	η/%
0	−411.5	1.48×10^{-3}	—
0.02	−343.6	2.70×10^{-5}	98.18
0.1	−348.2	3.47×10^{-5}	97.66
1	−357.3	4.77×10^{-4}	67.77

7.4.1.2 交流阻抗

图7-8为110℃下含有不同浓度季铵盐、2000mg/L醋酸的CO_2饱和$CaCl_2$完井液中超级13Cr不锈钢四点弯曲试样（y 2.5mm）电化学阻抗图谱。结果表明，季铵盐在0.02%浓度时，阻抗谱符合Douglas R. Mac Farlane测试结果中的（Ⅲ），即阻抗谱为高频一个容抗弧、低频一个容抗弧、没有感抗弧，因此采用等效电路图7-9（c）进行拟合；季铵盐在

0.1%、1%浓度时，阻抗谱测试结果符合 Douglas R. Mac Farlane 测试结果中的（Ⅱ），即阻抗谱为高频一个容抗弧、低频一个感抗弧，因此采用等效电路图 7-9（b）进行拟合；空白结果采用等效电路图 7-9（a）进行拟合。拟合结果见表 7-5。

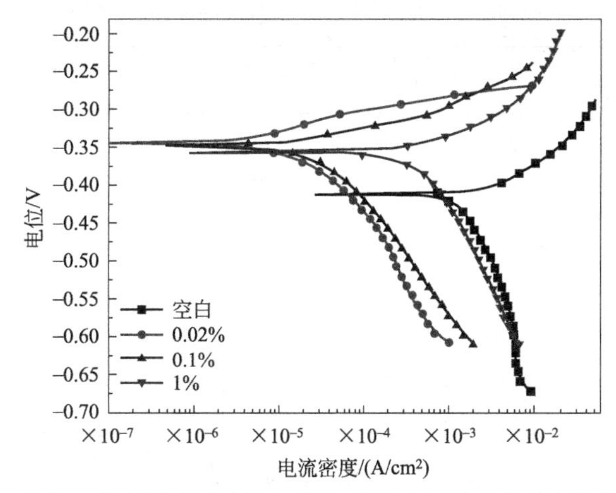

图 7-7　超级 13Cr 不锈钢在添加不同浓度季铵盐的完井液中的极化曲线

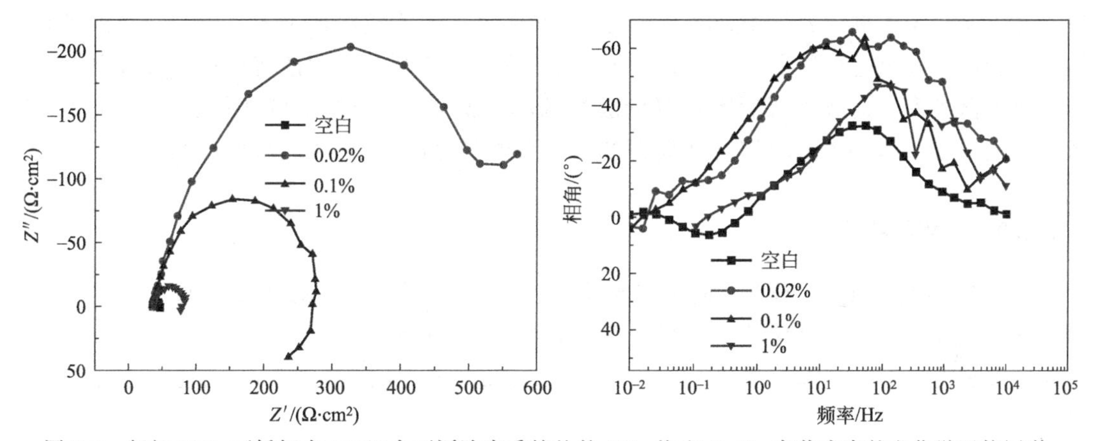

图 7-8　超级 13Cr 不锈钢在 110℃含不同浓度季铵盐的 CO_2 饱和 $CaCl_2$ 完井液中的电化学阻抗图谱

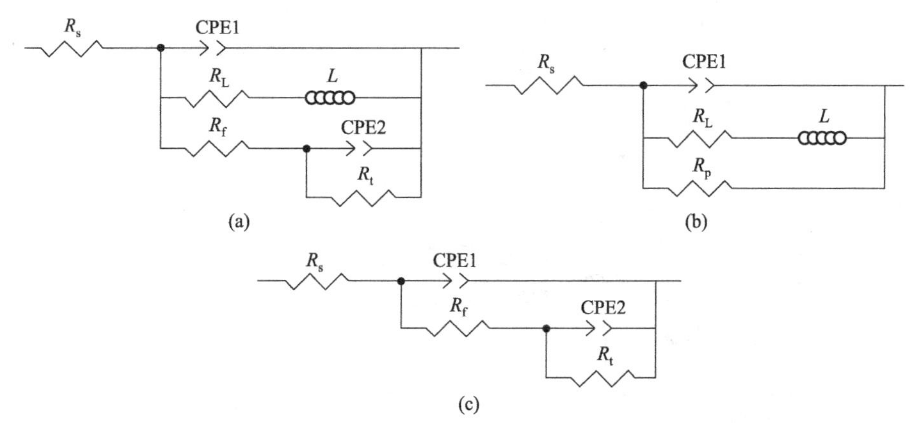

图 7-9　110℃，含不同浓度 Quaternary-N、2000mg/L HAc、CO_2 饱和 $CaCl_2$ 完井液中超级 13Cr 不锈钢界面等效电路图

(a) Blank；(b) 0.1%季铵盐、1%季铵盐；(c) 0.02%季铵盐

表 7-5 超级 13Cr 不锈钢的电化学阻抗拟合结果

浓度	R_s /Ω·cm²	CPE1-T /(F/cm²)	CPE1-P	R_f /Ω·cm²	R_p /Ω·cm²	CPE2-T /(F/cm²)	CPE2-P	R_t /Ω·cm²	R_L /Ω·cm²	L_h
空白	2.0	3.9×10^{-3}	0.75	11.1		9.8×10^{-1}	0.57	0.3	21.2	22.0
0.02%	2.4	2.8×10^{-4}	0.77	572.1		6.1×10^{-2}	0.99	273.5		
0.1%	2.0	7.6×10^{-4}	0.75		260.1				208.0	2113.0
1%	2.2	3.1×10^{-3}	0.72		66.9				28.7	11.6

季铵盐是阳极型缓蚀剂，能提高超级 13Cr 不锈钢在体系中的自腐蚀电位。根据 Fe 阳极溶解机理及电化学阻抗模型讨论结果得知，当季铵盐浓度为 0.02%时，超级 13Cr 不锈钢自腐蚀电位升高，表面电容 CPE1 稳定性好，同时季铵盐对 Fe 阳极溶解的抑制作用使 $[FeOHCl^-]_{ad}$ 的生成得到有效抑制，从而使得表面电容 CPE1 电场强度变化和表面吸附覆盖度 θ 变化很小，因此，有效地阻止了电位和吸附覆盖度 θ 造成的法拉第电流向同一方向改变的现象，即法拉第阻抗中的电感成分消失。但由于季铵盐缓蚀剂水溶性不好，所以添加季铵盐时，加入了一定比例异丙醇作为溶剂，缓蚀剂浓度越高，有机溶剂加入量越大。有机溶剂的加入，会影响表面电容稳定性，造成表面电容电场强度变化，同时能溶解掉季铵盐在钢表面所形成的保护膜，造成膜层脱落，降低缓蚀效率，使得 Fe 阳极溶解能够在一定程度上进行，以致生成的 $[Fe\ OHCl^-]_{ad}$ 吸附影响了吸附覆盖度 θ，形成了阻抗的电感成分。

7.4.1.3 电化学噪声

图 7-10 为超级 13Cr 四点弯曲试样放置在空白介质及含有不同浓度季铵盐的介质中记录到的电化学噪声图谱。电化学噪声图谱显示当季铵盐为低浓度时，电化学噪声表征应力腐蚀开裂特征提前发生；当季铵盐浓度为 1%时，在 20h 内均没有电化学噪声表征发生应力腐蚀开裂特征。

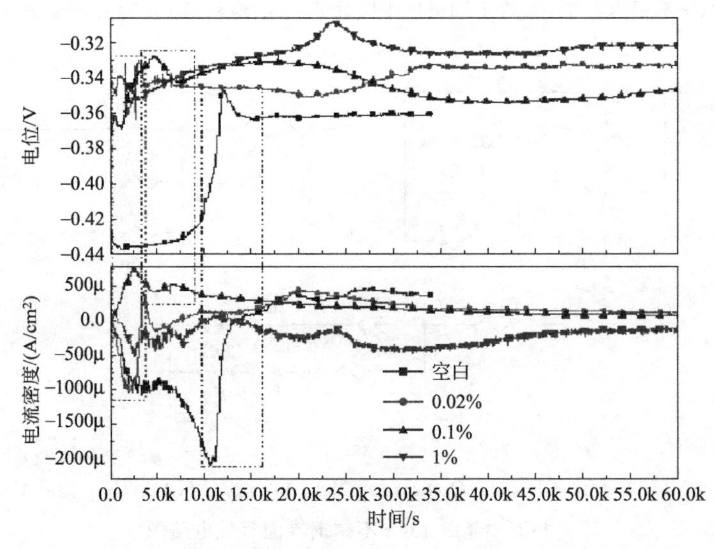

图 7-10 超级 13Cr 不锈钢四点弯曲试样放置在含不同浓度季铵盐介质中记录到的电化学噪声

超级 13Cr 不锈钢四点弯曲试样放置在含不同浓度季铵盐介质中记录电化学噪声信号后，用金相显微镜观察工作电极试样，结果如图 7-11 所示。在含 0.02%季铵盐的饱和 CO_2 完井液中，超级 13Cr 不锈钢试样完全断裂；在含 0.1%季铵盐的饱和 CO_2 完井液中，超级 13Cr 不锈钢试样表面只有少量的微裂纹；在含 1%季铵盐的饱和 CO_2 完井液中，超级 13Cr 不锈钢试样表面没有任何裂纹出现，说明应力腐蚀开裂被有效地抑制。

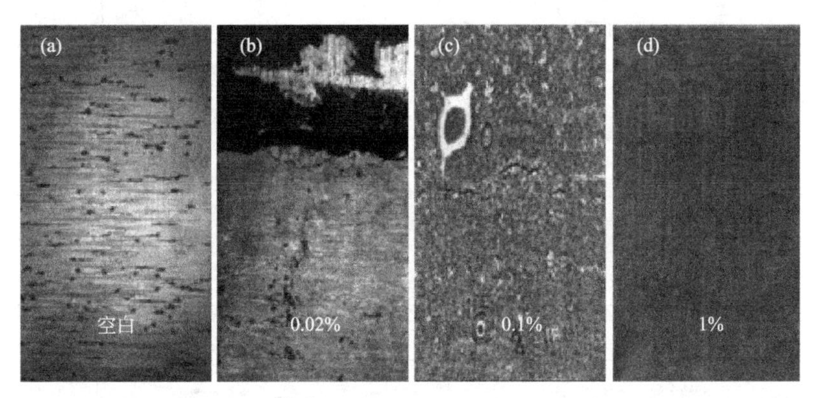

图 7-11　超级 13Cr 不锈钢四点弯曲试样放置在含不同浓度季铵盐介质中记录电化学噪声信号后的表面形貌图

7.4.1.4 氢渗透测量

图 7-12 为超级 13Cr 不锈钢在空白介质及添加不同浓度季铵盐的介质中氢渗透测量电流随时间变化图。低浓度季铵盐的加入，使氢渗透量明显增加，且随着季铵盐浓度的升高，氢渗透量逐渐减小，当达到足够高的浓度时，氢渗透被完全抑制。说明季铵盐的加入，影响了超级 13Cr 不锈钢阴极氢还原过程的进行。季铵盐的加入，能阻止相关腐蚀反应的进行，当季铵盐浓度较低时，氢原子的生成不能被完全抑制，而氢原子生成氢分子的过程被抑制，从而使氢原子量增加，进入金属基体，导致氢渗透电流增加。金属基体内 H 含量的增加，促进了超级 13Cr 不锈钢的应力腐蚀开裂。当季铵盐浓度足够高时，氢质子生成氢原子的过程被完全抑制，氢原子量明显减小，氢渗透量降低，超级 13Cr 不锈钢应力腐蚀敏感性降低。

7.4.2 丙炔醇

7.4.2.1 极化曲线

110℃下含有不同浓度丙炔醇（0.02%、0.1%、1%）、2000mg/L 醋酸的 CO_2 饱和 $CaCl_2$ 完井液中超级 13Cr 不锈钢四点弯曲试样（y 2.5mm）动电位扫描测试结果如图 7-13 所示。极化曲线结果表明，随着丙炔醇浓度的升高，超级 13Cr 不锈钢在含醋酸的完井液中的击穿电位越来越高，钝化能力越来越强，阳极电流逐渐减小，自腐蚀电位也逐渐升高。

由超级 13Cr 不锈钢在添加不同浓度丙炔醇的完井液中的极化曲线拟合结果可知，腐蚀电流密度越来越小，自腐蚀电位越来越高，腐蚀速率越来越小，缓蚀效果越来越好，如表 7-6。

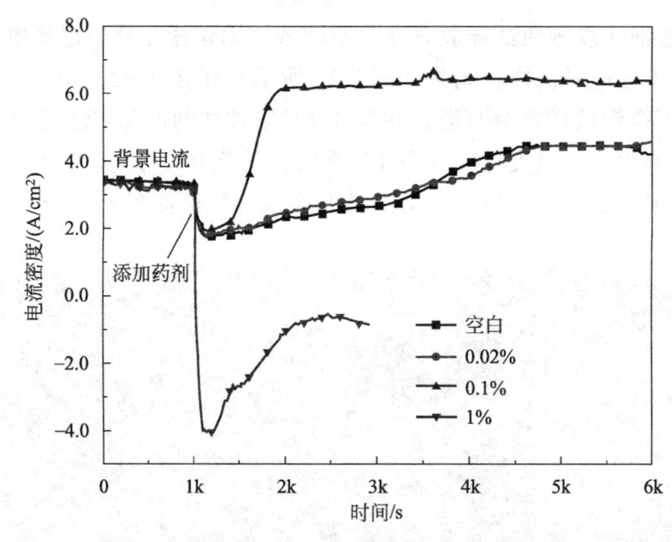

图 7-12　超级 13Cr 不锈钢在空白介质及添加不同浓度季铵盐介质中的渗氢电流

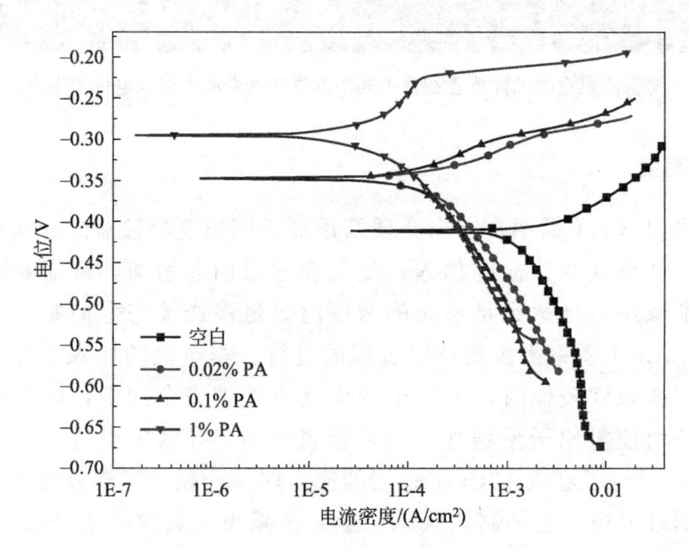

图 7-13　超级 13Cr 不锈钢在添加不同浓度丙炔醇完井液中的动电位扫描结果

表 7-6　超级 13Cr 不锈钢在添加不同浓度丙炔醇的完井液中极化曲线拟合结果

丙炔醇浓度/%	E_b/mV	E_{corr}/mV	i_{corr}/(A/cm²)	η/%
0	—	−411.5	1.48×10^{-3}	—
0.02	−309.2	−348.8	2.15×10^{-4}	85.47
0.1	−302.7	−347.5	1.79×10^{-4}	87.91
1	−225.5	−295.3	7.25×10^{-5}	95.10

7.4.2.2　电化学阻抗

110℃下含有不同浓度丙炔醇、2000mg/L 醋酸的 CO_2 饱和 $CaCl_2$ 完井液中超级 13Cr 不锈钢四点弯曲试样（y 2.5mm）电化学阻抗测试结果如图 7-14 所示，利用图 7-15 进行拟合，结果如表 7-7 所示。可见，丙炔醇在 0.02%、0.1%浓度时，阻抗谱测试结果符合 Douglas R. Mac Farlane 测试结果中的（Ⅲ），即阻抗谱为高频一个容抗弧、低频一个容抗弧、没有感抗弧。

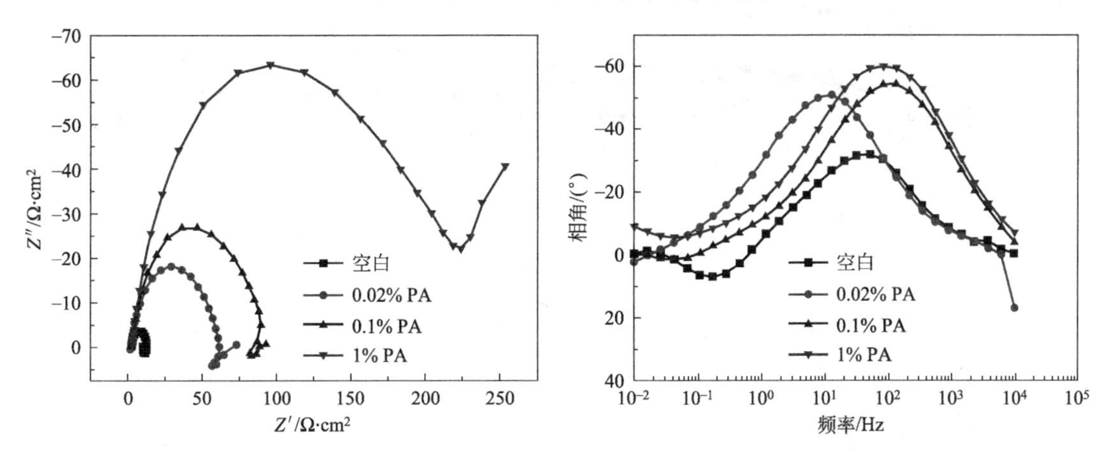

图 7-14　110℃下超级 13Cr 不锈钢在含不同丙炔醇浓度的 CO_2 饱和完井液中电化学阻抗

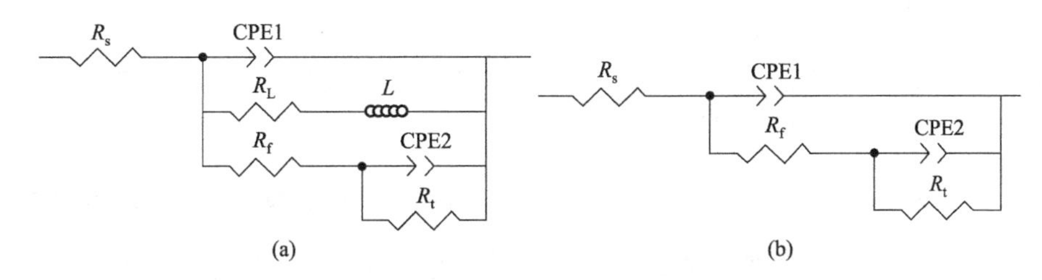

图 7-15　110℃含不同浓度 PA、2000mg/L 醋酸、CO_2 饱和 $CaCl_2$ 完井液中超级 13Cr 不锈钢界面等效电路图

(a) 空白；(b) PA

表 7-7　超级 13Cr 不锈钢的电化学阻抗拟合结果

浓度	R_s /Ω·cm²	CPE1-T /(F/cm²)	CPE1-P	R_f /Ω·cm²	CPE2-T /(F/cm²)	CPE2-P	R_t /Ω·cm²	R_L /Ω·cm²	L_h
空白	2.0	3.9×10^{-3}	0.75	11.1	9.8×10^{-1}	0.57	0.3	21.2	22.0
0.02%	2.1	6.7×10^{-4}	0.77	56.9	9.6×10^{-1}	0.61	3.1		
0.1%	2.2	5.3×10^{-4}	0.78	84.0	5.0×10^{-1}	0.52	20.0		
1%	2.5	3.9×10^{-4}	0.78	202.6	4.2×10^{-2}	0.43	473.5		

丙炔醇是阳极型缓蚀剂，丙炔醇能提高超级 13Cr 不锈钢在体系中的自腐蚀电位。根据 Fe 阳极溶解机理及电化学阻抗模型讨论结果得知，随着丙炔醇浓度的升高，超级 13Cr 不锈钢自腐蚀电位升高，钢片表面电容 CPE1 稳定性更好，同时丙炔醇对 Fe 阳极溶解的抑制作用使 $[FeOHCl^-]_{ad}$ 的生成得到有效抑制，从而使得电容 CPE1 电场强度变化和表面吸附覆盖度 θ 变化越来越小，因此，有效地阻止了电位和表面吸附覆盖度 θ 造成的法拉第电流向同一方向改变的现象，即法拉第阻抗中的电感成分消失。

7.4.2.3　电化学噪声

图 7-16 为超级 13Cr 不锈钢四点弯曲试样放置在空白介质及含有不同浓度丙炔醇的介质中记录到的电化学噪声。电化学噪声图谱显示当丙炔醇浓度为 0.02%时，应力腐蚀开裂提前在 1h 附近发生；当丙炔醇浓度为 0.1%时，应力腐蚀开裂延迟到约 10h 时发生；当丙炔醇浓度 1%时，在 20h 内均没有发生应力腐蚀开裂。

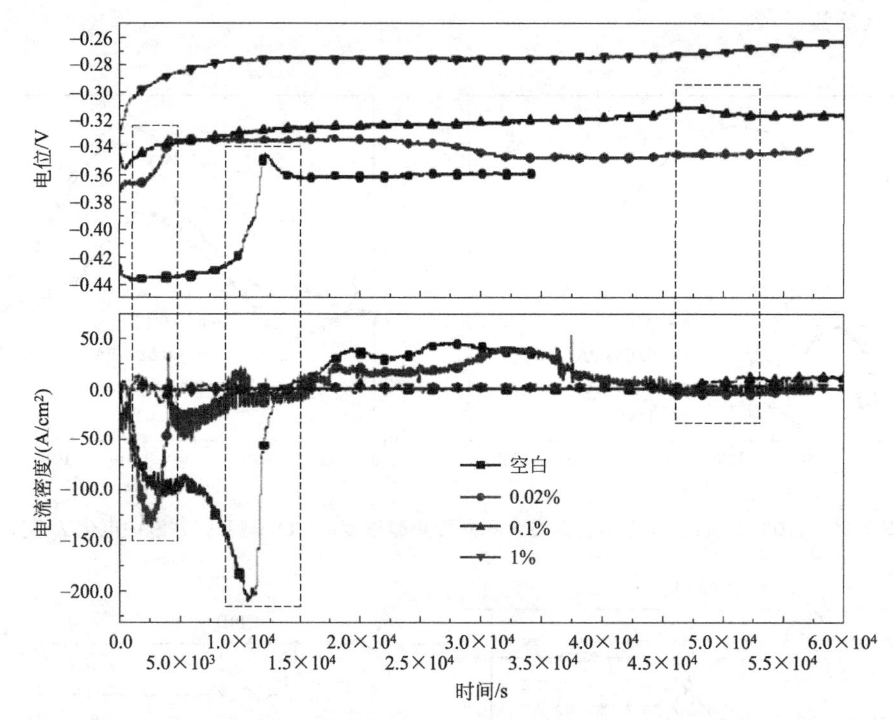

图 7-16 超级 13Cr 不锈钢四点弯曲试样放置在含不同浓度丙炔醇介质中记录到的电化学噪声

超级 13Cr 不锈钢四点弯曲试样放置在含不同浓度丙炔醇介质中记录电化学噪声信号后，用金相显微镜观察工作电极试样，结果如图 7-17 所示。发现在未加入丙炔醇的空白完井液中，超级 13Cr 不锈钢表面有很多点蚀及应力腐蚀开裂微裂纹，当加入不同浓度丙炔醇后，超级 13Cr 不锈钢点蚀被有效抑制。在含 0.02%丙炔醇的饱和 CO_2 完井液中，超级 13Cr 不锈钢试样完全断裂；在含 0.1%丙炔醇的饱和 CO_2 完井液中，超级 13Cr 不锈钢表面只有少量微裂纹；在含 1%浓度丙炔醇的饱和 CO_2 完井液中，超级 13Cr 不锈钢表面没有任何裂纹出现，说明应力腐蚀开裂被有效地抑制。

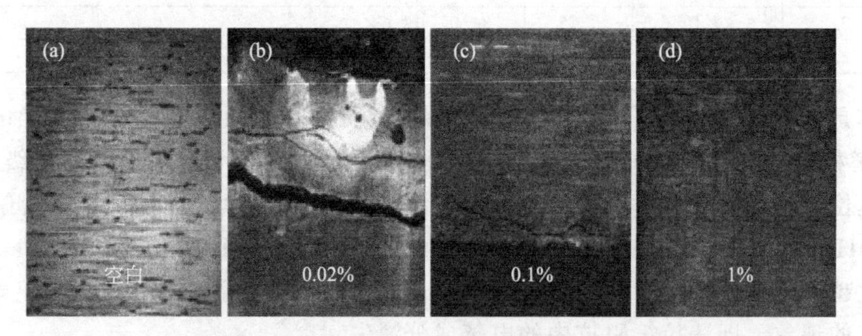

图 7-17 超级 13Cr 不锈钢四点弯曲试样放置在含不同浓度丙炔醇介质中记录电化学噪声信号后的表面形貌

7.4.2.4 氢渗透

图 7-18 为超级 13Cr 不锈钢在空白介质及添加不同浓度丙炔醇的介质中氢渗透测量电流随时间变化图。从图中可以发现，低浓度丙炔醇的加入，使得氢渗透量明显增加，且随着丙炔醇

浓度的升高，氢渗透量逐渐减小，当达到足够高的浓度时，氢渗透被完全抑制。说明超级13Cr不锈钢在测试溶液中阴极有氢还原过程发生。丙炔醇的加入，能阻止 $H^+ + e \longrightarrow H$、$H + H \longrightarrow H_2$ 反应的进行，当丙炔醇浓度较低时，氢原子的生成不能被完全抑制，而氢原子生成氢分子的过程被抑制，从而使氢原子量增加，进入金属基体，导致氢渗透电流增加。金属基体内H含量的增加，促进了超级13Cr不锈钢的应力腐蚀开裂。当丙炔醇浓度足够高时，氢质子生成氢原子的过程被完全抑制，氢原子量明显减小，氢渗透量降低，超级13Cr不锈钢应力腐蚀敏感性降低。

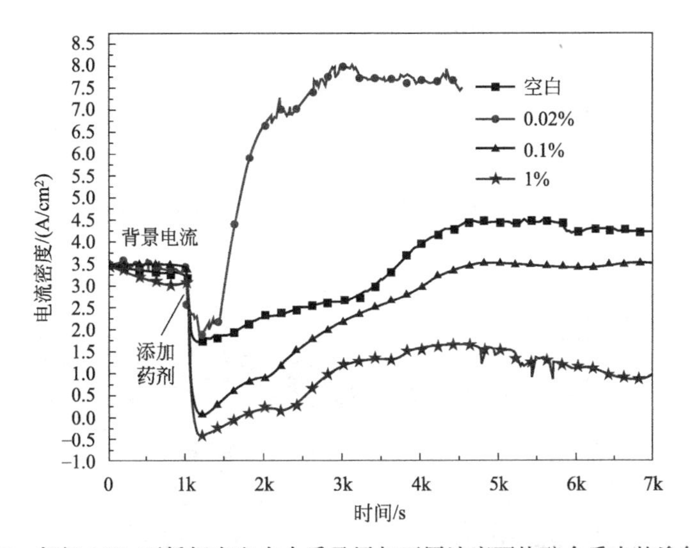

图7-18 超级13Cr不锈钢在空白介质及添加不同浓度丙炔醇介质中的渗氢电流

7.4.2.5 红外分析

将超级13Cr不锈钢（80mm×12mm×2mm）试样放入含1%丙炔醇的试验介质中挂片20h，用蒸馏水清洗表面，冷风吹干后，用Vertex 70红外分光光度计分析试样表面物质组成，结果如图7-19所示。在 $3291.96cm^{-1}$、$2927.31cm^{-1}$、$1647.26cm^{-1}$ 以及 $1001.70cm^{-1}$ 处的吸收峰分别代表了O—H、C—H、C═C和C—O官能团的特征峰。C═C官能团的表征表明，丙炔醇在超级13Cr不锈钢表面聚合形成了一层保护性膜，起到了防止金属腐蚀的效果。

7.4.3 复配缓蚀剂1

7.4.3.1 极化曲线

超级13Cr不锈钢缓蚀剂的初步评价在含2000mg/L浓度醋酸的 CO_2 饱和完井液（39% $CaCl_2$）中采用动电位扫描方法进行，试验用缓蚀剂包括丙炔醇、葡萄糖酸钠、季铵盐、KI、钨酸盐、钼酸钠等。图7-20为110℃下含有定量浓度缓蚀剂、2000mg/L醋酸的 CO_2 饱和 $CaCl_2$ 完井液中超级13Cr不锈钢四点弯曲试样（y 2.5mm）动电位扫描结果，拟合结果见表7-8。

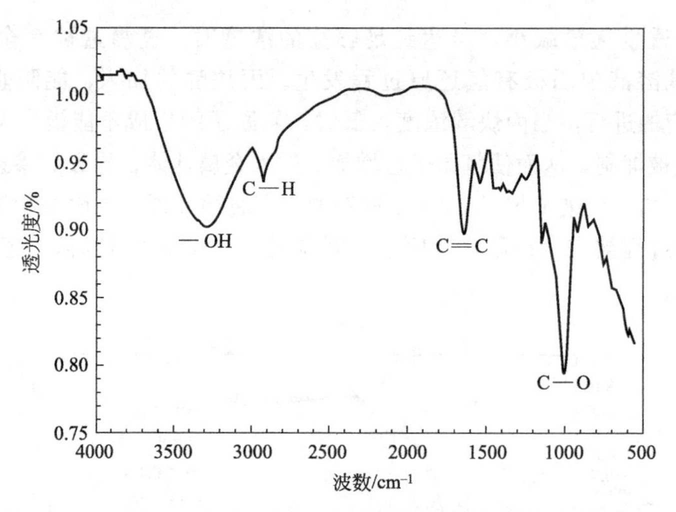

图 7-19 超级 13Cr 不锈钢试样红外分析图谱

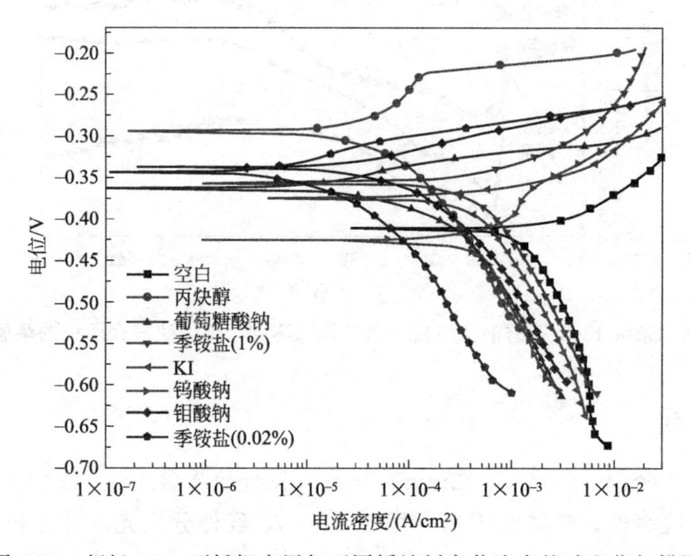

图 7-20 超级 13Cr 不锈钢在添加不同缓蚀剂完井液中的动电位扫描图

表 7-8 超级 13Cr 不锈钢在 110℃ 不同缓蚀剂完井液中动电位扫描拟合结果

缓蚀剂	E_b/mV	E_{corr}/mV	i_{corr}/(A/cm²)	η/%
空白	—	−411.5	1.48×10^{-3}	—
丙炔醇	−224.5	−295.3	7.26×10^{-5}	95.09
葡萄糖酸钠	—	−263.2	1.89×10^{-4}	87.23
季铵盐(1%)	—	−357.3	4.77×10^{-4}	67.77
季铵盐(0.02%)	−308.9	−343.6	2.70×10^{-5}	98.18
KI	—	−374.2	4.83×10^{-4}	67.36
钨酸钠	—	−426.4	4.96×10^{-4}	66.49
钼酸钠	—	−338.2	1.29×10^{-4}	91.28

在空白溶液中，超级 13Cr 不锈钢没有钝化能力，加入 1% 丙炔醇或 0.02% 季铵盐后，超级 13Cr 不锈钢有比较明显的钝化行为，击穿电位分别为 −224.47mV、−308.89mV。缓蚀剂的加入，均使超级 13Cr 不锈钢的阳极电流密度减小，自腐蚀电位升高，说明电极的阳极过程受到抑制。从动电位扫描阴极段 Tafel 拟合数据可以看出，高浓度的丙炔醇、钼酸钠

和低浓度的季铵盐有比较好的缓蚀效果。

7.4.3.2　交流阻抗

图 7-21 为 110℃下含不同缓蚀剂、2000mg/L 醋酸的 CO_2 饱和 $CaCl_2$ 完井液中超级 13Cr 不锈钢四点弯曲试样（y 2.5mm）电化学阻抗测试结果，拟合结果如表 7-9 所示。

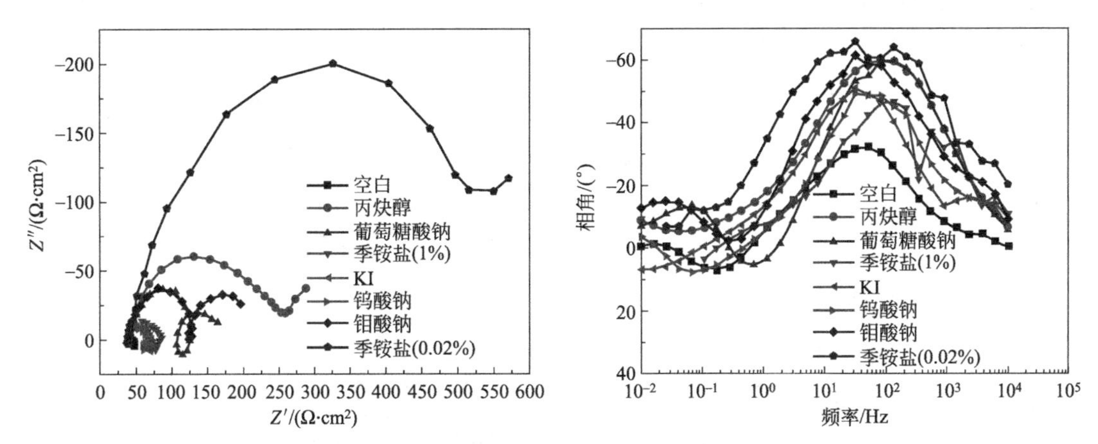

图 7-21　110℃下超级 13Cr 不锈钢在含不同缓蚀剂、2000mg/L 醋酸、CO_2 饱和 $CaCl_2$ 完井液中电化学阻抗图谱

Douglas R. Mac Farlane 和 Stuart I. Smedley 采用电化学阻抗的方法研究了 Fr 在含 Cl^- 的酸性溶液中的阳极溶解机理，测得的电化学阻抗图谱分为三种：（Ⅰ）阻抗谱为高频一个容抗弧，低频一个感抗弧后再有一个容抗弧；（Ⅱ）阻抗谱为高频一个容抗弧，低频一个感抗弧；（Ⅲ）阻抗谱为高频一个容抗弧，低频一个容抗弧，没有感抗弧。根据图 7-21 所出现的三种特征阻抗谱可知，空白、葡萄糖酸钠、钨酸钠、钼酸钠的阻抗谱结果为Ⅰ类，1%季铵盐、KI 为Ⅱ类，丙炔醇、0.02%季铵盐为Ⅲ类。

表 7-9　超级 13Cr 不锈钢的电化学阻抗拟合结果

缓蚀剂	R_s /Ω·cm²	CPE1-T /(F/cm²)	CPE1-P	R_f /Ω·cm²	R_p /Ω·cm²	CPE2-T /(F/cm²)	CPE2-P	R_t /Ω·cm²	R_L /Ω·cm²	L_h
空白	2.0	3.9×10^{-3}	0.75	11.1		9.8×10^{-2}	0.57	0.3	21.2	22.0
丙炔醇	2.5	3.9×10^{-4}	0.78	202.6		4.2×10^{-2}	0.43	473.5		
葡萄糖酸钠	2.5	2.3×10^{-4}	0.86	100.9		8.9×10^{-2}	0.99	140.3	220.0	31.0
季铵盐(1%)	2.2	3.1×10^{-3}	0.72		66.9				28.7	11.6
季铵盐(0.02%)	2.4	2.8×10^{-4}	0.77	572.1		6.1×10^{-2}	0.99	273.5		
KI	2.1	6.9×10^{-4}	0.86		96.5				181.1	164.7
钨酸钠	1.9	7.0×10^{-4}	0.82	38.7		9.7×10^{-2}	0.96	24.0	76.0	3.8
钼酸钠	1.7	5.1×10^{-4}	0.81	137.7		5.7×10^{-2}	0.92	886.3	211.3	15.0

结合动电位扫描结果和电化学阻抗结果，在空白溶液或添加缓蚀效果不好的缓蚀剂体系中，超级 13Cr 不锈钢自腐蚀电位较低，试样表面电容 CPE1 不稳定，造成电位变化使得法拉第电流向某一方向变化，同时 Fe 阳极溶解腐蚀中间产物 $[Fe\ OHCl^-]_{ad}$ 的生成引起表面吸附覆盖度 θ 的变化，使得法拉第电流向同一方向变化，在阻抗测量中出现电感成分。当加入有效缓蚀剂时，超级 13Cr 不锈钢自腐蚀电位升高，表面电容 CPE1 稳定，电位变化小，同时抑制了 Fe 的阳极溶解，使得表面吸附覆盖度 θ 的变化较小，在阻抗测量中没有出现电

感成分，表现为高频一个容抗弧、低频一个容抗弧。

7.4.3.3 协同效应

图7-22为110℃下超级13Cr不锈钢四点弯曲试样（y 2.5mm）在含有不同复配比的丙炔醇、季铵盐混合缓蚀剂，2000mg/L醋酸的CO_2饱和$CaCl_2$完井液中动电位扫描测试结果。表7-10是动电位扫描阴极段拟合结果。

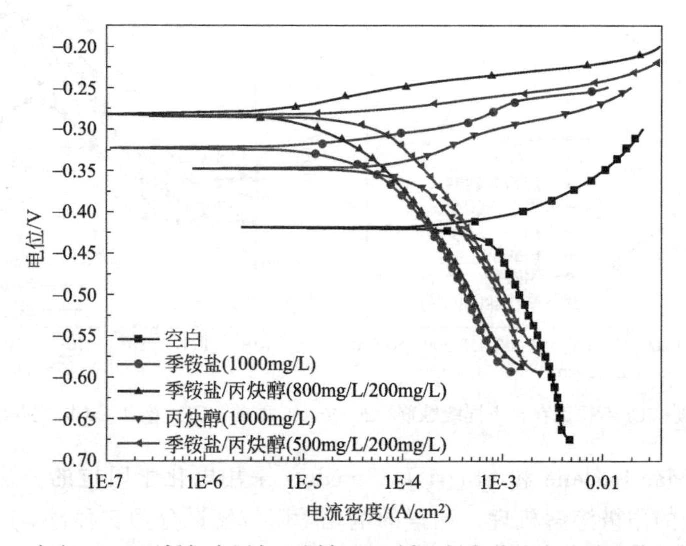

图7-22 超级13Cr不锈钢在添加不同复配比缓蚀剂完井液中的动电位扫描结果

表7-10 超级13Cr不锈钢在含不同复配比缓蚀剂完井液中动电位扫描拟合结果

缓蚀剂	比例/(mg/L)	E_{corr}/mV	i_{corr}/(A/cm^2)	η/%	C_v/(mm/a)
空白	—	−411.5	1.48×10^{-3}	—	17.32
丙炔醇	1000	−347.5	1.79×10^{-4}	87.91	2.09
季铵盐	1000	−348.2	3.47×10^{-5}	97.66	0.41
季铵盐/丙炔醇	800/200	−281.4	2.81×10^{-5}	98.10	0.33
季铵盐/丙炔醇	500/500	−283.2	7.82×10^{-5}	94.72	0.91

在空白溶液中，当缓蚀剂总浓度为1000mg/L时，添加不同复配比丙炔醇、季铵盐的缓蚀剂，均使超级13Cr不锈钢的阳极过程受到抑制；从动电位扫描阴极段Tafel拟合数据可以看出，将丙炔醇、季铵盐复配后，当丙炔醇含量较少时，自腐蚀电流密度相比两种缓蚀剂单独添加时更小，说明按一定比例复配的缓蚀剂能达到更好的缓蚀效果。

7.4.3.4 应力腐蚀开裂的电化学噪声测量

图7-23为110℃下超级13Cr不锈钢四点弯曲试样（y 2.5mm）在含2000mg/L醋酸的CO_2饱和$CaCl_2$完井液中3h记录到的噪声电位、电流变化结果，此时取出试样，用Keyence VHX-S50型3D显微镜观察钢片试样腐蚀情况，在放大倍数为30倍时，发现试样表面有很多微小裂纹和点蚀坑出现。这种噪声电位、电流的变化结果与点蚀发生测得的电化学噪声电位、电流结果明显不同，说明这种噪声电位、电流的急剧变化特征体现了应力腐蚀开裂行为。

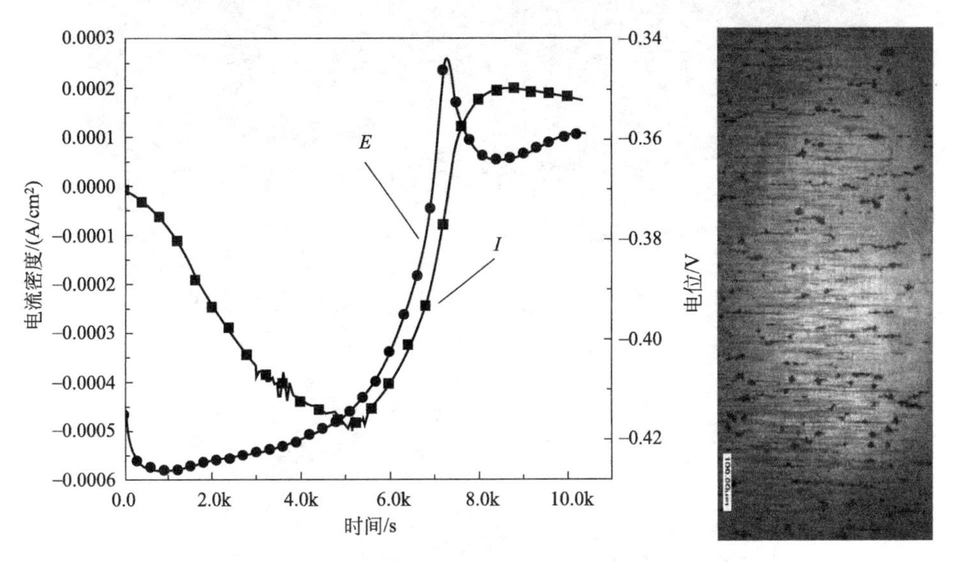

图 7-23　超级 13Cr 不锈钢四点弯曲试样放置在空白介质中 3h 后记录到的电化学噪声信号及钢片表面形貌状况

(a) 电化学噪声结果；(b) 钢片表面形貌（30 倍）

7.4.3.5　抑制应力腐蚀开裂缓蚀剂的筛选

超级 13Cr 不锈钢四点弯曲试样（y 2.5mm）在空白介质中的噪声电位、电流急剧变化特征能有力地表征应力腐蚀开裂行为，因此，采用四点弯曲法和电化学噪声方法对能有效降低超级 13Cr 不锈钢试样在含 2000mg/L 醋酸的 CO_2 饱和 $CaCl_2$ 完井液中应力腐蚀开裂敏感性的缓蚀剂进行筛选，缓蚀剂添加浓度为 1%，缓蚀剂种类包括：丙炔醇、季铵盐、葡萄糖酸钠、钼酸钠、钨酸钠、KI 等。图 7-24 为测试时间 20h 的电化学噪声测试结果，图 7-25 为其电化学噪声测试后钢片表面形貌图。

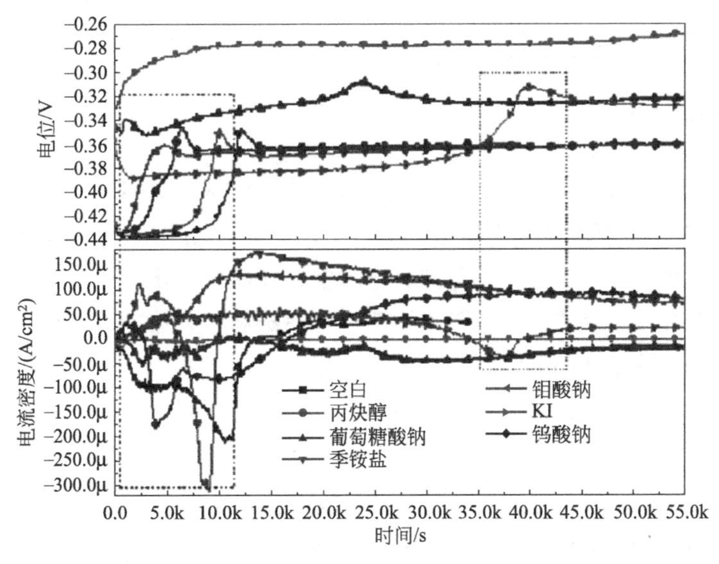

图 7-24　超级 13Cr 不锈钢四点弯曲试样放置在含不同缓蚀剂介质中的电化学噪声结果

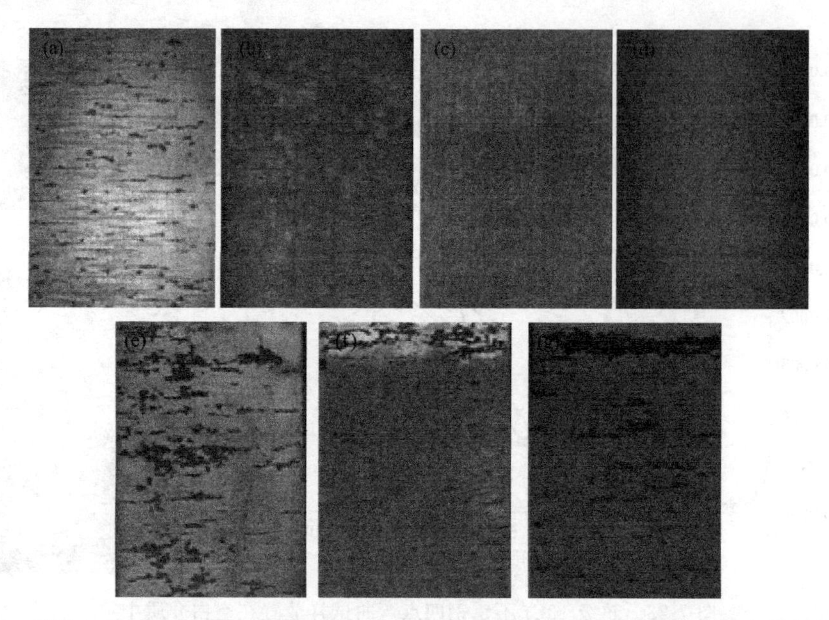

图7-25　超级13Cr不锈钢四点弯曲试样放置在含不同缓蚀剂的介质中电化学噪声后的表面形貌
(a) 空白；(b) 丙炔醇；(c) 季铵盐；(d) KI；(e) 钼酸钠；(f) 葡萄糖酸钠；(g) 钼酸钠

在含2000mg/L醋酸的CO_2饱和$CaCl_2$完井液中，超级13Cr不锈钢很容易发生应力腐蚀开裂。在空白介质中，超级13Cr不锈钢在约3h出现电化学噪声应力腐蚀开裂表征特征，观察钢片表面有大量小裂纹出现；加入1%浓度的丙炔醇、季铵盐，在20h测试时间内，电化学噪声、应力腐蚀开裂表征特征均没有出现，测试完后观察钢片表面没有裂纹出现，说明丙炔醇、季铵盐能有效抑制超级13Cr不锈钢的应力腐蚀开裂；加入1%浓度KI，电化学噪声、应力腐蚀开裂表征特征出现在约11h左右，观察钢片表面有较少裂纹出现，说明KI能降低超级13Cr不锈钢应力腐蚀敏感性。葡萄糖酸钠、钼酸钠、钨酸钠的加入，使电化学噪声、应力腐蚀开裂表征特征相比空白试验均有所提前，观察试样表面有大量裂纹出现，说明葡萄糖酸钠、钼酸钠、钨酸钠不能降低超级13Cr不锈钢的应力腐蚀敏感性。同时，从图7-25发现，1%浓度丙炔醇、季铵盐和KI的加入有效地抑制了点蚀的发生。

7.4.4　复配缓蚀剂2

39%$CaCl_2$溶液通12h N_2进行除氧，然后通入6h CO_2饱和，加入300mg/L醋酸和1%的缓蚀剂后，将试验溶液鼓入高压釜，保持1MPa CO_2分压，待温度稳定后进行电化学测量，试验用缓蚀剂包括丙炔醇、碘化钾、铬酸钠、咪唑啉、十二胺、硫脲、重铬酸钾、六亚甲基四胺、钼酸钠、钨酸钠等。试验采用四点弯曲法和动电位扫描测试方法对各种缓蚀剂的缓蚀效果进行了初步评价。

7.4.4.1　极化曲线

图7-26为在1MPa CO_2，125℃下，含有1%浓度各类缓蚀剂、300mg/L醋酸的CO_2饱和$CaCl_2$完井液中超级13Cr不锈钢四点弯曲试样（y 2.0mm）动电位扫描结果。从极化曲线拟合结果（表7-11）可以看出，缓蚀剂的加入使超级13Cr不锈钢自腐蚀电位升高，钝化能力增强。

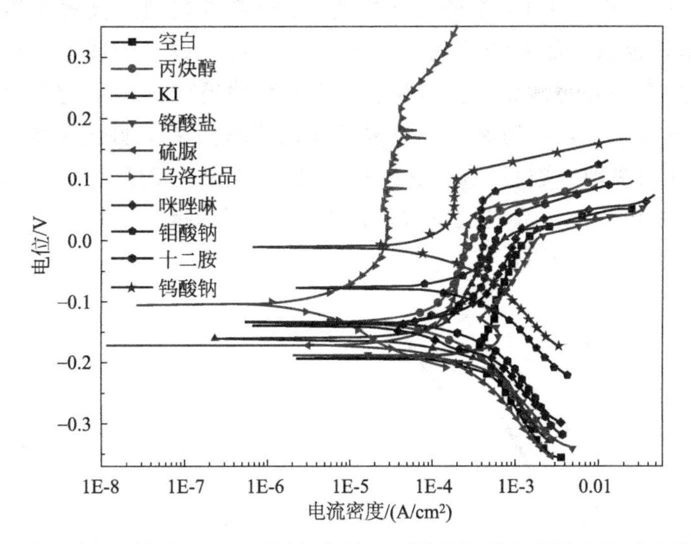

图 7-26　高温高压下超级 13Cr 不锈钢在添加不同缓蚀剂完井液中的动电位扫描图

表 7-11　高温高压下超级 13Cr 不锈钢在含不同缓蚀剂完井液中动电位扫描拟合结果

缓蚀剂	E_b/mV	E_{corr}/mV	i_{corr}/(A/cm^2)	η/%
空白	6.3	−193.8	4.22×10^{-4}	—
丙炔醇	51.7	−134.8	8.16×10^{-5}	80.65
碘化钾	6.5	−161.6	8.92×10^{-5}	78.86
铬酸钠	6.9	−188.8	4.55×10^{-4}	—
咪唑啉	20.3	−141.4	1.05×10^{-4}	75.04
十二胺	37.3	−134.0	1.48×10^{-4}	65.05
硫脲	45.3	−171.3	9.07×10^{-5}	78.50
乌洛托品	210.6	−105.2	5.50×10^{-6}	98.70
钼酸钠	70.1	−77.6	2.21×10^{-4}	47.55
钨酸钠	99.8	−12.0	1.03×10^{-4}	5.6

可以看出，六亚甲基四胺的阴极电位最高，腐蚀速率最小，缓蚀效果较其他缓蚀剂好。但六亚甲基四胺在高温下易分解产生甲醛等产物，所以综合来说丙炔醇的效果要优于六亚甲基四胺。因此，丙炔醇可用作高温高压条件下抑制超级 13Cr 不锈钢腐蚀的有效缓蚀剂。

7.4.4.2　缓蚀剂 SCC 敏感性

图 7-27 为 1MPa CO_2、125℃下含有 1%浓度各类缓蚀剂、300mg/L 醋酸的 CO_2 饱和 $CaCl_2$ 完井液中超级 13Cr 不锈钢四点弯曲试样（y 2.0mm）快扫（15mV/s）和慢扫（0.315mV/s）动电位图谱。

根据快/慢动电位扫描结果，采用 $P_i=i_f^2/i_s$ 对敏感因子 P_i 进行计算，以表征应力腐蚀开裂敏感性，其中 i_f 表示快速扫描电流密度，一般数值较大，反映了金属的电化学反应速率，一般是在金属表面光滑或者无膜状态下测得的电流密度，以模拟金属新鲜表面的腐蚀过程；i_s 表示慢扫描电流密度，一般数值较小，用来模拟膜的生长过程，慢扫电流数值的大小代表了膜的生长速率。图 7-28 为超级 13Cr 不锈钢在添加不同缓蚀剂完井液中的 P_i 结果，可见，在空白溶液中，超级 13Cr 不锈钢试样的 P_i 随着电位的升高逐渐增大，说明试样的应力腐蚀敏感性越来越高。加入缓蚀剂后，P_i 普遍减小，说明缓蚀剂的加入能有效降低超级 13Cr 不锈钢应力腐蚀开裂敏感性。但随着阳极极化的进行，P_i 在电位高于某一边界电位（边界条件）后会迅速增大，应力腐蚀开裂敏感性迅速增高。说明在含缓蚀剂的体系中，超级 13Cr 不锈钢的应力腐蚀开裂存在电位的边界条件，当电位低于边界电位时超级 13Cr 不锈钢不会发生 SCC，当电位比边界电位正时，超级 13Cr 不锈钢容易发生 SCC，且其边界电位随加入缓蚀剂体系的不同而不同。

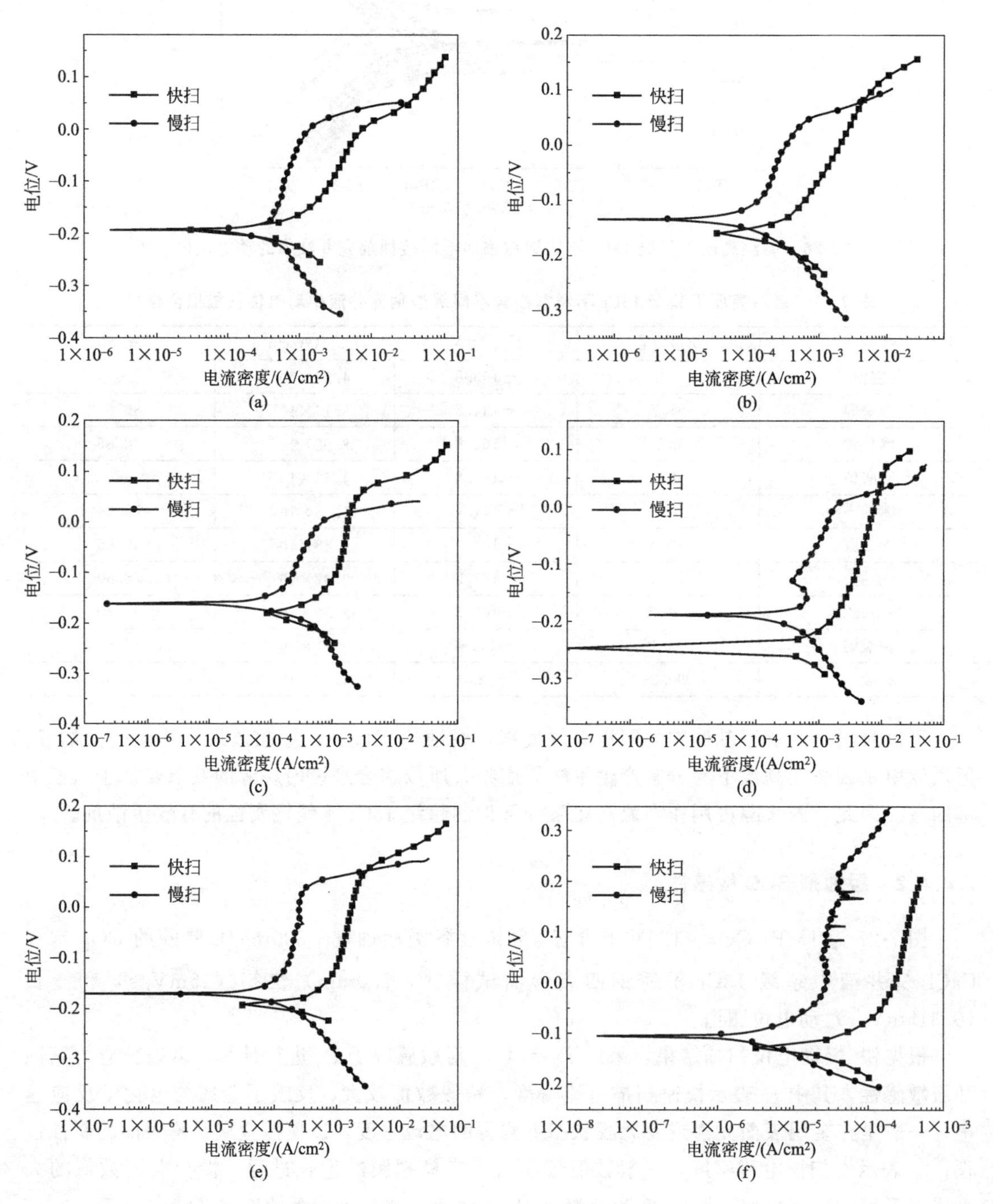

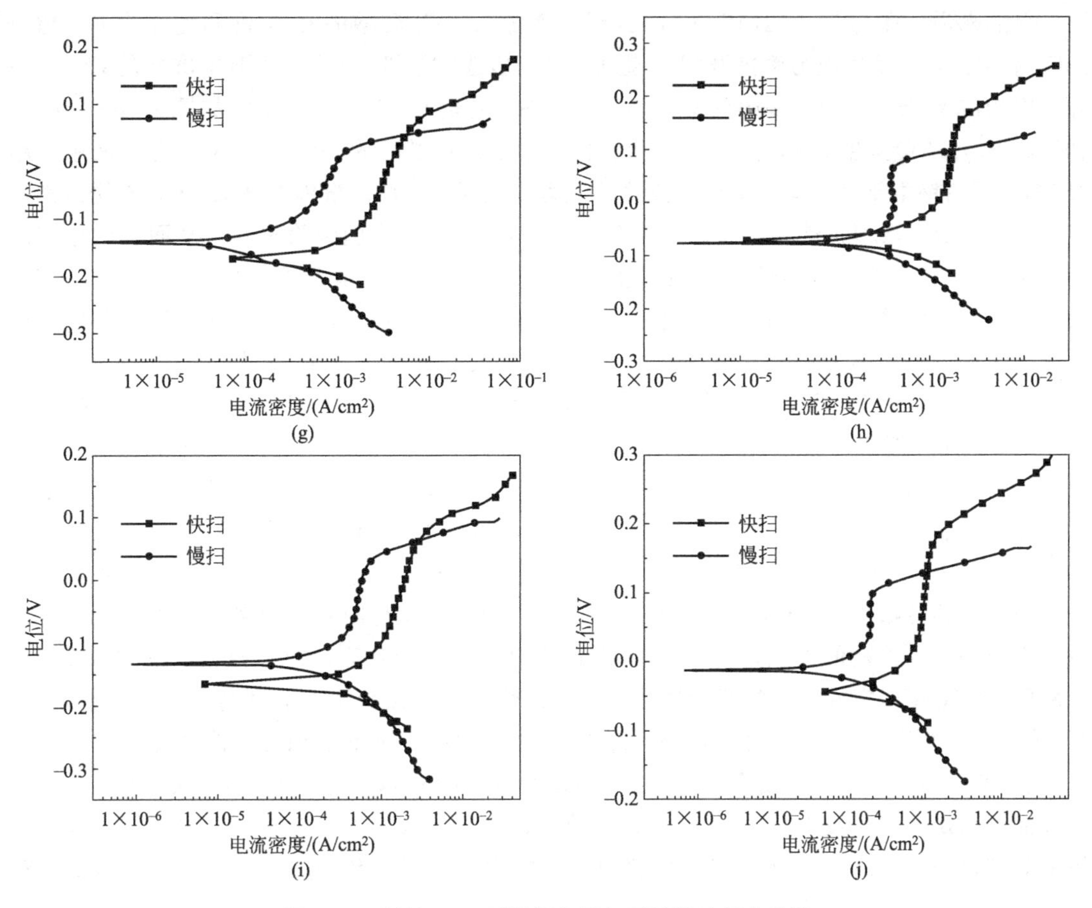

图 7-27　超级 13Cr 不锈钢在添加不同缓蚀剂完井液
（125℃，39%$CaCl_2$，1.0MPa CO_2）中的快/慢动电位图谱
(a) 丙炔醇；(b) 碘化钾；(c) 铬酸钠；(d) 咪唑啉；(e) 十二胺；
(f) 硫脲；(g) 铬酸钾；(h) 乌洛托品；(i) 钼酸钠；(j) 钨酸钠

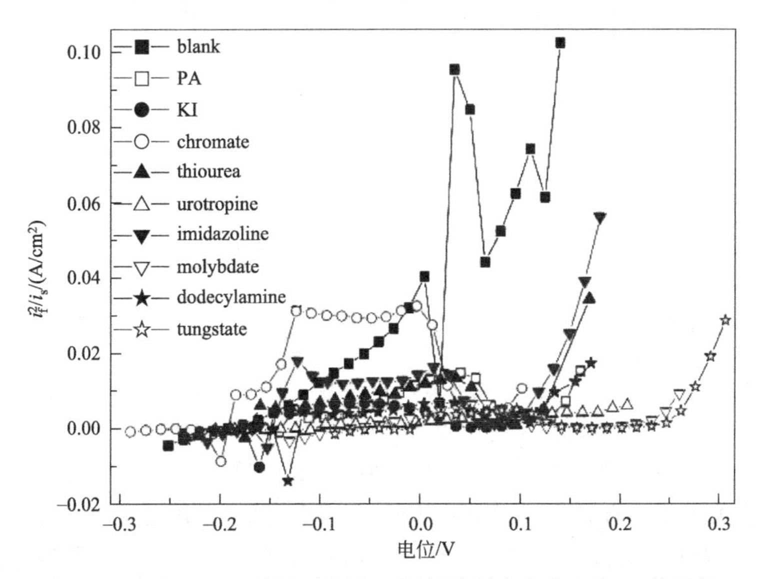

图 7-28　超级 13Cr 不锈钢在添加不同缓蚀剂完井液中的 P_i 值结果

总的来说，在125℃、1MPa CO_2 分压，含300mg/L醋酸的 CO_2 饱和完井液中，超级13Cr不锈钢容易发生应力腐蚀开裂，通过挂片试验选取超级13Cr不锈钢在39%的 $CaCl_2$ 完井液中的临界条件点为：100%YS，125℃；在3%的 $CaCl_2$ 完井液中的临界条件点为：100%YS，150℃。在110℃、CO_2 饱和、含2000mg/L醋酸的39%的 $CaCl_2$ 完井液中，超级13Cr不锈钢主要发生均匀腐蚀、点蚀和应力腐蚀开裂。丙炔醇能在超级13Cr不锈钢钢片表面聚合形成一层保护性膜，季铵盐能在超级13Cr不锈钢表面吸附成膜，从而有效地抑制超级13Cr不锈钢的均匀腐蚀与点蚀的发生。当季铵盐与丙炔醇复配，丙炔醇含量较少时，能达到更好的缓蚀效果。KI在该体系中，能与腐蚀产物反应，在超级13Cr不锈钢表面阴极区吸附成保护膜，属于阴极型缓蚀剂，能在一定程度上抑制超级13Cr不锈钢的均匀腐蚀和点蚀的发生，缓蚀剂浓度越高，缓蚀效果越好。在110℃、CO_2 饱和、含2000mg/L醋酸的39%$CaCl_2$ 完井液中，当丙炔醇、季铵盐浓度为0.02%时，促进了超级13Cr不锈钢的应力腐蚀开裂；当丙炔醇、季铵盐浓度为0.1%时，超级13Cr不锈钢的应力腐蚀开裂在一定程度上得以抑制；当丙炔醇、季铵盐浓度为1%时，超级13Cr不锈钢的应力腐蚀开裂基本被抑制。超级13Cr不锈钢在110℃、CO_2 饱和、含2000mg/L醋酸的39%$CaCl_2$ 完井液中的应力腐蚀敏感性随添加KI浓度的升高逐渐降低，但不能完全阻止应力腐蚀开裂的发生。低浓度丙炔醇、季铵盐的加入，促进了超级13Cr不锈钢在110℃、CO_2 饱和、含2000mg/L醋酸的39%$CaCl_2$ 完井液中的氢渗透量，随着丙炔醇、季铵盐浓度的升高，氢渗透量减小，1%浓度时，氢渗透能被完全抑制。KI的加入，对超级13Cr不锈钢的氢渗透量没有明显影响。在125℃、1MPa CO_2 分压、含300mg/L醋酸的 CO_2 饱和完井液（39%$CaCl_2$）中，乌洛托品和丙炔醇对超级13Cr不锈钢的缓蚀效果较好。但六亚甲基四胺在高温下易分解产生甲醛等有毒产物，所以综合来说丙炔醇的效果要优于六亚甲基四胺。丙炔醇、乌洛托品和KI的加入能有效降低超级13Cr不锈钢应力腐蚀敏感性。

7.4.5 喹啉季铵盐

通过喹啉与氯化苄的季铵化反应制备喹啉季铵盐，所得到的喹啉季铵盐的分子式如图7-29所示。

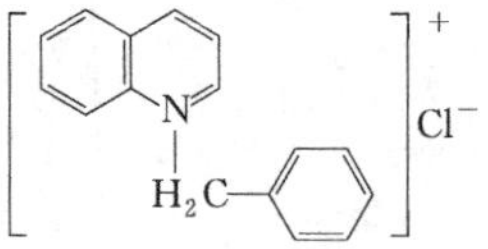

图7-29 喹啉季铵盐的分子式

7.4.5.1 不同缓蚀剂浓度

缓蚀剂加入量（0.1%、0.3%、0.6%）对超级13Cr不锈钢在1mol/L HCl水溶液中极化曲线的影响如图7-30所示，由极化曲线拟合得到的结果见表7-12。

缓蚀剂加入后，超级13Cr不锈钢的自腐蚀电流显著降低，3种浓度的缓蚀率均在97%左右。钢的自腐蚀电位略有升高，说明基体的腐蚀倾向降低。随着缓蚀剂浓度的增加，超级13Cr不锈钢的自腐蚀电位和缓蚀率均有提高，但提高程度不明显。根据曹楚南理论，缓蚀剂具有引起自腐蚀电位升高、阴极和阳极电流均降低的特点，说明此类缓蚀剂属于抑制阳极为主的混合型缓蚀剂。阴极电流的明显降低说明喹啉季铵盐对于阴极析氢反应具有良好的抑制作用。

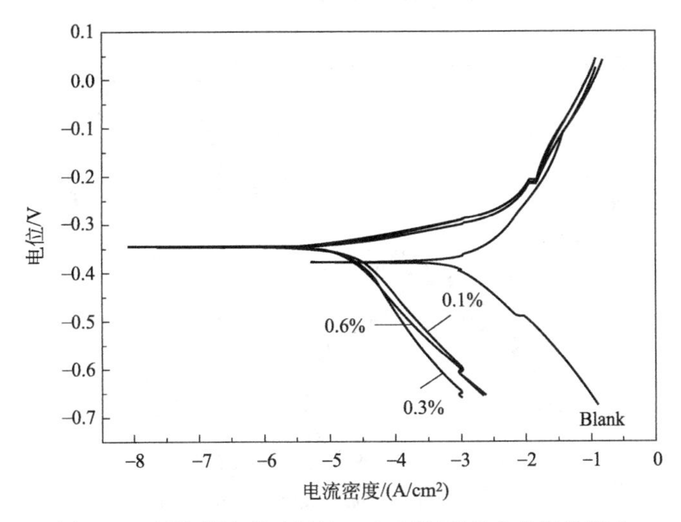

图7-30　缓蚀剂浓度对超级13Cr不锈钢极化曲线的影响

表7-12　极化曲线拟合结果

浓度	E_{corr}/mV	b_{cm}/(V/dec)	b_{am}/(V/dec)	i_{corr}/(μA/cm²)	η/%
空白	−376	−101	64	677	—
0.1%	−347	−153	30	21	96.9
0.3%	−343	−207	31	17	97.4
0.6%	−339	−158	27	15	97.8

缓蚀剂加入量（0.1%、0.3%、0.6%）对超级13Cr不锈钢在1mol/L HCl水溶液中交流阻抗的影响如图7-31所示，由极化曲线拟合得到的结果见表7-13。可见，阻抗谱有两个时间常数，高频部分是由电荷转移电阻R_{ct}和电极界面电容组成的阻容弛豫过程的容抗弧。随着缓蚀剂浓度的增大，电荷转移电阻R_{ct}显著升高，即缓蚀剂对传质过程产生了强烈的阻碍作用，因而具有很高的缓蚀率。缓蚀率的结果与极化曲线拟合的结果十分接近。另一时间常数为低频部分的感抗弧，空白试样出现感抗弧，是由酸液中的阴离子吸附在Fe表面形成吸附络合物，此络合物在金属表面的吸附-脱附过程引起的。而加入缓蚀剂试样出现的感抗弧，是由缓蚀剂分子在金属电极表面的吸附-脱附过程引起的。

表7-13　交流阻抗拟合结果

浓度	R_s/Ω·cm²	R_{ct}/Ω·cm²	C_{dl}/(μF/cm²)	η%
空白	0.876	18.5	1576	—
0.1%	0.760	402.3	439	95.4
0.3%	0.497	574.0	250	96.8
0.6%	0.896	651.9	322	97.2

7.4.5.2　不同温度

图7-32为温度对超级13Cr不锈钢极化曲线的影响（0.1%缓蚀剂），其拟合结果见表7-14。可见，随着温度的升高，腐蚀电流密度i_{corr}以一个数量级的幅度增大，腐蚀速率

迅速升高。其中，阴极腐蚀电流密度增大幅度更为明显。由图 7-32 的分析可知，该缓蚀剂对于阴极析氢反应具有良好的抑制作用，所以，阴极反应速率的迅速增大说明了温度升高引起喹啉季铵盐的脱附，对基体的保护作用降低。

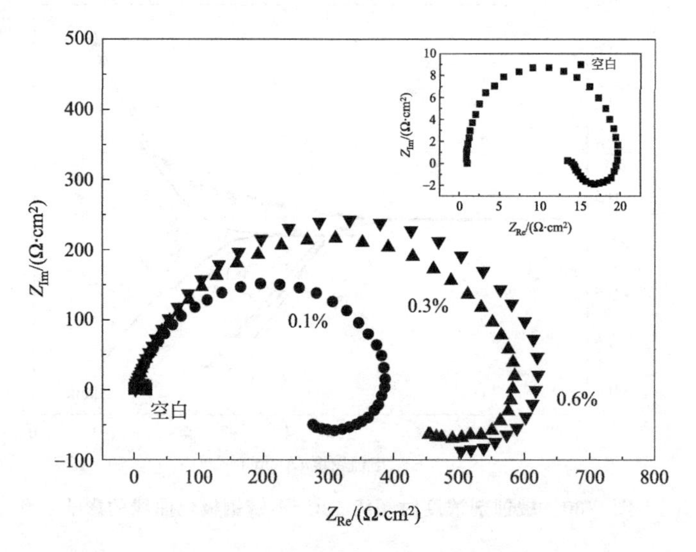

图 7-31　缓蚀剂浓度对超级 13Cr 不锈钢阻抗谱的影响

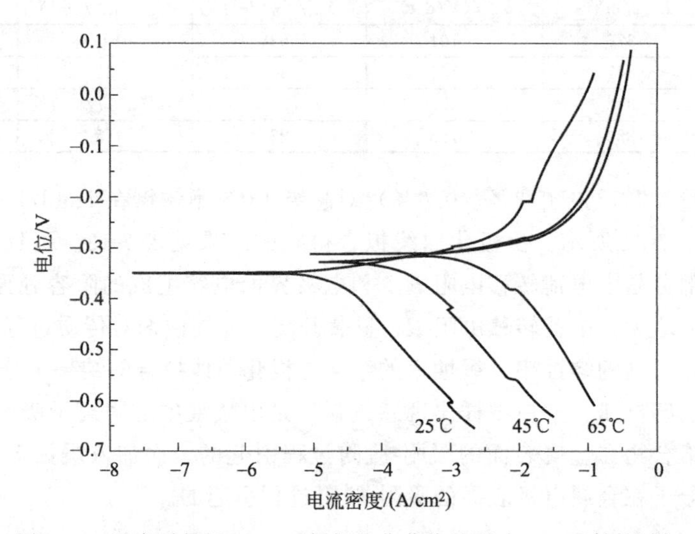

图 7-32　温度对超级 13Cr 不锈钢极化曲线的影响（0.1%缓蚀剂）

表 7-14　极化曲线拟合结果

温度/℃	E_{corr}/mV	b_{cm}/(V/dec)	b_{am}/(V/dec)	i_{corr}/($\mu A/cm^2$)
25	−347	−153	30	21
45	−325	−116	21	168
65	−309	−94	25	1292

图 7-33 为温度对超级 13Cr 不锈钢交流阻抗的影响（0.1%缓蚀剂），其拟合结果见表 7-15。可见，超级 13Cr 不锈钢的交流阻抗图谱由一个容抗弧和一感抗弧组成，且随着温度的升高，弧的半径均逐渐减小，其中 R_{ct} 逐渐减小，而 C_{dl} 逐渐增大。

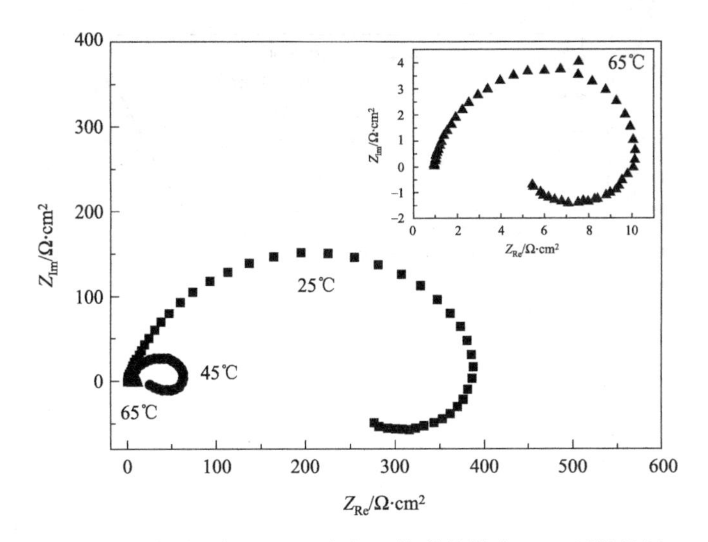

图 7-33　温度对超级 13Cr 不锈钢阻抗谱的影响（0.1%缓蚀剂）

表 7-15　交流阻抗拟合结果

温度/℃	$R_s/\Omega\cdot cm^2$	$R_{ct}/\Omega\cdot cm^2$	$C_{dl}/(\mu F/cm^2)$
25	0.760	402.3	439
45	0.764	68.9	1257
65	0.947	9.6	4558

7.4.5.3　卤族盐

(1) 阴离子类型

有研究发现，溶液中的卤族阴离子 Cl^-、Br^-、I^- 能够优先吸附在金属表面，促进缓蚀剂分子与其吸附，从而增大缓蚀剂的吸附覆盖面积，提高缓蚀效率，这种作用被称为卤族阴离子的协同作用。为此，研究了在 25℃下 1mol/L HCl 水溶液中分别加入 0.1mol/L KCl、KBr 和 KI 对于 0.1%喹啉季铵盐缓蚀剂缓蚀效果的影响。

图 7-34 是仅有缓蚀剂、缓蚀剂+0.1M KCl/KBr/KI 四种条件的极化曲线对比，表 7-16 是极化曲线的拟合结果。可以看出，卤族离子加入后，腐蚀电位升高、腐蚀电流减小，其中 KI 的协同作用最好，特别是对于抑制阳极反应具有明显效果，缓蚀效率提高至 99.5%。但 KCl 和 KBr 的协同效果较小。

表 7-16　极化曲线拟合结果

类型	E_{corr}/mV	$b_c/(V/dec)$	$b_a/(V/dec)$	$i_{corr}/(\mu A/cm^2)$	$\eta/\%$
单一缓蚀剂	−347	−153	30	21	96.9
添加 KCl	−338	−148	26	21	96.9
添加 KBr	−336	−78	26	11	98.4
添加 KI	−271	−96	22	3.6	99.5

图 7-35 和表 7-17 是加入卤族阴离子后的电化学阻抗谱及其拟合结果。其规律与极化曲线的完全一致，KI 的协同作用最好，KCl 和 KBr 的加入只能小幅度提高缓蚀剂的缓蚀效果。总体来看，卤族阴离子协同效果的顺序是 $I^- > Br^- > Cl^-$，这与 Khamis 等人的研究结果一致。

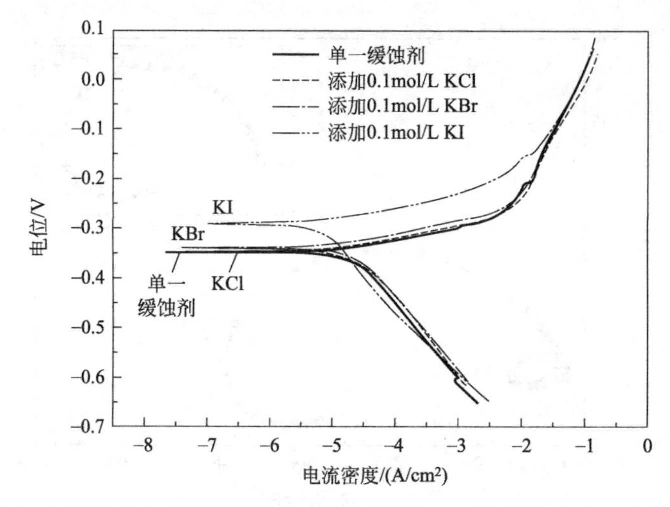

图 7-34　卤族阴离子类型对超级 13Cr 不锈钢极化曲线的影响（0.1%缓蚀剂）

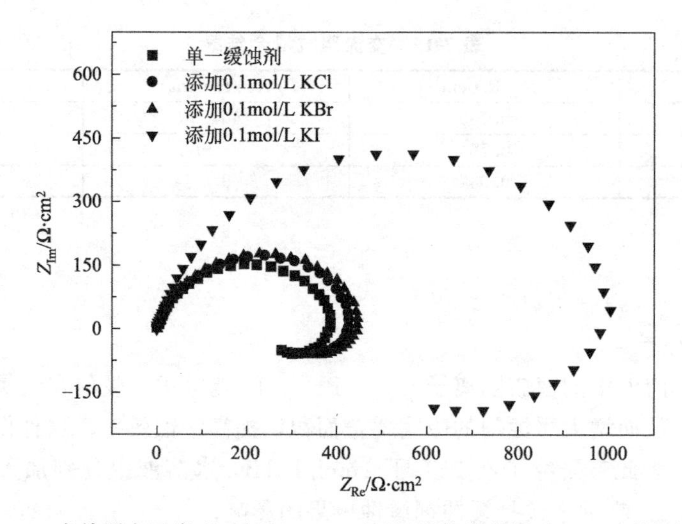

图 7-35　卤族阴离子类型对超级 13Cr 不锈钢阻抗谱的影响（0.1%缓蚀剂）

表 7-17　交流阻抗拟合结果

类型	$R_s/\Omega\cdot cm^2$	$R_{ct}/\Omega\cdot cm^2$	$C_{dl}/(\mu F/cm^2)$	$\eta/\%$
单一缓蚀剂	0.760	402.3	439	95.4
添加 KCl	0.652	435.4	323	95.8
添加 KBr	0.820	448	269	95.9
添加 KI	1.042	1118	434	98.3

（2）KI 浓度

图 7-36 是 KI 浓度对于极化曲线的影响，拟合结果见表 7-18。加入 KI 后，喹啉季铵盐的缓蚀率均在 99%以上。0.005mol/L KI 的加入就可以有效地提高喹啉季铵盐的缓蚀效果，继续增加 KI 的浓度，提高的幅度不大。

此外，KI 的加入使得超级 13Cr 不锈钢的腐蚀电位明显提高，根据曹楚南理论，这种情形说明 KI 除了促进喹啉季铵盐缓蚀剂分子的吸附外，还使得阳极反应的能垒升高，反应进行的阻力增大。因此，对于整个电化学动力学过程而言，阳极反应受到抑制，整体的腐蚀电流密度降低，腐蚀速率减小。这也解释了极化曲线阳极段电流明显降低的原因。

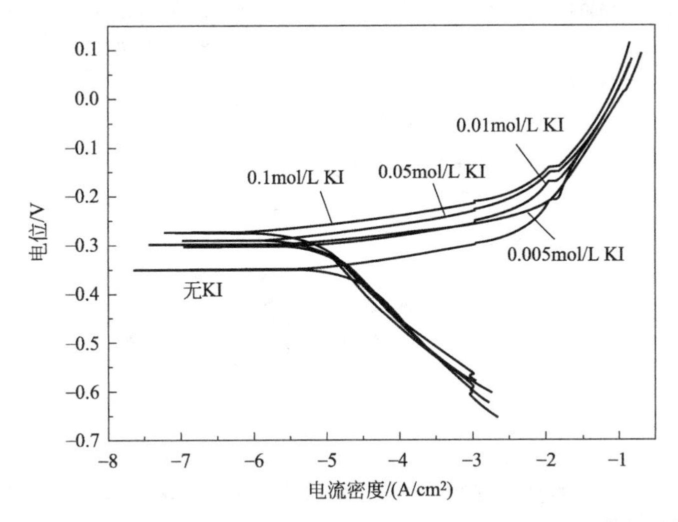

图 7-36　KI 浓度对超级 13Cr 不锈钢极化曲线的影响（0.1%缓蚀剂）

表 7-18　极化曲线拟合结果

浓度/(mol/L)	E_{corr}/mV	b_c/(V/dec)	b_a/(V/dec)	i_{corr}/(μA/cm^2)	η/%
0	−347	−153	30	21	—
0.005	−300	−94	21	7.0	99.0
0.01	−302	−81	20	6.4	99.1
0.05	−290	−84	23	4.3	99.4
0.1	−271	−96	22	3.6	99.5

图 7-37 是 KI 浓度对于电化学阻抗谱的影响，拟合结果见表 7-19。随着 KI 浓度的升高，超级 13Cr 不锈钢的容抗弧半径增大，说明喹啉季铵盐的缓蚀效率升高。KI 浓度由 0.005mol/L 增大至 0.01mol/L 后，其容抗弧半径小幅度增大。KI 浓度由 0.05mol/L 增大至 0.1mol/L 时，缓蚀效率升高的幅度减缓。这是因为，I^- 加入后会优先吸附在金属表面，形成定向偶极子，在静电力的作用下，喹啉季铵盐中的吸附性基团如 N^+ 会与偶极子相互吸引，吸附在金属表面。0.05mol/L 的 KI 已使得绝大部分的金属表面被上述的基团吸附，继续增大 I^- 的浓度，只能起到填补吸附缺陷区域的效果，因此对于覆盖率的提高效果变得不明显。

表 7-19　交流阻抗拟合结果

浓度/(mol/L)	R_s/Ω·cm^2	R_{ct}/Ω·cm^2	C_{dl}/(μF/cm^2)	η/%
0	0.760	402.3	439	—
0.005	0.589	593	200	96.9
0.01	0.810	658	352	97.2
0.05	0.730	978	322	98.1
0.1	1.042	1118	434	98.3

可见，喹啉季铵盐属于抑制阳极反应为主的混合型缓蚀剂。温度的升高会促进喹啉季铵盐的脱附过程，使其保护作用降低。卤族阴离子对喹啉季铵盐协同作用效果的顺序为 I^- >

$Br^- > Cl^-$。随着 I^- 浓度的升高，其协同作用效果提高。加入 0.005mol/L 以上浓度的 KI，喹啉季铵盐的缓蚀效率可达 99%以上。

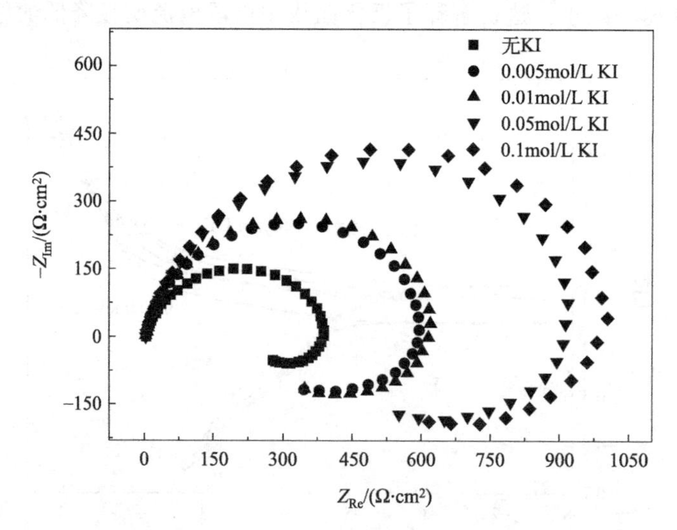

图 7-37 KI 浓度对超级 13Cr 不锈钢极化曲线的影响（0.1%缓蚀剂）

7.4.6 TG201 系列缓蚀剂

TG201 系列酸化缓蚀剂是中石油集团管材研究所（现为中国石油集团石油管工程技术研究院）专门针对超级 13Cr 不锈钢在酸化过程中的腐蚀而研发的一种缓蚀剂。

7.4.6.1 电化学特征

图 7-38 为超级 13Cr（13Cr110）不锈钢在 60℃不同浓度 TG201-Ⅱ 酸化缓蚀剂的 20%盐酸溶液中的极化曲线，可看出缓蚀剂加入后，该电化学体系的腐蚀电位偏移，缓蚀剂的存在使极化行为和腐蚀电流显著降低。从浓度对缓蚀行为的影响看，该复配体系对超级 13Cr 不锈钢表现为负催化效应，对阴阳极极化过程均有阻滞作用，但以阳极阻滞稍占优。金属在酸中腐蚀还是比较剧烈的，加入缓蚀剂后能有效起到保护作用，因此表现为缓蚀效率比较高，缓蚀剂的效率随浓度变化的改变较小，不能鲜明地表征出缓蚀剂的作用效果变化。

从在 60℃时超级 13Cr 不锈钢在不同浓度 TG201-Ⅱ 酸化缓蚀剂的 20%盐酸溶液中的 Nyquist 图谱上，可以较明显地看出浓度对容抗弧半径的影响，当浓度 0.9%时，其阻抗最大，缓蚀性能最佳，这与极化曲线的结果一致。

而在 90℃条件下加入 TG201-Ⅱ 酸化缓蚀剂后，超级 13Cr（HP13Cr）不锈钢体系的极化曲线如图 7-39 所示，拟合结果见表 7-20，可以看出，该缓蚀剂对超级 13Cr 不锈钢的缓蚀效果很明显，其塔菲尔区域以及阳极钝化区域也很明显，且表明该缓蚀剂为混合型缓蚀剂，对金属腐蚀过程的抑制以阳极反应抑制为主。缓蚀剂在金属表面为几何覆盖效应。

表 7-20 极化曲线拟合结果

缓蚀剂	E/mV	b_a/(mV/dec)	$-b_c$/(mV/dec)	i/(mA/cm^2)	η/%
空白	−349	59.53	112.17	7.8	—
TG201	−306	44.90	89.88	1.49	81.0

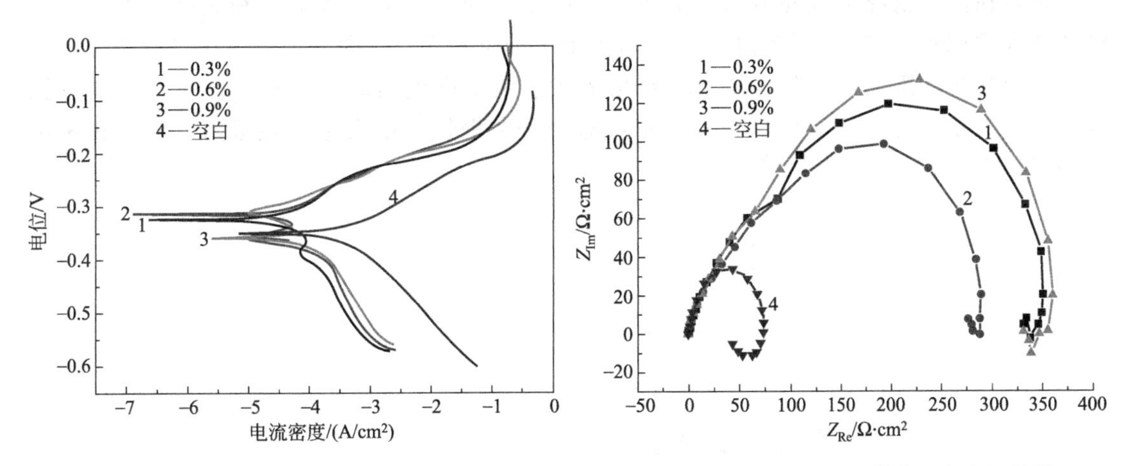

图7-38 60℃时超级13Cr不锈钢在不同浓度缓蚀剂的20%盐酸溶液中的极化曲线和交流阻抗谱

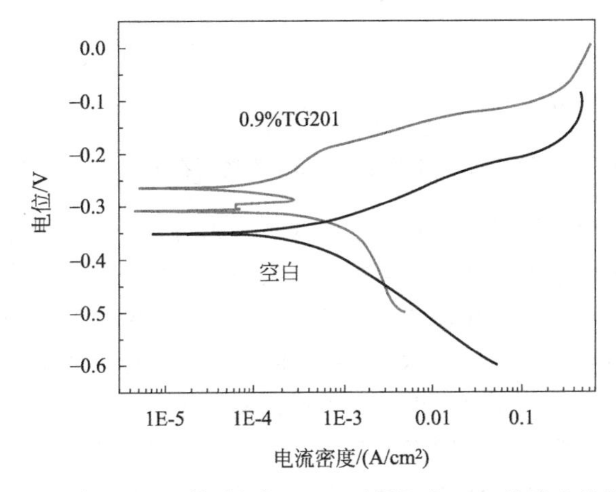

图7-39 90℃加TG201前后超级13Cr不锈钢在HCl溶液中的极化曲线

90℃加入TG20l酸化缓蚀剂，超级13Cr不锈钢的Nyquist图谱如图7-40所示。超级13Cr不锈钢则由高频的半圆形容抗弧和一小段低频的容抗弧组成。从图中拟合计算超级13Cr不锈钢的空白与加TG201的极化电阻分别为52.72Ω·cm^2和248.69Ω·cm^2。由图及拟合结果可看出，超级13Cr不锈钢吸附和脱附过程不稳定。与图7-38所示60℃下同浓度的容抗相比，温度升高明显减小了其容抗弧的半径。

7.4.6.2 缓蚀机理

TG201-Ⅱ型酸化缓蚀剂体系中的曼尼希碱分子中的氧原子和氮原子上带有孤对电子，可进入铁原子（离子）杂化的dsp空轨道，形成配位键，发生络合反应，生成稳定的具有六元环状结构的螯合物吸附在铁表面，形成完整的疏水保护膜，可阻止腐蚀产物铁离子向溶液中扩散的腐蚀反应的阳极过程，使腐蚀反应速率变慢，达到金属缓蚀的目的。

季铵盐分子中的p键与铁原子的空轨道配位，在铁表面形成单吸附膜，同时季铵阳离子与铁原子表面发生静电吸附，增强了其与铁原子表面的吸附作用，但其对温度变化较为敏感，在高温情况下容易脱附。另外，当曼尼希碱分子中的氧原子和氮原子上的孤对电子进入铁原子（离子）杂化的 dsp 空轨道形成配位键后，铁表面的电位相对较正，较难进一步吸附季铵阳离子，此时加入的碘化物在溶液中产生碘离子，首先被正电性的钢铁表面吸附，使其带上负电荷，有利于季铵盐分子在钢铁表面发生特性吸附，从而使缓蚀效果明显提高。

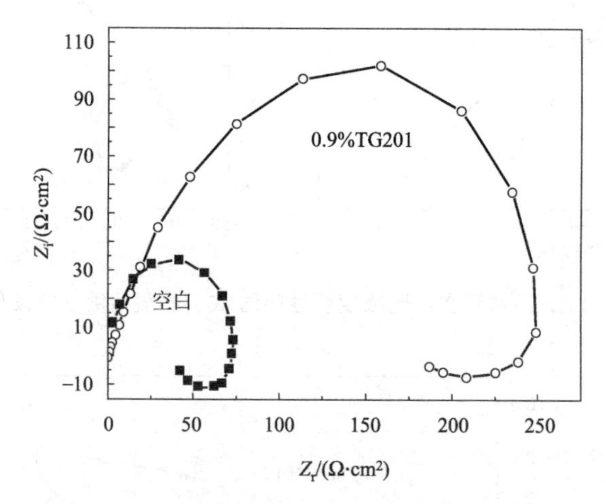

图 7-40　90℃加 TG201 前后超级 13Cr 不锈钢在 HCl 溶液中的阻抗图

丙炔醇作为一种缓蚀增效剂，其分子中的炔键可以与腐蚀过程中的新生氢离子发生加氢反应，分子中的三键被还原成双键，并能在金属表面发生聚合，沉积在钢铁表面形成致密的多层保护膜。其他增效基团分子中具有极性基团—CHO，其中心原子 O 有两对孤对电子，与 Fe 的 d 电子轨道形成配位键吸附在铁表面可抑制金属腐蚀，在酸溶液中能质子化形成阳离子，对铁的阴极起到一定的保护作用，使铁表面局部带正电而排斥溶液中的 H^+，而碘化物的加入也能使其发生特性吸附，增强其吸附能力。其分子较小，能够有效填补其他缓蚀剂在钢铁表面吸附时存在的空隙，使整个材料表面有效覆盖一层致密的缓蚀剂保护膜。缓蚀机理结构示意图见图 7-41。

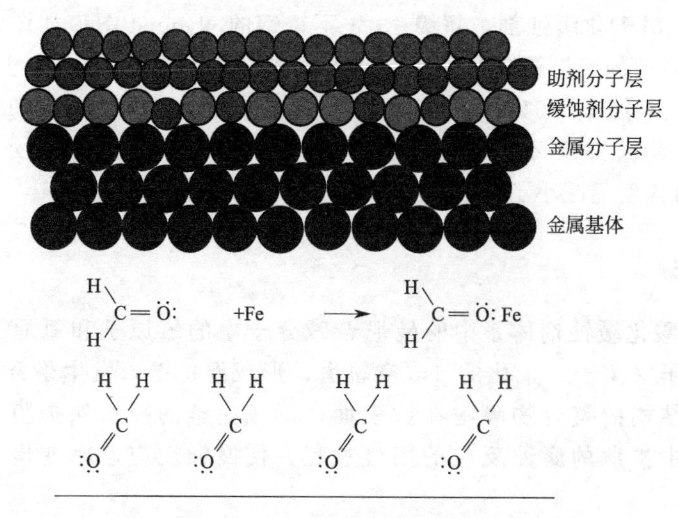

图 7-41　TG201-Ⅱ酸化缓蚀剂缓蚀示意图

参考文献

[1] 王岩，方旭东，夏焱，等. 回火温度对 SUP13Cr 钢组织与性能的影响[J]. 金属热处理，2018，43(7)：131-134.

[2] 雷晓维，张娟涛，白真权，等. 喹啉季铵盐酸化缓蚀剂对超级 13Cr 不锈钢电化学行为的影响[J]. 腐蚀科学与防护技术，2015，27(4)：358-362.

[3] 雷晓维，冯耀荣，尹成先，等. 逆变奥氏体对超级 13Cr 腐蚀电化学行为的影响[C]. 2015 年油气输送管道高强度管线钢研究与应用技术国际研习会，西安，2015.

[4] 李自力，程远鹏，毕海胜，等. 油气田 CO_2/H_2S 共存腐蚀与缓蚀技术研究进展[J]. 化工学报，2014，65(2)：406-414.

[5] 李雪莹，范春华，吴钱林，等. 酸性溶液中 Cl^- 含量和温度对 PH13-8Mo 腐蚀行为的影响[J]. 材料科学与工艺，2017，25(6)：89-96.

[6] 李洋，李承媛，陈旭，等. 超级 13Cr 不锈钢在海洋油气田环境中腐蚀行为灰关联分析[J]. 中国腐蚀与防护学报，2018，38(5)：471-477.

[7] Peng S P，Fu J T，Zhang J C. Borehole casing failure analysis in unconsolidated formations：A case study [J]. Journal of Petroleum Science and Engineering，2007，59(3-4)：226-238.

[8] 姜雯，赵昆渝，业冬，等. 热处理工艺对超级马氏体钢逆变奥氏体的影响[J]. 钢铁，2015，50(2)：70-77.

[9] 秦丽雁，宋诗哲，张寿禄. 光亮退火处理 304 不锈钢在 NaCl 溶液中的耐蚀性[J]. 材料热处理学报，2006，27(2)：98-102.

[10] 杨世伟，夏德贵，杨晓，等. 调整处理对 17-4PH 不锈钢耐海水腐蚀性能的影响[J]. 材料热处理学报，2007，28(S)：184-187.

[11] 徐军，李俊，姜雯，等. 热处理对超级马氏体不锈钢腐蚀性能的影响[J]. 材料热处理学报，2012，33(3)：73-77.

[12] Abelev E，Sellberg J，Ramanarayanan T A，et al. Effect of H_2S on Fe corrosion in CO_2-saturated brine[J]. Journal of Materials Science，2009，44(22)：6167-6181.

[13] Li W F，Zhou Y J，Xue Y. Corrosion behavior of 110S tube steel in environments of high H_2S and CO_2 content[J]. Journal of Iron and Steel Research，2012，19(12)：59-65.

[14] Ma H Y，Cheng X L，Li G Q，et al. The influence of hydrogen sulfide on corrosion of iron under different conditions [J]. Corrosion Science，2000，42(10)：1669-1683.

[15] Kimura M，Miyata Y，Sakata K，et al. Corrosion resistance of martensitic stainless steel OCTG in high temperature and high CO_2[C]// Corrosion/2004，NACE，Tx，Paper No. 04118.

[16] 古特曼 Э M. 金属力学化学与腐蚀防护[M]. 北京：科学出版社，1989.

[17] Despic A R，Raicheff R G，Bockris J O M. Mechanism of the acceleration of the electronic dissolution of metals during yielding under stress[J]. Journal of Physical Chemistry，1968，49(2)：926-938.

[18] 孙建波，柳伟，路民旭. 塑性变形条件下 16MnR 钢的 CO_2 腐蚀电化学行为[J]. 材料工程，2009 (01)：59-63.

[19] Kim K M，Park J H，Kim H S，et al. Effect of plastic deformation on the corrosion resistance of ferritic stainless steel as a bipolar plate for polymer electrolyte membrane fuelcells[J]. International Journal of Hydrogen Energy，2012，37(10)：8459-8464.

[20] Jafari E. Corrosion behaviors of two types of commercial stainless steel after plastic deformation[J]. Journal of Materials Science & Technology，2010，26(9)：833-838.

[21] 张慧娟，赵密峰，张雷，等. 外加拉应力对 13Cr 马氏体不锈钢的腐蚀行为影响[J]. 工程科学学报，2019，41(5)：618-624.

[22] Rogne T，M. Drugli J，Knudsen O O，et al. Corrosion performance of 13Cr stainless steels[C]// Corrosion/2000，Paper No. 00152.

[23] 赵志博. 超级 13Cr 不锈钢油管在土酸酸化液中的腐蚀行为研究[D]. 西安：西安石油大学，2014.

[24] 朱金阳，郑子易，许立宁，等. 高温高压环境下不同浓度 KBr 溶液对 13Cr 不锈钢的腐蚀行为影响[J]. 工程科学学报，2019，4(5)：625-632.

[25] 张双双. 酸化液对 13Cr 油管柱的腐蚀[D]. 西安：西安石油大学，2014.

[26] 王景茹，朱立群，张峥. 静载荷对 30CrMnSiA 在中性及酸性溶液中腐蚀速度的影响[J]. 腐蚀科学与防护技术，2008，20(4)：253-256.

[27] 张大全. 气相缓蚀剂及其应用[M]. 北京:化学工业出版社,2007:66-67.

[28] 张普强,吴继勋,张文奇,等. 用交流阻抗法研究钝化 304 不锈钢在强酸性含 Cl^- 介质中的孔蚀[J]. 中国腐蚀与防护学报,1991,11(4):393-402.

[29] 曹楚南. 腐蚀电化学原理[M]. 北京:化学工业出版社,2003:276-305.

[30] 王佳,曹楚南,林海潮. 孔蚀发展期的电极阻抗频谱特征[J]. 中国腐蚀与防护学报,1989,9(4) :271-278.

[31] Macdonald D D. Passivity-the key to our metalsbased civilization[J]. Pure and Applied Chemistry, 1999, 71(6): 951-978.

[32] Macdonald D D. Theoretical investigation of the evolution of the passive state on alloy 22in acidified, saturated brine under open circuit conditions[J]. Electrochimica Acta, 2011, 56(21): 7411-7420.

[33] Zhu S D, Fu A Q, Miao J, et al. Corrosion of N80 carbon steel in oil field formation water containing CO_2 in the absence and presence of acetic acid[J]. Corrosion Science, 2011, 53(10): 3156-3165.

[34] Li D G, Wang J D, Chen D R, et al. Influences of pH value, temperature, chloride ions and sulfide ions on the corrosion behaviors of 316Lstainless steel in the simulated cathodic environment of proton exchange membrane fuel cell[J]. Journal of Power Sources, 2014, 272: 448-456.

[35] Cheng Y F, Yang C, Luo J L. Determination of the diffusivity of point defects in passive films on carbon steel[J]. Thin Solid Films, 2002, 416(1): 169-173.

[36] 李党国,陈大融,冯耀荣,等. 22Cr 双相不锈钢钝化膜组成及其半导体性能研究[J]. 化学学报,2008,66(21): 2329-2335.

[37] Xia D H, Fan H Q, Yang L X, et al. Semiconductivity conversion of passive films on alloy 800in chloride solutions containing various concentrations of thiosulfate [J]. Journal of the Electrochemical Society, 2015, 162(9): C482-C486.

[38] 曹楚南,张鉴清. 电化学阻抗谱导论[M]. 北京:科学出版社,2002:166-190.

[39] 李玲杰. 缓蚀剂对超级 13Cr 不锈钢在含醋酸的 CO_2 饱和完井液中应力腐蚀开裂行为的影响[D]. 武汉:华中科技大学,2013.

[40] Chen Z Y, Li L J, Zhang G A, et al. Inhibition effect of propargyl alcohol on the stress corrosion cracking of super 13Cr steel in a completion fluid[J]. Corrosion Science, 2013, 69: 205-210.

[41] 李玲杰,陈振宇,张国安,等. 丙炔醇对超级 13Cr 不锈钢在含醋酸的完井液中应力腐蚀开裂行为的影响[J]. 腐蚀与防护,2012,33(S1):87-89.

[42] Mohd Z I, Hudson N. Corrosion behavior of Super 13Cr martensitics stainless steels in completion fluids[J], Corrosion/2003, Houston TX: NACE. Paper No. 03097: 1-5.

[43] Mack R, Williams C, Lester S, et al. Stress corrosion cracking of a cold worked 22Cr duplex stainless steel production tubing in a high density clear brine $CaCl_2$ packer fluid-results of the failure analysis at deep alex and associated laboratory experiments[J]. Corrosion/2002, Houston TX: NACE. Paper No. 02067: 1-3.

[44] Turnbull A, Griffiths A. Review: Corrosion and cracking of weldable 13%Cr martensitic stainless steels for application in the oil and gas industry[J]. Corrosion Engineering, Science and Technology, 2003, 38(1): 21-50.

[45] Aquino J M, Della R C A, Kuri S E. Intergranular corrosion susceptibility in supermartensitic stainless steel weldments [J]. Corrosion Science, 2009, 51(10): 2316-2323.

[46] Smith L. Control of corrosion in oil and gas production tubing[J]. British Corrosion Journal, 1999, 34(4): 247-253.

[47] Hewitt P, Hockenhull B S. The effect of microstructures on the stress corrosion cracking susceptibility of A13%Cr martensitic stainless steel [J]. Corrosion Science, 1976, 16(1): 47-48.

[48] Corrosion of Metals and Alloys-Stress Corrosion Testing-part 2: Prepareation and use of Bent-Beam Specimens[S]. International standard, IS07539: 1989(E).

[49] Feng Y, Siow K S, Teo W K, et al. The synergistic effects of propargyl alcohol and potassium iodide on the inhibition of mild steel in 0.5M sulfuric acid solution[J]. Corrosion Science, 1999, 41(5): 829-852.

[50] Douglas R M, Stuart I S. The dissolution mechanism of iron in chloride solutions [J], Journal of the Electrochemical Society, 1986, 133(11): 2240-2244.

[51] Fang Z, Staehle R W. Effect of the valence of sulfur on passivation of alloys 600, 690 and 800 at 25℃ and 95℃[J]. Corrosion, 1999, 55(4): 355-379.

[52] 姜召华. Nb 微合金化超低碳马氏体不锈钢 00Cr13Ni5Mo2 组织性能的研究[D]. 沈阳:东北大学,2011.

[53] Ma X P, Wang L J, Subramanian S V, et al. Studies on Nb microalloying of 13Cr super martensitic stainless steel[J]. Metallurgical and Materials Transactions A,2012,43(12):4475-4486.

[54] 牛坤. 超级 13Cr 不锈钢在油气田环境中的耐蚀性研究[D]. 西安:西安石油大学,2012.

[55] 蔡文婷. HP13Cr 不锈钢油管材料在高含氯离子环境中的抗腐蚀性能[D]. 西安:西安石油大学,2011.

[56] 田伟. G3 镍基合金 H_2S/CO_2 腐蚀及表面膜电化学行为研究[D]. 西安:西北工业大学,2012.

[57] 刘小燕. 油井管材料流体诱导腐蚀研究[D]. 西安:西安石油大学,2013.

[58] 张吉鼎. 流体流动特性对金属表面电化学反应过程的影响[D]. 西安:西安石油大学,2018.

[59] 曹楚南,张鉴清. 电化学阻抗谱导论[M]. 北京:科学出版社,2002:232-246.

[60] 张娟涛. 改性哌嗪酸化缓蚀剂合成及应用研究[D]. 西安:西安石油大学,2014.

[61] 雷晓维,张娟涛,白真权,等. 喹啉季铵盐酸化缓蚀剂对超级 13Cr 不锈钢电化学行为的影响[J]. 腐蚀科学与防护技术,2015,27(4):358-362.

[62] Khamis A, Saleh M M, Awad M I. Synergistic inhibitor effect of cetylpyridinium chloride and other halides on the corrosion of mild steel in 0.5 M H_2SO_4[J]. Corrosion Science,2013,66:343-349.

[63] Quartarone G, Ronchin L, Vavasori A, et al. Inhibitive action of gramine towards corrosion of mild steel in deaerated 1.0 M hydrochloric acid solutions [J]. Corrosion Science,2012,64:82-89.

[64] Caliskan N, Bilgic S. Effect of iodide ions on the synergistic inhibition of the corrosion of manganese-14 steel in acidic media [J]. Appllied Surface Science,2000,153:128-133.

[65] Prabhu R A, Venkatesha T V, Shanbhag A V, et al. Quinol-2-thione compounds as corrosion inhibitors for mild steel in acid solution [J]. Materials Chemistry Physcian,2008,108:283-289.

[66] 王远,张娟涛,尹成先. 13Cr 管材专用超高温酸化缓蚀剂[J]. 石油科技论坛,2015(S):140-143.

[67] 张娟涛,尹成先,白真权,等. TG201 酸化缓蚀剂对 N80 钢和 HP13Cr 钢的作用机理[J]. 腐蚀与防护,2010,31(S1):150-152.

[68] 尹成先. TG201 超级 13Cr 专用酸化缓蚀剂[J]. 石油科技论坛,2010,(4):74-74.

[69] 张娟涛,白真权,冯耀荣,等. 不同季铵盐缓蚀剂针对 HP13Cr 钢盐酸体系的作用研究[J]. 腐蚀与防护,2010,31(S1):152-154.